实验动物学考试题汇编

邹移海　陈梅丽　余亮　张薇　陈瑞爱　刘忠华　主编

暨南大学出版社
JINAN UNIVERSITY PRESS

中国・广州

图书在版编目（CIP）数据

实验动物学考试题汇编/邹移海，陈梅丽，余亮，张薇，陈瑞爱，刘忠华主编．—广州：暨南大学出版社，2015.4

ISBN 978-7-5668-1376-3

Ⅰ.①实… Ⅱ.①邹…②陈…③余…④张…⑤陈…⑥刘… Ⅲ.①实验动物学—从业人员—资格考核—习题集 Ⅳ.①Q95-33

中国版本图书馆CIP数据核字(2015)第062862号

出版发行：暨南大学出版社

地　址：中国广州暨南大学
电　话：总编室（8620）85221601
　　　　营销部（8620）85225284　85228291　85228292（邮购）
传　真：（8620）85221583（办公室）　85223774（营销部）
邮　编：510630
网　址：http：//www.jnupress.com　http：//press.jnu.edu.cn

排　版：广州市天河星辰文化发展部照排中心
印　刷：湛江日报社印刷厂

开　本：787mm×1092mm　1/16
印　张：15.25
字　数：460千
版　次：2015年4月第1版
印　次：2015年4月第1次
印　数：1—3100册

定　价：40.00元

《实验动物学考试题汇编》编委会

顾　　问　陈为民　黄　韧　顾为望

主　　编　邹移海　陈梅丽　余　亮　张　薇　陈瑞爱　刘忠华

副 主 编　张　钰　黄　冰　苏　乔　傅江南　王洪军　邹皑龙

编委会成员　（以姓氏笔画为序）

王　刚　王洪军　王林川　王　萧　王元占
邓少嫦　孔利佳　孔庆全　卢笑丛　史　红
邝慧文　邝少松　邢会杰　刘运忠　刘忠华
闫立新　苏　乔　李建军　李瑾翡　肖　东
余　亮　邹皑龙　邹移海　张嘉宁　张　薇
张永斌　张　钰　陈　嘉　陈　玲　陈梅丽
陈明智　陈瑞爱　陈为民　陈艳明　陈燕平
练炳洲　赵维波　饶军华　袁　进　顾为望
郭学军　郭中敏　唐小江　黄　冰　黄海定
黄海燕　黄建勋　黄　韧　黄芝瑛　符路娣
寇红岩　傅江南　詹纯列　熊习昆　黎福荣

协　　编　王玉珏　罗　益　周军华　桑传兰　黄保松
黄正华

前言

实验动物是进行生命科学研究的重要对象和材料，作为活的试剂与度量衡被广泛应用于生物学、医学、药学、中医学、宇航科学、国防和军事科学等领域。自1988年国家科学技术委员会颁布实施《实验动物管理条例》以来，我国的实验动物工作开始走上了行政法规管理的轨道，这是实验动物学发展史上的里程碑。2001年，中华人民共和国科学技术部（以下简称“国家科技部”）颁布了《实验动物许可证管理办法（试行）》，在全国推行实验动物生产和使用许可证制度，对实验动物和动物实验单位的机构、人员、设施、动物质量、规章制度等进行全面考核，有力地推动了实验动物工作的全面发展。近几年来，北京、湖北、云南、黑龙江和广东五省市的《实验动物管理条例》先后通过了人大立法，把对实验动物科学的管理工作上升到法律层面，此举极大地提高了我国实验动物管理的水平。

提高实验动物从业人员的实验动物学知识水平，是贯彻落实国家《实验动物管理条例》的有力保障。我们编撰《实验动物学考试题汇编》的目的，就在于帮助实验动物从业人员掌握实验动物学理论知识，顺利通过实验动物专业考核并取得上岗资格。

《实验动物学考试题汇编》历时一年半时间完成，全书约46万字3 700余道考试题，分为实验动物管理法规和标准、动物福利、实验动物学绪论、实验动物遗传学、实验动物微生物与寄生虫学、实验动物环境生态学、实验动物营养学、常用实验动物、基因工程动物、SPF鸡及鸡蛋、水生实验动物、人类疾病动物模型、动物实验质量监控、动物实验基本技术、实验动物饲料营养和生产、实验动物普通笼器具生产加工、实验动物特殊笼器具生产加工、实验动物及环境设施的检测，共十八章考试题及参考答案。其中大部分考试题及参考答案，经过了研究生、本科生数十个班种和二十余期实验动物从业人员上岗培训教学，并吸纳了广东省前期编写的考试题，考试题内容比较成熟。而基因工程动物、SPF鸡及鸡蛋、水生实验动物、实验动物饲料营养和生产、实验动物普通笼器具生产加工、实验动物特殊笼器具生产加工、实验动物及环境设施的检测等考试题属于首次编写，内容有待进一步完善。除此以外，为了方便初学者，我们编撰了16个实验动物学相关研究单位的资料作为附录，以便大家在开展动物实验时参考。

本题集的编写参考了湖北省实验动物学会提供的，用于湖北省实验动物从业人员上岗考试的实验动物学考试题，在此表示感谢。提交出版社之前的全书统稿工作，由广州中医药大学《新中医》杂志编辑部邹皑龙负责完成。

实验动物学考试题的编写工作难度大，极易出错，为此我们投入了大量的人力。本书除第十一章水生实验动物以外，其他每章节都有4名以上编写人员对该章节内容进行反复推敲及校对。尽管如此，错漏仍在所难免，编者恳请读者对本书中的错漏提出宝贵意见，以促使这本考试题集更臻完善。

编　者

2015年3月10日

目　录

第一章　实验动物管理法规和标准

一、填空题：

1．1988 年由国家科学技术委员会颁布的 2 号令为《______________》。

2．根据国家《实验动物管理条例》第五条，全国实验动物工作由_________________主管。

3．国家《实验动物管理条例》第十九条规定，申报科研课题和鉴定科研成果，应当把应用合格________作为基本条件。

4．国家《实验动物管理条例》第十九条规定，应用______实验动物取得的检定或者安全评价结果无效，所生产的制品不得使用。

5．根据国家《实验动物管理条例》第十二条，实验动物分为______级。

6．国家《实验动物管理条例》第十六条规定，对引入的实验动物，必须进行________。

7．国家《实验动物质量管理办法》第二条规定，全国执行统一的实验动物____国家标准，尚无国家标准的执行行业或地方标准。

8．实验动物____、____的维持，是保证实验动物质量和科研水平的重要条件。

9．国家实验动物种子中心必须经国家______批准。

10．啮齿类实验动物种子可从国家啮齿类实验动物种子中心或_________引种。

11．2001 年，国家科技部等____部局联合颁发了《实验动物许可证管理办法（试行）》。

12．国家《实验动物许可证管理办法（试行）》于 2001 年 12 月 5 日颁发，________年 1 月 1 日起实施。

13．实验动物许可证由各省、自治区、直辖市科技厅（科委、局）____、____和____。

14．《关于善待实验动物的指导性意见》由国家______于 2006 年 9 月 30 日颁发。

15．我国已经实施实验动物立法的省市有______、______、______、__________、______。

16．广东省的实验动物管理条例具体是《___________________》。

17．《广东省实验动物管理条例》已由广东省第十一届人民代表大会常务委员会第十九次会议于_________年 6 月 2 日通过，自同年 10 月 1 日起施行。

18．《广东省实验动物管理条例》已由广东省第十一届人民代表大会常务委员会第十九次会议于 2010 年 6 月 2 日通过并公布，_________年 10 月 1 日施行。

19．广东省实验动物管理工作由广东省人民政府_________主管部门组织实施。

20．广东省实验动物的生产、使用实行______管理制度。

21．广东省_____________负责本省实验动物和动物实验的质量技术监督和检验测试工作。

22．广东省实验动物生产、使用实行许可管理和质量监督所需经费，由________予以保障。

23．《广东省实验动物管理条例》规定，实验动物的管理应当遵循__________、__________、________、有利于促进实验动物科学研究和应用原则。

24．《广东省实验动物管理条例》规定，从事实验动物______、______、______等生产活动的单位和个人，应当取得由省人民政府科学技术主管部门颁发的实验动物生产许可证。

25．按《广东省实验动物管理条例》的要求，设立________场所使用实验动物进行_________、______和______等活动的单位和个人，应当取得由省人民政府科学技术主管部门颁发的实验动物使用许可证。

26. 按《广东省实验动物管理条例》的要求，申请实验动物的生产、使用许可证的单位和个人，可以采用______申请或者____数据交换等方式向省人民政府科学技术主管部门提出申请。

27.《广东省实验动物管理条例》规定，省人民政府科学技术主管部门受理申请后，应当组织专家对申请事项进行__________。专家评审时间不得超过______个工作日，评审所需的时间不计算在作出行政许可决定的期限内。

28.《广东省实验动物管理条例》规定，被许可人需要延续取得行政许可的，省人民政府科学技术主管部门应当根据被许可人的申请，在该行政许可有效期____前作出是否准予延续的决定；逾期未作出决定的，视为__________。

29. 按《广东省实验动物管理条例》的要求，具有实验动物生产许可证的单位和个人，对其提供的实验动物应当出具________证明，具有实验动物使用许可证的单位和个人，对在________进行的动物实验应当出具________证明。

30.《广东省实验动物管理条例》规定，单位和个人应用实验动物进行医疗卫生、药品等科学研究、实验、检测以及以实验动物为材料和____生产产品等活动的，应当使用具有实验动物生产许可证的单位和个人生产的符合标准要求的实验动物，并且在具有实验动物__________的场所内进行相关活动。

31. 按《广东省实验动物管理条例》的要求，教学____时使用实验动物的，在保证公共安全的前提下，可以在实验动物使用许可证规定以外的场所内进行。

32.《广东省实验动物管理条例》规定，运输实验动物时，使用的__________、________工具应当符合安全和微生物控制等级要求，不同品种、品系和等级的实验动物不得混装，保证实验动物达到相应________等级。

33.《广东省实验动物管理条例》规定，从事实验动物生产、使用的单位和个人应当按照________对其生产的实验动物和环境设施进行____。

34. 按《广东省实验动物管理条例》的要求，从事实验动物生产、使用的单位和个人应当对直接从事实验动物工作的人员采取________措施，定期组织与________有关的健康检查，调整不适宜承担实验动物工作的人员。

35. 按《广东省实验动物管理条例》的要求，实验动物发生传染性疾病时，从事实验动物生产、使用的单位和个人应当及时采取隔离、预防控制措施，防止动物疫情扩散，同时报告当地________主管部门、____防疫监督机构；当发生人畜共患病时应立即报告当地________控制机构。

36.《广东省实验动物管理条例》关于生物安全的要求，发生重大动物疫情时，从事实验动物生产、使用的单位和个人应当按照国家规定立即启动突发____________应急预案。

37.《广东省实验动物管理条例》关于生物安全的要求，在实验动物生产、使用过程中产生的废弃物和实验动物尸体应当经______处理，或交由具有相应资质的单位处理。

38.《广东省实验动物管理条例》关于生物安全的要求，从事实验动物基因工程研究的，应当符合国家对____________管理的要求。

39.《广东省实验动物管理条例》规定，省实验动物监测机构负责向申请行政许可的单位和个人出具____报告，配合省人民政府科学技术主管部门对行政许可实施情况进行________，开展实验动物的________、________研究、科学研究等工作。

40.《广东省实验动物管理条例》规定，省实验动物监测机构进行许可申请检测及监督检测________检测费用。

41.《广东省实验动物管理条例》规定，实验动物的检测执行______标准；国家尚未制定标准的，执行______标准；国家、行业均未制定标准的，执行______标准。

42.《广东省实验动物管理条例》规定，对实验动物检测结果有异议的单位和个人，可以在收到检测报告之日起______个工作日内向省实验动物监测机构提出______。

43.《实验动物质量管理办法》规定，实验动物质量检测机构，分国家和______两级主管。

44. 各省、自治区、直辖市的科技厅（科委、局）主管______的实验动物工作。国务院各有关部委负责管理______的实验动物工作。

45. 我国先后颁布的实验动物管理法规或规章有《实验动物管理条例》、《实验动物质量管理办法》、《______________________________》和《关于善待实验动物的指导性意见》等。

46. 我国首次颁布的中华人民共和国实验动物国家标准由______________于__________年批准，1994年10月1日起实施。

47. 1994年第一版实验动物国家标准包括____、哺乳类动物的遗传质量控制、全价营养饲料、环境及设施等四项标准。

48. 第二版实验动物国家标准由__________________________于__________年批准，2002年5月1日起实施。

49. 2001年第二版实验动物国家标准共有______项。

50. 2010—2011年第三版（习惯称为2010年版）实验动物国家标准由__________________________和__________________________发布，于2011年实施。

51. 2010年（2010—2011年）第三版实验动物国家标准共有____项标准。

52. GB 14923—2010 ______________________________于__________年发布，2011年10月1日实施。

53. GB 14924. 3—2010 __________________________于__________年发布，2011年10月1日实施。

54. GB 14925—2010 __________________于__________年发布，2011年10月1日实施。

55. GB 14922. 2—2011 ____________________________于__________年发布，2011年11月1日实施。

56. 从1985年起，我国开始实施________________________制度，对实验动物质量及实验动物设施进行检测，检测合格者发放合格证。

57. 从2002年起，国家科技部在全国推行实验动物________制度。

58. 截至2011年，我国用于实验动物生产繁育的设施超过______万平方米。

59. 中国实验动物学会于__________年加入国际实验动物科学委员会（International Committee of Laboratory Animal Science，ICLAS）。

二、单项选择题（只有1个正确答案）：

1. 1988年，经国务院批准，由国家科学技术委员会颁布的2号令为《______》。
   A. 实验动物管理条例　　B. 实验动物管理办法
   C. 实验动物质量管理办法　　D. 实验动物管理制度

2. 根据《实验动物管理条例》，由______主管全国实验动物工作。
   A. 国家科学技术委员会　　B. 国家卫生部
   C. 国家医药管理局　　D. 国家农业部

3. “申报科研课题和鉴定科研成果，应当把应用合格实验动物作为基本条件。”这句话是______。
   A. 正确的　　B. 错误的　　C. 部分正确的　　D. 无意义的

4. “应用不合格实验动物取得的检定或者安全评价结果无效，所生产的制品不得使用。”这句话是______。
   A. 正确的　　B. 错误的　　C. 部分正确的　　D. 无意义的

5. 申报科研课题、鉴定科研成果，应当把应用______作为基本条件。
   A. 动物　　B. 合格动物模型　　C. 合格实验用动物　　D. 合格实验动物

6. 应用不合格______取得的检定或者安全评价结果无效，所生产的制品不得使用。
   A. 动物　　B. 动物模型　　C. 实验用动物　　D. 实验动物

7. 《实验动物质量管理办法》是由______于1997年12月制定颁发的。

A. 国家科学技术委员会　　B. 国家技术监督局
C. 国家科学技术委员会和国家技术监督局　　D. 国家科技部

8. 全国实行______的实验动物质量管理制度。
A. 一致　　B. 统一　　C. 划一　　D. 齐一

9. 为国内外用户提供标准的实验动物________是国家实验动物种子中心的主要任务之一。
A. 品种　　B. 品系　　C. 种子　　D. 胚胎

10. 实验动物种子应当________。
A. 长期封闭保种　　B. 保持连续近交20代以上
C. 来源于国家实验动物种子中心　　D. 来源于净化后的无菌动物

11. 需要从国外引种实验动物种子的，必须向国家啮齿类实验动物种子中心提出申请，由种子中心________引种。
A. 批准　　B. 允许　　C. 同意　　D. 统一

12. 2001年，国家科技部等________部局联合颁发了《实验动物许可证管理办法（试行)》。
A. 5　　B. 6　　C. 8　　D. 7

13. 从事实验动物及相关产品保种、繁育、生产、供应、运输及有关商业性经营生产、供应的组织和个人，应当按照国家规定取得省科学技术主管部门颁发的________。
A. 实验动物供应许可证　　B. 实验动物使用许可证
C. 实验动物经营许可证　　D. 实验动物生产许可证

14. 国家《实验动物许可证管理办法（试行)》中申请实验动物生产许可证的组织和个人的必备条件之一是________。
A. 有生产、繁育实验动物的经验　　B. 实验动物种子来源于国家实验动物保种中心
C. 有畜牧饲养经验人　　D. 有动物房

15. 从事实验动物及其相关产品生产的单位和个人，供应、出售实验动物及相关产品时________。
A. 应当提供实验动物质量合格证，并由负责人签字、单位盖章
B. 合格证应当标明实验动物或者相关产品的确切名称、级别、规格、数量
C. 合格证应当标明实验动物质量检测情况，供应单位、日期，许可证号
D. 以上都正确

16. ________不需要办理实验动物使用许可证。
A. 使用实验动物及相关产品进行科学研究的单位和个人
B. 以实验动物为原料或者载体生产产品等活动的单位和个人
C. 从事实验动物保种、繁育、运输的单位和个人
D. 使用实验动物及相关产品进行实验的单位和个人

17.《关于善待实验动物的指导性意见》由国家科技部于________年9月30日颁发。
A. 2004　　B. 2005　　C. 2006　　D. 2007

18.《北京市实验动物管理条例》于________年12月2日经北京市第十二届人民代表大会常务委员会第十七次会议修订。
A. 2001　　B. 2002　　C. 2003　　D. 2004

19.《湖北省实验动物管理条例》于________年7月29日由湖北省第十届人民代表大会常务委员会第十六次会议通过。
A. 2003　　B. 2004　　C. 2005　　D. 2006

20.《云南省实验动物管理条例》于________年7月27日经云南省第十届人民代表大会常务委员会第三十次会议通过。
A. 2006　　B. 2007　　C. 2008　　D. 2009

21.《黑龙江省实验动物管理条例》已由黑龙江省第十一届人民代表大会常务委员会第六次会议于________年10月17日通过。

A. 2006　B. 2007　C. 2008　D. 2009

22. 广东省人民政府于________年颁布了《广东省实验动物管理办法》。

A. 1988　B. 1992　C. 1996　D. 2000

23.《广东省实验动物许可证管理细则（试行）》是由广东省科学技术厅和________等8个厅、局、部共同颁布的。

A. 广东省林业厅　B. 广东省农业厅　C. 广东省财政厅　D. 广东省水利厅

24. 根据《广东省实验动物许可证管理细则（试行）》，实验动物许可证的有效期到期前，换领许可证的单位和个人需提前6个月提出申请，并按照______次申请程序办理。

A. 再　B. 初　C. 多　D. 2

25. 依据《广东省实验动物许可证管理细则（试行）》，实验动物许可证年检不合格的单位和个人，限期______个月进行整改。

A. 1　B. 3　C. 6　D. 9

26.《广东省实验动物许可证管理细则（试行）》规定，申请广东省实验动物使用许可证必须递交的材料之一是由______检验报告。

A. 广东省质量技术监督局出具的合格的实验动物实验设施

B. 广东省实验动物监测所出具的合格的实验动物实验设施

C. 广东省实验动物监测所出具的合格的实验动物生产设施

D. 广东省动物监督所出具的合格的实验动物设施

27.《广东省实验动物管理条例》已由广东省第十一届人民代表大会常务委员会第十九次会议于______年6月2日通过，自同年10月1日起施行。

A. 2008　B. 2009　C. 2010　D. 2011

28.《广东省实验动物管理条例》规定，实验动物按照______实行分类管理。

A. 国家标准　B. 地方标准　C. 国际标准　D. 行业标准

29.《广东省实验动物管理条例》适用于本省行政区域内______实验动物及其监督管理活动。

A. 生产　B. 使用　C. 生产、使用　D. 检测

30.《广东省实验动物管理条例》规定，实验动物生产、使用许可证有效期为______年。

A. 1　B. 3　C. 5　D. 7

31.《广东省实验动物管理条例》规定，实验动物生产、使用许可证的有效期届满______个月前，被许可人需要延续的，应向省人民政府科学技术主管部门提出申请。

A. 3　B. 6　C. 9　D. 12

32.《广东省实验动物管理条例》规定，教学示教时使用实验动物的，在保证公共卫生安全的前提下，可以在实验动物使用许可证规定范围______的场所内进行。

A. 以外　B. 以内　C. 普通环境　D. 以上都错

33. ______使用后的实验动物流入消费市场。

A. 允许　B. 同意　C. 禁止　D. 不禁止

34.《广东省实验动物管理条例》规定，广东省实验动物生产、使用实行许可管理和质量监督所需经费，由______予以保障。

A. 省级财政　B. 市级财政

C. 省实验动物监测所　D. 生产或使用单位或个人

35.《广东省实验动物管理条例》规定，从事实验动物生产、使用的单位和个人______依法进行的监督和检测。

A. 可以拒绝　B. 应当接受并配合　C. 可以不接受　D. 可以不配合

36. 广东省对辖区内获得许可的实验动物生产或使用活动，实行实验动物质量合格证明或动物实验证明的统一管理。经许可并接受监督质量合格的单位或个人，必须通过______开具质量合格证明或动物实验证明，提供给实验动物购买者或使用者。

A. 统一　B. 网络在线　C. 各自　D. 放开

37. 广东省实验动物从业人员必须经过专业的培训，培训的形式可以面授也可以自行学习，但必须经过______的考试后再上岗。

A. 统一　B. 网络在线　C. 各自　D. 放开

38. 广东省实验动物从业人员必须接受继续教育，从业人员考试证明______年有效。

A. 3　B. 5　C. 8　D. 10

39. 实验动物单位或个人必须具有保证实验动物和环境质量检测的技术能力，按照国家标准要求无菌级以下的动物至少每______个月检测一次。

A. 3　B. 5　C. 8　D. 10

40. 开展动物试验必须到有实验动物______的单位去购买实验动物。

A. 生产许可证　B. 工商营业执照

C. 税务登记证　D. 动物饲养场

41. 申请广东省实验动物生产许可证必须递交的材料之一是______检验报告。

A. 由广东省质量技术监督局出具的合格的实验动物生产设施

B. 由广东省实验动物监测所出具的合格的实验动物实验设施

C. 由广东省实验动物监测所出具的合格的实验动物生产设施

D. 由广东省动物监督所出具的合格的实验动物实验设施

42. 开展动物实验的单位和个人，应当取得省科学技术主管部门颁发的《______》。

A. 实验动物供应许可证　B. 实验动物生产许可证

C. 实验动物使用许可证　D. 实验动物经营许可证

43. 动物实验时，外购的实验动物小鼠需要经过________天或以上天数的检疫观察期。

A. 1　B. 0　C. 3　D. 10

44. 用于不同研究的实验动物______饲养于同一饲养室。

A. 可以　B. 允许　C. 不可以　D. 能够

45. 我国的实验动物工作是在________年后才真正发展起来的。

A. 1949　B. 1988　C. 1994　D. 2002

46. 全国的实验动物工作归国家______主管。

A. 技术监督检验检疫总局　B. 科技部

C. 卫生部　D. 发改委

47. 目前全国实验动物管理工作实行的是实验动物________制度。

A. 合格证　B. 许可证　C. 规范化　D. 产业化

48. 《行政许可法》是指行政机关根据公民、法人或者其他组织的申请，经依法审查准予其从事______的行为。

A. 特定活动　B. 一般活动　C. 相对活动　D. 正常活动

49. GB 14922—94 是指下列哪一项国家标准？______。

A. 微生物学和寄生虫学监测等级（啮齿类和兔类）

B. 全价营养饲料

C. 哺乳类实验动物的遗传质量控制

D. 环境及设施

50. GB 14923—94 是指下列哪一项国家标准？______。
A. 微生物学和寄生虫学监测等级（啮齿类和兔类）
B. 全价营养饲料
C. 哺乳类动物的遗传质量控制
D. 环境及设施

51. GB 14924—94 是指下列哪一项国家标准？______。
A. 微生物学和寄生虫学监测等级（啮齿类和兔类）
B. 全价营养饲料
C. 哺乳类动物的遗传质量控制
D. 环境及设施

52. GB 14925—94 是指下列哪一项国家标准？______。
A. 微生物学和寄生虫学监测等级（啮齿类和兔类）
B. 全价营养饲料
C. 哺乳类动物的遗传质量控制
D. 环境及设施

53. GB 14922. 1—2001 是指实验动物______国家标准。
A. 微生物学等级及监测　　B. 寄生虫学等级及监测
C. 遗传学等级及监测　　D. 营养学等级及监测

54. GB 14922. 2—2011 是指实验动物______国家标准。
A. 微生物学等级及监测　　B. 寄生虫学等级及监测
C. 遗传学等级及监测　　D. 营养学等级及监测

55. GB 14923—2010 是指实验动物______国家标准。
A. 微生物学等级及监测　　B. 寄生虫学等级及监测
C. 哺乳类实验动物的遗传质量控制　　D. 环境及设施

56. GB 14924. 3—2001 是指实验动物______国家标准。
A. 兔配合饲料　B. 豚鼠配合饲料　C. 地鼠配合饲料　D. 小鼠大鼠配合饲料

57. GB 14924. 4—2001 是指实验动物______国家标准。
A. 兔配合饲料　B. 豚鼠配合饲料　C. 地鼠配合饲料　D. 小鼠大鼠配合饲料

58. GB 14924. 5—2001 是指实验动物______国家标准。
A. 兔配合饲料　B. 豚鼠配合饲料　C. 地鼠配合饲料　D. 小鼠大鼠配合饲料

59. GB 14924. 6—2001 是指实验动物______国家标准。
A. 兔配合饲料　B. 豚鼠配合饲料　C. 地鼠配合饲料　D. 小鼠大鼠配合饲料

60. GB 14924. 7—2001 是指实验动物______国家标准。
A. 兔配合饲料　B. 猴配合饲料　C. 犬配合饲料　D. 环境及设施

61. GB 14924. 8—2001 是指实验动物______国家标准。
A. 兔配合饲料　B. 猴配合饲料　C. 犬配合饲料　D. 环境及设施

62. GB 14925—2010 是指实验动物______国家标准。
A. 兔配合饲料　B. 猴配合饲料　C. 犬配合饲料　D. 环境及设施

63. 亚屏障环境的等级已经被 2001 年第二版实验动物国家标准______。
A. 保留　B. 取消　C. 肯定　D. 延用

64. “普通级大鼠、小鼠”的等级已经被 2001 年第二版实验动物国家标准______。
A. 保留　B. 取消　C. 肯定　D. 限制

65. 实验动物国家标准要求对 SPF 级动物每______个月至少检测动物 1 次。

A. 1　B. 2　C. 3　D. 4

66. 在《实验动物 微生物学等级及监测》中，实验用犬、猴的微生物等级界定为______动物。
A. 普通级和清洁级　B. 普通级和 SPF 级
C. 清洁级和 SPF 级　D. 普通级和无菌级

67. 在 2001 年第二版实验动物国家标准有______标准。
A. 4 项强制性和 27 项推荐性　B. 7 项强制性和 71 项推荐性
C. 12 项强制性和 71 项推荐性　D. 12 项强制性和 27 项推荐性

68. 2002 年以前实施的实验动物合格证制度，仅针对实验动物________或实验动物设施进行检测发放合格证。
A. 品种　B. 品系　C. 质量　D. 数量

69. 截至 2011 年，我国用于动物实验的设施超过______万平方米。
A. 10　B. 20　C. 30　D. 40

70. 截至 2011 年，我国屏障环境动物设施已超过设施总面积的______%。
A. 20　B. 30　C. 40　D. 50

71. 据估测，截至 2011 年，我国经培训考试获得实验动物从业人员上岗资格者超过____万人。
A. 3　B. 4　C. 5　D. 6

72. 中国实验动物学会成立于______年。
A. 1986　B. 1987　C. 1988　D. 1989

73. 截至 2007 年底，万方数据库收录的文章中有______万多篇有关实验动物或动物实验的文章。
A. 2　B. 3　C. 4　D. 5

74. 截至 2011 年，我国出版了有关实验动物的书籍______余本。
A. 70　B. 80　C. 90　D. 100

三、多项选择题（有 1 个以上的正确答案）:

1. 实验动物患病死亡的，应当及时______。
A. 查明原因　B. 掩埋　C. 妥善处理　D. 记录在案

2. 供应用的实验动物应当具备下列______等资料。
A. 品种、品系及亚系的确切名称　B. 遗传背景或其来源
C. 微生物检测状况及质量合格证明　D. 饲育单位负责人签名

3. 实验动物运输时，不得将不同______的实验动物混合装运。
A. 名称　B. 品种　C. 品系　D. 等级

4. 对违反《实验动物管理条例》的，应视情节轻重分别给予______的行政处罚。
A. 限期改进　B. 警告　C. 责令关闭　D. 开除

5. 国家实验动物种子中心的主要任务是引进、收集和保存实验动物______。
A. 品种　B. 品系　C. 受精卵　D. 胚胎

6. 国家《实验动物质量管理办法》第十五条规定，取得许可证的实验动物生产单位必须对______的实验动物按有关国家标准进行质量检测。
A. 各等级　B. 各品系　C. 饲养　D. 繁育

7. 国家实验动物种子中心必须具备的基本条件有______。
A. 长期从事实验动物保种工作　B. 实验动物研究技术力量和基础条件
C. 合格实验动物繁育设施和检测仪器　D. 实验动物保种技术和研究成果

8. 研究者从国外______的非种用啮齿类实验动物，仅供本单位动物实验用。

A. 引进　B. 购买　C. 销售　D. 接受赠送

9. 国家《实验动物许可证管理办法（试行）》中关于申请实验动物生产许可证必须具备的条件有______。

A. 实验动物种子来源于国家实验动物种子中心或者国家认可的种源单位

B. 具有保证正常生产和保证动物质量的专业技术人员、熟练技术工人和检测人员

C. 具有健全有效的质量管理制度

D. 生产的实验动物质量符合国家标准

10. 国家《实验动物许可证管理办法（试行）》中关于申请实验动物使用许可证必须具备的条件有______。

A. 使用的实验动物必须来自有实验动物生产许可证的单位，质量合格

B. 实验动物饲育环境及设施符合国家标准

C. 有经过专业培训的实验动物饲养和动物实验人员

D. 具有健全有效的管理制度

11. 实验动物许可证由各省、自治区、直辖市科技厅（科委、局）______。

A. 监督　B. 印制　C. 发放　D. 管理

12.《广东省实验动物管理条例》规定，实验动物的检测包括实验动物的______等的质量检测。

A. 遗传　B. 微生物　C. 垫料　D. 笼器具

13.《广东省实验动物管理条例》规定，不同______和不同实验目的的实验动物要分开饲养。

A. 品种　B. 类型　C. 品系　D. 等级

14. 违反《广东省实验动物管理条例》，有下列情形之一的，由省科技厅采取责令限期改正、暂扣实验动物许可证及处以罚款等处罚：______。

A. 实验动物的饲育室和实验室不分开设立的

B. 对不同品种、品系、等级和不同实验目的的实验动物不分开饲养的

C. 检测过程和检测数据的记录不完整、不准确的

D. 销售不合格的实验动物或者使用不合格的动物实验场所的

15. 要求实验动物饲养人员身体健康，无______等疾病。

A. 过敏性　B. 传染性　C. 呼吸道　D. 皮肤

16. 供应用的实验动物应当具备下列完整的资料：______。

A. 品种、品系及亚系的确切名称　B. 遗传背景或其来源

C. 3 个月内质量检测报告　D. 质量合格证明和供应单位负责人签名

17. 广东省实验动物生产许可证现场评审的主要程序有______等。

A. 申报单位汇报　B. 口试和笔试　C. 现场考察　D. 质疑和答辩

18. 广东省实验动物许可证现场评审的主要项目有______等。

A. 实验动物管理委员会和伦理委员会的作用及单位领导重视程度

B. 从业人员掌握专业知识和国家相关法律、法规、标准的程度

C. 实验动物设施的使用、运行管理和实验动物质量

D. 管理制度和实验动物生产或使用的标准操作规程（SOP）

19. 申请广东省实验动物使用许可证必须具备的主要条件有______。

A. 使用的实验动物来自有实验动物生产许可证的单位，质量合格

B. 动物实验环境符合国家标准要求

C. 有经过专业培训并经考核取得上岗资格的动物实验人员

D. 具有健全的管理制度和标准操作规程

20. 实验动物标准化工作包括______。

A. 国家相关标准的制定　　B. 繁育生产和实验规范的标准化
C. 动物质量及其监测体系的标准化　　D. 饲料、垫料、笼器具等的标准化

21. 实验动物科学的重要性可概括为______。
A. 是现代科学技术的重要组成部分　　B. 是生命科学的基础和条件
C. 是衡量国家或单位科研水平的重要标志　　D. 与军事研究无关

22. 2004 年 4 月，国家科技部公布保留的行政许可项目中与实验动物相关的有______项，2014 年后仅保留一项。
A. 社会力量设立科学技术奖登记　　B. 实验动物原种进口登记单位资质认定
C. 实验动物许可证核发　　D. 实验动物出口审批

23. 1994 年第一版中华人民共和国实验动物国家标准包括实验动物的______等标准。
A. 微生物学和寄生虫学监测等级（啮齿类和兔类）
B. 全价营养饲料
C. 哺乳类动物的遗传质量控制
D. 环境及设施

24. 2001 年第二版中华人民共和国实验动物国家标准包括____________等标准。
A. 微生物学和寄生虫学监测等级（啮齿类和兔类）
B. 全价营养饲料
C. 哺乳类实验动物的遗传质量控制
D. 实验动物环境及设施

25. 2010 年第三版实验动物国家标准包括______等标准。
A. 哺乳类实验动物的遗传质量控制　　B. 实验动物配合饲料营养成分
C. 实验动物环境及设施　　D. 实验动物寄生虫学等级及监测

26. 被 2001 年第二版实验动物国家标准所保留的实验动物环境包括______等。
A. 普通环境　　B. 亚屏障环境　　C. 屏障环境　　D. 隔离环境

27. 2010 年第三版实验动物国家标准将大小鼠分为______几个等级动物。
A. 普通级　　B. 清洁级　　C. 无特定病原体级　　D. 无菌级

28. 2010 年第三版实验动物国家标准将豚鼠、地鼠和兔分为________几个等级动物。
A. 普通级　　B. 清洁级　　C. 无特定病原体级　　D. 无菌级

29. 2010 年第三版实验动物国家标准将犬、猴分为______几个等级动物。
A. 普通级　　B. 清洁级　　C. 无特定病原体级　　D. 无菌级

30. 实验动物许可证制度对实验动物组织机构、______等硬件和软件进行全面考核，有力地促进了实验动物科学水平的提高。
A. 人员　　B. 设施　　C. 动物质量　　D. 规章制度

31. 截至 2011 年，在我国实验动物生产繁育设施中，屏障环境、普通环境面积分别为______万平方米。
A. 22　　B. 48　　C. 55　　D. 62

32. 我国生产的实验动物笼具，除普通笼具外，还有______等新式笼具。
A. CVC　　B. DVC　　C. EVC　　D. IVC

33. 截至 2011 年，我国生产量较大的实验动物是______。
A. 小鼠　　B. 地鼠　　C. 大鼠　　D. 家兔

34. 截至 2011 年，我国常用实验动物有小鼠、地鼠、大鼠、家兔、豚鼠、犬，其他动物还有______等。
A. 猴　　B. 猫　　C. 小型猪　　D. 鸟

四、判断题（在括号内打“√”或“×”表示）：

(　　) 1. 从2014年起，进口、出口实验动物只需报各省科技主管部门审批。
(　　) 2. 实验动物的饲育室和实验室应设在不同区域，并进行严格隔离。
(　　) 3. 实验动物必须按照不同来源，不同品种、不同品系和不同的实验目的，分开饲养。
(　　) 4. 动物实验室的级别不需要与使用的实验动物的级别相一致。
(　　) 5. SPF级实验动物的饮水应当符合城市生活饮水的卫生标准并经灭菌处理。
(　　) 6. 从事实验动物饲育工作的单位不需定期对实验动物进行质量监测，只要接受监督检测即可。
(　　) 7. 实验动物质量检测机构必须取得中国实验室国家认可委员会的认可。
(　　) 8. 按照国家和地方主管部门有关实验动物引种的规定，取得实验动物生产许可证的单位或部门，可以承担提供实验动物种子的业务。
(　　) 9. 从国家实验动物种子中心引进的实验动物，不必经过隔离检疫即可进入动物饲育室。
(　　) 10. 自2014年起，国内自行培育的实验动物品种品系、从国外引进的或其他渠道获得的品种品系，需经省、自治区、直辖市科技厅（科委、局）报国家啮齿类实验动物种子中心审批。
(　　) 11. 实验动物许可证不得转借、转让，但可以出租他人给使用。
(　　) 12. 实验动物许可证年检不合格的单位，由国家科技部吊销其许可证。
(　　) 13. 未取得实验动物生产许可证的单位一律不准繁育、饲养实验动物，但可以经营实验动物。
(　　) 14. 购买实验动物时，不需要向出售实验动物的单位索要实验动物质量合格证。
(　　) 15. 省级实验动物质量检测机构出具的检测报告全国有效。
(　　) 16. 实验动物生产和使用许可核准是广东省人民政府决定保留的行政许可事项。
(　　) 17. 对实验动物进行手术时，应当进行有效的麻醉。
(　　) 18. 在实验动物生产、使用过程中产生的废弃物和实验动物尸体应当经无害化处理。
(　　) 19. 教学动物实验可在一般实验室进行。
(　　) 20. 使用后的实验动物可以进入市场销售。
(　　) 21. 需要处死实验动物时，应当实施安死术。
(　　) 22. 从事实验动物工作的人员必须经过专业技术考核并取得上岗资格。
(　　) 23. 实验动物饲养人员每年应进行1次身体健康状况检查。
(　　) 24. 对动物的皮屑、血液、尿液等过敏者，也可以承担实验动物饲养员工作。
(　　) 25. 患流感、感冒、腹泻等病症者，需待其恢复健康后方可进入实验动物室工作。
(　　) 26. 引入的高等级实验动物只要有无菌包装，就可以不进行隔离检疫。
(　　) 27. 购进的雌性兔子，除要做一般的健康检查外，还要检查是否怀孕。确保没有怀孕后才可用于实验。
(　　) 28. 动物实验设施与所使用的实验动物级别应该相符合。
(　　) 29. 截至2014年底，实验动物寄生虫学等级及监测国家标准仍沿用2001年版标准（GB 14922.1—2001）。
(　　) 30. 实验动物使用单位不需自行定期对实验动物环境进行质量监测，只要接受监督检测即可。
(　　) 31. 从外单位购买的SPF级实验动物可以直接送入SPF级动物实验室进行实验。
(　　) 32. 截至2011年，我国实验动物资源共有30种共计103个品系。
(　　) 33. 目前，我国的“973”项目和“863”项目有部分课题涉及实验动物，如发育、干细胞、疾病机制等与基因功能相关的基因修饰动物研制，人类疾病动物模型等。
(　　) 34. 实验动物从业人员可以通过自学，但必须通过考试获得上岗资格方可上岗。

五、名词解释：

安死术

六、问答题：

1. 试述国家实验动物种子中心的主要任务。
2. 简述实验动物引种时种子进入设施时的程序。
3. 试述国家《实验动物许可证管理办法（试行）》中申请实验动物生产许可证的组织和个人的必备条件。
4. 试述国家《实验动物许可证管理办法（试行）》中申请实验动物使用许可证的组织和个人的必备条件。
5. 《广东省实验动物管理条例》规定，申请实验动物生产许可证的单位和个人，应当符合哪些条件？
6. 《广东省实验动物管理条例》规定，申请实验动物使用许可证的单位和个人，应当符合哪些条件？
7. 对违反《广东省实验动物管理条例》第七条和第十二条规定的，应如何进行处罚？
8. 申请广东省实验动物的生产、使用许可证需递交哪些材料？
9. 实验动物供应时应注意哪些事项？

（编写：余亮、陈玲、陈梅丽、黄海燕　　审核：黄韧、王洪军）

第二章　动物福利

一、填空题：

1. 马丁提出的禁止虐待动物的议案——《马丁法令》于________年获得英国议会通过。

2. 马丁于1822年提出的《马丁法令》主要是禁止虐待______的议案。

3.《人道主义实验技术原理》（*The Principles of Human Experimental Technique*）是由________________________________和__________________于1959年共同发表的。

4. 动物福利是指为了使动物能够______、______、______而采取的一系列行为和给动物提供的相应外部条件。

5. 动物福利概念由五个基本要素组成：生理福利、________、环境福利、卫生福利和行为福利。

6. 动物福利对实验动物需求包括____________、____________和维持舒适需要等。

7. 美国动物福利专家认为动物应有的“5大自由”是转身自由、舔梳自由、站起自由、卧下自由和________。

8. 英国农场动物福利法规定的“5无”包括无营养不良、无环境带来不适、无伤害和疾病、____________________、无惧怕和应激。

9. 动物应享有的“五大自由”包括不受饥饿的自由、生活舒适的自由、__________________________、生活无恐惧和悲伤感的自由、表达天性的自由。

10. 实验动物的“3R”原则包括____、____、____等原则。

11. 实验动物“3R”原则中的“替代原则”，要求尽可能采用________________________，以替代高等实验动物进行实验。

12. 实验动物“3R”原则中的“减少原则”，要求尽可能减少________的用量，甚至可以降低统计学要求。

13. 实验动物“3R”原则中的“优化原则”，要求优化实验____和____，以减轻动物的痛苦。

14. 世界动物保护协会要求，实验动物室____应负责为实验动物提供全部福利。

15. 世界动物保护协会要求实验动物道德委员会必须有_____________参加。

16. 国家科学技术委员会颁布的《实验动物管理条例》规定，从事实验动物工作的人员对实验动物必须爱护，不得______或______。

17.《广东省实验动物管理条例》规定，对实验动物进行手术时，应当进行有效的麻醉；需要处死实验动物时，应当实施________。

18.《关于善待实验动物的指导性意见》是2006年由国家________发布的。

19.《关于善待实验动物的指导性意见》规定，实验动物生产及使用单位应设立实验动物管理委员会（或实验动物道德委员会、____________________等）。

20.《关于善待实验动物的指导性意见》规定，对于____________________、____及____等天性喜爱运动的实验动物，种用动物，应有运动场地并定时遛放。

21.《关于善待实验动物的指导性意见》规定，饲养人员应根据动物食性和营养需要，给予动物足够的饲料和清洁的______。

22.《关于善待实验动物的指导性意见》规定，实验犬、猪分娩时，宜有______或__________的饲养人员进行监护，防止发生意外。

23.《关于善待实验动物的指导性意见》规定，对实验动物进行手术、解剖或器官移植时，必须进行有效的______。

24.《关于善待实验动物的指导性意见》规定，______实验动物时，应遵循“温和保定，善良抚慰，减少痛苦和应激反应”的原则。

25.《关于善待实验动物的指导性意见》规定，在不影响实验结果判定的情况下，应选择“________”，避免延长动物承受痛苦的时间。

26.《关于善待实验动物的指导性意见》规定，灵长类实验动物的使用仅限于非用____________不可的实验。

27.《关于善待实验动物的指导性意见》规定，实验动物不应与______________、______及可能伤害动物的物品混装在一起运输。

28. 善待实验动物是指在饲养和实验过程中，要采取措施使实验动物免遭不必要的伤害、饥渴、不适、______、折磨、疾病和疼痛，保证动物能够实现自然行为。

29. 实验动物福利伦理委员会由管理人员、科技人员、实验动物专业人员和________人士组成。

30. 实验动物福利伦理委员会任务是，依据章程审查和监督本单位在开展实验动物研究、繁育、生产、经营、______、动物实验设计和实施的过程是否符合实验动物福利和伦理要求。

31. 实验动物福利伦理审查包括对申请者是否具备开展相关项目动物实验的资质、是否经过________________培训和职业道德培训。

32. 实验动物福利伦理审查包括对申报材料是否______和______进行审查。

二、单项选择题（只有1个正确答案）：

1. 马丁于1822年提出的禁止虐待______的议案获得英国议会通过。
   A. 鸡鸭　B. 牛羊　C. 牲畜　D. 动物
2. W. M. S. Russell 和 R. L. Burch 在______中，首次全面而系统地提出了“3R”理论。
   A. *The Principles of Human Experimental Technique*
   B. *The Animal Welfare Act*
   C. *The Good Laboratory Practices Act*
   D. *Guide for the Care and Use of Laboratory Animals*
3. 动物福利是指为了使动物能够______而采取的一系列行为和给动物提供相应的外部条件。
   A. 健康　B. 快乐　C. 舒适　D. 以上都是
4. 动物福利概念由五个基本要素组成，包括生理、______、环境、卫生和行为等福利。
   A. 神经　B. 精神　C. 心理　D. 饮食
5. 实验动物的需求主要表现在______等方面。
   A. 维持饮食需要　B. 维持健康需要　C. 维持睡眠需要　D. 维持游戏的需要
6. 美国动物福利专家认为动物应有的“5 大自由”包括______、卧下自由和伸腿自由。
   A. 转身自由　B. 舔梳自由　C. 站起自由　D. 以上都是
7. 英国农场动物福利法规定的“5 无”包括______、无伤害和疾病、无拘束地表现正常行为。
   A. 无营养不良　B. 无环境带来不适　C. 无惧怕和应激　D. 以上都对
8. 动物应享有的“五大自由”之一是______的自由。
   A. 饮食　B. 睡眠　C. 活动　D. 表达天性
9. 实验动物的“3R”原则，是指在动物实验设计中对使用实验动物遵循______原则。
   A. 替代、减少、优化　B. 替代、增加、合理
   C. 重复、增加、合理　D. 重复、准确、优化

10. 实验动物“3R”原则中的“替代原则”，要求尽可能采用低等实验动物或非实验动物，以替代______实验动物进行实验。

A. 非　　B. 低等　　C. 中等　　D. 高等

11. 实验动物“3R”原则中的“减少原则”，要求尽可能减少______的用量，甚至可以降低统计学要求。

A. 野生动物　　B. 经济动物　　C. 警卫动物　　D. 实验动物

12. 实验动物“3R”原则中的“优化原则”，要求优化实验设计和操作，以减轻动物的______。

A. 负担　　B. 痛苦　　C. 成本　　D. 以上都不正确

13. 世界动物保护协会要求，实验动物室兽医应负责为实验动物提供全部______。

A. 防疫　　B. 治疗　　C. 福利　　D. 诊断

14. 世界动物保护协会要求动物实验道德委员会必须有动物______代表参加。

A. 防疫　　B. 治疗　　C. 福利　　D. 诊断

15. 国家科学技术委员会颁布的《实验动物管理条例》规定，从事实验动物工作的人员对实验动物______。

A. 必须爱护，不得戏弄或虐待　　B. 必须保证其有充足的饮水和食物

C. 必须保证其有表达天性的自由　　D. 必须减少对其的伤害

16. 国家科学技术委员会颁布的《实验动物管理条例》规定，从事实验动物工作的人员对实验动物必须爱护，不得______。

A. 戏弄或虐待　　B. 恐吓或殴打　　C. 随意处死　　D. 随意丢弃

17.《广东省实验动物管理条例》规定，在开展动物实验项目时，应当制定保证实验动物______、符合实验动物伦理要求的实验方案。

A. 福利　　B. 利益　　C. 生命　　D. 安全

18.《关于善待实验动物的指导性意见》规定，实验动物______单位应设立实验动物管理委员会。

A. 生产及使用　　B. 销售及运输　　C. 饲养和销售　　D. 实验及研究

19. 对于非人灵长类实验动物、犬及______等天性喜爱运动的实验动物、种用动物应有运动场地并定时遛放。

A. 牛　　B. 马　　C. 羊　　D. 猪

20. 实验犬、猪分娩时，宜有______或经过培训的饲养人员进行监护，防止发生意外。

A. 技术员　　B. 兽医　　C. 护士　　D. 管理员

21. 对实验动物进行______、解剖或器官移植时，必须进行有效麻醉。

A. 保定　　B. 灌胃　　C. 注射　　D. 手术

22. ________实验动物时，应遵循“温和保定，善良抚慰，减少痛苦和应激反应”的原则。

A. 保定　　B. 灌胃　　C. 注射　　D. 手术

23. 在不影响实验结果判定的情况下，应选择“仁慈终点”，避免延长动物承受____的时间。

A. 保定　　B. 麻醉　　C. 实验　　D. 痛苦

24. ______实验动物的使用仅限于非用该类动物不可的实验。

A. 啮齿类　　B. 草食类　　C. 非人灵长类　　D. 肉食类

25. 处死实验动物的地点与动物饲养房最好______。

A. 远离　　B. 在同一房间　　C. 在附近　　D. 以上三种都可以

26. 运输实验动物应当严格遵守国家有关规定，______。

A. 使用符合实验动物质量标准、等级要求的运输工具和笼器具

B. 不同品种品系的实验动物不得混合装运

C. 不同等级的实验动物不得混合装运

D. 以上均正确

27. 善待动物不仅仅是考虑动物的福利，也是因为受虐待的动物______。

A. 会反抗而伤害人　　B. 会反抗而伤害动物自己

C. 会反抗而伤害人和动物　　D. 精神的变化，会对实验结果产生影响

28. 实验动物福利伦理委员会由______和外单位人士组成。

A. 管理人员　　B. 科技人员　　C. 实验动物专业人员　　D. 以上都对

29. 实验动物福利伦理审查包括对项目设计、实施和操作过程是否体现______的“3R”原则进行审查。

A. 减少、替代、优化　　B. 减少、替代、重复

C. 减少、代替、优化　　D. 增加、替代、优化

30. 实验动物福利伦理审查包括对项目设计、实施和操作过程是否采取了避免动物受____和虐待的措施进行审查。

A. 饥饿　　B. 伤冻　　C. 丢弃　　D. 伤害

三、多项选择题（有1个以上的正确答案）：

1. 1959年，______共同发表了《人道主义实验技术原理》（*The Principles of Human Experimental Technique*）。

A. W. M. S. Russell　　B. Martin　　C. L. Pasteur　　D. R. L. Burch

2. 动物福利是指为了使动物能够______而采取的一系列行为和给动物提供的相应外部条件。

A. 健康　　B. 快乐　　C. 幸福　　D. 舒适

3. 动物福利概念的基本要素包括______。

A. 生理福利和心理福利　　B. 环境福利

C. 卫生福利　　D. 行为福利

4. 满足动物的需求是动物福利法的首要原则，动物的需求主要表现在______。

A. 维持生命需要　　B. 维持健康需要　　C. 维持舒适需要　　D. 维持饮食需要

5. 美国动物福利专家认为动物应有的“5大自由”包括______、卧下自由和伸腿自由。

A. 站起自由　　B. 转身自由　　C. 饮食自由　　D. 舔梳自由

6. 英国农场动物福利法规定的“5无”包括______等内容。

A. 无心理障碍　　B. 无环境带来不适　　C. 无伤害和疾病　　D. 无营养不良

7. 动物应享有的“五大自由”包括______等自由。

A. 不受饥饿　　B. 不受痛苦伤害和疾病威胁

C. 生活无恐惧和悲伤感　　D. 表达天性

8. 实验动物的“3R”原则是由______首次共同提出的。

A. W. M. S. Russell　　B. Martin　　C. L. Pasteur　　D. R. L. Burch

9. 实验动物的“3R”原则是指______。

A. 减少　　B. 保护　　C. 替代　　D. 优化

10. 实验动物“3R”原则中的“替代原则”，要求尽可能采用______，以替代高等实验动物进行实验。

A. 非实验动物　　B. 低等实验动物　　C. 中等实验动物　　D. SPF级实验动物

11. 实验动物“3R”原则中的“优化原则”，要求优化实验______，以减轻动物的痛苦。

A. 项目　　B. 计划　　C. 设计　　D. 操作

12. 世界动物保护协会要求，应为实验动物提供适合其生理和行为需要的____等全部福利。

A. 饮水　　B. 照料　　C. 遮蔽处　　D. 食物

13. 国家科学技术委员会颁布的《实验动物管理条例》规定，从事实验动物工作的人员对实验动物必须爱护，不得______。

A. 丢弃　　B. 戏弄　　C. 虐待　　D. 以上都错

14.《广东省实验动物管理条例》规定，从事实验动物工作的人员在______过程中应当维护实验动物福利，关爱实验动物，不得虐待实验动物。

A. 管理　　B. 生产　　C. 使用　　D. 运输

15. 对于非人灵长类实验动物、______等天性喜爱运动的实验动物，种用动物，应有运动场地并定时遛放。

A. 牛　　B. 马　　C. 猪　　D. 犬

16. 饲养人员应根据动物食性和营养需要，给予动物足够的______。

A. 饲料　　B. 青草　　C. 清洁饮水　　D. 米饭

17. 麻醉犬完成手术后应采取的措施包括______。

A. 监护动物至苏醒后才送回动物房

B. 给动物保温

C. 维持呼吸道畅通

D. 犬苏醒后若无法进食，可经口饲或静注生理盐水或葡萄糖溶液

18. 对实验动物进行______或器官移植时，必须进行有效麻醉。

A. 保定　　B. 灌胃　　C. 解剖　　D. 手术

19. 保定实验动物时，应遵循“______”的原则。

A. 温和保定　　B. 善良抚慰　　C. 减少痛苦　　D. 减少应激反应

20. 犬的安乐死方法主要有______。

A. 空气栓塞法　　B. 急性失血法　　C. 击打法　　D. 断头法

21. 实验动物不应与______混装在一起运输。

A. 感染性微生物　　B. 害虫　　C. 可能伤害动物的物品　D. 打印纸

22. 善待实验动物要求在饲养和实验过程中，要采取措施使实验动物免遭不必要的______，保证动物能够实现自然行为。

A. 伤害和折磨　　B. 饥渴　　C. 不适和惊恐　　D. 疾病和疼痛

23. 实验动物福利伦理委员会由______组成。

A. 管理人员　　B. 科技人员　　C. 实验动物专业人员　　D. 外单位人士

24. 实验动物福利伦理委员会的任务是，依据章程审查和监督本单位在开展实验动物______、动物实验设计和实施的过程是否符合实验动物福利和伦理要求。

A. 研究　　B. 繁育生产　　C. 经营　　D. 运输

25. 实验动物福利伦理审查包括对申请者是否具备______等资质的审查。

A. 经过高压灭菌器技术培训　　B. 经过实验动物专业技术培训

C. 经过职业道德培训　　D. 具备开展相关项目动物实验的资质

26. 实验动物福利伦理审查包括对项目设计、实施和操作规范是否符合动物______等动物福利要求进行审查。

A. 生理　　B. 环境和卫生　　C. 行为　　D. 心理

四、判断题（在括号内打“√”或“×”表示）：

(　　) 1. 马丁于1822年提出的禁止虐待牲畜的议案获得英国议会通过。

(　　) 2. *The Principles of Human Experimental Technique* 一书翻译成中文为《人类试验技术原理》。
(　　) 3. 在科学研究中，往往不能直接用人做实验，实验动物是人最好的“替身”。
(　　) 4. 人类对于动物的利用和动物福利是相互对立的两个方面。
(　　) 5. 动物福利是指为了使动物能够健康、快乐、舒适而采取的一系列行为和给动物提供的相应外部条件。
(　　) 6. 动物康乐是指动物自身感受的状态，指动物个体在某个特定时间段或整个生命周期内生理和精神与所处环境的协调状况。
(　　) 7. 动物福利概念由生理福利、心理福利、环境福利、卫生福利和饮食福利五个基本要素组成。
(　　) 8. 实验动物需求包括维持饮食需要、维持游戏需要和维持睡眠需要等。
(　　) 9. 动物的“康乐”与动物福利表达的意思是相近的。
(　　) 10. 动物福利的目的是动物康乐，而动物康乐状态又反映了动物福利条件的状况。
(　　) 11. 美国动物福利专家认为动物应有的“5 大自由”中包括站起自由和卧下自由。
(　　) 12. 英国农场动物福利法规定的“5 无”包括无营养不良、无环境带来不适、无伤害和疾病、无拘束地表现正常行为、无惧怕和应激。
(　　) 13. 动物应享有的“五大自由”包括饮食自由、睡眠自由、活动自由、叫唤自由、交配自由。
(　　) 14. 实验动物的“3R”原则包括减少原则、替代原则和重复原则。
(　　) 15. 实验动物“3R”原则中的“替代原则”，要求尽可能采用低等实验动物或非实验动物，以替代高等实验动物进行实验。
(　　) 16. 实验动物“3R”原则中的“减少原则”，要求尽可能减少实验动物的用量，甚至可以降低统计学要求。
(　　) 17. 实验动物“3R”原则中的“优化原则”，要求优化实验方案和技术路线，以减轻动物的痛苦。
(　　) 18. 世界动物保护协会要求实验动物道德委员会必须有动物福利代表参加。
(　　) 19. 国家科学技术委员会颁布的《实验动物管理条例》规定，从事实验动物工作的人员对实验动物必须爱护，不得戏弄或虐待。
(　　) 20.《广东省实验动物管理条例》规定，实验动物生产、使用活动涉及实验动物伦理与物种安全问题的，应当遵照国家有关规定，并符合国际惯例。
(　　) 21. 饲养人员应根据动物食性和营养需要，给予动物足够的饲料和清洁的饮水。
(　　) 22. 对于非人灵长类实验动物、犬及猪等天性喜爱运动的实验动物，种用动物，应有运动场地并定时遛放。
(　　) 23. 实验犬、猪分娩时，宜有兽医或经过培训的饲养人员进行监护，防止发生意外。
(　　) 24. 反对或不允许用动物做实验是愚昧的。
(　　) 25. 手术实验后的护理记录对实验动物不太重要，特别是大动物。
(　　) 26. 对实验动物进行手术、解剖或器官移植时，有选择地对动物进行麻醉。
(　　) 27. 保定实验动物时，应遵循“温和保定，善良抚慰，减少痛苦和应激反应”原则。
(　　) 28. 在不影响实验结果判定情况下应选择“仁慈终点”，避免延长动物承受痛苦的时间。
(　　) 29. 非人灵长类实验动物的使用不限于非用灵长类动物不可的实验。
(　　) 30. 实验动物外科手术的技术操作要求是稳、准、轻、快。
(　　) 31. 处死实验动物过程中要尽量减少动物的惊恐或焦虑，使其安静、无痛苦地死亡。
(　　) 32. 实验动物的处死，不必要过多考虑动物的感受，尽快处死即可。
(　　) 33. 当实验中途停止或结束时，实验犬要施行安乐死。
(　　) 34. 猿类灵长类动物原则上不予处死，实验结束后单独饲养，直至自然死亡。
(　　) 35. 实验犬在处死后可将尸体丢弃到生活垃圾处。

(　　) 36. 为实验动物提供清洁、舒适的生活环境，提供充足的、保证健康的食物和饮水，避免或减轻疼痛和痛苦等措施，属于善待实验动物的行为。
(　　) 37. 实验动物福利伦理委员会由管理人员、科技人员、实验动物专业人员和外单位人士组成。
(　　) 38. 实验动物福利伦理审查包括对活体动物处死是否采取安死术进行审查。
(　　) 39. 实验动物福利伦理审查不包括对动物尸体的处置措施是否得当进行审查。

五、名词解释：

1. 《马丁法令》
2. 实验动物福利
3. 组成动物福利概念的五个基本要素
4. 实验动物需求
5. 动物应享有的“五大自由”
6. 实验动物的“3R”原则
7. 实验动物“3R”原则中的“替代原则”
8. 实验动物“3R”原则中的“减少原则”
9. 实验动物“3R”原则中的“优化原则”
10. 仁慈终点
11. 善待实验动物

六、问答题：

1. 试述动物福利的定义。
2. 试述动物福利概念由哪五个基本要素组成。
3. 实验动物需求主要表现在哪三个方面？
4. 美国动物福利专家认为动物应有的“5 大自由”包括哪些内容？
5. 英国农场动物福利法规定的“5 无”包括哪些内容？
6. 简述动物应享有的“五大自由”。
7. 试述实验动物的“3R”原则内容。
8. 简述实验动物“3R”原则中的“替代原则”。
9. 简述实验动物“3R”原则中的“减少原则”。
10. 简述实验动物“3R”原则中的“优化原则”。
11. 试述世界动物保护协会对实验动物保护和福利的 7 个方面要求。
12. 试述《广东省实验动物管理条例》对实验动物福利的要求。
13. 试述《关于善待实验动物的指导性意见》中关于饲养管理过程中善待实验动物的要求。
14. 试述《关于善待实验动物的指导性意见》中关于应用过程中善待实验动物的要求。
15. 试述《关于善待实验动物的指导性意见》中关于运输过程中善待实验动物的要求。
16. 试述《关于善待实验动物的指导性意见》中关于善待实验动物的相关措施。
17. 试述善待实验动物的概念。
18. 试述实验动物福利伦理委员会的组成和任务。
19. 试述实验动物福利伦理审查基本要求。

（编写：余亮、黄海燕、陈玲、陈瑞爱　　审核：王元占、陈梅丽）

第三章　实验动物学绪论

一、填空题：

1. 实验动物学是以＿＿＿＿＿＿＿＿＿＿，并将培育的实验动物＿＿＿＿＿＿＿＿＿的一门综合性学科。

2. 实验动物是指＿＿＿＿＿＿，＿＿＿＿＿＿＿＿＿＿＿＿＿＿，＿＿＿＿＿＿＿＿＿＿＿＿＿＿，用于科学研究、教学、生产、检定以及其他科学实验的动物。

3. 实验动物具有的三大特点是＿＿＿＿＿、＿＿＿＿＿＿＿＿＿＿＿＿＿和＿＿＿＿＿。

4. 实验用动物是指＿＿＿＿＿＿＿＿＿＿＿＿＿。

5. 实验用动物包括＿＿＿＿＿、＿＿＿＿＿、＿＿＿＿＿、警卫动物和观赏动物。

6. 实验动物学的分支学科有＿＿＿＿＿＿＿＿＿＿、＿＿＿＿＿＿＿＿＿＿＿＿＿＿、＿＿＿＿＿＿＿＿＿、实验动物营养学、动物实验、实验动物医学、比较医学、实验动物饲养管理和中医实验动物学。

7. 实验动物医学是专门研究实验动物疾病的＿＿＿、＿＿＿、＿＿＿及其在生物医学领域中应用的分支学科。

8. 比较医学定义是，对实验动物与＿＿＿＿＿＿＿＿的异同，进行比较研究的分支学科。

9. 动物实验定义是，应用标准的实验动物进行科学研究，观察实验过程中实验动物有关器官的＿＿＿＿＿＿＿、＿＿＿＿＿＿及其发生发展规律。

10. 实验动物饲养管理定义是，研究实验动物的＿＿＿和＿＿＿管理，并使管理标准化和规范化。

11. 人们将＿＿＿世纪＿＿＿年代中期作为实验动物学真正形成的时期。

12. 国际实验动物科学委员会（ICLAS）成立于＿＿＿＿年，是由联合国教科文组织、医疗科学国际组织和＿＿＿＿＿＿＿联合组建的。

13. 全国的实验动物管理工作由国家＿＿＿主管，各地区的实验动物管理工作则由各＿＿、＿＿＿、＿＿＿的科技厅（科委、局）主管。

14.《实验动物管理条例》是由＿＿＿＿＿＿＿＿＿＿于＿＿＿＿＿年颁布的。

15. 1995 年，广东省科学技术委员会率先对＿＿＿＿、＿＿＿＿、＿＿实行实验动物一票否决。

16. 我国创办的实验动物科学方面的杂志有《＿＿＿＿＿＿＿＿＿》、《＿＿＿＿＿＿＿＿＿＿＿＿》、《实验动物科学》和《实验动物与比较医学》。

17. “AEIR”是进行生命科学实验研究所必需的四个基本条件。“A”指＿＿＿＿，“E”指＿＿，“I”指＿＿，“R”指＿＿。

18. 实验动物作为人类的“＿＿＿”，已经并将继续为保障人类健康作出巨大的牺牲和贡献。

19. 新药临床前安全评价的整体动物试验有＿＿毒性试验、＿＿毒性试验和＿＿毒性试验等。

20. 实验动物参与军事科学研究如各种武器的杀伤效果，以及＿＿、＿＿、细菌、激光等武器的效果和防护实验。

二、单项选择题（只有 1 个正确答案）：

1. 实验动物学是以＿＿＿为主要研究对象，并将培育的实验动物应用于生命科学等研究的一门综合性学科。

A. 动物实验　　B. 动物　　C. 实验动物　　D. 实验用动物

2. 实验动物学是研究实验动物和＿＿＿的一门综合性学科。

A. 动物实验 B. 生物学特性 C. 动物 D. 实验用动物

3. 实验动物是指对其______实行控制的动物。

A. 运动 B. 生长 C. 活动 D. 微生物和寄生虫

4. 实验动物是指经______的动物。

A. 剖腹取胎 B. 饲养 C. 健康 D. 人工培育

5. 实验动物是指遗传背景______或者来源清楚的动物。

A. 很好 B. 明确 C. 不详 D. 以上都不是

6. 实验动物是指用于______等用途的动物。

A. 食用 B. 入药 C. 教学 D. 宣传

7. 实验动物具有的三大特点之一是对______的要求。

A. 医学 B. 药学 C. 生物学 D. 遗传学

8. 实验动物具有的三大特点是对______的要求。

A. 遗传学 B. 微生物和寄生虫监控

C. 应用 D. 以上都是

9. 实验用动物是指______可以用于实验的动物。

A. 一切 B. 部分 C. 一些 D. 有些

10. 实验用动物包括______动物。

A. 野外 B. 商品 C. 实验用 D. 实验

11. 实验用动物包括______动物。

A. 野外 B. 警卫 C. 商品 D. 实验用

12. 实验动物学的分支学科有______等学科。

A. 医学 B. 预防医学 C. 比较医学 D. 微创医学

13. 实验动物学的分支学科有实验动物______学等学科。

A. 饲料学 B. 营养学 C. 垫料学 D. 草料学

14. 实验动物医学是研究______等实验动物疾病预防、诊断和治疗的一门分支学科。

A. 牛 B. 马 C. 鹅 D. 犬

15. 比较医学是对实验动物与______基本生命现象的异同进行比较研究的分支学科。

A. 人类 B. 禽类 C. 家畜类 D. 鱼类

16. 动物实验是应用实验动物进行______，观察实验过程中动物有关器官的组织形态学改变、机能反应变化及其发生发展规律的分支学科。

A. 比较研究 B. 项目研究 C. 分析研究 D. 科学研究

17. 动物实验是观察实验过程中实验动物有关器官的______的分支学科。

A. 组织形态学改变 B. 机能反应变化 C. 发生发展规律 D. 以上都是

18. 实验动物饲养管理是研究实验动物的________和生产管理，并使管理标准化和规范化。

A. 繁育 B. 刺激 C. 试验 D. 供应

19. 人们将20世纪______年代中期作为实验动物学真正形成的时期。

A. 30 B. 40 C. 50 D. 60

20. 人们将______世纪50年代中期作为实验动物学真正形成的时期。

A. 17 B. 18 C. 19 D. 20

21. 实验动物学与______、兽医学、畜牧学、微生物学、遗传学等学科密切相关。

A. 化学 B. 物理学 C. 地理学 D. 动物学

22. 国际实验动物科学委员会（ICLAS）成立于______年，是由联合国教科文组织、医疗科学国际组织和生物科学协会联合组建的。

A. 1956 B. 1957 C. 1958 D. 1959

23. 1956 年，由联合国______组织、医疗科学国际组织和生物科学协会联合组建了国际实验动物科学委员会（ICLAS）。

A. 世界卫生 B. 教科文 C. 国际粮农 D. 兽医协会

24. 1956 年，由联合国教科文组织、______组织和生物科学协会联合组建了国际实验动物科学委员会（ICLAS）。

A. 医疗科学国际 B. 世界卫生 C. 国际粮农 D. 兽医协会

25. 1956 年，由联合国教科文组织、医疗科学国际组织和______协会联合组建了国际实验动物科学委员会（ICLAS）。

A. 国际粮农 B. 世界卫生 C. 生物科学 D. 兽医协会

26. 全国的实验动物管理工作由国家______部主管。

A. 卫生 B. 农业 C. 科技 D. 药品食品

27. 我国各省的实验动物管理工作由各省的______厅（科委、局）主管。

A. 卫生 B. 科技 C. 农业 D. 药品食品

28.《实验动物管理条例》是由国家科学技术委员会于______年颁布的。

A. 1985 B. 1986 C. 1987 D. 1988

29. 1988 年，由国家科学技术委员会颁布的实验动物管理法规是《______》。

A. 实验动物管理条例 B. 实验动物管理办法

C. 实验动物质量管理办法 D. 实验动物许可证管理办法

30.《实验动物管理条例》发布于 1988 年，是由______颁布的。

A. 国家医药管理局 B. 国家科学技术委员会

C. 国家卫生部 D. 国家农业部

31. 1995 年，广东省科学技术委员会率先在制度上对______实行实验动物一票否决制。

A. 科研立项 B. 成果鉴定 C. 成果评奖 D. 以上都对

32. 1995 年，广东省科学技术委员会率先在制度上对科研立项、成果鉴定、评奖实行实验动物______制。

A. 认可 B. 否决 C. 一票否决 D. 以上都正确

33. 我国创办的实验动物科学方面的杂志有《______》。

A. 实验动物医学 B. 兽医学 C. 实验动物科学 D. 实验动物学

34. “AEIR”是进行生命科学实验研究所必需的四个基本条件。“A”指______。

A. 实验动物 B. 设备 C. 信息 D. 试剂

35. “AEIR”是进行生命科学实验研究所必需的四个基本条件。“E”指______。

A. 实验动物 B. 设备 C. 信息 D. 试剂

36. “AEIR”是进行生命科学实验研究所必需的四个基本条件。“I”指______。

A. 实验动物 B. 设备 C. 信息 D. 试剂

37. “AEIR”是进行生命科学实验研究所必需的四个基本条件。“R”指______。

A. 实验动物 B. 设备 C. 信息 D. 试剂

38. 实验动物作为人类的“______”，已经并将继续为保障人类健康作出巨大的牺牲和贡献。

A. 助手 B. 试验模型 C. 替难者 D. 朋友

39. 新药临床前安全评价的整体动物试验有______毒性试验等。

A. 急性 B. 长期 C. 局部 D. 以上都对

40. 实验动物参与各种武器的杀伤效果研究，以及______等武器的效果和防护实验。

A. 化学 B. 辐射 C. 细菌 D. 以上都正确

三、多项选择题（有 1 个以上的正确答案）：

1. 实验动物学是研究______的一门综合性学科。
   A. 实验动物　B. 动物实验　C. 动物学　D. 畜牧学
2. 实验动物是指______的动物。
   A. 经人工培育
   B. 对其携带的微生物和寄生虫实行控制
   C. 遗传背景明确或来源清楚
   D. 用于科学研究、教学、生产、检定以及其他科学实验
3. 实验动物具有的三大特点是______。
   A. 遗传学要求　B. 应用要求
   C. 微生物寄生虫监控要求　D. 以上都错
4. 实验用动物包括______等动物。
   A. 实验动物　B. 野生动物　C. 家畜（禽）　D. 动物细胞
5. 实验动物科学的重要性可概括为______。
   A. 是现代科学技术的重要组成部分　B. 是生命科学的基础和条件
   C. 是衡量科研水平的重要标志　D. 与军事研究无关
6. 供应用的实验动物应当具备下列完整的资料：______。
   A. 品种、品系及亚系的确切名称　B. 遗传背景或其来源
   C. 3 个月内实验动物质量检测报告　D. 合格证明和供应单位负责人签名
7. 购买实验动物的注意事项有______。
   A. 应购买有生产许可证单位生产繁育的实验动物
   B. 应索取实验动物的质量合格证明
   C. 若从外地购买动物，应查阅运输的检疫证明
   D. 应对动物进行标记或特殊编号
8. 实验动物学的分支学科有实验动物______。
   A. 环境生态学　B. 遗传育种学　C. 营养学　D. 哺乳学
9. 实验动物医学是专门研究实验动物疾病的______的分支学科。
   A. 诊断　B. 治疗　C. 预防　D. 实验
10. 比较医学是对______基本生命现象的异同进行比较研究的分支学科。
   A. 实验动物　B. 人类　C. 经济动物　D. 警卫动物
11. 动物实验是应用实验动物进行科学研究，观察实验过程中实验动物有关器官的______的分支学科。
   A. 组织形态改变　B. 机能反应变化　C. 发生发展规律　D. 以上都不对
12. 实验动物饲养管理是研究实验动物的______。
   A. 繁育　B. 生产　C. 管理标准化　D. 管理规范化
13. 国际实验动物科学委员会（ICLAS）成立于 1956 年，由联合国______联合组建。
   A. 教科文组织　B. 医疗科学国际组织　C. 生物科学协会　D. 以上都错
14. 我国各地区的实验动物管理工作由各______的科技厅（科委、局）主管。
   A. 省　B. 自治区　C. 自治州　D. 直辖市
15.《实验动物管理条例》是由国家哪个部门于哪一年颁布的？______。
   A. 国家科学技术委员会　B. 国家科技部

C. 1988　　D. 1987

16. 1995年，广东省率先在制度上对______实行实验动物一票否决。

A. 科研立项　　B. 成果鉴定　　C. 药品检定　　D. 成果评奖

17. 我国创办的实验动物科学方面的杂志有《______》。

A. 实验动物科学　　B. 中国实验动物学报　　C. 中国比较医学杂志　　D. 实验动物与比较医学

18. "AEIR"是进行生命科学实验研究所必需的四个基本条件，分别指______。

A. 实验动物　　B. 效率　　C. 重要性　　D. 试剂

19. 新药临床前安全评价的整体动物试验有______毒性试验等。

A. 急性　　B. 长期　　C. 制剂工艺　　D. 局部

20. 实验动物参与各种武器的杀伤效果研究，以及______等武器效果和防护实验。

A. 弓箭　　B. 鞭炮　　C. 辐射　　D. 细菌

四、判断题（在括号内打"√"或"×"表示）：

(　　) 1. 实验动物学只研究实验动物的繁育生产。

(　　) 2. 实验动物是经人工培育、遗传背景明确或者来源清楚的动物。

(　　) 3. 实验动物具有对遗传学、应用、微生物学监控、生长速度控制方面要求的四大特点。

(　　) 4. 实验用动物是指一切可以用于实验的动物，但不包括实验动物。

(　　) 5. 实验用动物与实验动物是同一概念的不同说法。

(　　) 6. 猪、金毛犬、警犬、猫均可作为实验用动物。

(　　) 7. 实验动物学的分支学科有实验动物医学和比较医学等。

(　　) 8. 实验动物医学专门研究实验动物疾病及其在生物医学中的应用。

(　　) 9. 比较医学对实验动物与人类生命现象的异同进行比较研究。

(　　) 10. 动物实验是应用实验动物进行科学研究的分支学科。

(　　) 11. 实验动物饲养管理是研究实验动物的繁育和生产管理，并使之标准化、规范化。

(　　) 12. 人们将19世纪50年代中期作为实验动物学真正形成的时期。

(　　) 13. 国际实验动物科学委员会（ICLAS）由联合国教科文组织和医疗科学国际组织联合组建。

(　　) 14. 目前，全国实验动物管理工作由国家科技委员会主管，各地区的实验动物管理工作则由各省、自治区、直辖市的科技厅（科委、局）主管。

(　　) 15.《实验动物管理条例》由国家科学技术委员会于1988年颁布实施。

(　　) 16. 1995年，广东省科学技术委员会率先在制度上对科研立项、成果鉴定、评奖实行实验动物一票否决。

(　　) 17. "AEIR"是进行生命科学实验研究必需的四个基本条件。"A"指实验动物。

(　　) 18. 在科学研究中，往往不能直接用人做实验，实验动物是人类最好的"替身"。

(　　) 19. 新药临床前安全评价的整体动物试验有急性毒性试验和长期毒性试验等。

(　　) 20. 各种武器杀伤效果，化学、辐射、细菌、激光武器效果和防护试验均会使用实验动物。

五、名词解释：

1. 实验动物学　　2. 实验动物

3. 实验用动物　　4. 动物实验

5. 比较医学

六、问答题：

1. 试述实验动物学的概念。
2. 试述实验动物的三大特点。
3. 试述实验动物学的分支学科名称。
4. 试述实验动物在生物医学研究中的意义。
5. 试述实验动物在制药与化工工业中的应用。

（编写：黄韧、余亮、陈瑞爱、王洪军　　审核：顾为望、邹移海）

第四章　实验动物遗传学

一、填空题：

1. 20 世纪 50 年代，罗歇尔和布鲁克提出了动物的______、______、______与环境之间的关系模式。

2. 实验动物标准化的内容包括________、__________________、________和营养控制 4 项基本措施。

3. 绝大多数实验动物属______、__________、哺乳纲、真兽亚纲，但目以下的分类则各不相同。

4. 实验动物按遗传特点不同，可分为______、______、______等。

5. 近交系动物是经至少连续____代的__________交配或亲子交配培育而成。

6. 经过技术处理的品系称为支系，如受精卵或胚胎移植、________、________、________等技术处理后的实验动物，都可视为支系。

7. 在 DBA/1fLACA/Lac 中，“DBA”为______________，“f”表示______，“LACA”为________。

8. 封闭群动物，要求以__________方式进行繁殖生产，并在不从外部引入新个体的条件下，至少连续繁殖____代以上。

9. 封闭群动物的特点是__________和__________。

10. 国际实验动物科学委员会规定封闭群动物每代近交系数增加不能超过____%，因此有效群体至少要达到______对。

11. 动物的近交方式有亲子、全同胞兄妹、半同胞兄妹、叔侄、______交配等。

12. 实验动物最有效的近交方式是______和__________兄妹交配。

13. 近交系动物的培育和保种必须做好____记录，防止发生错误交配，出现遗传污染。

14. 应将培育和保种近交系的所有谱系记录信息内容，分成__________、个体卡片和饲养笼标签几个部分进行记录，比较方便。

15. 培育和保种近交系的谱系档案记录内容包括品系名称、__________、个体号码、出生日期、双亲的号码，长期保存。

16. 培育和保种近交系的个体卡片记录内容包括__________、出生日期、交配日期、体重、分娩，离乳和特性检查情况、淘汰日期。

17. 装在饲养笼具上的，培育和保种近交系的饲养笼标签记录内容包括：品系名称，雌、雄的__________，分娩、离乳的情况。

18. 近交系动物繁殖方法选择的原则是保持近交系动物的__________性。

19. 作为繁殖用原种的近交系动物必须遗传背景明确，来源清楚，有较完整的资料。引种动物应来自近交系的______群。

20. 近交系动物繁殖生产计划的内容包括______________计划，配种计划，年动物种群周转计划，实验动物质量控制计划，房屋、设施使用与周转计划等。

21. 小型啮齿类封闭群动物引种数目一般不能少于____对。

22. 当封闭群中每代交配的雄种动物数目为 26～100 只时，一般采用__________法，也可采用最佳避免近交法。

23. 犬、猫、家兔等动物的生殖周期较长，应保持种群规模不低于____只雄种、____只雌种的水平，交配时尽量避免近亲交配，则可以把繁殖中每代近交系数的上升控制在较低的程度。

24. 杂交群动物的繁殖比较简单，只需将____个用于生产杂交一代的亲本品系或种群进行交配，所得子代即为杂交群动物（F1 代动物）。

25. 无论是近交系、封闭群还是杂交群的生产，其生产用种群进行交配的方式有______方式、一雄多雌方式和种用动物的更新等。

二、单项选择题（只有 1 个正确答案）：

1. 动物界中已知的 150 多万种动物分属______个门。

A. 20　B. 30　C. 40　D. 50

2. 目前尚未培育出标准化实验动物的是______目。

A. 单孔　B. 兔形　C. 有袋　D. 啮齿

3. BALB/c 小鼠属于______动物。

A. 近交系　B. 封闭群　C. 杂交群　D. 遗传修饰

4. 按遗传学控制分类，可将实验动物分为 3 大类群，以下不属于 3 大类群之一的是______。

A. 近交系　B. 封闭群　C. 杂交群　D. 突变系

5. 近交系动物的近交代数用大写英文字母“______”表示。

A. E　B. F　C. G　D. H

6. 按照《实验动物　哺乳类实验动物的遗传质量控制》（GB 14923—2010），在一个动物群体中，任何个体基因组中______% 以上的等位位点为纯合时定义为近交系。

A. 99　B. 98　C. 97　D. 96

7. 在近交系动物培育过程中，兄妹交配情况下，从第 4 代以后，每代近交系数上升______%。

A. 19.9　B. 19.5　C. 19.3　D. 19.1

8. C57BL/6J 中的“C”代表______。

A. Cold Spring Harbor Laboratory　B. Charles River Japan Inc.

C. 比利时 Libre 大学的 Albbert Claude 博士　D. India Cancer Research Centre

9. 国际实验动物科学委员会规定封闭群动物每代近交系数不能超过______%。

A. 1　B. 0.5　C. 2　D. 3

10. 近交系数上升率 F1 与有效群体数目 Ne 之间的关系为 F1 = 1/2Ne，因此，国际实验动物科学委员会规定，封闭群动物有效群体数目 Ne 至少要有______对。

A. 10　B. 15　C. 20　D. 25

11. 近交系动物经至少______代的全同胞兄妹交配或亲子交配培育而成。

A. 20　B. 25　C. 连续 20　D. 连续 25

12. 封闭群动物是指以非近亲交配方式进行繁殖，在不从外部引入新个体的条件下，连续繁殖______的群体。

A. 4 代　B. 5 代　C. 4 代以上　D. 5 代以上

13. 以下______不属于特殊类型的近交系动物。

A. 重组近交系　B. 重组同类系　C. 重组突变系　D. 同源突变近交系

14. 杂交群是指由两个不同______杂交产生的后代。

A. 近交系　B. 封闭群　C. 诱变突变动物　D. 重组近交系

15. 近交系动物的一个分支与其他分支之间存在遗传差异，这个分支称为______。

A. 品系　B. 亚系　C. 支系　D. 重组近交系

16. 来自 C57BL/6 的小鼠胚胎，经冷冻并在液氮中保存 10 年，复苏后移植到 CBA/H 小鼠的体内，生出的小鼠可表示为______。

A. CBA/HfC57BL/6　B. C57BL/6fCBA/H　C. C57BL/6eCBA/H　D. C57BL/6peCBA/H

17. 引自美国 Jackson 实验室的 C57BL/6J 小鼠，在某实验动物中心繁殖生产了 10 年，这属于美国 Jackson 实验室 C57BL/6J 小鼠的______。

A. 品系　B. 亚系　C. 支系　D. 重组近交系

18. N：NIH 表示由美国国立卫生研究院（N）保持的 NIH ______小鼠。

A. 封闭群　B. 杂交一代　C. 近交系　D. 转基因

19. 杂交一代动物的遗传组成来自______。

A. 父系和母系　B. 均等地来自两个亲本品系

C. 来自父系　D. 来自母系

20. 近交系动物遗传的稳定性归因于______。

A. 基因的纯合性　B. 遗传的同源性　C. 表型的一致性　D. 遗传组成的个体性

21. 近交系动物的缺点表现在______。

A. 遗传组成的局限性，导致各品系间具有不同的基因型和表型

B. 近交衰退导致生活力和生育力的下降

C. 易于发生遗传漂变，产生性状分离

D. 易于产生突变基因，产生自发性疾病

22. 近交系动物的遗传组成独特性是指______。

A. 品系的所有个体均可追溯到一对共同祖先

B. 品系内个体相互交配不会出现性状分离

C. 人为选择不会改变品系动物的基因型

D. 每个近交系具有独自的遗传特性

23. 一个同源近交系的育成需要与近交系回交或与回交等价地交配______代以上。

A. 5　B. 10　C. 20　D. 40

24. 目前公认______是最理想的异种器官供体。

A. 猪　B. 猕猴　C. 羊　D. 猩猩

三、多项选择题（有 1 个以上的正确答案）：

1. 20 世纪 50 年代，提出动物的遗传与环境之间的关系模式的是______。

A. 罗歇尔　B. 布鲁克　C. 孟德尔　D. 达尔文

2. 目前尚未培育出实验动物的是______。

A. 单孔目　B. 长鼻目　C. 海牛目　D. 啮齿目

3. 以下______属于特殊类型的近交系动物。

A. 重组近交系　B. 重组同类系　C. 重组突变系　D. 同源突变近交系

4. 杂交群动物具有以下特点：______。

A. 具有杂交优势，因而生命力强，适应性和抗病力强，繁殖旺盛

B. 具有与近交系动物基本相似的遗传均质性

C. 采用杂交群动物所做的各种实验，其结果的重复性好

D. 具有亲代双亲的特点

5. 近交系动物的特点是______。

A. 至少连续 20 代的全同胞兄妹交配或亲子交配培育

B. 品系内所有个体都可追溯到起源于第 20 代或以后代数的 1 对共同祖先

C. 兄妹交配情况下，从第 4 代以后，每代近交系数上升 15%

D. 群体内每个位点只有 1 种基因型，而不会存在其他等位基因

6. 杂交群动物在生物医学研究中可用于______。
A. 外周血干细胞的研究　　B. 自身免疫缺陷动物模型的研究
C. 复制先天性畸形和先天性疾病的动物模型　　D. 单克隆抗体研究

7. 下列情况不能形成亚系的是______。
A. 引种到另一实验室　　B. 受精卵或胚胎移植
C. 冷冻保存　　D. 在兄妹交配40代之前分离

8. 形成不同支系的技术处理包括______。
A. 代乳　　B. 胚胎移植　　C. 冷冻保存　　D. 人工喂养

9. 遗传修饰动物包括______。
A. 转基因动物　　B. 基因定位突变动物　　C. 诱变突变动物　　D. 克隆动物

10. 下列属于近交系动物的特点的是______。
A. 表现型一致　　B. 遗传组成同源　　C. 繁殖率高，重复性差　　D. 对外界因素敏感性高

11. 同一品种或品系中，各个体的基因型均相同的实验动物是______。
A. 近交系动物　　B. 封闭群动物　　C. 杂交一代动物　　D. 重组近交系动物

12. 根据命名原则，下列小鼠中属于近交系的是______。
A. C3H（F130）　　B. B6D2F1　　C. N：NIH　　D. DBA/Ha－D

四、判断题（在括号内打“✓”或“×”表示）：

(　　) 1. NIH小鼠按实验动物学分类，其品种为白化小鼠，其品系是NIH小鼠，近交系。

(　　) 2. 在动物界，根据动物解剖、外形和生理生化等的相似程度，在界以下，分为门、纲、目、科、属、种6个基本阶元。

(　　) 3. 按照《实验动物　哺乳类实验动物的遗传质量控制》（GB 14923—2010），近交系动物的繁殖分为基础群、血缘扩大群和生产群。

(　　) 4. 近交系动物所有个体可追溯起源于第20代或以后代数的1对共同祖先。

(　　) 5. C57BL/6J中的C代表Cold Spring Harbor Laboratory（冷泉港实验室）。

(　　) 6. 封闭群动物群体的遗传特性因基因频率改变而无法保持相对稳定。

(　　) 7. 封闭群动物就是不从外部引入新个体，而进行内部繁殖生产的一个实验动物种群。

(　　) 8. 国际实验动物科学委员会规定封闭群动物每代近交系数不能超过0.5%。

(　　) 9. 按照国家哺乳类实验动物的遗传质量控制标准，杂交群动物的命名以雌性亲代名称在前，雄性亲代名称居后，两者之间以大写英文字母“X”相连表示杂交。

(　　) 10. 杂交群动物具有杂交优势，生活力和抗病力比近交系强。

(　　) 11. 按照《实验动物　哺乳类实验动物的遗传质量控制》（GB 14923—2010），近交系小鼠的遗传检测，应选择位于10条染色体上的14个生化位点。

(　　) 12. GB 14923—2010规定，近交系动物生产群应每2年进行1次遗传质量检测。

(　　) 13. GB 14923—2010规定，当近交系动物生产供应数量不是很大时，一般不设血缘扩大群，仅设基础群和生产群。

(　　) 14. GB 14923—2010规定，近交系动物如果有1个位点的标记基因与标准遗传概貌不一致，应淘汰，重新引种。

(　　) 15. GB 14923—2010规定，近交系动物遗传质量检测的方法包括皮肤移植法、微量细胞毒法等。

(　　) 16. GB 14923—2010规定，采用皮肤移植法对近交系动物进行遗传质量检测，每个品系应随机抽取至少100只相同性别的成年动物，进行同系异体皮肤移植。

(　　) 17. GB 14923—2010规定，当封闭群的动物数量非常多（繁殖种动物在100个繁殖单位以上），

应采用随选交配法进行繁殖。

(　　) 18. 动物的近交方式只有叔侄、祖孙交配方式。

(　　) 19. 实验动物最有效的近交方式是亲子和全同胞兄妹交配。

(　　) 20. 近交系动物的培育和保种必须做好谱系记录，防止发生错误交配，出现遗传污染。

(　　) 21. 应将培育和保种近交系的所有谱系记录信息内容，分成谱系档案、个体卡片和饲养笼标签几个部分进行记录，比较方便。

(　　) 22. 培育和保种近交系的谱系档案记录内容包括品系名称、近交代数、个体号码、出生日期、双亲的号码，长期保存。

(　　) 23. 培育和保种近交系的个体卡片记录内容包括个体号码、出生日期、交配日期、体重、分娩，离乳和特性检查情况、淘汰日期。

(　　) 24. 装在饲养笼具上的，培育和保种近交系的饲养笼标签记录内容包括：品系名称，雌、雄的个体号码，分娩、离乳的情况。

(　　) 25. 近交系动物繁殖方法选择的原则是保持近交系动物的基因纯合性。

(　　) 26. 作为繁殖用原种的近交系动物必须遗传背景明确，来源清楚，有较完整的资料。引种动物应来自近交系的基础群。

(　　) 27. 近交系动物繁殖生产计划的内容包括年生产及供应计划，配种计划，年动物种群周转计划，实验动物质量控制计划，房屋、设施使用与周转计划等。

(　　) 28. 小型啮齿类封闭群动物引种数目一般不能少于 50 对。

(　　) 29. 当封闭群中每代交配的雄种动物数目为 10 ~ 20 只时，一般采用循环交配法，也可采用最佳避免近交法。

(　　) 30. 犬、猫、家兔等动物的生殖周期较长，应保持种群规模不低于 25 只雄种、50 只雌种的水平，交配时尽量避免近亲交配，则可以把繁殖中每代近交系数的上升控制在较低的水平。

(　　) 31. 杂交群动物的繁殖比较简单，只需将 2 个用于生产杂交一代的亲本品系或种群进行交配，所得子代即为杂交群动物（F1 代动物）。

(　　) 32. 无论是近交系、封闭群还是杂交群的生产，其生产用种群进行交配的方式均为长期同居方式。

五、名词解释：

1. 近交系动物
2. 封闭群动物
3. 杂交群动物
4. 生产指数

六、问答题：

1. 近交系动物有何特性？
2. 使用近交系动物有何优点？
3. 杂交群动物有何特性及应用？
4. 封闭群动物有何特性及应用？
5. 近交系动物的培育和保种的谱系记录事项有哪些？

（编写：郭学军、符路娣、黄冰　　审核：黄韧、邹移海）

第五章　实验动物微生物与寄生虫学

一、填空题：

1. 实验动物传染病一般有________、________、____________、________4 种表现形式。
2. 实验动物传染病的流行传播必须具备______、________和________3 个基本条件。
3. SPF 级动物饲养于屏障环境中，该环境严格控制____、____和________的进出。
4. 屏障环境所使用的______、____、____、手套、衣服、口罩等一切用具及饲料、饮用水都须经过消毒灭菌处理。
5. 无菌级动物来源之一是普通级动物经__________手术，幼仔在无菌隔离器中经人工哺育或由其他无菌级动物代乳饲育而成。
6. 清洁级大鼠必须排除的病毒为________________和________。
7. 导致人畜共患病的实验动物病毒有__________________________、________________、狂犬病病毒、猕猴疱疹病毒Ⅰ型（B 病毒）等。
8. 导致人畜共患病的实验动物细菌有______、________、______、结核分枝杆菌、钩端螺旋体等。
9. 导致人畜共患病的实验动物真菌有____________等。
10. 导致人畜共患病的实验动物体内寄生虫有______等。
11. 鼠痘是由________________感染引起的小鼠烈性传染病。
12. 鼠痘的易感动物是______。
13. 淋巴细胞脉络丛脑膜炎病毒可通过______垂直传播传给子代。
14. 如果在无菌级动物体内人为植入 1 种或数种______，称为悉生动物。
15. 狂犬病一般有两种表现类型：______和______。
16. 狂犬病的传播途径主要通过____后经血液传播。
17. 流行性出血热（EHF）又称为肾综合征出血热，主要由________________感染引起。
18. 人感染流行性出血热后出现____、______、____“三痛”症状。
19. 实验动物的沙门菌病为人畜共患病，主要由____________和__________引起。
20. 肺支原体可引起____________和__________等呼吸系统疾病。

二、单项选择题（只有 1 个正确答案）：

1. ______对支气管败血性波氏杆菌最敏感。
   A. 大鼠　　B. 家兔　　C. 猫　　D. 犬
2. 可引起动物腹泻、出血性肠炎、盲肠炎、肝脏多发性灶样坏死和高死亡率的革兰氏阴性杆菌是______。
   A. 鼠伤寒和肠炎沙门菌　　B. 假结核耶尔森菌
   C. 毛发状芽孢杆菌　　D. 嗜肺巴氏杆菌
3. SPF 级动物必须排除的条件性致病菌是______。
   A. 肺炎克雷伯杆菌　　B. 肺支原体　　C. 多杀巴氏杆菌　　D. 沙门菌

4. 多杀巴氏杆菌和嗜肺巴氏杆菌感染动物的不同点是______。
   A. 前者无芽孢，后者有芽孢并可形成不溶血的菌落
   B. 前者只能在含血的培养基上生长，后者则可以生长在普通琼脂培养基
   C. 前者可引起小鼠中耳炎，后者不引起中耳炎
   D. 前者对兔和小鼠有较强的致病作用，后者对上述动物的致病性不强
5. SPF 级小鼠必须排除的条件性致病菌是______。
   A. 绿脓杆菌　　B. 肺支原体　　C. 多杀巴氏杆菌　　D. 沙门菌
6. 实验动物沙门菌感染主要是由______引起。
   A. 伤寒沙门菌和肠炎沙门菌　　B. 鼠伤寒沙门菌和猪霍乱沙门菌
   C. 鼠伤寒沙门菌和肠炎沙门菌　　D. 伤寒沙门菌和鼠伤寒沙门菌
7. 普通级兔必须排除的细菌是______。
   A. 绿脓杆菌　　B. 肺支原体　　C. 多杀巴氏杆菌　　D. 沙门菌
8. 犬常因配种而被感染布氏杆菌病，这种传播是______。
   A. 直接接触水平传播　　B. 直接接触垂直传播
   C. 间接接触非生物性媒介传播　　D. 间接接触生物性媒介传播
9. 志贺菌在______动物中带菌率较高。
   A. 灵长类　　B. 啮齿类　　C. 草食类　　D. 食肉类
10. 国标规定需要检测结核菌的实验动物是______。
   A. 猕猴　　B. 犬　　C. 豚鼠　　D. 家兔
11. 支原体可经胎盘感染子代的传播途径是______。
   A. 直接接触水平传播　　B. 直接接触垂直传播
   C. 间接接触非生物性媒介传播　　D. 间接接触生物性媒介传播
12. 动物和人感染弓形虫的方式是______。
   A. 误食含弓形虫成熟卵囊的食物　　B. 伤口接触被弓形虫污染的排泄物
   C. 被感染弓形虫的动物咬伤　　D. 吸入空气中的子孢子
13. 下列不属于预防人感染流行性出血热的措施是______。
   A. 灭野鼠，防止野鼠进入实验室　　B. 定期对动物进行血清学检查
   C. 加强防护，避免伤口被动物排泄物污染　　D. 定期对环境喷洒消毒药物
14. 能够引起人感染的病毒是______病毒。
   A. 小鼠脱脚病　　B. 兔出血症　　C. 小鼠肝炎　　D. 流行性出血热
15. 对人和其他动物均有强致病性的人畜共患病的病原体是______。
   A. 狂犬病病毒　　B. 兔出血症病毒　　C. 小鼠肝炎病毒　　D. 鸡白血病病毒
16. 对人和动物均有较强致病性的人畜共患病的病原体是______。
   A. 淋巴细胞脉络丛脑膜炎病毒　　B. 鼠痘病毒
   C. 仙台病毒　　D. 猴病毒 40
17. 仙台病毒对实验的干扰表现在______。
   A. 可加速同种异系甚至同系小鼠之间皮肤移植的排斥
   B. 仙台病毒感染动物后遗留的组织学改变酷似浸润性肝癌
   C. 妊娠 4 ~5 d 的大鼠感染仙台病毒会造成妊娠期延长
   D. 提高淋巴细胞对植物血凝素和刀豆素的促有丝分裂应答
18. 常引起暴发流行，甚至毁灭整个动物群的病原体是______。
   A. 淋巴细胞脉络丛脑膜炎病毒　　B. 鼠痘病毒
   C. 仙台病毒　　D. 猴病毒 40

19. 鼠痘是由鼠痘病毒感染引起的______急性烈性传染病。
    A. 小鼠　B. 大鼠　C. 豚鼠　D. 地鼠
20. 可以影响小鼠健康并对研究工作产生严重干扰的病原体是______。
    A. 狂犬病病毒　B. 兔出血症病毒　C. 小鼠肝炎病毒　D. 鸡白血病病毒
21. 导致犬出现急性出血性肠炎和非化脓性心肌炎的是______疾病。
    A. 犬瘟热　B. 犬细小病毒感染　C. 狂犬病　D. 犬传染性肝炎
22. 小鼠感染呼肠孤病毒Ⅲ型多呈隐性感染，症状表现为______。
    A. 引起肺炎并可影响繁殖率　B. 乳小鼠可见脂肪性下痢
    C. 引发人畜共患病　D. 可引起肢体麻痹、瘫痪
23. 小鼠巨细胞病毒的特点是______。
    A. 对脂溶剂很敏感，对某些酶类敏感，对热不稳定
    B. 对脂溶剂不敏感，对某些酶类敏感，对热不稳定
    C. 对脂溶剂很敏感，对酶类不敏感，对热不稳定
    D. 对脂溶剂很敏感，对某些酶类也敏感，对热稳定
24. 清洁级兔必须排除的病毒是______。
    A. 仙台病毒　B. 兔黏液瘤病毒　C. 轮状病毒　D. 兔出血症病毒
25. 可以污染生物制剂、肿瘤移植物和细胞培养物的病原体是______。
    A. 淋巴细胞脉络丛脑膜炎病毒　B. 鼠痘病毒
    C. 仙台病毒　D. 猴病毒 40
26. B 病毒感染猕猴后______。
    A. 病猴因疱疹性口炎直接致死　B. 在猴群内通过接触其污染物传播
    C. 病猴常出现明显全身不适　D. 病猴出现患病症状表现
27. 可传染给人的病原体是______。
    A. 嗜肺巴氏杆菌　B. 多杀巴氏杆菌　C. 鼠支原体　D. B 病毒
28. B 病毒主要引起______疱疹性口炎。
    A. 猴　B. 猪　C. 兔　D. 羊
29. 实验动物可以根据对微生物控制程度进行分类，下列不属于该分类的是______。
    A. 近交系动物　B. SPF 级动物　C. 无菌级动物　D. 清洁级动物
30. 实验动物微生物和寄生虫检测的全部项目应包括______。
    A. 细菌、病毒、寄生虫　B. 微生物、病毒、寄生虫
    C. 细菌、真菌、病毒、寄生虫　D. 病原菌、病毒、寄生虫
31. 普通级动物对微生物的控制主要包括______。
    A. 对实验动物危害大的的病原　B. 对科学研究干扰大的病原
    C. 人畜共患病原和动物烈性传染病原　D. 影响人员健康和生命安全的病原
32. 普通级动物的用途是______。
    A. 教学、科研、生产繁殖　B. 教学、科研的预试验
    C. 教学、生产繁殖　D. 科研、检定、教学、生产繁殖
33. 符合清洁级动物概念的是______。
    A. 根据我国国情而设定的等级动物、饲养在屏障环境
    B. 根据我国国情而设定的等级动物、饲养在隔离环境
    C. 二级动物、饲养在隔离环境
    D. 三级动物、饲养在屏障环境
34. 清洁级小鼠应排除的病毒有______。

A. 鼠疫和淋巴细胞脉络丛脑膜炎病毒　　B. 鼠疫和小鼠脑脊髓炎病毒
C. 小鼠肝炎病毒和多瘤病毒　　D. 小鼠肝炎病毒和仙台病毒

35. 对 SPF 级动物特点描述正确的是______。
A. 与普通级动物比较，实验数据较准确和稳定
B. 自然死亡率很低
C. 长期实验存活率为 100%
D. 与普通动物比较实验设计中使用数量多

36. SPF 级动物是指______。
A. 机体内不携带特定的微生物和寄生虫
B. 机体外不携带特定的微生物和寄生虫
C. 机体内外不携带特定的和非特定的微生物和寄生虫
D. 机体内外不携带特定微生物和寄生虫，但可能携带有非特定微生物和寄生虫

37. 无菌级动物对微生物感染敏感的主要原因是______。
A. 免疫器官相对大，白细胞数相对多，血液中抗体含量多，产生丙种球蛋白的能力很弱
B. 免疫器官相对大，白细胞数相对多，血液中抗体含量少，产生丙种球蛋白的能力很强
C. 免疫器官相对小，白细胞数相对少，血液中无抗体，产生丙种球蛋白的能力很弱
D. 免疫器官相对小，白细胞数相对少，血液中抗体含量多，产生丙种球蛋白的能力很强

38. 实验动物微生物学国家标准 GB 14922.2—2011 由______制定。
A. 国家科技部　　B. 国家质量监督检验检疫总局
C. 国务院　　D. 农业部

39. 按照 GB 14922.2—2011，实验动物分普通级动物、清洁级动物、______、无菌级动物。
A. SPF 级动物　　B. 经济动物　　C. 悉生动物　　D. 野生动物

40. “普通级大鼠、小鼠”的等级已经被实验动物国家标准 2001 年修订版______。
A. 保留　　B. 取消　　C. 肯定　　D. 限制

41. 实验动物微生物学国家标准要求，对于 SPF 级实验动物，至少每______个月检测 1 次。
A. 4　　B. 3　　C. 12　　D. 2

42. 在 GB 14922.2—2011 中，实验用犬、猴的微生物等级界定为______。
A. 普通级动物和清洁级动物　　B. 普通级动物和 SPF 级动物
C. 清洁级动物和 SPF 级动物　　D. 普通级动物和无菌级动物

三、多项选择题（有 1 个以上的正确答案）：

1. 实验动物传染病的发展过程大致分为______。
A. 潜伏期　　B. 前驱期　　C. 发病期　　D. 转归期

2. 实验动物传染病流行具有______等基本环节。
A. 传染源　　B. 传播途径　　C. 易感动物　　D. 传播方式

3. 实验动物微生物学国家标准 GB 14922.2—2011 修订版，将大鼠、小鼠等级分为______动物。
A. 普通级　　B. 清洁级　　C. SPF 级　　D. 无菌级

4. 实验动物微生物学国家标准 GB 14922.2—2011 修订版，将豚鼠、地鼠和兔等级分为______动物。
A. 普通级　　B. 清洁级　　C. SPF 级　　D. 无菌级

5. 要求清洁级小鼠不携带的病毒有______。
A. 小鼠肺炎病毒　　B. 小鼠细小病毒
C. 淋巴细胞性脉络丛脑膜炎病毒　　D. 小鼠肝炎病毒

6. 要求清洁级小鼠不携带的人畜共患病细菌有______。
A. 沙门菌　B. 皮肤病原真菌　C. 鼠棒状杆菌　D. 大肠埃希菌 O115
7. 要求 SPF 级小鼠不携带的人畜共患病病毒有______。
A. 小鼠肺炎病毒　B. 小鼠细小病毒
C. 淋巴细胞脉络丛脑膜炎病毒　D. 汉坦病毒
8. 实验动物微生物学国家标准 GB 14922.2—2011 修订版，将犬、猴等级分为______动物。
A. 普通级　B. 清洁级　C. SPF 级　D. 无菌级
9. 要求清洁级小鼠不携带的细菌有______。
A. 沙门菌　B. 小肠结肠炎耶尔森菌
C. 肺炎克雷伯杆菌　D. 支气管鲍特杆菌
10. 要求清洁级小鼠不携带的寄生虫有______。
A. 体外寄生虫　B. 弓形虫　C. 全部蠕虫　D. 纤毛虫
11. 下列传染病中属于犬与人共患病的是______。
A. 鼠痘　B. 流行性出血热　C. 沙门菌感染　D. 狂犬病
12. 下列犬疾病中属于人畜共患病的是______。
A. 狂犬病　B. 钩端螺旋体病　C. 犬瘟热　D. 犬细小病毒病
13. 实验猴进出口检疫项目包括体检、称重、一般状态观察、______和病毒等检测项目。
A. 结核病　B. 志贺菌　C. 沙门菌　D. 体内外寄生虫
14. 对实验人员威胁较大的人畜共患病的病毒有______。
A. 狂犬病病毒　B. 流行性出血热病毒
C. 鼠痘病毒　D. 猴疱疹病毒
15. 预防感染流行性出血热的主要措施是______。
A. 灭野鼠、防止野鼠进入实验室
B. 定期对动物进行血清学检查
C. 加强个人防护，避免伤口被动物排泄物污染
D. 购买动物时注意从有实验动物许可证的单位购进动物
16. 广义的实验动物的微生物检测的内容是______。
A. 细菌　B. 病毒　C. 真菌　D. 寄生虫
17. 实验动物传染病一般有______等表现形式。
A. 显性感染　B. 隐性感染　C. 病原携带状态　D. 潜伏感染
18. SPF 级动物饲养于屏障环境中，该环境严格控制______的进出。
A. 人员　B. 物品　C. 环境空气　D. 动物实验
19. 屏障环境中所使用的______都须经过消毒灭菌处理才能进入。
A. 笼器具　B. 器械　C. 垫料　D. 饮用水
20. 实验动物的常见病原体感染疾病包括______等。
A. 人畜共患病　B. 动物烈性传染病　C. 一般性疾病　D. 寄生虫疾病

四、判断题（在括号内打“√”或“×”表示）：

(　　) 1. 小鼠传染性脱脚病（鼠痘）是一种人畜共患病。
(　　) 2. 小鼠肝炎病毒主要通过空气和接触等途径传播。
(　　) 3. 小鼠肝炎病毒可改变各种免疫应答参数，也可以使大量的酶系统发生改变。
(　　) 4. 小鼠仙台病毒隐性感染会给实验研究带来严重干扰，特别是干扰免疫系统。

(　　) 5. 犬瘟热的主要传播途径是经消化道传染。

(　　) 6. 狂犬病病毒可以被1%～2%肥皂水或70%酒精灭活。

(　　) 7. 猴结核病主要以肺结核病为主，也偶见淋巴结核、肠结核、骨结核等。

(　　) 8. 在用结核菌素对猴进行结核病检测时，前后两次检测的间隔时间不超过2周。

(　　) 9. 自然条件下，猴免疫缺陷病毒（SIV）主要感染非洲猴，在亚洲猴中感染率很低。

(　　) 10. 猴感染STLV（猴T细胞趋向性病毒）、SRV（猴逆转录病毒）后，不会终身携带。

(　　) 11. 在实际工作中，一般利用旧结核菌素（OT）对猴结核病进行检疫。

(　　) 12. 在目前的实际工作中，一般使用ELISA法对猴的病毒进行检测。

(　　) 13. STLV（猴T细胞趋向性病毒）在猴中一般呈隐性感染，一般不出现临床症状。

(　　) 14. SRV－1（猴逆转录病毒Ⅰ型）在猴中一般呈隐性感染，一般不出现临床症状。

(　　) 15. SRV－2（猴逆转录病毒Ⅱ型）在猴中一般呈隐性感染，一般不出现临床症状。

(　　) 16. 猴感染志贺菌的主要症状是下痢、拉血便，粪便中一般有黏液。

(　　) 17. 在实际工作中，一般通过细菌培养和血凝抑制试验检测猴细菌感染情况。

(　　) 18. 在实际工作中，一般通过沉淀和漂浮法检测猴寄生虫感染情况。

(　　) 19. 肠虫清、吡喹酮和甲硝唑是驱除猴寄生虫的常用药物。

(　　) 20. 在目前的技术条件下，可以在猴群中接种卡介苗，以预防猴结核病。

(　　) 21. 食蟹猴和恒河猴对结核杆菌敏感，而新大陆猴对结核杆菌有抵抗力。

(　　) 22. STLV（猴T细胞趋向性病毒）主要感染亚洲和非洲旧大陆猴，如食蟹猴和恒河猴。

(　　) 23. SRV（猴逆转录病毒）主要感染亚洲旧大陆猴，如食蟹猴和恒河猴。

(　　) 24. 猴B病毒在猴中一般呈隐性感染，一般不出现临床症状。

(　　) 25. 猴B病毒一般通过接触感染传染给人，人感染后出现致死性脑脊髓炎。

(　　) 26. 无菌级动物消化功能比普通级动物差，盲肠比普通级动物要大5～6倍。

(　　) 27. 无菌级动物早期生长较慢，免疫系统发育不良。

五、名词解释：

1. 普通级动物
2. 清洁级动物
3. 无特定病原体级动物
4. 无菌级动物
5. 悉生动物

六、问答题：

1. 按微生物和寄生虫的控制程度，将实验动物划分为哪几个等级？
2. 试述无特定病原体级动物（SPF级动物）的概念。
3. 请列举5种人畜共患病病原体的名称。
4. 请列举动物烈性传染病病原体的名称。
5. 实验动物传染病对实验动物可能有哪些危害？

（编写：刘忠华、张永斌、陈瑞爱　　审核：张钰、邝慧文）

第六章　实验动物环境生态学

一、填空题：

1. 实验动物环境生态学是研究__________与______相互关系的分支学科。

2. 动物实验结果与有关因素的关系可用 R =（A + B + C）D ± E 表示，其中“D”表示________，“R”表示__________________。

3. 实验动物环境可分为两类：______和______。

4. 影响实验动物的气候因素包括______、______、______和______等。

5. 影响实验动物的理化因素包括______、______、粉尘和有害气体等。

6.《实验动物　环境及设施》（GB 14925—2010）规定，实验动物大鼠、小鼠屏障环境生产间，温度要求控制在__________℃，换气次数控制在每小时____次或以上。

7.《实验动物　环境及设施》（GB 14925—2010）规定，实验动物生产间的相对湿度要控制在___________，氨浓度≤______mg/m^3。

8. 根据《实验动物　环境及设施》（GB 14925—2010），饲养无菌动物和免疫缺陷动物，应采用______环境，空气洁净度为____级。

9. 影响实验动物的生物因素包括______________、____________和________等。

10. 笼具底板每平方米面积可收容的成年实验动物最大密度，大约是小鼠______只、大鼠______只。

11. 隔离环境适用于饲育 SPF 级动物、______动物及______级动物。

12. 屏障环境适用于饲育______级动物和（或）________________级动物。

13. 实验动物设施就其功能而言，可分为__________、________和__________设施三类。

14. 实验动物设施按照微生物控制程度，可分为________、________、______环境三种。

15. 实验动物设施必备配置包括饲育室或动物实验室、________、洗刷消毒室和________________。

16. 实验动物设施的初效过滤材料一般________周更换 1 次。

17. 实验动物设施的中效过滤材料一般____个月到____年更换 1 次。

18. 实验动物设施的高效过滤器一般____________年更换 1 次。

19. 初效过滤材料可滤去空气中直径大于______μm的微粒；中效过滤材料的过滤对象是直径大于______μm的微粒。

20. 空调系统最常见的问题是：__________被灰尘和纤维状物质覆盖以及______泄露，导致制冷能力下降。

21. 二级以上生物安全防护实验室为____亚屏障环境，主要用于______实验研究。

22. 生物安全是指避免____________造成实验室人员暴露、向________扩散并导致危害的综合措施。

23. 对二类病原微生物进行研究的生物安全实验室分级为____________或________________实验室。

24. 对一类病原微生物进行研究的生物安全实验室分级为____________或________________实验室。

25. 生物安全柜高效过滤器采用可滤除≥________μm 微粒，滤除效率符合相关要求的过滤器。

26. 按照生物因子污染概率的大小，实验室需进行合理的分区。三级生物安全实验室通常分为______、________、______三个区。

27. 狂犬病病毒属于____类病原微生物，乙肝病毒属于____类病原微生物。

28. 一级生物安全实验室主要通过__________、______、手套、眼罩等来实现人与病原体的隔离。

29. 二级生物安全实验室通过__________、__________、防护服、手套、眼罩等来实现人与病原体的隔离。

30. ABSL－1～ABSL－4 四级生物安全实验室，防护能力最低的是_______________，最高的是______________。

31. 根据国标，运输活体动物的笼具结构应适应动物____。

32. 根据国标，运输活体动物的笼具材质应符合动物的____和____要求。

33. 根据国标，运输活体动物应符合运输____和要求。

34. 根据国标，运输笼具必须____，能防止动物____、____或接触外界，并能接受正常运输。

35. 运输笼具的大小和形状应适应于被运输动物的________。

36. 根据国标，运输活体动物在符合运输要求的前提下，要使动物感觉____。

37. 运输笼具的内部和边缘无可伤害到动物的____和突起。

38. 运输笼具的外面应具有适合于搬动的把手或能够握住的______，搬运者与笼具内的动物不能有________。

39. 在紧急情况下，运输笼具要容易____门，将活体动物移出。

40. 动物运输笼具应符合______控制的等级要求，并且在每次使用前进行__________。

41. 可移动的动物笼具应在动物笼具的顶部或侧面标上__________的字样，并用箭头或其他标志标明动物笼具正确立放的位置，运输笼具上应标明运输该动物的________。

42. 实验动物运输工具能够保证有足够的____ 空气维持动物的需要，并应避免运输时运输工具的____进入。

43. 运输工具应配备____等设备，使实验动物周围环境的____符合相应等级要求。

44. 如果实验动物运输时间超过____h，宜配备符合要求的____和____。

二、单项选择题（只有1个正确答案）：

1. 实验动物的外环境主要是指______。
   A. 实验动物饲育场以外的周围环境　　B. 实验动物活动空间以外的环境
   C. 实验动物有关的环境以外的周围环境　　D. 实验动物和动物实验设施以外的周围环境

2. 实验结果与动物实验相关因素，可用公式 R＝（A＋B＋C）D ± E 表示，其中“A”表示______。
   A. 实验动物种的共同反应　　B. 实验动物品种、品系的特有反应
   C. 实验动物的个体反应　　D. 环境因素

3. 实验结果与动物实验相关因素，可用公式 R＝（A＋B＋C）D ± E 表示，其中“C”表示______。
   A. 动物种间的共同反应　　B. 动物的品种品系的特有反应
   C. 实验动物个体反应　　D. 实验误差

4. 实验结果与动物实验相关因素，可用公式 R＝（A＋B＋C）D ± E 表示，其中“E”表示______。
   A. 动物种间的共同反应　　B. 动物的品种品系特有反应
   C. 环境因素　　D. 实验误差

5. 实验动物环境因素包括______。
   A. 气候因素、理化因素、居住因素、生物因素
   B. 气候因素、理化因素、居住因素、营养因素
   C. 气候因素、理化因素、居住因素、营养因素、生物因素、遗传因素
   D. 气候因素、理化因素、居住因素、营养因素、生物因素

6. 引起动物烦躁不安、紧张、呼吸和心跳加快、血压升高、肾上腺皮质酮增高的环境因素是______。
   A. 噪音　　B. 温度　　C. 湿度　　D. 光照

7. 引起动物的姿势、摄食量、饮水量、母性行为、心跳、呼吸、新陈代谢等出现相应改变的环境因素是______。

A. 噪音 B. 温度 C. 湿度 D. 光照

8. 对动物的散热率有显著影响的环境因素是______。

A. 噪音 B. 温度 C. 湿度 D. 光照

9. 温度 27 ℃、相对湿度低于______%时，容易引起大鼠的环尾病。

A. 40 B. 60 C. 30 D. 50

10. 环境温度对动物实验反应性的影响表现在______。

A. 小鼠的呼吸次数、发热量随着气温的升高而加快

B. 卵蛋白引起变态反应所致小鼠的过敏性休克的死亡率，随温度升高而减少

C. 药物的 LD_{50}随环境温度而变化

D. 麻醉期间的心跳数和呼吸数，在低温环境下不变

11. 环境温度对动物生殖机能影响的表述错误的是______。

A. 温度过高，常导致哺乳类实验动物性周期推迟

B. 温度过高，雄性动物睾丸萎缩，产生精子能力下降

C. 温度过高，雌性动物性周期紊乱，泌乳能力下降，妊娠率降低

D. 高温可使胎儿的初生体重下降，离乳率和成活率降低

12. 湿度过高对动物的影响，下述错误的是______。

A. 大鼠、小鼠过敏性休克的死亡率随湿度增加而明显下降

B. 在温度为 21 ℃时实验动物鼻腔内细菌数量，在湿度为 25% ~30%时数量最少，85% ~90%时最多

C. 动物室空气中的细菌数量与氨浓度在湿度高的情况下增高

D. 小鼠的仙台病毒感染在高湿环境下发病率高

13. 光照对动物的生殖影响很大，其关键在于光照的______。

A. 光通量 B. 波长 C. 强度 D. 明暗周期

14. 下列表述中错误的是______。

A. 视网膜杆状体细胞感觉光线的明暗，锥状体细胞感觉颜色

B. 鸟类的视网膜锥状体细胞占优势，啮齿类是杆状体细胞占优势

C. 啮齿类容易受强光的损害，对色彩的辨别能力差

D. 绵羊、猪、犬、猫也与啮齿类一样对颜色无辨别能力

15. 根据 GB 14925—2010，对于饲育室和动物实验室动物笼具处的气流速度和屏障环境最小换气次数，分别应该是______。

A. ≤0.2 m/s、≥15 次/小时 B. ≤0.4 m/s、≥20 次/小时

C. ≥0.3 m/s、≤15 次/小时 D. ≤0.2 m/s、≥20 次/小时

16. 根据 GB 14925—2010，小鼠屏障环境温度、相对湿度、空气洁净度，分别应该是______。

A. 16 ~28 ℃、40% ~70%、8 级 B. 18 ~29 ℃、40% ~70%、6 级

C. 20 ~26 ℃、40% ~70%、7 级 D. 20 ~26 ℃、40% ~70%、8 级

17. 引起呼吸器官黏膜异常，发生咳嗽、黏膜发炎，肺水肿和肺炎，并且是动物室中臭气物质主要来源的环境因素是______。

A. 风速 B. 氨浓度 C. 饲养密度 D. 粉尘

18. 根据 GB 14925—2010，要求饲育室和动物实验室的氨浓度低于______mg/m^3。

A. 14 B. 15 C. 20 D. 12

19. 根据 GB 14925—2010，要求饲育室和动物实验室的噪声低于______/dB（A）。

A. 60 B. 70 C. 50 D. 30

20. 根据 GB 14925—2010，屏障环境空气洁净度是______。

A. 8 级 B. 7 级 C. 5 级 D. 5 级或 7 级

21. 根据 GB 14925—2010，隔离环境空气洁净度是______。

A. 5 级 B. 6 级 C. 7 级 D. 5 级或 7 级

22. 根据 GB 14925—2010，屏障环境小鼠饲育室温度是 20～26 ℃，此温度指小鼠的____。

A. 最适温度 B. 高、低临界温度

C. 实验动物饲育室的温度范围 D. 温度中性区

23. 饲养室每平方米面积收容 150 g 以上大鼠的最大密度是______只。

A. 100 B. 50 C. 15 D. 10

24. 饲养室每平方米面积收容 350 g 以上豚鼠的最大密度是______只。

A. 100 B. 40 C. 20 D. 10

25. 根据 GB 14925—2010，对实验动物环境设施分类的正确名称为______。

A. 普通环境、清洁环境、屏障环境 B. 普通环境、屏障环境、无菌环境

C. 普通环境、屏障环境、隔离环境 D. 普通环境、清洁环境、无菌环境

26. 实验动物设施必备配置包括______。

A. 饲育室、检疫室、洗刷消毒室、废弃物处理设施

B. 动物实验室、实验动物监测室、洗刷消毒室、废弃物处理设施

C. 动物实验室、实验动物监测室、洗刷消毒室、机房、废弃物处理设施

D. 饲育室或动物实验室、检疫室、洗刷消毒室、机房、废弃物处理设施

27. 动物实验中可能产生的废弃物有______。

A. 污水 B. 污物 C. 动物尸体 D. 以上三种都是

28. 处死实验动物的地点与动物饲养室应______。

A. 远离 B. 在同一房间 C. 在附近 D. 以上三种都可以

29. 动物实验室产生的污物要分类收集，实验动物废垫料与实验废弃物应______。

A. 混合存放 B. 分开存放 C. A 和 B 都可以 D. A 和 B 都不可以

30. 用于空气净化的初效过滤材料可滤去空气中直径大于______μm 的微粒。

A. 1 B. 5 C. 10 D. 7

31. 用于空气净化的中效过滤材料可滤去空气中直径大于______μm 的微粒。

A. 1 B. 5 C. 10 D. 7

32. 用于空气净化的高效过滤材料可滤去空气中直径大于______μm 的微粒。

A. 1 B. 0.3 C. 0.05 D. 0.1

33. 软塑隔离器的构造主要包括______。

A. 塑料薄膜室、高效过滤器、传递舱、手套、送风系统

B. 塑料薄膜室、高效过滤器、传递舱、手套、送风系统、排风系统

C. 高效过滤器、传递舱、送风系统、排风系统

D. 塑料薄膜室、高效过滤器、传递舱、手套、排风系统

34. 屏障环境饲育室应安装初效、中效、高效三级过滤器，三级过滤器的位置分别是______。

A. 初效在机房，中、高效位于饲育室 B. 初、中效在机房，高效位于饲育室

C. 中、高效在机房，初效位于饲育室 D. 高效在机房，初、中效位于饲育室

35. 某设备可置于普通环境或屏障环境中，配有空气过滤装置和送风设备，空气净化等级达到 5 级或 7 级，适用于饲育无特定病原体级、悉生及无菌级实验动物，称为______。

A. 动物笼架 B. 超净工作台 C. 隔离器 D. 以上都不是

36. 使用隔离器饲养动物最常出现的问题是______。

A. 隔离器断水　B. 隔离器无饲料　C. 隔离器或手套破损　D. 隔离器断电

37. 实验动物设施的选址，下列哪个位置完全不合适？______。

A. 学校　B. 医院　C. 铁路附近　D. 城郊

38. 屏障环境适合饲养______。

A. 悉生动物　B. SPF 级动物　C. 普通级动物　D. 无菌级动物

39. 用于饲养 SPF 级动物的屏障环境中，“无菌”的含义包括______。

A. 空气经初、中、高效过滤；饲料、饮水、垫料灭菌；动物笼具灭菌

B. 空气经初、中、高效过滤；饲料灭菌；动物笼具灭菌

C. 空气经初、中、高效过滤；饲料、饮水灭菌；动物笼具灭菌

D. 空气经初、中、高效过滤；饲料、垫料灭菌；动物笼具灭菌

40. 动物饲养室中的空气含有大量的粉尘，它们悬浮在空气中，这种浮游的粉尘微粒与空气的组合称为______。它能引起人的变态反应和导致疾病的传播。

A. 气流　B. 气溶胶　C. 乱流　D. 层流

41. 生物安全实验室可分为______级。

A. 6　B. 5　C. 4　D. 3

42. 下列哪一项可以不作为 ABSL－2 设施设备的必然要求？______。

A. 应分别设置动物饲育室和实验操作室、检疫观察室

B. 每个动物实验室出口处附近要有自动开关洗手池

C. 应配备高压蒸汽灭菌器

D. 门应带锁、可自动关闭，实验室的门应具有可视窗

43. 下列不属于生物安全实验室一级防护屏障的是______。

A. 生物安全柜　B. 防护服　C. 口罩　D. 缓冲间

44. 作为一类传染病的霍乱进行大量活菌的实验操作应该在哪种级别的实验室？______。

A. BSL－1　B. BSL－2　C. BSL－3　D. BSL－4

45. 二级生物安全实验室必须配备的设备是______。

A. 生物安全柜、培养箱　B. 高压灭菌器、培养箱

C. 生物安全柜、高压灭菌器　D. 离心机、高压灭菌器

46. 运输高致病性病原微生物菌（病毒）种或者样本须有不少于 2 人护送，并采取相应的防护措施，以下运输方式目前不允许的是______。

A. 城市铁路　B. 飞机　C. 专车　D. 轮船

47. 下列措施不是减少气溶胶产生的有效方法的是______。

A. 规范操作　B. 戴眼罩　C. 加强人员培训　D. 改进操作技术

48. 生物安全柜内少量洒溢，没有造成严重后果，属于______。

A. 严重差错　B. 一般差错　C. 一般实验室感染事故　D. 严重实验室感染事故

49. 生物安全实验室的分区依据是______。

A. 房间的面积大小　B. 含有病原体的多少

C. 受生物因子污染概率的大小　D. 房间的通风速度

50. 在生物安全实验室操作要______。

A. 熟悉所操作微生物和化学品的危害及研究方法

B. 拥有微生物和化学品的操作规程

C. 2 个人以上才能在实验室操作

D. 具备以上三个条件

51. 根据国标，运输活体动物的笼具结构应适应动物______。

A. 特点 B. 视觉 C. 嗅觉 D. 繁殖需求

52. 根据国标，运输活体动物的笼具材质应符合动物的______和福利要求。

A. 身高 B. 品种 C. 品系 D. 健康

53. 根据国标，运输活体动物应符合运输______和要求。

A. 规程 B. 规范 C. 规则 D. 规矩

54. 根据国标，运输笼具必须______，能防止动物破坏、逃逸或接触外界，并能接受正常运输。

A. 坚固 B. 平整 C. 美观 D. 国际惯例

55. 运输笼具的大小和形状应适合被运输动物的______。

A. 视觉 B. 生物特性 C. 品系 D. 满足采食需求

56. 根据国标，运输活体动物在符合运输要求的前提下，要使动物感觉______。

A. 舒适 B. 开心 C. 方便 D. 满足需求

57. 运输笼具的内部和边缘无可能伤害到动物的______和突起。

A. 纸板 B. 漏洞 C. 锐角 D. 圆球

58. 运输笼具外面应有适合于搬动的把手或能够握住的把柄，搬运者与笼具内动物不能有______。

A. 交流 B. 身体接触 C. 喂食动作 D. 引逗

59. 在紧急情况下，运输笼具要容易______门，将活体动物移出。

A. 关闭 B. 打开 C. 密封 D. 取下

60. 动物运输笼具应符合______控制的等级要求，并且在每次使用前进行清洗和消毒。

A. 遗传学 B. 光照度 C. 微生物 D. 营养学

61. 可移动的动物笼具应在动物笼具的顶部或侧面标明“______”的字样，并用箭头或其他标志标明动物笼具正确立放的位置，运输笼具上应标明运输该动物的注意事项。

A. 实验动物 B. 活体动物 C. 易碎 D. 请勿倾倒

62. 实验动物运输工具能够保证有足够的______维持动物的需要，并应避免运输时运输工具的废气进入。

A. 饮水 B. 饲料 C. 新鲜空气 D. 水果

63. 运输工具应配备空调等设备，使实验动物周围环境的______符合相应等级要求。

A. 噪声 B. 湿度 C. 洁净度 D. 温度

64. 如果运输时间超过______h，宜配备符合要求的饲料和饮水设备 。

A. 2 B. 4 C. 6 D. 12

三、多项选择题（有1个以上的正确答案）：

1. 屏障环境设施适用于饲育________等动物。

A. 无菌级动物 B. 清洁级动物 C. SPF级动物 D. 普通级动物

2. 屏障环境的空气应经过______等空气过滤器的过滤。

A. 初效 B. 中效 C. 亚高效 D. 高效

3. 进入屏障环境需要进行严格微生物控制的有______。

A. 实验动物 B. 实验用品 C. 实验人员 D. 饲料

4. 隔离环境适用于饲育______。

A. SPF级动物 B. 无菌级动物 C. 普通级动物 D. 清洁级动物

5. 隔离环境中需要保持无菌状态的有______。

A. 空气 B. 水 C. 垫料 D. 动物

6. 根据 GB 14925—2010，对实验动物与动物实验设施的建筑有______等要求。
A. 选址　B. 建筑设施　C. 建筑成本　D. 建筑卫生
7. 实验动物与动物实验设施的选址要求包括______。
A. 选择风向上风侧　B. 与生活区保持 5 m 距离
C. 远离交通要道　D. 避开自然疫源地
8. 根据 GB 14925—2010，对实验动物与动物实验设施的建筑卫生要求有______。
A. 内墙阴阳角为直角　B. 地面防滑　C. 天花板耐腐蚀　D. 内墙可扇灰
9. 根据 GB 14925—2010，对实验动物与动物实验设施的建筑设施要求有______。
A. 窗密封性好　B. 洗消间为正压　C. 电气管线明敷　D. 走廊宽 1.5 m
10. 实验动物饲育区的设置包括______。
A. 检疫室　B. 育种室　C. 清洁走廊　D. 污物走廊
11. 动物实验区设置包括______。
A. 检疫室　B. 育种室　C. 清洁走廊　D. 污物走廊
12. 实验动物设施可分为______等类别。
A. 冷冻设施　B. 实验设施　C. 生产设施　D. 特殊实验设施
13. 应严格执行国家有关规定进行验收、储存、保管和使用的物品有______。
A. 药品　B. 毒性药品　C. 放射性药品　D. 麻醉药品
14. 放置危险物品区进行隔离存放的物品是______。
A. 易燃物品　B. 易溶化物品　C. 易腐蚀物品　D. 易爆物品
15. 温度对实验动物的影响是______。
A. 影响生殖和发育　B. 影响代谢　C. 影响实验结果　D. 激发应激反应
16. 在屏障环境中进行动物实验，刀、剪、钳等手术器械可以通过______消毒方式传入。
A. 高压消毒　B. 渡槽
C. 传递窗紫外线照射　D. 甲醛和高锰酸钾混合熏蒸
17. SPF 级动物可以在______中饲养繁殖和进行动物实验。
A. 层流架　B. 隔离器　C. IVC　D. 生物安全柜
18. 影响实验动物的生物因素包括______。
A. 粉尘和有害气体　B. 饲养密度　C. 动物社会因素　D. 以上都是
19. 影响实验动物的噪音主要来自______。
A. 空调设备　B. 人的活动　C. 动物的采食、鸣叫　D. 外环境的干扰
20. 空气洁净度 5 级是指______。
A. 空气中≥0.5 μm 的尘粒数为 >352 pc/m^{3}到≤3 520 pc/m^3
B. 空气中≥1 μm 的尘粒数为 >83 pc/m^{3}到≤832 pc/m^3
C. 空气中≥5 μm 的尘粒数为≤29 pc/m^3
D. 空气中≥5 μm 的尘粒数为≥293 pc/m^{3}到≤2 930 pc/m^3
21. 高致病性病原微生物是指______病原微生物。
A. 第一类　B. 第二类　C. 第三类　D. 第四类
22. 病原微生物的危害程度分类主要应考虑的因素有______。
A. 微生物的致病性　B. 微生物传播方式和宿主
C. 有效防护措施　D. 有效治疗措施
23. 以下属于一类病原微生物的是______。
A. 口蹄疫病毒　B. 高致病性禽流感病毒
C. 狂犬病病毒　D. 乙肝病毒

24. 以下属于二类病原微生物的是______。
    A. 乙肝病毒 B. 狂犬病病毒 C. 布氏杆菌 D. 犬肝炎病毒
25. 以下属于三类病原微生物的是______。
    A. 乙肝病毒 B. 狂犬病病毒 C. 沙门菌 D. 犬肝炎病毒
26. 以下属于四类病原微生物的是______。
    A. 乙肝病毒 B. 犬肝炎病毒 C. 沙门菌 D. 枯草杆菌

四、判断题（在括号内打“√”或“×”表示）：

( ) 1. 普通环境动物实验设施的落下菌数指标要求小于或等于 30 个/皿时。
( ) 2. 屏障环境适合于饲养 SPF 级实验动物。
( ) 3. 进行动物实验的设施应符合国家实验动物设施各项指标。
( ) 4. 实验动物的饲育室和实验室应设在不同区域。
( ) 5. 繁育、饲养区和动物实验区不应分开设置。
( ) 6. 实验动物设施应合理组织气流，避免死角、断流和短路。
( ) 7. 动物实验室的级别不需要与使用的实验动物的级别相一致。
( ) 8. 动物实验过程中产生的废弃物都必须按照国家有关环境保护和医疗废弃物管理的规定进行处理。
( ) 9. 普通环境设施适用于饲育教学等用途的普通级实验动物。
( ) 10. 对引入的高等级实验动物只要有无菌包装，就可以不进行隔离检疫。
( ) 11. 实验动物设施管理应制订定期的仪器设备保养、检修规程和计划。
( ) 12. SPF 级实验动物的饮水应当符合城市生活饮水的卫生标准并经灭菌处理。
( ) 13. 屏障环境的菌落数是 0.49 个/皿时。
( ) 14. 实验动物设施环境内的噪声不得超过 70 dB。
( ) 15. 实验动物设施环境内的最低工作照度是 150 ~ 300 lx。
( ) 16. 普通环境能完全控制传染因子，适应于教学用途的普通级实验动物。
( ) 17. 从外单位购买的 SPF 级实验动物可以直接送入 SPF 级动物实验室进行实验。
( ) 18. 屏障环境内的最小换气次数是大于或等于 15 次/小时。
( ) 19. 隔离环境设施采用无菌隔离装置以保持无菌或无外来污染的状态。
( ) 20. 当环境温度低于 18 ℃时，雄性动物出现睾丸萎缩或形成精子能力下降，从而授精能力下降。
( ) 21. 从事病原微生物实验室活动的操作人员必须经过培训，通过考核，获得上岗证书。
( ) 22. 实验室生物安全是指避免危险生物因子造成实验室人员暴露、向实验室外扩散并导致危害的综合措施。
( ) 23. 各级实验室的生物安全防护要求依次为：一级最高，四级最低。
( ) 24. 在我国的《病原微生物实验室生物安全管理条例》中，根据病原微生物的传染性、感染后对个体或者群体的危害程度，将病原微生物分为四类，其中，第一类、第二类病原微生物统称为高致病性病原微生物。
( ) 25. 气溶胶是悬浮于气体介质中的粒径一般为 0.001 ~ 100 μm 的固体或液体微小粒子形成的胶溶状态分散体系。

五、名词解释：

1. 实验动物环境
2. 实验动物设施

3. 普通环境
4. 屏障环境
5. 隔离环境
6. IVC
7. 气溶胶
8. 二类病原微生物
9. 二级生物安全防护实验室

六、问答题：

1. 实验动物的环境因素如何分类？
2. 试述温度对实验动物的影响。
3. 试述对实验动物设施空调系统的维护。
4. 实验动物设施选址时，其外环境的要求是什么？
5. 对实验动物环境设施进行监控和管理有何意义？

（编写：郭学军、黄冰、黄海定　　审核：王元占、傅江南）

第七章　实验动物营养学

一、填空题：

1. 实验动物的食物称为____，它是实验动物摄入营养素的主要来源。
2. 实验动物饲料含______、__________、____、矿物质、维生素、纤维素和水七大营养成分。
3. 蛋白质是构成实验动物____、____、________、皮肤和血液等组织、细胞基本成分。
4. 组成蛋白质的基本单位是______。
5. 碳水化合物通常分为__________、______两大类。
6. 无氮浸出物（即糖类）包括淀粉和糖，是实验动物主要____来源。
7. 脂类包括____、______、______、胆固醇等。
8. 脂肪是脂溶性维生素____、____、____、____的溶剂，可促进其吸收和利用。
9. 必需脂肪酸____可使动物患皮肤病、生长发育停止、生殖力下降、泌乳量减少。
10. 饲料分析中的粗灰分即矿物质，包括____、____、____、____、____、____等常量元素。
11. 饲料矿物质中的微量元素包括____、____、____、____、____等。
12. 氯和钠参与维持血浆和体液的______、______和__________平衡。
13. 通常按溶解性把维生素分为______ 和______两大类。
14. 脂溶性包括维生素____、____、____、____，水溶性包括维生素____和____。
15. 水参与________、____________、__________、体液调节、生化反应与排泄等活动。
16. 依食性可将动物分为__________、__________、__________三大类。
17. 大鼠、小鼠饲料中的粗蛋白含量要求在__________左右。
18. 大鼠、小鼠饲料中的维生素 A 需求量为每千克饲料含 7 000 ~ 14 000 IU，通常以加入 1% ________来满足。
19. 大鼠饲料中补充维生素 E 可提高______，在每千克饲料中加入 60 ~ 120 IU 即可。
20. 地鼠饲料中的粗蛋白含量要求为 20% ~22%，动物性蛋白尚应含相当____，否则将影响地鼠的生殖机能。
21. 地鼠饲料的______蛋白主要来源于鱼粉和鸡蛋，______蛋白来源于黄豆和豆粉。
22. 豚鼠饲料中的粗蛋白应占__________左右，尤其对精氨酸的需求量较高。
23. 豚鼠饲料中的粗纤维应占饲料总量的__________左右，若粗纤维不足，可出现排粪较黏和脱毛现象。
24. 豚鼠体内不能合成维生素____，且对其缺乏特别敏感。
25. 每千克豚鼠饲料中应含________mg 维生素 C，妊娠豚鼠则需________mg/kg。
26. 家兔饲料中粗蛋白应占__________，粗脂肪≥3%，粗纤维占 10% ~15%。
27. 家兔饲料含大量草粉以补充对______的需要，防止家兔因粗纤维摄入不足导致腹泻。
28. 犬饲料中应含 20% ~26%粗蛋白、______________粗脂肪、3%粗纤维。
29. 犬饲料中应注意添加维生素____、____、____、____、____。
30. 猴饲料中的粗蛋白应占__________，粗脂肪 4% ~5%。
31. 处于生长繁殖阶段的实验猴，配合饲料中的粗蛋白不得低于____%。
32. 猴体内不能合成维生素____，其需求量为每千克饲料含 1 700 ~2 000 mg。

33. 猴人工喂养应以____、____、____、____制作的蛋糕或饼干作为主食。

34. 在猴饲料中不得检出________等霉菌。

35. 实验动物的饲料原料按其来源可分为______和______饲料两大类。

36. 依实验动物饲料的营养特性可分为______、______、________、能量饲料、蛋白质饲料、矿物质饲料、维生素饲料、配合饲料等。

37. 添加剂指防腐剂、抗氧化剂、着色剂、激素等，在实验动物饲料中被____添加使用。

38. 饲料原料来源要清楚，应不含化学药品，无____、____和____污染，不发生变质，农药残留不应超过国家规定的标准。

39. GB 14924.3—2010 是指《________________________》的国家标准。

40. 国标要求，小鼠大鼠维持饲料中粗蛋白应为≥______g/kg 饲粮。

41. 国标要求，豚鼠维持饲料中粗蛋白应为≥______g/kg 饲粮。

二、单项选择题（只有 1 个正确答案）：

1. 实验动物的食物称为______。
   A. 营养　B. 营养素　C. 饲料　D. 饭菜

2. ______的蛋白质可满足大鼠生长的需要。
   A. 16% ~18%　B. 18% ~20%　C. 20% ~22%　D. 22% ~24%

3. 在氨基酸利用上，一般______型氨基酸能被吸收并重新合成蛋白质。
   A. L　B. D　C. M　D. K

4. 粗纤维是草食性动物的必需饲料成分，家兔饲料中粗纤维含量为________。
   A. 5% ~10%　B. 10% ~15%　C. 15% ~20%　D. 20% ~25%

5. 缺乏不饱和脂肪酸，如亚油酸可引起实验动物______。
   A. 生长发育停止　B. 心肌炎　C. 肺炎　D. 肠道腹泻

6. 豚鼠饲料中的最适钙磷比例为______：1。
   A. 1.3　B. 2　C. 3　D. 4

7. ______离子能够维持实验动物体内环境稳定、维持酸碱平衡和细胞内外渗透压平衡。
   A. 钙　B. 钠　C. 铁　D. 碘

8. 饲料中锌和锰含量降低会使大鼠出现______。
   A. 生殖机能下降　B. 缺铁性贫血　C. 肝/体比值升高　D. 肾上腺发育迟缓

9. 维生素______能够维持正常视觉，参与上皮细胞形成及生长发育。
   A. D　B. E　C. K　D. A

10. 维生素______缺乏会引起实验动物不育症，该种维生素多含于种子的胚芽中。
    A. D　B. E　C. K　D. A

11. 水约占实验动物体重的______，是一切组织、细胞和体液的组成成分。
    A. 15% ~25%　B. 25% ~35%　C. 50% ~60%　D. 80% ~90%

12. 当实验动物体内水分减少______%时，会引起严重的代谢紊乱。
    A. 10　B. 15　C. 20　D. 25

13. 当实验动物体内水分减少______%时，将导致动物死亡。
    A. 10　B. 15　C. 20　D. 25

14. 大鼠、小鼠饲料中的粗蛋白含量要求为______。
    A. 16% ~18%　B. 18% ~20%　C. 20% ~22%　D. 22% ~24%

15. 地鼠饲料中的粗蛋白含量要求为______。

A. 12% ~15%　B. 15% ~18%　C. 18% ~21%　D. 20% ~22%

16. 豚鼠属草食性动物，对粗纤维的消化能力较强，日粮中要求含______的粗纤维。

A. 1% ~5%　B. 5% ~10%　C. 10% ~15%　D. 15% ~20%

17. 每 100 g 体重每日需要维生素 C ______mg 可满足豚鼠生长发育需要。

A. 0.5 ~1.0　B. 0.1 ~0.3　C. 1.5 ~2.0　D. 2.0 ~3.0

18. ______是对家兔特别重要的必需氨基酸。

A. 赖氨酸　B. 甲硫氨酸　C. 胱氨酸　D. 精氨酸

19. ______在初生时有大量的铁储备，因而不易发生贫血。

A. 家兔　B. 大鼠　C. 小鼠　D. 豚鼠

20. 犬对______不易利用，可引起肠道过度发酵和腹泻。

A. 粗纤维　B. 脂肪酸　C. 生淀粉　D. 无机盐

21. 犬为肉食性动物，其饲料中应含______粗蛋白。

A. 16% ~20%　B. 20% ~26%　C. 24% ~28%　D. 28% ~32%

22. 实验动物必须饲喂______。

A. 水果和饲料　B. 一般的饲料　C. 质量合格的配合饲料　D. 特殊饲料

23. 处于生长繁殖阶段的实验猴，配合饲料中的粗脂肪不得低于______%。

A. 3　B. 4　C. 5　D. 6

24. 植物性饲料中以______所含粗蛋白较高。

A. 苜蓿草　B. 稻草　C. 树叶　D. 大豆

25. 饲料原料成分中往往磷多钙少，为使鼠料中钙与磷达到 1.2：______的最适合比例，需添加碳酸钙或骨粉。

A. 1　B. 2　C. 3　D. 4

26. 实验动物饲料原料中的鱼粉常携带______，故在配制前需灭菌。

A. 布氏杆菌　B. 痢疾杆菌　C. 沙门菌　D. 葡萄球菌

27. 国标要求，地鼠维持饲料中粗蛋白应为≥______g/kg 饲粮。

A. 160　B. 180　C. 200　D. 220

28. 国标要求，兔维持饲料中粗蛋白应为≥______g/kg 饲粮。

A. 140　B. 160　C. 180　D. 200

三、多项选择题（有 1 个以上的正确答案）：

1. 属于必需氨基酸的是______。

A. 赖氨酸　B. 苏氨酸　C. 苯丙氨酸　D. 甲硫氨酸

2. ______属于必需氨基酸。

A. 亮氨酸　B. 缬氨酸　C. 精氨酸　D. 胱氨酸

3. 必需氨基酸包括______等。

A. 异亮氨酸　B. 组氨酸　C. 色氨酸　D. 酪氨酸

4. 粗纤维中的纤维素在草食性动物消化道经细菌作用酵解，转变为______。

A. 糖　B. 挥发性脂肪酸　C. 二氧化碳　D. 甲烷

5. 属于必需脂肪酸的有______。

A. 亚油酸　B. 亚麻酸　C. 花生四烯酸　D. 油酸

6. 饲料矿物质中的常量元素包括______等。

A. 钙　B. 磷　C. 钠　D. 钾

7. 体内不能合成维生素 C 的实验动物有______。

A. 小鼠　B. 地鼠　C. 豚鼠　D. 猴

8. 幼犬易发生佝偻病，可采取的预防措施有______。

A. 多晒太阳　B. 补充维生素 D　C. 补充维生素 C　D. 补充钙质

9. 水约占实验动物体重的 60%，是一切______的组成成分。

A. 细胞　B. 组织　C. 体液　D. 矿物质

10. 金黄地鼠饲料中的动物性蛋白主要来源于______。

A. 鱼粉　B. 黄豆　C. 花生　D. 鸡蛋

11. 饲料配方中的粗纤维不足，豚鼠可出现______现象。

A. 排粪较黏　B. 脱毛　C. 出血　D. 内脏肿胀

12. 大鼠、小鼠饲料中的粗脂肪、粗纤维、粗灰分分别占______。

A. 4%　B. 5%　C. 8%　D. 10%

13. 家兔饲料中______分别占 3%、10% ~15% 和 14% ~17%。

A. 粗脂肪　B. 粗纤维　C. 粗蛋白　D. 碳水化合物

14. 犬饲料中的______含量分别为 3%、4.5% ~7.5%、20% ~26%。

A. 粗纤维　B. 粗脂肪　C. 生淀粉　D. 粗蛋白

15. 属于草食性动物的实验动物有______。

A. 豚鼠　B. 大鼠　C. 家兔　D. 马

16. 属于肉食性动物的实验动物有______。

A. 豚鼠　B. 犬　C. 地鼠　D. 猫

17. 属于杂食性动物的实验动物有______。

A. 小鼠　B. 大鼠　C. 地鼠　D. 猴

18. 猴为杂食性动物，其饲料中的______分别占 4% ~5%、16% ~21%。

A. 生淀粉　B. 粗脂肪　C. 粗蛋白　D. 粗纤维

19. 实验动物的饲料原料按其物理性状可分为______饲料等。

A. 粉状　B. 颗粒　C. 膨化　D. 饼样

20. 粗饲料主要包括______等。

A. 树叶　B. 干苜蓿　C. 干青草粉　D. 稻草

21. 常用的青绿饲料和青贮饲料有______等。

A. 天然牧草　B. 树叶　C. 鱼粉　D. 大豆

22. 豆科籽实类饲料的营养特性包括______。

A. 精氨酸等必需氨基酸含量多于禾本科籽实

B. 粗脂肪含量高

C. 矿物质、维生素含量与禾本科籽实相似

D. 含有抗胰蛋白酶等影响消化和生理的物质

23. 饲料的储存应注意______。

A. 防潮湿　B. 防霉变　C. 防虫鼠　D. 通风良好

24. 实验动物的饲料配方有______配方等。

A. 组合　B. 天然　C. 混合　D. 人工合成

25. 根据《实验动物　配合饲料营养成分》，国标列出了______等指标的数值。

A. 营养成分　B. 氨基酸　C. 维生素　D. 矿物质

四、判断题（在括号内打“√”或“×”表示）：

(　　) 1. 必需氨基酸包括赖氨酸、甲硫氨酸、胱氨酸、精氨酸、组氨酸、色氨酸、苯丙氨酸、酪氨酸、苏氨酸、亮氨酸、异亮氨酸、缬氨酸等。

(　　) 2. 粗纤维对胃肠运动起刺激作用，有助于排便并排出毒素。

(　　) 3. 饲料中容易缺乏的维生素是 A、B 和 E。

(　　) 4. 当实验动物体内水分减少 8% 时，就有失水表现。

(　　) 5. 小鼠对维生素 A 过量比较敏感，维生素 A 过量可导致小鼠繁殖紊乱和胚胎畸形。

(　　) 6. 金黄地鼠饲料中植物性蛋白主要来源于黄豆和鸡蛋。

(　　) 7. 豚鼠和猴体内不能合成维生素 C。

(　　) 8. 家兔饲料中粗纤维不足，可导致家兔出现腹泻。

(　　) 9. 犬的营养需要与年龄、生理状态和外界环境温度有关。

(　　) 10. 猴体内有左旋葡萄糖内酯氧化酶。

(　　) 11. 植物性蛋白饲料如大豆、黑豆等，动物性蛋白饲料有肉粉、鱼粉等。

(　　) 12. 动物性蛋白饲料含 50% ~80% 蛋白质，必需氨基酸齐全，钙、磷丰富且比例合适，维生素 B_{12}和维生素 D 也很丰富。

(　　) 13. 在仓库中贮存花生麸、玉米，需保持通风、低温、干燥，以防霉变。

(　　) 14. 国标要求，犬维持饲料中粗蛋白应为≥200 g/kg 饲粮。

(　　) 15. 国标要求，猴维持饲料中粗蛋白应为≥160 g/kg 饲粮。

五、名词解释：

1. 实验动物营养学
2. 饲料
3. 必需氨基酸
4. 氨基酸互补作用
5. 必需脂肪酸
6. 粗灰分
7. 动物的食性
8. 实验动物的基本营养需要
9. 混合配方
10. 配合饲料
11. 全价配合饲料
12. 混合饲料

六、问答题：

1. 实验动物所需营养素的七大种类是哪些?
2. 体内不能合成维生素 C 的实验动物有哪些?
3. 试述动物的食性及实验动物按食性的分类。
4. 试述实验动物饲料配方中天然配方的概念。

（编写：刘忠华、王刚、黄海定　　审核：苏乔、符路娣）

第八章　常用实验动物

第一节　小鼠

一、填空题:

1. 小鼠属于哺乳纲、啮齿目、鼠科、小鼠属、______种动物。
2. 小鼠染色体数 2n = ____。
3. 小鼠习性和行为特点是________、________、______、适应性差、喜欢啃咬、寿命短。
4. 小鼠性情温顺，容易捕捉，一般不会主动____。
5. 小鼠一旦逃出笼外过夜则恢复____，行动敏捷，难以捕捉。
6. 小鼠习于________，以傍晚时和黎明前最为活跃。
7. 与单笼饲养的小鼠相比，群居的小鼠对____消耗快，生长发育也快。
8. 小鼠面部____，嘴脸前部有 19 根触须。耳耸立呈半圆形，小白鼠眼睛大而鲜红。
9. 小鼠尾长约与体长____，尾部覆有短毛和环状角质鳞片。
10. 小鼠体形是目前在啮齿类实验动物中体形最____的，出生时体重仅 1.5 g。
11. 小鼠 1～1.5 月龄为______g，可供实验使用。
12. 小鼠最重时可有______g，体长 11 cm 左右，尾长与体长通常相等。
13. 小鼠的骨骼主要由____、______和________组成。
14. 小鼠下颌骨的喙状突较小，髁状突发达，运用____骨形态分析技术，可进行近交系小鼠遗传质量的监测。
15. 小鼠共有牙齿____颗。每侧上、下颌各有门齿和臼齿。
16. 小鼠食管细长约____cm，食管内壁有一层角化鳞状上皮，有利于灌胃操作。
17. 小鼠生长速度快；其体重增长的快慢，因品种品系、母鼠健康状况、哺乳鼠多少、生产胎次、饲料营养和环境条件的不同而有所____。
18. 小鼠性成熟时间，雌性小鼠为__________日龄，雄性小鼠为 45～60 日龄。
19. 小鼠体成熟时间，雌性小鼠为 65～75 日龄，雄性小鼠为__________日龄。
20. 小鼠性周期为________d，妊娠期 19～21 d，哺乳期 20～22 d。
21. 小鼠有产后 10～12 h 出现____的特点，特别有利于繁殖生产。
22. 成年雌性小鼠在动情周期的不同阶段，阴道黏膜均发生____变化。
23. 根据小鼠阴道黏膜上皮细胞的变化分为________、______、________、动情间期四期。
24. 成年小鼠的胃容量为__________mL。
25. 在药物安全性评价试验中，小鼠常用于药物的____、______毒性试验。
26. 小鼠价廉易得，常常用于各种药物的____。
27. 用小鼠热板技术引起的后爪运动或机械压尾评价____药的药效。
28. 小鼠自发性肿瘤与人体肿瘤____，所以常选用小鼠进行各种自发肿瘤模型研究。
29. 小鼠对致癌物____，可诱发各种肿瘤模型，用于肿瘤防治的实验研究。
30. 裸小鼠可接受____各种肿瘤细胞的植入，成为活的癌细胞“试管”。

31. 小鼠在生物医药中主要应用在________、__________、______研究、免疫学研究、老年病研究等方面研究。
32. 小鼠____常被用作遗传学分析中的遗传标记及品种品系鉴定的依据。
33. BALB/c 小鼠、C57BL 小鼠、C3H 小鼠是______小鼠。
34. BALB/c 小鼠毛色____。
35. C57BL 小鼠毛色____。
36. BALB/c 小鼠乳腺肿瘤自然发生率____，用乳腺肿瘤病毒诱发时发病率____。
37. C57BL 小鼠常被认作“标准”的近交系，为许多____基因提供遗传背景。
38. KM 小鼠、NIH 小鼠、ICR 小鼠、LACA 小鼠是______小鼠。
39. KM 小鼠的毛色为____。
40. NIH 小鼠由__________________培育而成。
41. 封闭群动物一般采用的繁殖方法有__________、__________、最佳避免近交法。
42. 近交系动物繁殖群分为______、__________、______。
43. 封闭群动物的繁殖原则为_______________。
44. 封闭群小型啮齿类动物的引种原则：引种数目不能少于____对。
45. 近交系小型啮齿类动物的基础群不超过 5 ~7 代均能追溯到______祖先。
46. 近交系小型啮齿类动物的生产群繁殖不超过____代。
47. 近交系小型啮齿类动物的生产群繁殖采用________进行挂牌标记。
48. 近交系小型啮齿类动物的生产群繁殖第 1 ~4 代挂牌颜色分别为____、____、____、____。
49. 近交系小型啮齿类动物的保种方法有________、______、______三种。
50. 小鼠饲料为颗粒饲料，应为________，不得加入抗生素、防腐剂以及激素等。
51. 成年小鼠应采取“________”的饲喂方式。

二、单项选择题（只有 1 个正确答案）：

1. 下列描述小鼠的习性和行为特点错误的是______。
   A. 胆小怕惊，昼伏夜动　　B. 喜群居，喜欢啃咬
   C. 适应性强　　D. 寿命短
2. 下列关于小鼠的描述错误的是______。
   A. 小鼠性情温顺，容易捕捉，一般不会主动伤人
   B. 一旦逃出笼外过夜则恢复野性，行动敏捷难以捕捉
   C. 当饲养室内有人时，小鼠活动不受限制，甚至四处活动
   D. 受到惊吓时，小鼠尾巴会挺直并猛力甩动
3. 下列关于小鼠的描述正确的是______。
   A. 小鼠习于昼行性　　B. 白天较夜间更为活跃
   C. 夜间喜居于安静环境，固定一处营巢睡眠　　D. 喜群居，但雄性好斗
4. 下列关于小鼠的描述错误的是______。
   A. 与单笼饲养的小鼠相比，群居的小鼠对饲料消耗快，生长发育也快
   B. 小鼠喜群居，雄性小鼠群居时也能和平相处
   C. 群体中处于优势的雄性小鼠常常将劣势者胡须拔光，自己保留胡须，被称为“理发师”
   D. 小鼠的觅食等活动以傍晚时和黎明前最活跃
5. 下列关于小鼠适应性差的描述错误的是______。
   A. 小鼠体小娇嫩　　B. 对环境适应性差　　C. 不耐强光和噪声　　D. 对疾病抵抗力强

6. 下列描述不属于小鼠的习性和行为特征的是______。

A. 胆小怕惊　B. 昼伏夜动　C. 喜群居　D. 寿命长

7. 对小鼠适应性的描述错误的是______。

A. 不耐饥饿和缺水　B. 不耐冷热，过冷过热均会造成死亡

C. 不耐强光和噪声　D. 对环境适应性强

8. 下列关于小鼠的描述错误的是______。

A. 面部尖突，嘴脸前部有 19 根触须

B. 耳耸立呈半圆形，小白鼠眼睛大而鲜红

C. 尾长约与体长相等，尾部覆有短毛和环状角质鳞片

D. 小鼠在啮齿类实验动物中体形最小，出生时体重仅 5 g

9. 下列关于小鼠体重或体长的描述错误的是______。

A. 出生时仅 1.5 g　B. 出生时体长 2 cm 左右

C. 1 ~ 1.5 月龄就有 22 ~ 30 g　D. 最重时可有 30 ~ 40 g

10. 下列关于小鼠下颌骨的描述错误的是______。

A. 喙状突较小

B. 髁状突不发达

C. 髁状突发达

D. 运用下颌骨形态分析技术，可进行近交系小鼠遗传质量的监测

11. 下列关于小鼠的描述错误的是______。

A. 胃属单室胃　B. 小鼠有胆囊　C. 胰腺像脂肪组织　D. 腭或咽部有扁桃体

12. 下列关于小鼠的描述错误的是______。

A. 雌鼠为双子宫型

B. 无宫外孕

C. 共有 6 对乳头

D. 雄性幼鼠的睾丸藏于腹腔内，性成熟后则下降到阴囊

13. 下列关于小鼠的描述错误的是______。

A. 腭或咽部无扁桃体　B. 骨髓为红骨髓和黄骨髓，终生造血

C. 皮肤无汗腺　D. 巨核细胞的核较大

14. 下列关于小鼠生殖生理描述错误的是______。

A. 生长周期短、成熟晚　B. 性活动保持 1 年，繁殖力强

C. 性周期（动情周期）4 ~ 5 d　D. 有产后 24 h 内发情的特点

15. 下列关于小鼠阴道栓描述错误的是______。

A. 交配后 10 ~ 12 h 在雌鼠阴道口形成　B. 有防止精液倒流作用

C. 有提高受孕率的作用　D. 其成分全部是雌鼠阴道分泌物

16. 对小鼠阴道栓的作用描述不正确的是______。

A. 防止精液倒流　B. 提高受孕率

C. 具有防治小鼠阴道感染作用　D. 可以作为判断雌雄小鼠交配的特征

17. 雌性小鼠受精后______d，胚胎进入子宫。

A. 1　B. 3　C. 7　D. 15

18. 对小鼠在药物安全性评价试验中的应用描述错误的是______。

A. 可用于急性毒性试验　B. 可用于亚急性毒性试验

C. 可用于致畸、致癌、致突变试验　D. 不能用于药物最大耐药量的测定

19. 下列描述错误的是______。

A. 常用小鼠作为扁桃体感染的模型
B. 利用小鼠瞳孔放大作用测试药物对副交感神经和神经接头的影响
C. 用声源性惊厥的小鼠评价抗痉挛药物
D. 用小鼠热板技术引起的后爪运动或机械压尾评价止痛药的药效

20. 对裸小鼠免疫系统描述错误的是______。
A. 胸腺发育不全
B. 外周淋巴组织中缺少或缺乏成熟 T 细胞
C. 裸小鼠 B 细胞功能基本正常
D. 裸小鼠自然杀伤细胞数目减少

21. 裸鼠的繁殖采用______方式。
A. nu/nu（♂）×nu/nu（♀）
B. nu/+（♂）×nu/nu（♀）
C. nu/nu（♂）×nu/+（♀）
D. nu/+（♂）×nu/+（♀）

22. 关于近交系小型啮齿类动物基础群的描述错误的是______。
A. 保持近交系自身传代繁衍
B. 为扩大繁殖提供种子
C. 基础群可随机交配繁殖
D. 基础群不超过 5~7 代均能追溯到 1 对共同祖先

23. 对近交系小型啮齿类动物生产群的描述错误的是______。
A. 生产群的种群来自基础群或血缘扩大群
B. 一般以随机交配的方式繁殖
C. 要设立繁殖记录卡
D. 繁殖代数不超过 6 代

24. 导致产后妊娠受孕期延长的原因是______。
A. 小鼠交配后正处于哺乳期，受精卵着床后，胚层分化期延长
B. 小鼠交配后正处于哺乳期，影响卵子的正常受精，从而出现受精时间延长
C. 小鼠交配后正处于哺乳期，影响受精卵的正常植入，因而出现受精卵滞育期
D. 小鼠交配后正处于分娩期，胎儿分娩时间延长

25. 下列可产生假性妊娠的是______。
A. 对雌鼠注射绒毛膜促性腺激素
B. 摘除卵巢的雌鼠与雄鼠交配
C. 用机械方法刺激阴道口
D. 雌鼠与不育雄鼠交配

三、多项选择题（有 1 个以上的正确答案）：

1. 下列描述小鼠的习性和行为特点正确的是______。
A. 胆小怕惊，昼伏夜动
B. 喜群居，喜欢啃咬
C. 适应性强
D. 寿命短

2. 下列关于小鼠的描述正确的是______。
A. 小鼠性情温顺，容易捕捉，一般不会主动伤人
B. 一旦逃出笼外过夜则恢复野性，行动敏捷难以捕捉
C. 当饲养室内有人时，小鼠活动不受限制，甚至四处活动
D. 受到惊吓时，小鼠尾巴会挺直并猛力甩动

3. 下列关于小鼠的描述错误的是______。
A. 小鼠习于昼行性
B. 白天较夜间更为活跃
C. 夜间喜居于安静环境，固定一处营巢睡眠
D. 喜群居，但雄性好斗

4. 下列关于小鼠的描述正确的是______。
A. 与单笼饲养的小鼠相比，群居的小鼠对饲料消耗快，生长发育也快
B. 小鼠喜群居，雄性小鼠群居时也能和平相处

C. 群体中处于优势的雄性小鼠常常将劣势者胡须拔光，自己保留胡须，被称为“理发师”
D. 小鼠的觅食等活动以傍晚时和黎明前最活跃

5. 下列关于小鼠适应性差的描述正确的是______。
A. 小鼠体小娇嫩，不耐饥饿和缺水
B. 对环境适应性差，不耐冷热，过冷过热均会造成死亡
C. 不耐强光和噪声
D. 对疾病抵抗力强

6. 下列关于小鼠的描述正确的是______。
A. 面部尖突，嘴脸前部有 19 根触须
B. 耳耸立呈半圆形，小白鼠眼睛大而鲜红
C. 尾长约与体长相等，尾部覆有短毛和环状角质鳞片
D. 小鼠在啮齿类动物中体形最小，出生时体重仅 5 g

7. 下列关于小鼠体重和体长的描述正确的是______。
A. 出生时体重仅 1.5 g　　B. 出生时体长 2 cm 左右
C. 1～1.5 月龄就有 22～30 g　　D. 最重时可有 30～40 g

8. 下列关于小鼠下颌骨的描述正确的是______。
A. 喙状突较小
B. 髁状突不发达
C. 髁状突发达
D. 运用下颌骨形态分析技术，可进行近交系小鼠遗传质量的监测

9. 下列关于小鼠的描述正确的是______。
A. 胃属单室胃　　B. 小鼠有胆囊　　C. 胰腺像脂肪组织　　D. 腭或咽部无扁桃体

10. 下列关于小鼠的描述正确的是______。
A. 雌性小鼠为双子宫型，呈“Y”形
B. 小鼠无宫外孕
C. 共有 6 对乳头
D. 雄性幼鼠的睾丸藏于腹腔内，性成熟后则下降到阴囊

11. 下列关于小鼠的描述正确的是______。
A. 巨核细胞的核较大　　B. 有红骨髓和黄骨髓并终生造血
C. 皮肤无汗腺　　D. 腭或咽部无扁桃体

12. 下列关于小鼠生殖生理描述正确的是______。
A. 生长周期短、成熟晚　　B. 性活动保持 1 年
C. 性周期（动情周期）4～5 d　　D. 有产后 24 h 内发情的特点

13. 下列关于小鼠阴道栓的描述正确的是______。
A. 交配后 10～12 h 雌鼠阴道口形成　　B. 有防止精液倒流作用
C. 有提高受孕率作用　　D. 其成分全部是雌鼠阴道分泌物

14. 对小鼠阴道栓的作用描述正确的是______。
A. 防止精液倒流　　B. 提高受孕率
C. 有防治小鼠阴道感染作用　　D. 可以作为判断雌雄小鼠交配的特征

15. 对小鼠在药物安全性评价试验中的应用描述正确的是______。
A. 可用于急性毒性试验　　B. 可用于亚急性毒性试验
C. 可用于致畸、致癌、致突变试验　　D. 不能用于药物最大耐药量的测定

16. 下列描述正确的是______。
    A. 常用小鼠作为扁桃体感染的模型
    B. 利用小鼠瞳孔放大作用测试药物对副交感神经和神经接头的影响
    C. 用声源性惊厥的小鼠评价抗痉挛药物
    D. 用小鼠热板技术引起的后爪运动或机械压尾评价止痛药的药效
17. 小鼠在生物医药研究中主要应用在______。
    A. 药物研究　B. 肿瘤学研究
    C. 遗传学　D. 免疫学研究和老年病研究
18. 下列对 BALB/c 小鼠主要特性描述正确的是______。
    A. 乳腺肿瘤自然发生率低　B. 易患慢性肺炎
    C. 对放射线甚为敏感　D. 肝、脾与体重的比值较大
19. 下列关于 C57BL 小鼠主要特性的描述正确的是______。
    A. 乳腺肿瘤自然发生率低　B. 12% 有眼睛缺损
    C. 对放射物质耐受力中等　D. 对结核杆菌不敏感
20. 下列关于 KM 小鼠主要特性的描述正确的是______。
    A. 繁殖率和成活率高　B. 抗病力和适应性很强
    C. 雌性小鼠乳腺肿瘤发生率为 25%　D. 以上都不正确
21. 关于 NIH 小鼠主要特性描述正确的是______。
    A. 毛色黑色　B. 产仔成活率高　C. 雄性好斗，容易致残　D. 繁殖力强
22. 对近交系小型啮齿类动物基础群的描述正确的是______。
    A. 保持近交系自身传代繁衍
    B. 为扩大繁殖提供种子
    C. 基础群可随机交配繁殖
    D. 基础群不超过 5 ~7 代均能追溯到 1 对共同祖先
23. 关于近交系小型啮齿类动物生产群的描述正确的是______。
    A. 生产群的种群来自基础群或血缘扩大群　B. 一般以随机交配的方式繁殖
    C. 要设立繁殖记录卡　D. 繁殖代数不超过 6 代

四、判断题（在括号内打“✓”或“×”表示）：

(　　) 1. 与单笼饲养的小鼠相比，群居的小鼠对饲料消耗快，生长发育与单笼饲养相同。
(　　) 2. 雄性小鼠群居时易发生斗殴，而且群体中处于优势的雄性小鼠常常将处于劣势者的胡须拔光，自己保留胡须，被称为“理发师”。
(　　) 3. 小鼠体小娇嫩，不耐饥饿和缺水。
(　　) 4. 小鼠对环境适应性差，不耐冷热，过冷过热均会造成死亡。
(　　) 5. 小鼠不耐强光和噪声，对疾病抵抗力差。
(　　) 6. 因为小鼠门齿终生都在生长，所以特别喜欢啃咬坚硬物品。
(　　) 7. 小鼠寿命一般为 2 ~3 年。
(　　) 8. 小鼠左肺单叶；右肺分为 4 叶——上叶、中间叶、下叶、腔后叶。
(　　) 9. 小鼠的淋巴系统尤为发达，但腭或咽部无扁桃体，外界刺激可使淋巴系统增生，进而可导致淋巴系统疾病。
(　　) 10. 小鼠脾脏有明显的造血功能，所含造血细胞包括巨核细胞、原始造血细胞等并组成造血灶。
(　　) 11. 小鼠的巨核细胞的核较大，有时易被误认为肿瘤细胞。

(　　) 12. 小鼠皮肤无汗腺。

(　　) 13. 小鼠可用于淋巴细胞脉络丛脑膜炎、脊髓灰质炎、流行性感冒、狂犬病、脑炎等病毒性疾病的研究。

(　　) 14. 小鼠可用于沙门菌病、钩端螺旋体病等细菌性疾病的实验研究。

(　　) 15. 小鼠宜用于感染血吸虫、疟原虫、马锥虫等寄生虫疾病的研究。

(　　) 16. 使用 BALB/c、AKR、C57BL 等小鼠免疫后的脾细胞与骨髓细胞融合，可进行单克隆抗体的制备和研究。

(　　) 17. 无胸腺裸小鼠缺乏 T 淋巴细胞、B 淋巴细胞并且免疫功能缺陷，可用于研究 T 淋巴细胞功能以及细胞免疫在免疫应答反应中的作用。

(　　) 18. SCID 小鼠是 T 淋巴细胞、B 淋巴细胞联合免疫缺陷动物。

五、名词解释：

1. 阴道栓　　　　2. 突变系动物

六、问答题：

1. 简述小鼠的习性和行为特点。
2. 简述 BALB/c 小鼠的毛色、主要特征和主要用途。
3. 简述 NIH 小鼠的来源、毛色、主要特征和主要用途。
4. 简述裸小鼠的主要特征和主要用途。
5. 如何鉴别小鼠性别?

（编写：张薇、王萧、苏乔　　审核：邝少松、张永斌）

第二节　大鼠

一、填空题：

1. 大鼠属于哺乳纲、啮齿目、鼠科、________、________动物，学名褐家鼠。

2. 大鼠被粗暴捕捉，或缺乏________，或受到其他同类尖叫声的影响时，则难于捕捉，甚至攻击人，尤其是处于怀孕和哺乳时期的母鼠，由于上述原因，常常会主动咬饲养人员喂饲时伸进鼠笼的手。

3. 大鼠门齿较长，____不断生长，因而喜啃咬。

4. 大鼠对外界刺激反应敏感，在高分贝噪声刺激下，常常出现母鼠____现象。故饲养室内应尽量保持安静。

5. 大鼠寿命一般为__________年。

6. 大鼠尾部被覆短毛和___________。

7. 新生仔鼠体重为___________g，根据环境和营养状况的不同，1.5 ~ 2 月龄可有 180 ~ 220 g，其体长不小于 18 cm，可供实验使用。

8. 大鼠的胃属____胃，分为前胃和后胃，前胃壁薄，呈半透明状；后胃不透明，富含肌肉和胃腺，伸缩性强。

9. 大鼠肝脏再生能力极强，被切除_________%后仍可再生。

10. 大鼠无____器官，胆管直接与十二指肠相通。

11. 大鼠胰腺与脂肪组织的区别是，胰腺颜色____，质地较______。

12. 大鼠脑垂体较松弛地附于漏斗下部，易制作________。

13. 雌性大鼠为______，呈“Y”型排列。

14. 雌性大鼠共有____对乳头。

15. 大鼠皮肤缺少汗腺，汗腺仅分布于爪垫上，主要通过____散热。

16. 大鼠妊娠期为19~23 d，平均____d，每窝产仔________只。

17. 雌性大鼠产后24 h内出现1次____；哺乳期__________d。

18. 雌雄性大鼠交配后10~12 h，雌鼠阴道口形成白色______。

19. 大鼠骨髓只有____骨髓，终生造血。

20. 大鼠的食管通过界限嵴的一个____进入胃小弯，该结构阻止胃内容物反流到食管，是大鼠不会呕吐的原因，因此不适宜做呕吐实验。

21. 大鼠的血压对药物的反应____。

22. 空气中的湿度低于40%时，大鼠尾巴易发生______。

23. 成年大鼠的胃容量为______mL。

24. F344/N大鼠、Lou/CN大鼠是______大鼠。

25. Wistar大鼠、SD大鼠、Long－Evans大鼠是______大鼠。

26. Wistar大鼠毛色为____。

27. SD大鼠毛色为____。

28. SHR/Ola大鼠、癫痫大鼠、裸大鼠是______大鼠。

29. 癫痫大鼠因铃声刺激可____数秒钟，然后向一侧倒地发作癫痫，与人的癫痫发作很相似，可用于癫痫病的实验研究。

30. 裸大鼠繁殖方法采用______雄性大鼠与杂合型雌性大鼠交配，理论上可获得1/2纯合型裸大鼠仔。

31. 裸大鼠主要用于多种____移植研究。

32. 大鼠用的垫料除了要注意____外，还应注意控制它的物理性能，垫料携带的尘土容易引起异物性肺炎，软木刨花可引起幼龄大鼠的肠堵塞。

33. 大鼠体形较大，饲料和饮水的消耗量也大，要经常巡视观察，及时____。

34. 妊娠母大鼠容易缺乏维生素____，要定期予以补充。

二、单项选择题（只有1个正确答案）：

1. 大鼠的染色体数2n＝______。

   A. 42　　B. 44　　C. 48　　D. 40

2. 下列描述不正确的是______。

   A. 大鼠是野生褐家鼠的变种，起源于北亚洲，于17世纪初期传到欧洲

   B. 18世纪后期开始人工饲养大鼠

   C. 大鼠体形较小，遗传学较为一致，对实验条件反应较为近似

   D. 大鼠外观与小鼠相似，体形大小相同

3. 下列关于大鼠的习性和行为的描述错误的是______。

   A. 昼伏夜动，喜独居　　B. 胆小怕惊，喜啃咬

   C. 抗病力较强，对外界刺激不敏感　　D. 寿命短，只有2.5~3年

4. 下列动物中垂体—肾上腺系统发达且垂体摘除容易的动物是______。

A. 小鼠　　B. 大鼠　　C. 豚鼠　　D. 地鼠

5. 由于大鼠______，导致大鼠不会呕吐。

A. 在界限嵴存在一个皱褶　　B. 属于双室胃

C. 胃只有腺胃　　D. 食管细长

6. 对大鼠的肝脏描述正确的是______。

A. 重量约占体重的 10%　　B. 分为 5 叶

C. 再生能力很强，切除 90% 后仍可再生　　D. 95% 肝枯否氏细胞有吞噬能力

7. 大鼠的胸腺由______叶组成。

A. 1　　B. 2　　C. 3　　D. 4

8. 下列关于大鼠口腔的描述错误的是______。

A. 大鼠上唇于中线处裂开，门齿外露

B. 口腔后部因有硬腭和软腭，鼻后孔后移直接通向喉咽，空气与食物通道在咽腔交叉

C. 大鼠在口腔充满食物时，仍可进行呼吸

D. 大鼠在口腔充满食物时，不可呼吸

9. 下列对大鼠描述不正确的是______。

A. 肠分为小肠和大肠　　B. 小肠分为十二指肠、空肠和回肠

C. 大肠包括盲肠、结肠和直肠，终止于肛门　　D. 肠管较长，约为体长的 10 倍

10. 下列对大鼠描述正确的是______。

A. 肝再生能力极强，被切除 90% 后仍可再生

B. 肝再生能力差，被切除 60% ~70% 后不可再生

C. 肝再生能力极强，被切除 60% ~70% 后仍可再生

D. 肝再生能力极强，被切除 95% 后仍可再生

11. 大鼠对______极为敏感，长期的慢性刺激会引起大鼠肺炎和进行性肺组织坏死。

A. 噪声　　B. 高于临界的温度　　C. 粉尘、氨气　　D. 光照强度

12. 下列对大鼠描述不正确的是______。

A. 在 6 ~8 周龄时达到性成熟，约于 3 月龄时达到体成熟

B. 雌鼠为季节性发情动物

C. 雌鼠性周期分为动情前期、动情期、动情后期和动情间期

D. 通过进行大鼠阴道涂片观察，可以推断雌鼠处于性周期的哪一个阶段

13. 下列对大鼠描述正确的是______。

A. 血压对药物反应敏感　　B. 血压对药物反应不敏感

C. 均有自发性高血压　　D. 不能诱发为高血压模型

14. 下列对大鼠描述不正确的是______。

A. 视觉灵敏，对光照较敏感　　B. 嗅觉灵敏，对噪音较敏感

C. 适宜做条件反射实验　　D. 视觉、嗅觉均不灵敏，但对光照、噪音较敏感

15. 下列对大鼠描述不正确的是______。

A. 垂体—肾上腺系统功能发达，应激反应灵敏

B. 肾上腺位于肾脏上端，芝麻大小，呈粉黄色

C. 脑垂体较松弛地附于漏斗下部，易制作去垂体模型

D. 垂体—肾上腺系统功能不发达，应激反应迟钝

16. 下列对大鼠描述正确的是______。

A. 对某些营养的缺乏非常敏感，尤其是蛋白质、维生素 A 和 E

B. 对某些营养的缺乏不敏感

C. 对某些营养的缺乏非常敏感，尤其是脂肪、维生素 A 和 E

D. 对某些营养的缺乏非常敏感，尤其是微量元素、维生素 A 和 B

17. 新生大鼠体重为______g。

A. 1.5～3.5　B. 3～5.5　C. 5.5～10　D. 10～15

18. 大鼠离乳时间为______d。

A. 3～4　B. 8～10　C. 14～17　D. 21～28

19. 雄性大鼠性成熟时间为______日龄。

A. 30～35　B. 45～60　C. 70～75　D. 80～90

20. 雌性大鼠性成熟时间为______日龄。

A. 30～35　B. 45～60　C. 70～75　D. 80～90

21. Whitten 反应是指______。

A. 雄鼠在同笼时，出现最弱者被拔掉胡须的现象

B. 雌鼠在同笼时，出现最弱者被拔掉胡须的现象

C. 雌鼠性周期在同笼雌鼠密度过大时可延长甚至抑制，在有雄鼠时可恢复甚至缩短

D. 雌鼠性周期在同笼雌鼠密度过大时可延长甚至抑制，并且不可逆

22. ______可产生雌鼠假性妊娠。

A. 对雌鼠注射绒毛膜促性腺激素　B. 摘除卵巢的雌鼠与雄鼠交配

C. 用机械方法刺激阴道口　D. 雌鼠与不育雄鼠交配

23. 大鼠在环境相对湿度低于______%时，易发生环尾病。

A. 40　B. 50　C. 60　D. 70

24. 成年大鼠胃容量为______mL。

A. 1～3　B. 2～4　C. 4～7　D. 6～9

25. 下列描述正确的是______。

A. 大鼠内分泌腺容易摘除　B. 大鼠内分泌腺不容易摘除

C. 小鼠内分泌腺容易摘除　D. 豚鼠内分泌腺容易摘除

26. 大鼠不能用于______研究。

A. 自发性或诱发性的尿崩症

B. 糖尿病

C. 呕吐反应

D. 甲状腺机能衰退、甲状旁腺功能低下的新生儿强直性痉挛动物模型

27. 大鼠不能用于______研究。

A. 高脂血症　B. 应激性胃溃疡模型

C. 胆囊炎　D. 计划生育

28. 大鼠对营养物质缺乏敏感，与其研究有关的不正确描述是______。

A. 可发生典型营养缺乏症状　B. 常用于维生素缺乏症研究

C. 对蛋白质缺乏非常敏感　D. 极少用于营养学研究

29. 在药物安全性评价试验中，大鼠不能用于______。

A. 亚急性毒性试验　B. 慢性毒性试验

C. 催吐药试验　D. 致畸试验

30. 下列描述错误的是______。

A. 利血平和阿扑吗啡可诱导大鼠产生神经性异常行为

B. 可利用迷宫试验或惩罚和奖励试验来测试大鼠的学习和记忆能力

C. 大鼠血压和血管阻力对药物的反应不敏感

D. 大鼠可用于心血管系统新药的筛选

31. 下列描述错误的是______。

A. 大鼠踝关节对炎症反应敏感，常用来筛选抗关节炎药物
B. 大鼠用于多发性、化脓性及变态反应性关节炎治疗药物的评价
C. 大鼠用于中耳炎、内耳炎、淋巴结炎等的治疗药物的评价
D. 大鼠不能用于抗炎药物的筛选和评价

32. 下列动物中，对致畸药物十分敏感，适宜做致畸实验的动物是______。
A. 犬 B. 家兔 C. 豚鼠 D. 大鼠

33. 下列对大鼠在药物学研究中的描述不正确的是______。
A. 大鼠血压和血管阻力对药物的反应很敏感
B. 大鼠踝关节对炎症反应敏感
C. 大鼠常用于药物急性试验的动物评价和确定最大给药量
D. 评价药物对肾功能的影响，可通过大鼠服药后 5 h 的尿量来评价

34. 下列描述不正确的是______。
A. 利用迷宫试验测试大鼠的学习和记忆能力
B. 采用跳台试验等方法，测试大鼠记忆判断和回避惩罚的能力
C. 大鼠不适宜做成瘾性药物的行为学研究
D. 大鼠适宜做高级神经活动研究

35. 下列描述不正确的是______。
A. 大鼠适合用于成瘾性药物的行为学研究
B. 如对酒精依赖的大鼠，当取消酒精喂饲后，可产生行为改变，甚至出现阵发性强直性肌肉痉挛乃至死亡
C. 在一定时间内给大鼠喂饲一定剂量的酒精、咖啡因、鸦片后，大鼠对上述药物（物质）产生依赖以及行为改变
D. 大鼠不会对白酒、咖啡因、鸦片等成瘾

36. 下列描述不正确的是______。
A. 大鼠适宜进行高级神经活动研究
B. 行为学研究中常用大鼠研究那些假定与神经反射异常有关的行为情景
C. 大鼠可进行神经官能症、抑郁性精神病、脑发育不全或迟缓等疾病的行为学研究
D. 大鼠适宜进行高级神经活动研究，但不适合用于成瘾性药物的行为学研究

37. 大鼠______，对外界刺激反应敏感，适宜做行为学研究。
A. 喜独居，喜安静的环境 B. 喜群居，耐噪声环境
C. 喜独居，耐噪声环境 D. 喜群居，喜安静的环境

38. 下列不是大鼠用于行为学研究的原因的是______。
A. 行为表现多样
B. 情绪反应灵敏，适应新环境快，探索性强
C. 可人为唤起和控制其视、触、嗅等感觉
D. 55 ℃温度刺激可引起舔后足或跳跃

39. 下列对大鼠描述不正确的是______。
A. 大鼠是进行老年病学研究常用的实验动物
B. 使用大鼠可以进行衰老的机理研究
C. 使用大鼠不可以进行衰老方面的研究
D. 使用大鼠可进行老年高发肿瘤和非肿瘤损伤所引发的老年性疾病研究

40. 使用大鼠不可以进行______。
A. 衰老的生理变化的研究

B. 成活率与年龄相关曲线的关系研究

C. 胶原老化、器官老化、饮食方式与寿命的关系等方面的研究

D. 冬眠、呕吐等机理的研究

41. 常用大鼠制作______模型。

A. 心肌缺血、心律失常、高血压　　B. 心肌缺血、胆结石、高血压

C. 心肌缺血、心律失常、呕吐　　D. 胆结石、呕吐、高血压

42. 下列不是大鼠的生物医学应用范围的是______。

A. 生理学研究　　B. 热原试验　　C. 老年病研究　　D. 营养学研究

43. 下列大鼠属于近交系的是______。

A. F344/N 大鼠　　B. SD 大鼠　　C. Wistar 大鼠　　D. Long - Evans 大鼠

44. Lou/CN 大鼠的毛色为______。

A. 白色　　B. 褐色　　C. 黑色　　D. 灰色

45. 下列关于 Wistar 大鼠的描述错误的是______。

A. 性周期稳定，繁殖力强，产仔多，平均每胎产仔 10 只左右，生长发育快

B. 性情温顺，毛色白化

C. 对传染病的抵抗力较强，用途广泛

D. 自发性肿瘤发生率高

46. 下列关于 SD 大鼠的描述错误的是______。

A. 生长发育较 Wistar 大鼠快　　B. 自发性肿瘤的发生率较高

C. 对性激素敏感性高　　D. 用途广泛

47. 下列大鼠属于杂交群的是______。

A. Wistar 大鼠　　B. SD 大鼠　　C. F344 X Wistar 大鼠　　D. F344/N 大鼠

48. 下列描述错误的是______。

A. SHR/Ola 大鼠毛色为白色

B. SHR/Ola 大鼠自发性高血压，且发生率高，但有明显原发性肾或肾上腺损伤

C. 在 10 周龄后雄性大鼠血压的收缩压为 26.66 ~ 46.66 kPa，雌性大鼠为 23.99 ~ 26.66 kPa

D. SHR/Ola 大鼠的心血管疾病发生率高，可能是受 3 ~ 4 个基因控制，以其中 1 个为主

49. 下列关于 SHR/Ola 大鼠的描述错误的是______。

A. SHR/Ola 大鼠的幼年大鼠中，血浆去甲肾上腺素和多巴胺β - 羟化酶水平增加，比对照大鼠高，但总儿茶酚胺无明显不同，肾上腺儿茶酚胺含量减少

B. SHR/Ola 大鼠循环血中的促肾上腺激素水平明显偏高

C. SHR/Ola 大鼠的生育力及寿命明显下降，可养 13 ~ 14 月

D. SHR/Ola 大鼠主要用于高血压疾病的实验研究

50. 下列关于癫痫大鼠的描述错误的是______。

A. 用铃声刺激可旋转数秒钟，然后向一侧倒地发作癫痫，与人的癫痫发作很相似，可用癫痫大鼠做癫痫病的实验研究

B. 是评价抗癫痫药物的极好模型

C. 是人类研究癫痫发病机理的极好模型

D. 出生 8 周后，会自发出现癫痫大发作和失神小发作，但与人类癫痫有很大区别

51. 下列关于裸大鼠主要特性的描述错误的是______。

A. 躯干部被毛稀少，头部、四肢和尾根部被毛较多

B. 2 ~ 6 周龄期间皮肤上有棕色鳞片状物，随后变得光滑

C. 免疫学特性为先天无胸腺、T 淋巴细胞功能缺陷，同种或异种皮肤移植生长期在 3 个月以上

D. 对结核菌素有迟发性变态反应，血中未测出 IgM 及 IgG，淋巴细胞转化试验为阴性

52. 对裸大鼠的遗传组成描述错误的是______。
A. 无胸腺
B. 对乙脑弱毒株无细胞免疫功能
C. 缺乏正常分化的 T 淋巴细胞
D. B 淋巴细胞正常

53. SHR/Ola 大鼠是一种来源于______的自发性高血压大鼠。
A. Wistar 的封闭群　　B. Wistar 的近交系
C. Sprague - Dawley 的近交系　　D. Sprague - Dawley 的封闭群

54. 维生素______严重缺乏时雄性大鼠可终生丧失生殖能力。
A. C　　B. A　　C. E　　D. B_2

55. 下列关于大鼠饲养的注意事项正确的是______。
A. 相对湿度不得低于 50%，避免发生环尾病
B. 强烈噪声容易引起哺乳母鼠吃仔
C. 大鼠饲料和饮水的消耗量不大
D. 妊娠母鼠不容易缺乏维生素 A

三、多项选择题（有 1 个以上的正确答案）：

1. 下列关于大鼠的习性和行为描述正确的是______。
A. 昼伏夜动，喜独居　　B. 胆小怕惊，喜啃咬
C. 抗病力较强，对外界刺激不敏感　　D. 寿命短，只有 2.5 ~ 3 年

2. 下列描述正确的是______。
A. 大鼠对外环境的适应性强，成年大鼠很少患病
B. 大鼠对外界刺激反应敏感，在高分贝噪声刺激下，常常出现母鼠吃仔现象
C. 大鼠寿命一般只有 2.5 ~ 3 年，最长寿命为 5 年
D. 大鼠体形较小，遗传学不一致，对实验条件反应不完全近似

3. 对大鼠外观描述不正确的是______。
A. 成年大鼠一般体长 10 ~ 15 cm　　B. 大鼠是由小鼠长大而成的
C. 尾巴上被覆短毛和环状角质鳞片　　D. 前足有四趾，后足有三趾

4. 对大鼠的肝脏描述不正确的是______。
A. 重量约占体重的 10%　　B. 分为 5 叶
C. 再生能力很强，切除 90% 后可再生　　D. 95% 肝枯否氏细胞有吞噬能力

5. 大鼠与小鼠相比较，叙述不正确的是______。
A. 小鼠没有胆囊，大鼠也没有胆囊　　B. 小鼠尾巴没有鳞片，大鼠尾巴有鳞片
C. 小鼠喜群居，大鼠喜独居　　D. 小鼠门齿终生生长，大鼠门齿不能终生生长

6. 下列对大鼠描述正确的是______。
A. 大鼠外观与小鼠相似，但体形较大
B. 前足有四趾，后足有三趾
C. 大鼠尾部被覆短毛和环状角质鳞片
D. 成年雄性大鼠身体前部比后部大，雌性大鼠身体相对瘦长

7. 下列描述正确的是______。
A. 大鼠新生仔鼠体重为 5.5 ~ 10 g

B. 大鼠1.5～2月龄都可有180～250 g，其体长均不小于18～20 cm
C. 大鼠尾部被覆短毛和环状角质鳞片
D. 雄性大鼠最大体重为300～800 g，雌性大鼠250～400 g

8. 下列对大鼠口腔描述正确的是______。
A. 大鼠上唇于中线处裂开，门齿外露
B. 口腔后部因有硬腭和软腭，鼻后孔后移直接通喉咽，空气与食物通道在咽腔交叉
C. 大鼠在口腔充满食物时，仍可进行呼吸
D. 大鼠在口腔充满食物时，不可进行呼吸

9. 下列对大鼠描述正确的是______。
A. 大鼠的肠分为小肠和大肠
B. 小肠分为十二指肠、空肠和回肠
C. 大肠包括盲肠、结肠和直肠，终止于肛门
D. 肠管较长，约为体长的10倍

10. 下列对大鼠描述正确的是______。
A. 大鼠无胆囊，胆管直接与十二指肠相通
B. 胰腺与脂肪组织没区别
C. 大鼠有左肺和右肺，左肺单叶，右肺分为4叶
D. 心脏有4个腔，即左心房、左心室、右心房和右心室

11. 下列描述正确的是______。
A. 大鼠雌性生殖器包括1对卵巢、1对输卵管、子宫、阴道和阴道孔
B. 大鼠为单子宫，但呈“Y”型排列
C. 雌性大鼠共有6对乳头，胸部和鼠蹊部各有3对
D. 大鼠为双子宫，呈“Y”型排列

12. 下列对大鼠描述正确的是______。
A. 在6～8周龄时达到性成熟，约于3月龄时达到体成熟
B. 雌鼠为季节性发情动物
C. 性周期分为动情前期、动情期、动情后期和动情间期
D. 通过进行雌鼠阴道涂片观察，可以推断雌性大鼠处于性周期的哪一个阶段

13. 下列对雌性大鼠描述正确的是______。
A. 妊娠期平均为21 d
B. 每窝产仔6～12只
C. 没有产后动情期
D. 哺乳期为21～28 d

14. 下列对大鼠描述不正确的是______。
A. 血压对药物的反应敏感
B. 血压对药物的反应不敏感
C. 均有自发性高血压
D. 不能诱发为高血压模型

15. 下列对大鼠描述正确的是______。
A. 视觉灵敏，对光照较敏感
B. 嗅觉灵敏，对噪音较敏感
C. 适宜做条件反射实验
D. 视觉、嗅觉均不灵敏

16. 下列对大鼠描述正确的是______。
A. 垂体—肾上腺系统功能发达，应激反应灵敏
B. 肾上腺位于肾脏上端，芝麻大小，呈粉黄色
C. 脑垂体较松弛地附于漏斗下部，易制作去垂体模型
D. 垂体—肾上腺系统功能不发达，应激反应迟钝

17. 大鼠对某些营养缺乏非常敏感，下列描述不正确的是______。

A. 对蛋白质、维生素 A 和 E 的缺乏敏感　B. 对某些营养的缺乏不敏感
C. 对脂肪、维生素 A 和 E 的缺乏敏感　D. 对微量元素、维生素 A 和 B 的缺乏敏感

18. 下列对大鼠描述不正确的是______。
A. 空气中的湿度低于 40% 时，大鼠尾巴易发生环尾病
B. 饲养室内相对湿度应保持在 30% ~40%
C. 空气中的湿度高于 40% 时，大鼠尾巴易发生环尾病
D. 尾巴易发生环尾病，是由于感染鼠痘病毒

19. 下列符合大鼠生物学特性的是______。
A. 无胆囊　B. 对湿度不敏感　C. 汗腺与人相似　D. 肝脏再生能力强

20. 大鼠常用于______研究。
A. 自发性或诱发性尿崩症　B. 糖尿病
C. 呕吐反应　D. 新生儿强直性痉挛模型

21. 大鼠常用于______研究。
A. 高脂血症　B. 胆囊炎　C. 计划生育　D. 应激性胃溃疡

22. 在药物安全性评价试验中，大鼠能用于______。
A. 亚急性毒性试验　B. 慢性毒性试验
C. 催吐药的毒性试验　D. 药物致畸试验和药物毒性作用机制的研究

23. 大鼠常用于______。
A. 神经系统药物的评价　B. 抗呕吐药的筛选和评价
C. 抗炎药物的筛选和评价　D. 心血管系统药物的评价

24. 下列描述正确的是______。
A. 利血平和阿扑吗啡可诱导大鼠神经性异常行为
B. 可利用迷宫试验或惩罚和奖励试验来测试大鼠的学习和记忆能力
C. 大鼠血压和血管阻力对药物的反应不敏感
D. 大鼠可用于心血管系统新药的筛选

25. 下列描述正确的是______。
A. 大鼠踝关节对炎症反应敏感，常用以筛选抗关节炎药物
B. 大鼠用于多发性、化脓性及变态反应性关节炎治疗药物的评价
C. 大鼠用于中耳炎、内耳炎、淋巴结炎等治疗药物的评价
D. 大鼠不能用于抗炎药物的筛选和评价

26. ______属于大鼠的行为学研究。
A. 迷宫试验　B. 奖励和惩罚试验
C. 成瘾性药物行为学研究　D. 慢性毒性试验

27. 下列描述正确的是______。
A. 大鼠适宜进行高级神经活动研究
B. 常用大鼠研究那些假定与神经反射异常有关的行为情景
C. 大鼠可进行神经官能症、抑郁性精神病、脑发育不全或迟缓等疾病的行为学研究
D. 大鼠适宜进行高级神经活动研究，但不适合于成瘾性药物的行为学研究

28. 下述______是大鼠用于行为学研究的原因。
A. 行为表现多样
B. 情绪反应灵敏，适应新环境快，探索性强
C. 可人为唤起和控制其动、视、触、嗅等感觉
D. 55 ℃的温度刺激可引起舔后足或跳跃

29. 使用大鼠可以进行______。
A. 衰老的生理变化的研究
B. 成活率与年龄相关曲线的关系研究
C. 胶原老化、器官老化、饮食方式与寿命的关系等方面的研究
D. 冬眠、呕吐等机理的研究
30. 大鼠常见自发性肿瘤有______。
A. 肾上腺髓质肿瘤 B. 乳腺癌 C. 粒细胞性白血病 D. 以上都不是
31. 下列化学物质可诱发大鼠肿瘤的是______。
A. 二乙基亚硝胺和二甲基氨基偶氮苯诱发肝癌
B. 甲基苄基亚硝胺诱发食道癌
C. 3-甲基胆蒽诱发肺鳞癌及恶性胸膜间皮瘤、大肠癌等
D. 硫化钠可诱发大鼠乳腺癌
32. 使用大鼠制作感染性疾病常用的细菌有______。
A. 沙门菌 B. 大肠杆菌 C. 巴氏杆菌 D. 念珠状链杆菌
33. 使用大鼠制作感染性疾病常用的病毒有______。
A. 肝炎病毒 B. 疱疹病毒 C. 流感病毒 D. 猴B病毒
34. 使用大鼠制作感染性疾病常用的寄生虫有______。
A. 旋毛虫 B. 血吸虫 C. 钩虫 D. 疟原虫
35. 常用大鼠制作______模型。
A. 心肌缺血、心律失常、高血压 B. 动脉硬化、实验性动脉瘤
C. 肺水肿 D. 恶性贫血、血小板减少症
36. 下列属于大鼠的生物医学应用范围的是______。
A. 生理学研究 B. 热原试验 C. 老年病研究 D. 营养学研究
37. 下列大鼠不属于近交系的是______。
A. Lou/CN大鼠 B. SD大鼠 C. SHR/Ola大鼠 D. Long-Evans大鼠
38. 下列关于F344/N大鼠的描述错误的是______。
A. 原发性和继发性脾红细胞免疫反应性低
B. 其NADPH-细胞色素C还原酶的诱发力较SD大鼠高
C. 旋转运动性高
D. 血清胰岛素含量高
39. 下列对Lou/CN大鼠的毛色描述错误的是______。
A. 白色 B. 褐色 C. 黑色 D. 灰色
40. 下列对Lou/CN大鼠描述正确的是______。
A. 常用于免疫学研究，特别是制备单克隆抗体
B. Lou/CN大鼠的腹水量比BALB/c小鼠大几十倍，可大量生产单克隆抗体
C. Lou/CN大鼠的同类系Lou/MN大鼠为浆细胞瘤高发系
D. 免疫细胞瘤可移植到同系大鼠及其杂交的F1代
41. 下列关于Wistar大鼠的描述正确的是______。
A. 性周期稳定，繁殖力强，产仔多，平均每胎产仔在10只左右，生长发育快
B. 性情温顺，毛色白化
C. 对传染病的抵抗力较强，用途广泛
D. 自发性肿瘤发生率高
42. 下列关于SD大鼠的描述正确的是______。

A. 由美国斯泼累格·多雷农场培育　　B. 毛色白化
C. 性情比 Wistar 大鼠稍为凶猛　　D. 对疾病的抵抗力弱

43. 常用封闭群大鼠有______。
A. Wistar 大鼠　B. SD 大鼠　C. KM 大鼠　D. NIH 大鼠

44. 下列关于 SHR/Ola 大鼠描述正确的是______。
A. SHR/Ola 大鼠毛色白化
B. SHR/Ola 大鼠自发性高血压发生率高，伴有明显原发性肾或肾上腺损伤
C. 在 10 周龄后雄性大鼠血压的收缩压为 26.66～46.66 kPa
D. SHR/Ola 大鼠的心血管疾病发生率高

45. 下列关于癫痫大鼠的描述正确的是______。
A. 用铃声刺激可旋转数秒钟，然后向一侧倒地发作癫痫
B. 是评价抗癫痫药物的极好模型
C. 是人类研究癫痫发病机理的极好模型
D. 出生 8 周后，会自发出现癫痫大发作和失神小发作，但与人类癫痫有很大区别

46. 下面关于裸大鼠的描述正确的是______。
A. 无胸腺，仅有胸腺残迹或异常的胸腺上皮
B. 缺乏正常分化的 T 淋巴细胞
C. 对乙脑弱毒株完全没有细胞免疫反应
D. B 淋巴细胞正常，在开放环境中饲养不会立刻死亡

四、判断题（在括号内打“✓”或“×”表示）：

(　　) 1. 大鼠门齿较长，终生不断生长，因而喜啃咬。
(　　) 2. 大鼠对外界刺激反应敏感，在高分贝噪声刺激下，常常出现母鼠吃仔现象。
(　　) 3. 成年雄性大鼠身体前部比后部小，雌性大鼠身体相对瘦长，后部比前部大。
(　　) 4. 大鼠新生仔鼠体重为 5.5～10 g，根据环境和营养状况的不同，1.5～2 月龄可有 180～220 g，其体长不小于 18～20 cm，可供实验使用。
(　　) 5. 雄性大鼠最大体重为 300～800 g，雌性大鼠 250～400 g。
(　　) 6. 大鼠的骨由头骨、躯干骨和前后肢骨组成。
(　　) 7. 大鼠的肠分为小肠和大肠：小肠分为十二指肠、空肠和回肠；大肠包括盲肠、结肠和直肠，终止于肛门。
(　　) 8. 大鼠肝脏再生能力极强，被切除 60%～70% 后仍可再生。
(　　) 9. 大鼠无胆囊，胆管直接与十二指肠相通。
(　　) 10. 大鼠有左肺和右肺：左肺单叶；右肺分为上叶、中叶、下叶和后叶 4 叶。
(　　) 11. 大鼠脑垂体较松弛地附于漏斗下部，易制作去垂体模型。
(　　) 12. 雌性大鼠为双子宫，呈“Y”型排列。
(　　) 13. 大鼠皮肤缺少汗腺，汗腺仅分布于爪垫上，主要通过尾巴散热。
(　　) 14. 大鼠成熟快、繁殖力强，约在 6～8 周龄达到性成熟，约于 3 月龄达到体成熟。
(　　) 15. 大鼠妊娠期为 25 d，平均 21 d，每窝产仔 6～12 只。
(　　) 16. 雌性大鼠产后 24 h 内出现 1 次发情；哺乳期为 21～28 d，一般情况下在 21 d 离乳。
(　　) 17. 雌雄性大鼠交配后 10～12 h，雌性大鼠阴道口可见白色阴道栓。
(　　) 18. 大鼠骨髓无黄骨髓，为红骨髓，终生造血。
(　　) 19. 大鼠无呕吐反射。

(　　) 20. 大鼠视觉灵敏，对光照较敏感，嗅觉灵敏，对噪音较敏感。
(　　) 21. 大鼠垂体—肾上腺系统功能发达，应激反应灵敏。
(　　) 22. 大鼠对某些营养的缺乏非常敏感，尤其是蛋白质、维生素 A 和 E。
(　　) 23. 大鼠一昼夜血液内激素和酶水平具有动态性变化，不同时间采血、不同的采血方法、粗暴虐待均能影响血液成分，造成实验结果的误差。
(　　) 24. 成年大鼠的胃容量为 4 ~ 7 mL。
(　　) 25. 大鼠性周期为 4 ~ 5 d，根据阴道黏膜上皮细胞的变化分为动情前期、动情期、动情后期、动情间期四个期。
(　　) 26. 大鼠在分类学上是属于哺乳纲、啮齿目、鼠科、大鼠属。
(　　) 27. 大鼠对环境中的粉尘、氨气和硫化氢较为敏感。
(　　) 28. 大鼠心电图中没有 S - T 段。
(　　) 29. 利用迷宫试验能测试大鼠的学习和记忆能力。
(　　) 30. 采用跳台试验等方法，不能测试大鼠记忆判断和回避惩罚的能力。
(　　) 31. 常用大鼠制作心肌缺血、心律失常、高血压等模型。
(　　) 32. F344/N 大鼠于 1920 年由哥伦比亚大学肿瘤研究所科尔提斯培育，我国从英国引进。
(　　) 33. Lou/CN 大鼠是由贝辛和别科尔斯培育出的浆细胞瘤高发系，其同类系 Lou/MN 大鼠为浆细胞瘤低发系，两者组织相容性不同。
(　　) 34. Wistar 大鼠外形特征是头部较宽、耳朵较长、尾巴的长度大于身长。
(　　) 35. Wistar 大鼠生长发育快，10 周龄时雄性大鼠体重可有 280 ~ 300 g，雌性大鼠有 170 ~ 260 g。
(　　) 36. SD 大鼠毛色白化。
(　　) 37. SD 大鼠性情比 Wistar 大鼠稍为凶猛。
(　　) 38. Long - Evans 大鼠是于 1915 年由朗格（Long）和伊文斯（Evans）用野生雄性褐家鼠与雌性白化大鼠杂交培育而成的。
(　　) 39. SHR/Ola 大鼠的主要特性是自发性高血压发生率高，生育力及寿命无明显下降。
(　　) 40. SHR/Ola 大鼠主要用于高血压疾病的实验研究。
(　　) 41. 癫痫大鼠用铃声刺激可旋转数秒钟，然后向一侧倒地发作癫痫，与人的癫痫发作很相似，可用于癫痫病的实验研究。
(　　) 42. 裸大鼠躯干部被毛稀少，头部、四肢和尾根部毛较多，2 ~ 6 周龄期间皮肤上有棕色鳞片状物，随后变得光滑。
(　　) 43. 裸大鼠免疫学特性为先天无胸腺、T 淋巴细胞功能缺陷，同种或异种皮肤移植生长期有 3 个月以上。
(　　) 44. 裸大鼠主要用于多种肿瘤移植研究。
(　　) 45. 封闭群大鼠一般采用的繁殖方法有随选交配法、循环交配法、最佳避免近交法。
(　　) 46. 近交系大鼠繁殖群分为基础群、血缘扩大群、生产群。
(　　) 47. 近交系大鼠生产群繁殖第一代挂白牌，第二代绿牌，第三代黄牌，第四代红牌。
(　　) 48. 近交系小型啮齿类动物的保种方法有平行线法、单线法、交叉法三种。
(　　) 49. 大鼠的饲养环境中相对湿度不得低于 25%，避免环尾病的发生。
(　　) 50. 大鼠哺乳母鼠对噪声特别敏感，强烈噪声容易引起吃仔现象。
(　　) 51. 大鼠体形较大，排泄物多，产生的有害气体也多。因此，必须控制大鼠的饲养密度，确保室内通风良好，勤换垫料。

五、名词解释：

1. 昼伏夜动　　　　2. 环尾病

六、问答题：

1. 简述大鼠的主要习性和行为。
2. 简述大鼠的生殖系统特征。
3. 简述大鼠的主要生理学特点。
4. 简述大鼠在生物医学中的选择应用。

（编写：张薇、刘忠华、苏乔　　审核：邝少松、王萧）

第三节 豚鼠

一、填空题：

1. 豚鼠在分类学上属于哺乳纲、啮齿目、____亚目、____科、____属、豚鼠种动物。

2. 豚鼠的染色体数 2n = ____。

3. 豚鼠有______、______、________、胆小怕惊、较为独特的性行为、用叫声表达要求、寿命为 4 ~5年等主要习性行为特征。

4. 豚鼠属____食性动物，喜食纤维素较多的禾本科嫩草，特别是葡萄状茎的青草，而不喜欢食________的水草，对粗纤维的需要量与家兔接近。

5. 豚鼠喜欢日夜自由采食，在两餐之间有比较____的休息期。

6. 豚鼠一般不吃____、____、____、____味道的饲料，如进食了这类食物，容易造成减食、废食和流产等。

7. 豚鼠喜群居，群体采取一雄____有利于群居的稳定。

8. 豚鼠胆小，喜欢安静的环境，对外界突然产生的响声、震动或环境变化十分敏感，首先表现为____、____、____，耳朵竖起等。

9. 豚鼠寿命一般为______年，最长可达 7 年。

10. 豚鼠属于胚胎发育____动物，在胚胎期 42 ~45 d 就已经成熟，新生第 1 天的豚鼠有被毛、牙齿和视力，生后 4 h 就能行走和进食，3 ~4 d 后就能独立生活。

11. 豚鼠身形____，____，身圆，耳朵和四肢短小，无尾巴，只遗留尾巴的残迹。

12. 豚鼠前足有 4 趾，后足有 3 趾，每个趾都有突起的大趾甲，脚形____，故名豚鼠。

13. 豚鼠共有____颗牙齿，每侧上、下颌都有门齿、前磨牙、磨牙。

14. 雌雄性豚鼠腹部均有____对乳头，但雌性豚鼠乳头比较细长，位于乳腺表面。

15. 雌性豚鼠具有________________，发情时张开，非发情期闭合。

16. 雄性豚鼠睾丸____下降到阴囊，阴茎松弛时被会阴皮肤覆盖。

17. 豚鼠肺部淋巴结对刺激具有____反应性，机械或细菌刺激易发生淋巴结炎。

18. 豚鼠的大脑半球没有明显的回纹，只有原始的深沟和神经，属于____脑组织，较其他同类动物发达。

19. 豚鼠____月龄达到性成熟，体重在 400 g 左右；____月龄达到体成熟，此时雌性豚鼠重 700 g，雄性豚鼠重 750 g 左右。

20. 豚鼠自身体温___________，受外界温度变化影响较大。

21. 豚鼠红细胞、________和____________比其他啮齿类实验动物低。

22. 豚鼠体内缺乏左旋葡萄糖内酯氧化酶，不能合成维生素____。

23. 豚鼠可发生______和_____超敏反应。

24. 豚鼠迟发型超敏反应与皮内注射________有关，一般在注射后24～48 h内发生。

25. 豚鼠对______、______、______等抗生素特别敏感，常在用药48 h后引起急性肠炎，甚至导致死亡。

26. 豚鼠抗氧化能力是小鼠的____倍、大鼠的____倍。

27. 豚鼠有性早熟特征，雌性豚鼠____日龄开始排卵，性周期为13～20 d。

28. 豚鼠可用于________和皮肤刺激试验等免疫学研究。

29. 豚鼠可用于切断迷走神经引起______、出血性炎症和血管通透性实验、维生素C生理功能实验、缺氧耐受性实验等研究。

30. 豚鼠是进行_________和变态反应研究的理想动物模型。

31. 实验动物对致敏原的敏感程度，从高到低依次为____ > ____ > ____ > ____ > ____。

32. 豚鼠血清中____含量最丰富。

33. 豚鼠皮肤对毒物刺激反应灵敏，其反应近似____。

34. 组胺能诱发豚鼠支气管____________模型，可用于评价平喘药和抗组胺药的作用。

35. 豚鼠对结核杆菌____敏感，感染后的病变与人的病变类似。

36. 豚鼠听力__________，常用于噪声对听力影响的研究。

37. 豚鼠按毛长短可以分为____、____和____3种。

38. 我国饲养的豚鼠，早在1919年从日本引入东北，为英国种短毛豚鼠，按遗传学分类属于______。

39. 雌雄性豚鼠交配后，雌鼠阴道口有橡胶样的____和阴道分泌混合物，根据这种栓塞有无，可判断豚鼠是否配种成功。

40. 大群饲养时，同时放入____只以上的雄性豚鼠作配种用，会引起争斗，影响交配。

41. 豚鼠繁殖多采用雄雌数量1∶5终生同居的____繁殖法。

42. 刚成年的豚鼠发情时个性变化较大，有的雌鼠会变得没有____、____。

43. 豚鼠________、________，因此饲养和实验环境应保持安静。

二、单项选择题（只有1个正确答案）：

1. 豚鼠喜群居，群体采取______雄多雌有利于群居的稳定。

A. 一　　B. 二　　C. 三　　D. 四

2. 下列啮齿类动物属于草食性的有______，所以它的饲料必须有10%以上的粗纤维。

A. 小鼠　　B. 大鼠　　C. 豚鼠　　D. 地鼠

3. 下列胆小、不会攀爬且一般不伤人的动物是______。

A. 小鼠　　B. 大鼠　　C. 豚鼠　　D. 地鼠

4. 下列不属于豚鼠名称的是______。

A. 天竺鼠　　B. 荷兰猪　　C. 海猪　　D. 地鼠

5. 豚鼠染色体对数为______对。

A. 20　　B. 21　　C. 32　　D. 33

6. 下列对豚鼠的叙述错误的是______。

A. 体形短粗，身圆，无尾，全身被毛

B. 耳壳薄而血管明显，上唇分裂

C. 喜欢日夜自由采食，在两餐之间有较短的休息期

D. 一般拒绝苦、咸、辣和过甜的饲料，对限量喂饲料或饮水也不适应

7. 对豚鼠的生活习性描述错误的是______。
   A. 多雄多雌的群体构成明显的群居稳定性
   B. 豚鼠表现为成群活动、休息或集体采食
   C. 豚鼠喜欢干燥清洁而又宽敞的生活及活动环境
   D. 过于拥挤容易出现脱毛、皮肤损伤和皮炎等现象
8. 豚鼠的普赖厄反射表现为______。
   A. 对外界突然产生的响声表现为发出吱吱的尖叫声
   B. 对外界突然产生的响声、震动或环境变化出现四散奔逃的现象
   C. 耳郭竖起以应答尖锐的声音
   D. 非同窝雄性群体中处于优势者保留胡须，处于劣势者则胡须被拔光
9. 豚鼠每个趾都有突起的大趾甲，脚形似______，故名豚鼠。
   A. 龟　　B. 兔　　C. 犬　　D. 豚
10. 豚鼠肠管约为体长的______倍，其中盲肠约占整个腹腔的1/3，这是草食性动物的特征。
   A. 6　　B. 8　　C. 10　　D. 12
11. 下列关于豚鼠的描述错误的是______。
   A. 脑的发育在胚胎期42～45 d就已经成熟
   B. 新生第1天就有被毛、牙齿和视力，生后4 h就能行走和进食
   C. 3～4 d后就能独立生活
   D. 属于胚胎发育不完善动物
12. 下列关于豚鼠的生长发育描述错误的是______。
   A. 新生豚鼠体重一般为50～150 g
   B. 3～4 d后尚不能独立生活
   C. 2月龄达到性成熟，体重在400 g左右
   D. 5月龄达到体成熟，此时雌性豚鼠重700 g，雄性豚鼠重750 g左右
13. 豚鼠体内缺乏左旋葡萄糖内酯氧化酶，不能合成维生素______。
   A. D　　B. E　　C. B　　D. C
14. 成年豚鼠的胃容量为______mL。
   A. 10～20　　B. 20～30　　C. 30～40　　D. 40～50
15. 下列关于豚鼠的描述错误的是______。
   A. 有性早熟特征，雌性80日龄开始排卵
   B. 性周期为13～20 d（平均16 d），动情期持续1～18 h
   C. 性周期分为动情前期、动情期、动情后期和动情间期
   D. 妊娠期65～70 d，每窝产仔1～7只，多数为3～4只
16. 下列描述错误的是______。
   A. 豚鼠常用于研究化妆品和外用药品对局部皮肤的刺激反应
   B. 吸入氨气、二氧化硫、柠檬酸能引起豚鼠咳嗽，常用于对镇咳药的评价
   C. 豚鼠常用于对局部麻醉药的药效评价
   D. 豚鼠对结核杆菌、白喉杆菌、鼠疫杆菌、钩端螺旋体等病原体不敏感
17. 对豚鼠耳科学研究中描述错误的是______。
   A. 常用于制作中耳炎、前庭器损伤、迷路炎、耳聋等中耳和内耳疾病模型
   B. 听力特别敏锐，尤其对700～2 000周/秒音频更敏感，常用于噪声对听力影响的研究
   C. 耳郭大，易于进入中耳和内耳，耳蜗和血管伸至中耳腔，便于进行内耳微循环的观察

D. 以上均不对

18. 为确保豚鼠饲料中纤维素的数量，要特别注意维生素______的补给，可以通过喂饲新鲜多汁的绿色蔬菜或在饮水中添加该种维生素进行补充。

A. E　　B. D　　C. B　　D. C

三、多项选择题（有1个以上的正确答案）：

1. 豚鼠又名______。

A. 仓鼠　　B. 海猪　　C. 天竺鼠　　D. 荷兰猪

2. 豚鼠喜群居，群体若采取______雄多雌，不利于群居的稳定。

A. 一　　B. 二　　C. 三　　D. 四

3. 下列啮齿类动物不属于草食性的有______。

A. 小鼠　　B. 大鼠　　C. 豚鼠　　D. 地鼠

4. 下列胆小但也可能伤人的动物是______。

A. 小鼠　　B. 大鼠　　C. 豚鼠　　D. 地鼠

5. 下列对豚鼠的叙述正确的是______。

A. 体形短粗，身圆，无尾，全身被毛

B. 耳壳薄而血管明显，上唇分裂

C. 喜欢日夜自由采食，在两餐之间有较短的休息期

D. 一般拒绝苦、咸、辣和过甜的饲料

6. 对豚鼠的生活习性描述正确的是______。

A. 多雄多雌的群体构成明显的群居稳定性

B. 豚鼠表现为成群活动、休息或集体采食

C. 豚鼠喜欢干燥清洁而又宽敞的生活及活动环境

D. 过于拥挤容易出现脱毛、皮肤损伤和皮炎等现象

7. 不属于豚鼠的普赖厄反射的是______。

A. 对外界突然产生的响声表现为发出吱吱的尖叫声

B. 对外界突然产生的响声、震动或环境变化出现四散奔逃的现象

C. 耳郭竖起以应答尖锐的声音

D. 非同窝的雄性群体中处于优势者保留胡须，而处于劣势者则胡须被拔光

8. 豚鼠具有______等身体特征。

A. 身形短粗　　B. 头大　　C. 身圆　　D. 无尾巴

9. 下列关于豚鼠的描述正确的是______。

A. 脑的发育在胚胎期42～45 d就已经成熟

B. 新生第1天的豚鼠有被毛、牙齿和视力，出生后4 h就能行走和进食

C. 3～4 d后就能独立生活

D. 属于胚胎发育不完善动物

10. 下列关于豚鼠的生长发育的描述正确的是______。

A. 新生豚鼠体重一般在50～150 g

B. 3～4 d后尚不能独立生活

C. 豚鼠2月龄达到性成熟，体重在400 g左右

D. 5月龄达到体成熟，此时雌性豚鼠重700 g，雄性豚鼠重750 g左右

11. 豚鼠有______超敏反应，是研究超敏反应的良好模型。

A. 亚慢型　　B. 速发型　　C. 迟发型　　D. 超速发型

12. 豚鼠对______等抗生素特别敏感，常在用药 48 h 后引起急性肠炎，甚至导致死亡。

A. 青霉素　　B. 链霉素　　C. 红霉素　　D. 庆大霉素

13. 下列关于豚鼠的描述正确的是______。

A. 有性早熟特征，雌性 80 日龄开始排卵

B. 性周期为 13 ~20 d（平均 16 d），动情期持续 1 ~18 h

C. 性周期分为动情前期、动情期、动情后期和动情间期

D. 妊娠期 65 ~70 d，每窝产仔 1 ~7 只，多数为 3 ~4 只

14. 下列对豚鼠生理学特点描述正确的是______。

A. 2 月龄达性成熟　　B. 体温调节能力差　　C. 红细胞少　　D. 不能合成维生素 C

15. 下列描述正确的是______。

A. 豚鼠常用于研究化妆品和外用药品对局部皮肤的刺激反应

B. 吸入氨气、二氧化硫、柠檬酸能引起豚鼠咳嗽，常用于对镇咳药的评价

C. 豚鼠常用于对局部麻醉药的药效评价

D. 豚鼠对结核杆菌、白喉杆菌、鼠疫杆菌、钩端螺旋体等病原体不敏感

16. 对豚鼠在耳科学研究中的应用描述正确的是______。

A. 豚鼠是耳科疾病研究中最常使用的实验动物，用于制作中耳和内耳疾病模型

B. 豚鼠听力特别敏锐，常用于噪声对听力影响的研究

C. 豚鼠耳郭大，易于进入中耳和内耳，便于进行内耳微循环的观察

D. 豚鼠耳郭大，血管粗大清晰，可做静脉注射

17. 豚鼠品种可以分为______，短毛种豚鼠的毛色光亮而紧贴身体，生长迅速。

A. 短毛　　B. 长毛　　C. 刚毛　　D. 中毛

18. 目前用作实验动物的是英国种短毛豚鼠，其毛色有______色。

A. 单　　B. 双　　C. 三　　D. 杂

四、判断题（在括号内打“√”或“×”表示）：

(　　) 1. 豚鼠在分类学上是属于哺乳纲、啮齿目、豚鼠科、豚鼠属。

(　　) 2. 豚鼠寿命一般为 4 ~5 年。

(　　) 3. 雌性豚鼠具有有孔的阴道闭合膜，发情时张开，非发情期闭合。

(　　) 4. 豚鼠属于胚胎发育完善动物，在胚胎期 42 ~45 d 就已经成熟，新生第 1 天的豚鼠有被毛、牙齿和视力，生后 4 h 就能行走和进食，3 ~4 d 后就能独立生活。

(　　) 5. 豚鼠身形短粗，头大，身圆，耳朵和四肢短小，有尾巴。

(　　) 6. 豚鼠前足有 4 趾，后足有 3 趾，每个趾都有突起的大趾甲，脚形似豚，故名豚鼠。

(　　) 7. 豚鼠共有 20 颗牙齿，每侧上、下颌都有门齿、前磨牙、磨牙。

(　　) 8. 雌雄性豚鼠腹部均有 2 对乳头，但雌性豚鼠乳头比较细长，位于乳腺表面。

(　　) 9. 豚鼠肺部淋巴结对刺激具有高度的反应性，在少量机械或细菌刺激时，很快发生淋巴结炎。

(　　) 10. 豚鼠的大脑半球没有明显的回纹，只有原始的深沟和神经，属于平滑脑组织，较其他同类动物发达。

(　　) 11. 雌性豚鼠 80 日龄开始排卵，性周期分为动情前期、动情期、动情后期和动情间期四个阶段。

(　　) 12. 豚鼠体内缺乏合成维生素 C 的酶。

(　　) 13. 豚鼠一般胃容量为 30 ~40 mL。

(　　) 14. 豚鼠自动调节体温能力较强。

(　　) 15. 豚鼠红细胞、血红蛋白和红细胞压积比其他啮齿类实验动物低。
(　　) 16. 豚鼠迟发型超敏反应与皮内注射结核菌素有关，一般在注射后 24 ~ 48 h 内发生。
(　　) 17. 豚鼠对青霉素、四环素、红霉素等抗生素特别敏感，常在用药 48 h 后引起急性肠炎，甚至导致死亡。
(　　) 18. 豚鼠可用于免疫学研究，以及药物学、营养学、传染病学和耳科学等方面的研究。
(　　) 19. 豚鼠可用于切断迷走神经引起肺水肿实验、观察出血性炎症和血管通透性实验、维生素 C 生理功能实验、缺氧耐受性实验等研究。
(　　) 20. 豚鼠是进行过敏性休克和变态反应研究的理想动物模型。
(　　) 21. 豚鼠血清中补体含量最丰富。
(　　) 22. 豚鼠皮肤对毒物刺激反应灵敏，其反应与人类差别较大。
(　　) 23. 组胺能诱发豚鼠支气管痉挛性哮喘模型，可用于评价平喘药和抗组胺药的作用。
(　　) 24. 豚鼠对结核杆菌高度敏感，感染后的病变与人的病变类似。
(　　) 25. 豚鼠听力特别迟钝，不能用于噪声对听力影响的研究。
(　　) 26. 近交系 2 号豚鼠体形较小，对结核杆菌抵抗力强。
(　　) 27. 近交系 13 号豚鼠体形较大，对结核杆菌抵抗力弱。
(　　) 28. 大群饲养时，同时放入 2 只以上的雄性豚鼠作配种用，不会引起争斗和影响交配。
(　　) 29. 豚鼠繁殖多采用雄雌数量 1∶5 终生同居的频密繁殖法。
(　　) 30. 刚成年的豚鼠，发情时个性变化较大，有的雌鼠会变得没有食欲、爱叫。

五、名词解释：

普赖厄反射（听觉耳动反射）

六、问答题：

1. 简述豚鼠在动物学中的分类。
2. 简述豚鼠的习性和行为特征。
3. 豚鼠在生物医学研究中的应用主要有哪几个方面？
4. 简述豚鼠动情期的行为特征。
5. 简述豚鼠饲养管理要点。

（编写：张薇、王萧、黄冰　　审核：王刚、张永斌）

第四节　家兔

一、填空题：

1. 家兔属于______、______、______，作为实验动物的兔主要为穴兔属、家兔种。
2. 家兔染色体数 2n = 44，野兔 2n = ____。
3. 家兔的习性和行为具有昼伏夜动、胆小怕惊、________、______、______、______、草食性、喜穴居、寿命为 8 ~ 15 年等特征。
4. 家兔夜间十分活跃，白天活动少，除进食外常处于____或________状态。
5. 家兔性情温顺，但群居性____，群养的同性别成年兔往往发生斗殴。
6. 家兔有从肛门直接食软粪的癖好，称____癖。
7. 兔的软粪中含有丰富的______、粗纤维和维生素 B 族。
8. 家兔耐干燥而不耐____，耐寒不耐热，潮湿环境容易使其患肠道疾病。
9. 家兔具有啮齿类动物的习性，喜欢磨牙和____木头，损坏木制品。
10. 散养的家兔保留穴居习性，喜欢在泥土地上挖____。
11. 家兔寿命为________年。
12. 家兔胸腔构造与其他动物____，由纵隔将胸腔分为左、右两部分，互不相通。
13. 新生仔兔体重约为____g；成年家兔体重有的为 1.5 ~ 2.5 kg，有的为 4 ~ 5 kg，因品种而异。
14. 家兔的牙齿共有____颗，上颌比啮齿目动物多了____小切齿。
15. 家兔上唇纵裂，形成____，门齿外露。
16. 家兔属草食性动物，其肠管长度是体长的____倍左右。
17. 兔后肢膝关节腘窝部有____________，适于作淋巴结内注射。
18. 雄兔腹股沟管宽短，睾丸可自由地下降到____或缩回____。
19. 家兔的甲状旁腺分布比较分散，位置不固定，因此不宜做________切除术。
20. 家兔的脑与鸟类相似，表面____。
21. 家兔的妊娠期平均为____d，每胎产仔 1 ~ 13 只，哺乳期为 40 ~ 50 d。
22. 家兔的____和____灵敏，胆小怕惊。
23. 家兔对射线敏感，照射后常发生特有的__________或____。
24. 小型、中型、大型家兔的性成熟期分别为______、______和______月龄。
25. 家兔属于______排卵的多胎动物，必须通过雄兔的交配动作刺激才能排卵。
26. 家兔外阴____色时交配受孕的成功率最高。
27. 利用家兔刺激性排卵的特性，能够准确地掌握其____和怀孕时间。
28. 家兔体温变化十分灵敏，最容易产生发热反应，而且发热过程____、____。
29. 家兔可应用于____________、__________、制作动脉粥样硬化症、急性实验、计划生育研究等。
30. 家兔也用于______疾病等的研究，以及免疫学、微生物学、眼科学、遗传学、口腔科学的研究。
31. 家兔容易产生发热且反应典型恒定，常用于______和________________。
32. 进行热原试验，首选的实验动物为____。
33. 家兔____对刺激反应敏感，观察各种毒物和药物对皮肤的刺激性，往往选用家兔。
34. 家兔眼球____，便于手术和观察，可以制作角膜瘢痕模型、眼球前房内组织移植模型。
35. 新西兰白兔毛色____，皮肤有光泽，体格健壮，头部圆粗且短，耳较厚且竖立，繁殖力强。
36. 家兔的繁殖必须在雌雄兔________进行。

37. 家兔配种方法有________、人工辅助交配两种。

38. 在母兔怀孕____d 以后，要分笼单独饲养。

39. 母兔产前 3 ~5 d，要多喂青饲料，减少精饲料，以免发生____和乳腺炎。

40. 产前，要将消过毒的产箱放入兔笼，让母兔____环境。

41. 母兔分娩时，要保持安静，并在笼门挂上____，使笼内光线稍暗。

42. 家兔的哺乳期一般为____d。

43. 为了使母兔多分泌乳汁，除了喂给优质青料和多汁饲料外，还要增加______含量高的精料和矿物质饲料。

44. 家兔饲养时投料应________，防止过食或不足。

二、单项选择题（只有 1 个正确答案）：

1. 家兔性情温顺但群居性差，群养的同性别成年兔往往发生______。
   A. 争抢　B. 斗殴　C. 爬跨　D. 以上都不是
2. 不属于家兔习性和行为的是______。
   A. 昼伏夜动　B. 胆小怕惊　C. 群居性好　D. 食粪癖
3. 家兔上颌比啮齿目动物多了______对小切齿。
   A. 1　B. 2　C. 3　D. 4
4. 家兔上唇纵裂，形成______嘴，门齿外露。
   A. 崩　B. 豁　C. 兔　D. 以上都不是
5. 家兔颈部有______神经的独立分支。
   A. 耳蜗　B. 腹腔　C. 减压　D. 升压
6. 家兔对______敏感，照射后常发生特有的休克样反应或死亡。
   A. 光照　B. 紫外线　C. 射线　D. 以上都不是
7. 家兔属于______性排卵的多胎动物，必须通过雄兔的交配动作才能排卵。
   A. 刺激　B. 定期　C. 超量　D. 以上都不是
8. 成年家兔的胃容量为______mL 至 150 mL。
   A. 70　B. 80　C. 90　D. 100
9. 家兔的外阴颜色呈______色时处于动情期。
   A. 淡粉红　B. 粉红　C. 紫红　D. 大红
10. 日本大耳白兔由于耳______，血管清晰，便于注射和取血。
    A. 小　B. 中　C. 大　D. 巨大
11. 家兔有从______直接食软粪的癖好，哺乳期仔兔也有吃母兔软粪的习惯。
    A. 垫料中粪便　B. 毛发黏附粪便　C. 笼具黏附粪便　D. 肛门
12. 家兔喜欢居住的生活环境是______的。
    A. 潮湿　B. 干燥　C. 酷暑　D. 密闭
13. 以下不属于家兔的习性的是______。
    A. 啃咬　B. 磨牙　C. 吃草　D. 喜群居
14. 家兔寿命是______年。
    A. 1 ~3　B. 3 ~5　C. 5 ~7　D. 8 ~15
15. 家兔属草食性动物，其肠管长度是体长的______倍左右，盲肠占据腹腔的 1/3 以上。
    A. 5　B. 8　C. 10　D. 15
16. 家兔的牙齿共有______颗。

A. 16　B. 20　C. 24　D. 28

17. 兔后肢______有卵圆形淋巴结，适于作淋巴结内注射。

A. 膝关节腘窝部　B. 踝关节外侧　C. 腹股沟部　D. 膝关节外侧

18. 雌兔性周期期间有____d 表现出性欲活跃，行为方面表现出爬跨同笼雌兔动作。

A. 1 ~ 2　B. 3 ~ 4　C. 5 ~ 6　D. 7 ~ 8

19. 家兔的妊娠期平均为 31 d，每胎产仔 1 ~ 13 只，哺乳期为______d。

A. 10 ~ 20　B. 20 ~ 30　C. 30 ~ 40　D. 40 ~ 50

20. 家兔对射线敏感，照射后常发生特有的______反应或死亡。

A. 休克样　B. 发热　C. 抽搐　D. 惊厥

21. 家兔的性成熟期因品种而异，小型、中型、大型品种的性成熟期分别为 3 ~ 4、4 ~ 5、5 ~ 6 月龄；体成熟时间比性成熟时间晚______个月。

A. 1　B. 2　C. 3　D. 4

22. 家兔体温变化十分灵敏，最容易产生发热反应，发热过程______。

A. 不典型　B. 易波动　C. 不恒定　D. 典型

23. 家兔可应用于______试验。

A. 热原　B. 急毒　C. 长毒　D. 亚慢毒

24. 进行热原试验，首选的实验动物为______。

A. 豚鼠　B. 家兔　C. 犬　D. 小型猪

25. 进行眼科学研究常使用的实验动物是______。

A. 犬　B. 大鼠　C. 家兔　D. 小鼠

三、多项选择题（有 1 个以上的正确答案）：

1. 家兔属草食性动物，其消化道结构利于______的消化吸收。

A. 食物　B. 粗纤维　C. 肉类　D. 粗饲料

2. 属于家兔习性和行为的是______。

A. 昼伏夜动　B. 胆小怕惊　C. 群居性好　D. 食粪癖

3. 家兔的体形属中等，毛色有______色，还有咖啡色、灰色、麻色。

A. 白　B. 黑　C. 红　D. 灰蓝

4. 家兔耳郭大，血管清晰，便于______。家兔眼球大，有利于眼科做实验。

A. 标记　B. 编号　C. 注射　D. 采血

5. 家兔体温变化十分灵敏，最容易产生发热反应，而且发热过程______。

A. 典型　B. 不典型　C. 恒定　D. 波动

6. 家兔的外阴颜色呈______色时不处于动情期。

A. 淡粉红　B. 粉红　C. 紫红　D. 大红

7. 家兔可以用于计划生育研究是因为______。

A. 属于刺激性排卵动物　B. 可以准确判断其排卵时间

C. 与排卵同期胚胎材料容易取得　D. 注射黄体酮及某些药物可抑制排卵

8. 我国常用的家兔有______等品种，均属于封闭群动物。

A. 日本大耳白兔　B. 新西兰白兔　C. 青紫兰兔　D. 中国本兔

9. 有从肛门直接食粪癖好的动物有______。

A. 雄兔　B. 雌兔　C. 豚鼠　D. 仔兔

10. 兔白天的活动表现有______。

A. 假眠 B. 蹦跳 C. 闭目休息 D. 进食

11. 兔的软粪含丰富的以下物质______。

A. 粗蛋白 B. 粗纤维素 C. 维生素 B 族 D. 维生素 C

12. 家兔适应的气候环境是______。

A. 干燥 B. 潮湿 C. 寒冷 D. 炎热

13. 家兔具有啮齿类动物的习性，表现为______。

A. 喜欢磨牙 B. 不喜欢磨牙 C. 喜欢啃咬 D. 不喜欢啃咬

14. 成年家兔体重分别为______，因品种而异。

A. 1.5 ~2.5 kg B. 4 ~5 kg C. 6 ~8 kg D. 8 ~10 kg

15. 家兔的______灵敏。

A. 听觉 B. 触觉 C. 视觉 D. 嗅觉

16. 家兔对射线敏感，照射后常发生______等特有表现。

A. 抽搐 B. 癫痫 C. 休克样反应 D. 死亡

17. 小型、中型、大型家兔的性成熟期分别为______月龄。

A. 3 ~4 B. 4 ~5 C. 5 ~6 D. 6 ~7

18. 家兔可用于______等实验。

A. 发热试验 B. 热原实验 C. 皮肤刺激试验 D. 急性实验

19. 家兔常用于______等研究。

A. 微生物学 B. 眼科学 C. 口腔科学 D. 遗传学

20. 家兔用于______等研究。

A. 感染性发热试验 B. 非感染性发热试验

C. 角膜瘢痕模型 D. 眼球前房内组织移植

四、判断题（在括号内打“√”或“×”表示）：

(　　) 1. 家兔有从肛门直接食软粪的癖好，哺乳期仔兔也有吃母兔软粪的习惯。

(　　) 2. 家兔的习性和行为具有昼伏夜动、胆小怕惊、群居性差、食粪癖等特征。

(　　) 3. 家兔夜间十分活跃，白天活动少，除进食外常处于假眠或闭目休息状态。

(　　) 4. 家兔性情温顺，群居性好。

(　　) 5. 家兔有从肛门直接食软粪的癖好，称食粪癖。

(　　) 6. 兔的软粪含丰富的粗蛋白、粗纤维素和维生素 B 族。

(　　) 7. 家兔耐干燥而不耐潮湿，耐寒不耐热，在潮湿环境下容易患肠道疾病。

(　　) 8. 家兔具有啮齿类动物的习性，喜欢磨牙和啃咬木头，损坏木制品。

(　　) 9. 散养的家兔保留穴居习性，喜欢在泥土地上挖洞穴。

(　　) 10. 家兔寿命为 1.5 ~3 年。

(　　) 11. 家兔属草食性动物，其肠管长度是体长的 10 倍左右，盲肠占据腹腔的 1/3 以上。

(　　) 12. 成年家兔体重有的为 1.5 ~2.5 kg，有的为 4 ~5 kg，因品种而异。

(　　) 13. 家兔的牙齿共有 28 颗，上颌比啮齿目动物多了 1 对小切齿。

(　　) 14. 家兔上唇纵裂，形成豁嘴，门齿外露。

(　　) 15. 家兔肠管长度是体长的 2 倍左右。

(　　) 16. 兔后肢膝关节腘窝部有卵圆形淋巴结，适于进行淋巴结内注射。

(　　) 17. 雌性家兔性周期期间有 3 ~4 d 表现出性欲活跃，行为方面表现出爬跨同笼雌性家兔动作。

(　　) 18. 家兔的妊娠期平均 31 d，每胎产仔 1 ~13 只，哺乳期约为 40 ~50 d。

( ) 19. 家兔的听觉和嗅觉灵敏。
( ) 20. 家兔对射线敏感，照射后常发生特有的休克样反应或死亡。
( ) 21. 家兔的性成熟期因品种而异，小型、中型、大型品种的性成熟期分别为 3～4、4～5、5～6 月龄；体成熟时间比性成熟时间晚 1 个月。
( ) 22. 家兔属于刺激性排卵的多胎动物，必须通过雄兔的交配动作刺激才能排卵。
( ) 23. 家兔外阴紫红色时交配受孕的成功率最高。
( ) 24. 利用家兔刺激性排卵的特性，能够准确地掌握其排卵和怀孕的时间。
( ) 25. 家兔体温变化十分灵敏，最容易产生发热反应，但发热过程不典型、易波动。
( ) 26. 家兔可应用于发热及热原实验、皮肤刺激试验、制作动脉粥样硬化症模型、急性实验、计划生育研究等。
( ) 27. 家兔也用于心血管疾病等的研究，以及免疫学、微生物学、眼科学、遗传学、口腔科学的研究。
( ) 28. 家兔容易产生发热且反应波动不稳定，不能用于感染性和非感染性发热试验。
( ) 29. 进行热原试验，首选的实验动物为家兔。
( ) 30. 家兔皮肤对刺激反应敏感，观察各种毒物和药物对皮肤的刺激性，往往选用家兔。
( ) 31. 家兔眼球大，便于手术和观察，可以制作角膜瘢痕模型、眼球前房内组织移植模型。
( ) 32. 新西兰白兔广泛用于皮肤刺激试验、热原试验、致畸试验、毒性试验、胰岛素检定、妊娠诊断、人工受孕试验、计划生育研究和制造诊断血清等。

五、名词解释：

1. 食粪癖　　2. 刺激性排卵

六、问答题：

1. 简述家兔在动物学中的分类。
2. 简述家兔习性和行为。
3. 简述家兔产前及产后的饲养要点。
4. 简述家兔的饲养管理要点。

（编写：张薇、黎福荣、邹移海　　审核：王刚、陈燕平）

第五节　地鼠

一、填空题：

1. 地鼠又名仓鼠，属哺乳纲、啮齿目、鼠科、仓鼠亚科、______、______动物。
2. 地鼠中的金黄地鼠染色体数为 $2n=$ ____，中国地鼠染色体数为 $2n=$ ____。
3. 地鼠的习性和行为具有______、______、____、冬眠、好斗性、寿命为 2～3 年等特征。
4. 地鼠是昼伏夜行动物，一般在夜晚________ 时最为活跃，运动时腹部着地，行动不敏捷。
5. 地鼠有____和____习性，睡眠时全身肌肉松弛，如死亡状，且不易弄醒。

6. 一般于______℃时地鼠出现冬眠，此时体温、心率、呼吸频率、基础代谢率均降低。

7. 雌地鼠比雄性大而且______，性成熟后除发情期外，雌鼠不与雄鼠同居，且雄鼠易被雌鼠咬伤。

8. 地鼠的平均寿命为______年。

9. 地鼠口腔内两侧各有1个储存食物的____，一直延伸到耳后颈部，容量可达10 cm^3。

10. 地鼠颊囊是进行________、__________和观察微循环改变的良好区域。

11. 地鼠颊囊缺少腺体和完整的淋巴通路，因此对外来组织不产生________反应，是进行组织培养、人类肿瘤移植和观察微循环改变的良好区域。

12. 地鼠共有16颗牙齿，牙齿________，可咬断细铁丝，受惊时会咬人。

13. 地鼠肾乳头____，一直延伸到输尿管内。

14. 雄地鼠的睾丸特别大，为体重的1/6～1/7，上端有两个积液囊。雌地鼠有乳头______对。

15. 雄地鼠具有发育良好的____，呈暗黑色色素斑。

16. 地鼠生殖周期____，繁殖能力强，生长发育快。

17. 雌地鼠成熟后除发情期以外，不许雄鼠____。

18. 雌地鼠妊娠期为14～17 d，是妊娠期最____的哺乳类实验动物。

19. 地鼠体温的高低与____有关，夏天一般为38.7±0.3 ℃。

20. 雄地鼠体成熟时体重为______g左右，雌地鼠为______g左右。

21. 雄地鼠直肠温度和颊囊温度大体一致，雌地鼠直肠温度比颊囊低______℃。

22. 地鼠可应用于______、__________、遗传学、微生物学、组织移植、组织培养、微循环、冬眠、龋齿、内分泌和营养等的研究。

23. 地鼠对可诱发肿瘤的____很易感，还能成功地接受某些同源正常组织细胞或肿瘤组织细胞的移植。

24. 金黄地鼠对移植瘤接受性____，肿瘤易生长，被广泛应用于肿瘤增殖、致癌、抗癌、移植、药物筛选、X射线治疗等研究。

25. 地鼠性成熟早，妊娠期短，性周期____，繁殖传代快，便于进行生殖生理研究。

26. 人类精子可穿过地鼠卵子的______，完成受精过程，便于计划生育的研究。

27. 中国地鼠染色体____，数量少，易于相互鉴别，为研究染色体畸变和复制机制的极好动物模型。

28. 地鼠对各种血清型的__________感受性强，病变典型，适宜复制病理模型和进行病原分离等研究。

29. 地鼠是制作____疫苗和脑炎疫苗的原材料。

30. 常用的地鼠有________、________、________。

31. 地鼠选种的要求：身体呈______，肌肉发达，毛色有光泽，皮肤有弹性，眼睛明亮有神，对外界刺激反应敏感，体质强壮，外生殖器发育正常，健康无病的仔鼠。

32. 地鼠选种应从第______胎产下的仔鼠中选择，非近交系同胎仔鼠留雄不留雌或留雌不留雄。留种的仔鼠哺乳期为25～30 d。

33. 地鼠有____的习惯，产后一周内，尽量不要用手触摸仔鼠。

34. 地鼠饲养时应注意饲料中______的质量，适当补充青饲料和维生素。

二、单项选择题（只有1个正确答案）：

1. 温度低于______℃地鼠会冬眠。

   A. 7　　B. 9　　C. 11　　D. 13

2. 下列不是地鼠的解剖学特点的是______。

   A. 颈椎7个　　B. 睾丸特别大　　C. 肺有4叶　　D. 口腔内有颊囊

3. 地鼠在生物医学中经常应用于______。
A. 肿瘤学 B. 老年学 C. 热原实验 D. 耳科学
4. 雄地鼠体成熟时体重为______g 左右，雌鼠为 120 g 左右。
A. 100 B. 120 C. 150 D. 180
5. 下列描述错误的是______。
A. 雌地鼠 1 月龄左右已性成熟，1.5 月龄即可配种
B. 地鼠体温的高低与季节无关，夏天一般为 38.7 ±0.3 ℃
C. 雌地鼠成熟后除发情期以外，不许雄鼠靠近
D. 雄地鼠体成熟时体重为 100 g 左右，雌鼠为 120 g 左右
6. 每年每只雌地鼠可产 7 ~8 胎，每胎产仔______只至 10 只。
A. 4 B. 5 C. 6 D. 7
7. 下列关于地鼠在医学研究中的应用的描述错误的是______。
A. 研究地鼠冬眠时的代谢特点，适宜做冬眠生理研究
B. 可用于内分泌如肾上腺、脑垂体、甲状腺等功能的研究
C. 中国地鼠易发生自发性遗传性糖尿病，是研究真性糖尿病的良好动物模型
D. 对维生素 A、B_2及 E 缺乏不敏感，适宜用于营养学研究
8. 金黄地鼠毛色______色，常用于诱发肺肿瘤的研究。
A. 黄 B. 金黄 C. 灰黄 D. 褐黄
9. 中国地鼠又称______线仓鼠或条背地鼠，毛色灰色，常用于糖尿病等研究。
A. 白 B. 灰 C. 黑 D. 褐
10. 雌地鼠 1.5 月龄、雄地鼠______月龄即可交配。
A. 1.5 B. 2.0 C. 2.5 D. 3.0

三、多项选择题（有 1 个以上的正确答案）:

1. 下列对地鼠习性和行为特点的描述正确的是______。
A. 杂食性 B. 夜行性 C. 嗜睡和冬眠 D. 好斗性
2. 下列描述正确的是______。
A. 雌地鼠 1 月龄左右达到性成熟，1.5 月龄即可配种
B. 地鼠体温的高低与季节无关，夏天一般为 38.7 ±0.3 ℃
C. 雌地鼠成熟后除发情期以外，不许雄鼠靠近
D. 雄地鼠体成熟时体重为 100 g 左右，雌鼠为 120 g 左右
3. 地鼠可应用于______等研究。
A. 肿瘤学 B. 生殖生理学 C. 遗传学 D. 微生物学
4. 下列关于地鼠在医学研究中的应用的描述正确的是______。
A. 研究地鼠冬眠时的代谢特点，适宜做冬眠生理研究
B. 可用于内分泌如肾上腺、脑垂体、甲状腺等功能的研究
C. 中国地鼠易发生自发性遗传性糖尿病，是研究真性糖尿病的良好动物模型
D. 对维生素 A、B_2及 E 缺乏不敏感，适宜用于营养学研究

四、判断题（在括号内打“√”或“×”表示）:

(　　) 1. 地鼠习性行为具有杂食性、夜行性、嗜睡、冬眠、好斗性、寿命为 2 ~3 年等特征。

( ) 2. 地鼠有贮食习性，可将食物贮存于颊囊内。
( ) 3. 地鼠是昼伏夜行动物，一般在清晨5~7时最为活跃，运动时腹部着地，行动敏捷。
( ) 4. 地鼠有嗜睡和冬眠习性，睡眠时全身肌肉松弛，如死亡状，且不易弄醒。
( ) 5. 气温10~15 ℃时地鼠出现冬眠，此时体温、心率、呼吸频率、基础代谢率均降低。
( ) 6. 地鼠颊囊缺少腺体和完整的淋巴通路，因此对外来组织不产生免疫排斥反应，是进行组织培养、人类肿瘤移植和观察微循环改变的良好区域。
( ) 7. 地鼠封闭群内个体间皮肤移植经常可存活，但不能长期生存下来。
( ) 8. 雌地鼠妊娠期为14~17 d，是妊娠期最短的哺乳类实验动物。
( ) 9. 雄地鼠直肠温度和颊囊温度大体一致，雌地鼠直肠温度比颊囊低1~2 ℃。
( ) 10. 地鼠可应用于肿瘤学、生殖生理学、遗传学、微生物学、组织移植、组织培养、微循环、冬眠、龋齿、内分泌和营养等的研究。
( ) 11. 地鼠是肿瘤学研究中最常用的动物。
( ) 12. 地鼠对可诱发肿瘤的病毒不易感，但能成功地接受某些同源正常组织细胞或肿瘤组织细胞的移植。
( ) 13. 肿瘤组织接种于地鼠颊囊中易生长，可利用颊囊观察其对致癌物的反应。
( ) 14. 金黄地鼠对移植瘤接受性强，肿瘤易生长，被广泛应用于肿瘤增殖、致癌、抗癌、移植、药物筛选、X射线治疗等的研究。
( ) 15. 地鼠性成熟早，妊娠期长，性周期准确，繁殖传代快，便于进行生殖生理的研究。
( ) 16. 人类精子可穿过地鼠卵子的透明带，完成受精过程，便于计划生育的研究。
( ) 17. 中国地鼠染色体大，数量多，易于相互鉴别，为研究染色体畸变和复制机制的极好动物模型。
( ) 18. 地鼠对各种血清型的钩端螺旋体感受性强，病变典型，适宜复制钩端螺旋体病理模型和进行病原分离等研究。
( ) 19. 地鼠是制作狂犬疫苗和脑炎疫苗的原材料。
( ) 20. 常用的地鼠有金黄地鼠、中国地鼠和欧洲地鼠。
( ) 21. 金黄地鼠系仓鼠属、叙利亚亚种，又称叙利亚地鼠，金黄色。
( ) 22. 金黄地鼠2月龄体重80~100 g，体长16 cm左右，尾粗短，耳色深，眼小而亮，被毛柔软。
( ) 23. 近交系金黄地鼠有原发性肺肿瘤，常用于诱发肺肿瘤的研究。
( ) 24. 中国地鼠系仓鼠属、中国种，又称黑线姬鼠或条背地鼠。
( ) 25. 中国地鼠灰色，体形小，体重约40 g，体长约10 cm，背部从头顶直至尾基部有一条黑色条纹。
( ) 26. 地鼠选种的要求：身体呈椭圆形，肌肉发达，毛色有光泽，皮肤有弹性，眼睛明亮有神，对外界刺激反应敏感，体质强壮，外生殖器发育正常，健康无病的仔鼠。
( ) 27. 地鼠选种应从第2~4胎产下的仔鼠中选择，非近交系同胎仔鼠留雄不留雌或留雌不留雄。留种的仔鼠哺乳期为25~30 d。
( ) 28. 地鼠有食仔的习惯，产后一周内，要尽量多清点仔鼠或用手抚摸安慰仔鼠。

五、问答题：

1. 简述地鼠的习性和行为的主要特点。
2. 简述金黄地鼠的来源。
3. 简述中国地鼠的来源。
4. 简述地鼠的配种方法。

（编写：张薇、黎福荣、邹移海　　审核：王萧、邓少嫦）

第六节 猫

一、填空题：

1. 猫属于哺乳纲、____目、猫科、猫属、猫种动物。
2. 猫是天生的______，其行动谨慎，对陌生人或环境十分多疑。
3. 猫喜____和自由生活，不喜群居。
4. 猫特别爱____，大、小便后立即用土掩埋。
5. 猫属于______动物，利用能伸缩的爪捕食其他动物。
6. 猫的寿命为__________年。
7. 成年猫体重，雄性猫为______kg，雌性猫为______kg。
8. 猫舌上面布满无数丝状乳头呈倒钩状，便于舔食__________。
9. 猫的血管壁较____，手术操作不易撕裂，便于进行血管插管操作。
10. 猫的大脑和小脑发达，其头盖骨和脑的形态特征固定，对去____实验和其他外科手术耐受力较强。
11. 猫属典型的____性排卵动物，交配后 25 ~ 27 h 才排卵。
12. 猫属于______多次发情动物，每年春季和秋季有两次交配期。
13. 猫的性周期为____d，哺乳期为____d。
14. 猫的瞳孔能按照____强弱灵敏地进行调节，光线强时瞳孔收缩成线状。
15. 猫受机械刺激或化学刺激后容易诱发____。
16. 猫对吗啡的反应和一般动物相反，猫主要表现为中枢____。
17. 猫的呕吐反射____，适宜进行呕吐反射方面的实验。
18. 猫有____、____、____三种血型。
19. 成年猫的胃容量约为______mL。
20. 猫常被用于制作________模型和脑室灌流模型。
21. 猫可用于姿势反射、____反射及虹膜反射等实验。
22. 常用猫进行冠状窦血流量的测定、观察药物对____的影响的实验。
23. 猫的____恒定，能描绘出完好的血压曲线，血管对药物反应灵敏，适合做血压方面的实验。
24. 生理学上可利用电极刺激猫神经观察____部各功能区的反应。
25. 猫可用于____病的诊断和阿米巴痢疾等疾病的研究。
26. 我国用作实验的猫主要来自家养猫，有____、____、____、____等。
27. 实验用猫应选用短毛猫，不宜选用____毛猫。
28. 猫对所有____类都敏感，对猫的饲养环境进行消毒时应避免使用该类药物。
29. 猫是肉食性动物，饲料配方中的动物性饲料应占__________%。
30. 猫的必需氨基酸主要是______和精氨酸，应在饲料中添加。

二、单项选择题（只有 1 个正确答案）：

1. 下列不是猫的生物学特性的是______。
   A. 视觉敏锐　　B. 喜孤独　　C. 呕吐反应不灵敏　　D. 平衡感好

2. 下列属于刺激性排卵动物的是______。
A. 猫 B. 小鼠 C. 大鼠 D. 豚鼠

3. 猫眼的构造特点是______。
A. 按光线强弱灵敏调节瞳孔大小 B. 白天瞳孔变得很大
C. 晚上瞳孔缩成线状 D. 瞬膜反应差

4. 下列不是猫的生理学特点的是______。
A. 呕吐反应灵敏 B. 体温波动较大
C. 血压波动不大 D. 血管壁较坚韧

5. 下列动物中呕吐反应敏感，适宜做呕吐实验的动物是______。
A. 猫 B. 家兔 C. 豚鼠 D. 大鼠

6. 属于季节性多次发情，只在春、秋二季交配的动物是______。
A. 大鼠 B. 猫 C. 小鼠 D. 恒河猴

7. 除冬、夏二季外，季节性多次发情并交配的动物是______。
A. 家兔 B. 小鼠 C. 猫 D. 猴

8. ______具有极敏感的神经系统，头盖骨和脑的形状固定，适用于脑室灌流研究药物作用的部位等神经生理学研究。
A. 家兔 B. 大鼠 C. 猫 D. 小鼠

9. 血压恒定、血管壁坚韧、心脏搏动能力强、能描绘完好的血压曲线的动物是______。
A. 家兔 B. 大鼠 C. 猫 D. 小鼠

10. 猫对______类敏感，对猫的饲养环境进行消毒时应避免使用该类药物。
A. 醇 B. 酚 C. 奈 D. 以上都不是

三、多项选择题（有1个以上的正确答案）：

1. 猫属于哺乳纲、______、猫属、猫种动物。
A. 脊椎科 B. 食虫目 C. 猫科 D. 食肉目

2. 猫喜______生活。
A. 群居 B. 孤独 C. 自由 D. 约束

3. 成年猫体重，雄性猫和雌性猫分别为______kg。
A. 1 ~ 3 B. 2 ~ 3 C. 1 ~ 4 D. 2 ~ 4

4. 猫有______三种血型。
A. O B. A C. B D. AB

5. 猫可用于姿势反射、______等反射实验。
A. 条件 B. 角膜 C. 虹膜 D. 足底

6. 我国用作实验的猫主要来自家养猫，有______等。
A. 黑猫 B. 白猫 C. 花猫 D. 麻猫

7. 猫的必需氨基酸主要是______，应在饲料中添加。
A. 天冬氨酸 B. 牛磺酸 C. 精氨酸 D. 谷氨酸

8. 猫常被用于制作______等模型。
A. 去大脑僵直 B. 去小脑僵直 C. 心脏灌流 D. 脑室灌流

9. 猫眼的独特构造体现在______。
A. 按光线强弱灵敏调节瞳孔大小 B. 光线强时瞳孔收缩成线状
C. 晚上瞳孔变小 D. 视力差

10. 猫可用于______等生物医学研究。
A. 生理学　　B. 药理学　　C. 弓形虫病　　D. 白血病

四、判断题（在括号内打“√”或“×”表示）：

(　　) 1. 猫属于哺乳纲、食虫目、猫科、猫属、猫种动物。
(　　) 2. 猫喜群居和自由生活，不喜欢孤独。
(　　) 3. 猫特别爱干净，大、小便后立即用土掩埋。
(　　) 4. 猫属于肉食性动物，利用能伸缩的爪捕食其他动物。
(　　) 5. 猫舌上面布满无数丝状乳头呈倒钩状，便于舔食骨头上的肉。
(　　) 6. 猫属典型的刺激性排卵动物，交配后 25 ~ 27 h 才排卵。
(　　) 7. 猫属于季节性多次发情动物，每年春季、夏季和秋季是交配期。
(　　) 8. 猫的瞳孔能按照光线强弱灵敏地进行调节，光线强时瞳孔收缩成线状。
(　　) 9. 猫受机械刺激或化学刺激后容易诱发咳嗽。
(　　) 10. 猫的血压不恒定，不适合做血压方面的实验。

五、问答题：

1. 简述猫的习性和行为的主要特点。
2. 对猫的主要解剖学特点进行描述时应包括哪些方面？
3. 简述猫在生物医学中的选择应用要点。
4. 试述猫对某些刺激或药物的反应。

（编写：邹皑龙、邹移海、陈梅丽　　审核：黄芝瑛、郭中敏）

第七节　犬

一、填空题：

1. 犬属于哺乳纲、____目、____科、犬属、犬种动物。
2. 犬的染色体数目为 2n = ____。
3. 犬喜欢接近人，经驯养可与人为伴，能理解人简单意图，服从____的命令。
4. 犬对外环境的适应能力较强，能适应比较____和____的气候。
5. 粗暴对待及不合理饲养可使犬恢复____，性情凶猛。
6. 犬的寿命为__________年。
7. 犬属于大型实验动物，根据体重差异又分为____ 、____ 、____型犬三类。
8. 犬恒齿中的____齿和____齿发达，撕咬力强，但咀嚼力差，是食肉目动物牙齿的特征。
9. 犬的____构造及其比例与人相似。
10. 犬的视网膜上无____，即无最清晰的视觉点。
11. 犬的____系统发达，大脑特别发达，与人脑有许多相似之处。
12. 通过对犬进行有目的的调教训练，犬能很好地____驯养者的命令。

13. 犬感觉器官的灵敏程度可以通俗地用“____、____、______”来形容。
14. 犬的鼻黏膜上布满嗅神经，其嗅觉超过人类嗅觉__________倍，非常灵敏。
15. 犬的听觉很灵敏，可听范围在____至__________Hz。
16. 犬适合配种的年龄，雄性犬为__________岁，雌性犬为__________岁。
17. 犬适合做______休克、弥漫性血管内凝血等疾病的实验研究。
18. 犬适合做各种消化道和消化腺____的实验研究。
19. 犬常用于非传染性疾病如______营养不良、高胆固醇血症等的研究。
20. 利用犬可制作链球菌性______炎等细菌性疾病的动物模型。
21. 利用犬可制作犬恶丝虫病、__________虫病、日本血吸虫病等寄生虫病的动物模型。
22. 实验用犬的常用品种品系有______、__________、纽芬兰犬、墨西哥无毛犬、拳师犬和黑白花斑点短毛犬。
23. 比格犬具有体形____、____毛、易于驯服和抓捕等优点。
24. 四系杂交犬由____种品系的犬杂交而成，专门用于________手术。
25. 我国驯养的犬还有华北犬、西北犬、______犬、西藏牧羊犬等不同品种。
26. 交配应在雌犬发情后______d进行，可将雄犬放入雌犬运动场。
27. 雌犬发情期持续________d，除外阴红肿外，血性分泌物明显变淡，不安并爬跨其他雌犬。
28. 为提高雌犬受孕率，可于次日或隔日重复配种____次。
29. 雌犬生产前外阴和乳房肿胀，体温下降__________℃，躁动不安。
30. 单纯依靠母乳哺乳的仔犬在____日龄开食。
31. 仔犬在60日龄和90日龄各注射1次五联疫苗（______、______、______、腺病毒、传染性肝炎病毒）或八联苗，并按规定注射狂犬病疫苗。
32. 犬的饲养方式可采用____和____两种。
33. 犬的膨化颗粒饲料按体重的____%供给，每日喂饲2次，膨化饲料喂饲前用开水浸泡软化。
34. 新购入犬必须提供________________证明、检疫和注射狂犬疫苗等疫苗的证明。
35. 新购入犬必须隔离饲养__________d，此期间进行临床观察和血液检查等工作。
36. 犬常用给药途径有________、________等。
37. 实验外科学首选动物为____。
38. 水合氯醛麻醉犬的剂量是______mg/kg，常用的注射途径是____注射。
39. 犬的饲养室和实验室熏蒸消毒方法是15 mL/m^3福尔马林配______g高锰酸钾。
40. 给犬投服片剂药物可采用____给药的方法。
41. 犬腹腔注射位置为脐后腹白线两侧旁开______cm。
42. 犬肌肉注射可选择____或________。
43. 犬采少量血液时，可在____静脉采血。
44. 犬股动脉采血的位置在__________。
45. 犬的精液分____段，其中____有精子，用于研究。
46. 硫喷妥钠的麻醉浓度为1% ~5%，在4 ℃冰箱保存，室温中只能保存____h。
47. 在急性实验研究中，对犬收集尿液可使用____导尿法以减少创伤刺激。
48. 犬的局部麻醉用__________%盐酸普鲁卡因注射，眼、鼻、咽喉表面麻醉用____%盐酸可卡因。
49. 化学药物致死法中，每条成年犬静脉注射10%福尔马林____mL即可致死。
50. 灌胃给药时，犬胃管插入的深度一般约为____cm。
51. 犬的脱毛剂配方为：硫化钠____g，生石灰____g，溶于100 mL水中。
52. 呼吸中枢兴奋药包括________和________。
53. 采用人工呼吸器时，犬的调整容量为____次/分钟，每次100 mL/kg。

二、单项选择题（只有1个正确答案）：

1. ______具有发达的血液循环和神经系统，肠道很短，雄性动物有一块阴茎骨。
A. 家兔 B. 犬 C. 大鼠 D. 小鼠
2. 犬的鼻黏膜上布满______神经。
A. 听 B. 嗅 C. 视 D. 眼
3. 雄犬生殖器官特点为______。
A. 附睾很小 B. 前列腺极发达 C. 有精囊腺 D. 有尿道球腺
4. 犬视觉感官特点表现为______。
A. 可以同时用双眼视物 B. 辨色力强
C. 视网膜感受性高 D. 正面景物看不清
5. 视力很差、视角小、看不清正面景物，且红绿色盲的动物是______。
A. 家兔 B. 犬 C. 大鼠 D. 小鼠
6. 犬有以下生物学特征：______。
A. 红绿色盲 B. 视觉敏锐 C. 汗腺发达 D. 听觉迟钝
7. 犬的血型有______等。
A. D型 B. C型 C. A型 D. 以上都是
8. 广泛用于食道瘘、肠瘘等消化道瘘管制作的动物是______。
A. 家兔 B. 犬 C. 大鼠 D. 豚鼠
9. 适宜做呕吐反应实验的动物是______。
A. 犬 B. 家兔 C. 豚鼠 D. 大鼠
10. 在断肢再植和器官移植等实验外科中广泛使用的动物是______。
A. 豚鼠 B. 犬 C. 大鼠 D. 小鼠
11. 犬的发情期持续______d，雌犬除外阴红肿外，血性分泌物明显变淡，不安并爬跨其他雌犬。
A. 2~6 B. 4~8 C. 6~10 D. 8~12
12. 春、秋季节发情，发情前期有血性黏液排出（俗称“滴血”）的动物是______。
A. 家兔 B. 犬 C. 猫 D. 豚鼠
13. 表现为季节性发情，排卵排出的卵母细胞不成熟的动物是______。
A. 家兔 B. 犬 C. 猫 D. 豚鼠
14. 种雄犬与种雌犬群养情况下的适配比例为______。
A. 1:1~3 B. 1:4~6 C. 1:7 D. 1:8
15. 生产犬群和待用犬可______。
A. 放养 B. 散养 C. 笼养 D. 饲养
16. 仔犬和实验用犬可______。
A. 放养 B. 散养 C. 笼养 D. 饲养
17. 犬因吠声大而必须______在一个区域。
A. 笼养 B. 散养 C. 群养 D. 单独饲养
18. 动物饲养室每平方米面积收容的10~20 kg犬最大密度是______只。
A. 4 B. 3 C. 2 D. 1
19. 以下为普通级动物的是______。
A. 比格犬 B. 小鼠 C. 大鼠 D. 裸鼠
20. 国际上通用的实验用犬是______。

A. 京巴犬　B. 比格犬　C. 民养犬　D. 北京犬

21. 下列不是昼伏夜出的动物的是________。

A. 犬　B. 裸鼠　C. 大鼠　D. 小鼠

22. 条件反射试验中，常用的实验动物是____。

A. 家兔　B. 豚鼠　C. 裸鼠　D. 犬

23. 实验动物的饲养室和实验室熏蒸消毒方法是______。

A. 福尔马林加高锰酸钾　B. 新洁尔灭

C. 来苏儿　D. 漂白粉

24. 犬的饲养室和实验室进行熏蒸消毒，室温应保持在______℃。

A. 37　B. 50　C. 25　D. 80

25. ______℃热消毒药水清洗是良好的消毒方法。

A. 100　B. 80　C. 50　D. 70

26. 用15 mL/m^3福尔马林加7.5 g高锰酸钾对犬的饲养室和实验室进行熏蒸消毒，熏蒸后静置______h。

A. 24~48　B. 48~72　C. 72~96　D. 2~4

27. 犬腹腔注射的部位为 ______。

A. 脐前腹白线旁开两侧1~2 cm处　B. 脐后腹白线旁开两侧1~2 cm处

C. 下腹部两侧　D. 上腹部两侧

28. 犬常用的实验与研究是______。

A. 热原试验　B. 新药临床前毒性试验

C. 避孕药研究　D. 抗艾滋病研究

29. 在犬的抓取过程中，方法正确的是______。

A. 以抓取后躯干部皮肤或尾巴的方式提起犬只

B. 抓揪耳朵

C. 轻抚犬头部，再轻托腹部将其抱起

D. 单手抓提犬只

30. 电刺激犬的喉上神经或迷走神经中枢端，可造成______。

A. 反射性高血压　B. 反射性低血压

C. 血压没有变化　D. 血压忽高忽低

31. 犬做2个小时以上的手术，最佳的麻醉药物是______。

A. 2%戊巴比妥钠　B. 1%普鲁卡因　C. 2%利多卡因　D. 冬眠灵

32. 犬常用的安乐死方法是______。

A. 断髓法　B. 药物致死法　C. 空气栓塞法　D. 先麻醉后失血

33. 犬的检疫期为______d。

A. 7　B. 14　C. 3　D. 21

34. 用戊巴比妥钠对犬麻醉时，常用的给药途径是______。

A. 肌肉注射　B. 皮下注射　C. 静脉注射　D. 吸入法

35. 比格犬在麻醉前应禁食______h。

A. 4　B. 8　C. 12　D. 24

36. 犬灌胃给药过程中出现以下______情况，应禁止注入药液。

A. 回抽胃管时有食糜抽出

B. 回抽胃管时感觉有阻力，注射器活塞被吸回

C. 胃管置于水中无气泡出现

D. 胃管插入后，出现咳嗽情况

37. 以下剂型的药品不宜用作犬的口服给药的是______。
A. 片剂 B. 粉剂 C. 丸剂 D. 胶囊
38. 犬一次灌胃给药能耐受的最大量为______mL。
A. 200 B. 300 C. 500 D. 800
39. 关于犬的尿液采集的说法错误的是______。
A. 粪便与尿液可不必分开
B. 可采用压迫膀胱法采集
C. 可采用导尿管插管法采集
D. 可采用膀胱插管法采集
40. 关于犬的粪便采集的说法错误的是______。
A. 要采新鲜粪便 B. 随便收集一些粪便即可
C. 可用棉签插入肛门采集少量粪便 D. 收集容器需干燥及消毒
41. 犬胸水采集的位置在胸廓______肋间。
A. 左侧第6 B. 右侧第6 C. 左侧第8 D. 右侧第8
42. 关于犬的精液采集的说法错误的是______。
A. 采集环境要安静 B. 犬的精液分三段
C. 中段的精液用于研究 D. 后段精液中精子较多
43. 犬一次肌肉注射给药的最大量是______mL。
A. 1 B. 2 C. 4 D. 6

三、多项选择题（有1个以上的正确答案）:

1. 犬的生物学特性有______。
A. 服从主人 B. 听觉灵敏 C. 喜欢肉食 D. 视力良好
2. 犬是易呕吐动物，当发生呕吐时，检查项目应包括______。
A. 精神状况 B. 呕吐物内容和性质
C. 发生时间和频率 D. 有无并发症
3. 犬有______等神经类型。
A. 多血质 B. 黏液质 C. 胆汁质 D. 忧郁质
4. 实验犬日常观察的项目主要有______。
A. 精神状态与食欲 B. 姿势步样 C. 皮肤被毛 D. 粪便
5. 比格犬可用于______等生物医学研究。
A. 心血管病 B. 高血压病 C. 毒性实验 D. 所有疾病
6. 犬常用于药物临床前的各种药理实验研究，如______等实验。
A. 药理实验 B. 遗传实验 C. 药物代谢实验 D. 毒性实验
7. 比格犬的选种要求是______。
A. 遗传背景清楚 B. 遗传性状稳定 C. 性格活泼温顺 D. 无病史
8. 仔犬的保温措施包括______。
A. 红外线灯 B. 紫外线灯 C. 保温板 D. 垫料
9. 幼犬易发生佝偻病，可采取的预防措施有______。
A. 多晒太阳 B. 补充维生素D C. 补充维生素C D. 补充钙质
10. 育成犬的笼养注意事项包括______。
A. 雌雄分开 B. 充足饮水 C. 足够的活动空间 D. 个体差异小

11. 下列疾病是犬的人畜共患病的是______。
A. 鼠痘 B. 流行性出血热 C. 沙门菌感染 D. 狂犬病
12. 犬的皮下注射部位是______。
A. 大腿外侧 B. 颈背部 C. 腹部 D. 胸部
13. 犬的肌肉注射部位是______。
A. 股部 B. 臀部 C. 腰椎旁 D. 大腿外侧
14. 有关犬的口服给药法正确的是______。
A. 将药物混入饲料或饮水中让犬自由摄取 B. 将药物掺入肉里给犬口服
C. 口服给药剂量准确 D. 口服给药常用灌胃针注入
15. 犬最常用的采血法是______。
A. 心脏采血 B. 颈静脉采血
C. 前肢内侧皮下头静脉采血 D. 后肢外侧小隐静脉采血
16. 常用实验动物采集尿液方法有______。
A. 膀胱穿刺法 B. 代谢笼法 C. 导尿法 D. 压迫膀胱法
17. 处死犬的常用方法有______。
A. 化学药物致死法 B. 麻醉后股动脉放血
C. 空气栓塞法 D. 击打法
18. 判断犬麻醉程度的指标有______。
A. 呼吸 B. 反射活动 C. 肌张力 D. 叫声
19. 采集犬 10 mL 以下血液时最常在______采血。
A. 后肢外侧小隐静脉 B. 前肢内侧头静脉
C. 股动脉 D. 心脏
20. 麻醉犬完成手术后应采取的措施有______。
A. 犬苏醒后才可送回代养房 B. 做好犬的保温
C. 维持犬的呼吸道畅通 D. 注意给犬及时补充生理盐水或葡萄糖液
21. 对犬进行全身麻醉时常使用的麻醉药有______。
A. 戊巴比妥钠 B. 水合氯醛 C. 乙醚 D. 普鲁卡因
22. 犬抓取保定的要求是______。
A. 不损伤实验动物 B. 不影响观察指标
C. 实验者不被动物咬伤 D. 保证实验顺利进行
23. 犬尸体外部检查内容包括______。
A. 皮肤毛色 B. 营养状态 C. 可视黏膜 D. 天然孔

四、判断题（在括号内打“√”或“×”表示）：

(　　) 1. 国际上通用的实验用犬是比格犬。
(　　) 2. 成年健康比格犬的循环血量是 80 ~ 90 mL/kg（体重）。
(　　) 3. 比格犬在 8 ~ 12 月龄即达到性成熟。
(　　) 4. 犬属于单一发情动物，每年只发情 1 次。
(　　) 5. 犬多在春、秋季单发情，发情前期有血性黏液排出。
(　　) 6. 比格犬种雄犬的初配年龄应选择在 1.5 岁以后。
(　　) 7. 雌犬的发情周期可分为发情前期、发情期、发情后期和发情间期。
(　　) 8. 个别雌犬发情时外阴部不见或少见滴血，肿胀也不明显，但会接受雄犬交配。

(　　) 9. 预测妊娠雌犬分娩的一项重要指标是：临产前 3 d 体温开始升高 0.5 ~1.5 ℃。
(　　) 10. 犬每胎产仔 2 ~6 只，哺乳期 80 d，寿命 10 ~20 年。
(　　) 11. 犬的汗腺很不发达，散热主要靠加速呼吸频率、舌伸出口外喘式呼吸。
(　　) 12. 犬有乳齿和恒齿，2 个月后开始换齿，7 ~8 个月恒齿出齐。
(　　) 13. 犬有 5 种血型即 A、B、C、D、E 型，只有 A 型血可引起输血反应，其他 4 型血可以任意给各血型犬输血。
(　　) 14. 普通级犬必须排除狂犬病毒、犬细小病毒、犬瘟热病毒、犬传染性肝炎病毒，且血液中不能有这 4 种病毒的抗体。
(　　) 15. 犬不具有发达的血液循环和神经系统，其消化生理、毒理和对疾病的反应也和人类不近似。
(　　) 16. 测量犬的心电时，电极针刺入肌肉内对心电无明显影响。
(　　) 17. 测量犬的体表心电图时常用标准Ⅱ导联。
(　　) 18. 狂犬病病毒可以被 1% ~2% 肥皂水或 70% 酒精灭活。
(　　) 19. 犬是大脑皮层定位实验、条件反射实验中使用最广泛的动物。
(　　) 20. 犬可以耐受麻醉与脑的部分破坏术，常用于神经学、生理学和毒理学方面的研究。
(　　) 21. 犬甲状旁腺位于两个甲状腺端部表面，位置比较固定，适合做甲状旁腺摘除术。
(　　) 22. 犬不是红绿色盲，可以用红绿色信号作为条件刺激来进行条件反射试验。
(　　) 23. 犬颈部的交感神经、迷走神经和减压神经是分别存在、独立行走的，观察减压神经对心脏的作用，必须选用犬。
(　　) 24. 犬是动脉粥样硬化较为理想的动物模型，给予高胆固醇、高脂肪的饲料后，在较短时间内即可产生大动脉、冠状动脉及脑血管的粥样硬化。
(　　) 25. 电刺激犬的中枢神经系统可造成反射性高血压。
(　　) 26. 手术使犬一侧肾动脉狭窄（一肾模型）或双侧肾动脉狭窄（二肾模型），均可产生持续性高血压。
(　　) 27. 犬的室颤有自行恢复的可能，而兔和猫发生室颤则很难自行恢复。
(　　) 28. 犬因胸腔纵隔结构特殊，故可不用呼吸机而进行整体开胸实验。
(　　) 29. 犬对化学刺激或电刺激均不敏感，且诱发喷嚏比咳嗽多，故犬很少作为镇咳药的筛选模型。
(　　) 30. 犬多次暴露于过敏源，如犬弓蛔虫、猪蛔虫或混合草籽的浸出液的气溶胶中，可引起哮喘，作为抗过敏性支气管哮喘的模型。
(　　) 31. 犬不适宜做呕吐反应实验。

五、名词解释：

1. 雄性犬合群欺弱　　2. 樱桃眼　　3. 犬瘟热

六、问答题：

1. 简述犬的习性和行为要点。
2. 简述犬的生理学特点。
3. 简述犬在生物医学中的选择应用要点。
4. 简述比格犬的优点。
5. 试述雌性犬的发情期。
6. 简述被犬咬伤后的处理措施。
7. 简述犬的静脉注射给药方法。

8. 简述狂犬病的主要临床表现及预防。
9. 简述普通级比格犬的微生物与寄生虫质量控制标准。
10. 简述樱桃眼病因及处理方法。
11. 简述比格犬肾动脉狭窄性高血压造模方法及特点。
12. 简述比格犬急性肺水肿模型机制及造模方法。

（编写：邹皑龙、刘运忠、邹移海　　审核：陈艳明、张薇）

第八节　猴

一、填空题：

1. 非人灵长类动物属于哺乳纲、灵长目。灵长目下分____亚目和____亚目。
2. 非人灵长类猿亚目按分布规律可分为______猴和______猴两类。
3. 恒河猴、食蟹猴均属于____组下目动物，为旧大陆猴。
4. 猕猴属______动物，其活动与觅食均在白天进行。
5. 猕猴喜____居，猴群活动范围固定，群体之间从不相互跨越。
6. 成年猕猴体重，雄性猕猴为________kg，雌性猕猴为________kg。
7. 新大陆猴又称为阔鼻类猴，其特点是鼻子____，坐骨结节部位皮肤上没有胼胝。
8. 旧大陆猴又称为狭鼻类猴，其特点是有__________，坐骨结节部位皮肤上有胼胝。
9. 猕猴脑具有与人类相似的生理代谢特性、代谢方式及相同的__________等。
10. 猕猴体内缺乏左旋葡萄糖内酯氧化酶，不能在体内合成________。
11. 猕猴对人的____杆菌和____杆菌易感。
12. 用添加胆固醇的饲料喂饲猕猴可制作____________症动物模型。
13. 猕猴属共有 12 个种 46 个亚种，分布于我国的有____个种。
14. 猕猴属作为实验动物的有______、______、____、红面猴和平顶猴 5 种。
15. 恒河猴又称为______，主要分布于我国广西，其次为西南、华南、东南、华北。
16. 食蟹猴又称为______。
17. 猕猴的性成熟时间，雄性约______岁，雌性约______岁。
18. 猕猴适合配种年龄，雄性约______岁，雌性约______岁。
19. 雌猴性周期 28 d，月经期 2 ~ 3 d，月经开始后__________d 排卵。
20. 雌猴月经发生之前，会出现________，月经时最明显，月经后开始消退。
21. 群养的猕猴繁殖方法是按每舍雄猴：雌猴为 1：________只配比，雌雄猴自由交配。
22. 猕猴饲养笼要配有____或____固定系统，笼底下设废物盆，并使动物不能碰到。
23. 猕猴隔离检疫用房要____健康猴群，多数饲养场设有病猴房，配备转移笼和挤压笼，以转移动物和进行检查及注射。
24. 实验猴的识别方法一般有____________、___________、____________、芯片标识法。
25. 实验猴实验前的驯化时间至少为___周以上。
26. 实验人员捕捉实验猴的方法有__________、__________、麻醉捕捉法等。
27. 用网捕捉实验猴时，实验猴入网后，将网兜按在地上，紧紧压住其______，以防实验猴回头咬人，然后将实验猴______反于实验猴的背部，再从网兜中取出。

28. 大栏饲养的实验猴一般采用______捕捉。

29. 体形小的实验猴在麻醉前一般应禁食____h 以上。

30. 实验猴给药的方式主要有____给药和______给药。

31. 通过胃导管经口给药方法是经____或____将胃导管插入胃。

32. 在插胃导管之前，用导管测量从实验猴的____沿着颈到____的距离，即为胃导管到达胃应插入的距离。

33. 实验猴结核菌素皮试选择______皮内注射。

34. 实验猴结核菌素皮试应在上眼睑注射结核菌素，直至注射部位出现____大小隆起。

35. 实验猴静脉采血前，采血者需用一只手压住相应静脉的____端，使血管怒张再进行采血。

36. 实验猴脑脊液采集时，操作者右手持腰椎穿刺针垂直刺入腰椎之间，当有____感及实验猴的下肢跳动时，表明针已经到达椎管内。

37. 做病理解剖时，实质器官要切开，观察切面的____、____、____等，腔性器官要切开，观察其黏膜面。

二、单项选择题（只有 1 个正确答案）：

1. 非人灵长类动物属于哺乳纲、灵长目。灵长目下分______等亚目。
   A. 狐猴　　B. 原猴　　C. 树鼩　　D. 獭
2. 猕猴喜欢______居，活动范围固定，群体之间从不相互跨越。
   A. 独　　B. 群　　C. 鳏　　D. 以上都不对
3. 在人工饲养条件下，猕猴寿命为 25 岁至______岁。
   A. 45　　B. 40　　C. 30　　D. 35
4. 通过恒齿齿式可以判断猕猴年龄，如出现第________门齿，则该猴年龄约为 1 岁。
   A. 4　　B. 3　　C. 2　　D. 1
5. 具有颊囊可用来贮存食物的动物是______。
   A. 绢毛猴　　B. 蜘蛛猴　　C. 卷尾猴　　D. 猕猴
6. 猕猴如果缺乏维生素 C 则发生内脏肿大、______和功能不全。
   A. 出血　　B. 炎症　　C. 硬化　　D. 萎缩
7. 雌性具有“性皮肤”，排卵前后生殖器等部位肿胀发红，且有月经的动物是______。
   A. 家兔　　B. 犬　　C. 猫　　D. 猴
8. 猕猴可以用于制作链球菌病、葡萄球菌病、______等细菌性疾病的动物模型。
   A. 脊髓灰质炎　　B. 肺炎球菌性肺炎　　C. 麻疹　　D. 疱疹
9. 猕猴可以用于制作鼠伤寒沙门菌病、______等细菌性疾病的动物模型。
   A. 麻疹　　B. 脊髓灰质炎　　C. 结核病　　D. 疱疹
10. 猕猴是研究阿米巴脑膜炎、______、弓形虫病等寄生虫疾病的动物模型。
    A. 丝虫病　　B. 麻疹　　C. 脊髓灰质炎　　D. 疱疹
11. 猕猴的生殖生理与人类______，可用于避孕药和子宫内节育器的研究。
    A. 不同　　B. 相同　　C. 接近　　D. 以上都不是
12. 猕猴分布于我国的有______个种。
    A. 3　　B. 4　　C. 5　　D. 6
13. 恒河猴又称为________猴，主要分布于我国广西，其次为西南、华南、东南、华北。
    A. 广东　　B. 广西　　C. 海南　　D. 福建
14. 熊猴产于______北部阿萨密及我国云南、广西。

A. 越南　B. 缅甸　C. 老挝　D. 柬埔寨

15. 虽然雌猴常年发情，但是在不繁殖季节则______排卵性周期。

A. 无　B. 有　C. 可有　D. 可无

16. 群养时猕猴繁殖方法，按每舍雄猴：雌猴为______只配比，雌雄猴自由交配。

A. 1：1　B. 1：2　C. 1：12　D. 1：15

17. 笼养时猕猴繁殖方法，在雌猴月经后______d期间，“性皮肤”肿胀最明显之时，将雌猴转入雄猴笼中交配。

A. 2～4　B. 5～7　C. 8～10　D. 11～17

18. 雄猴精液射出后______分钟内即形成凝块。

A. 1　B. 2　C. 3　D. 4

19. 观察交配后雌猴体征、月经、奶头等的变化，或经化验室和______超检查，确认其怀孕。

A. D　B. C　C. B　D. A

20. 对______猴最好放入具有室内室外猴笼的猴房，进行单独饲养，一般情况下禁止捕捉。

A. 仔　B. 雌　C. 雄　D. 孕

21. 母猴妊娠期165 d左右，每胎产仔约________只，年产1胎。

A. 1　B. 2　C. 3　D. 4

22. 猴体内不能合成______，需要通过配合饲料和青饲料来补充。

A. 维生素B　B. 维生素C　C. 维生素D　D. 维生素K

23. 猕猴喂食时应先粗后细，每日将定量分______次以上投喂。

A. 1　B. 2　C. 3　D. 4

24. 猕猴对环境的适应性较强，普通环境为______℃，保持冬暖夏凉，有遮阴装置。

A. 16～25　B. 16～28　C. 18～25　D. 18～28

25. 在猕猴饲养管理过程中随时挑出______猴，调整猴群。

A. 病　B. 老　C. 弱　D. 以上都是

26. 实验猴年龄最常用的方法是通过______来判定。

A. 体重　B. 齿序　C. 相貌　D. 毛色

27. 实验猴实验前的驯化时间至少为______周。

A. 1　B. 5　C. 10　D. 20

28. 实验猴______是计算供试品和对照品给药量的依据。

A. 体重　B. 齿序　C. 年龄　D. 性别

29. 为了减少误差，原则上实验猴称重时间在______。

A. 上午　B. 中午　C. 下午　D. 晚上

30. 注射氯胺酮麻醉实验猴时，剂量为每千克体重______mg。

A. 5～10　B. 0.1～0.2　C. 0.5～0.8　D. 1～2

31. 用胃导管测量从实验猴的鼻孔沿着颈到______的距离，即为胃导管到达胃应插入的距离。

A. 颈窝　B. 咽喉　C. 脐孔　D. 剑突

32. 实验猴上臂的肌肉比较常用于肌肉注射给药的是______。

A. 肘肌　B. 肱三头肌　C. 肱肌　D. 三角肌

33. 实验猴结核菌素皮试选择______皮内注射。

A. 大腿　B. 背部　C. 上眼睑　D. 前臂

34. 实验猴结核菌素皮试应在上眼睑注射结核菌素，直至注射部位出现______大小隆起。

A. 芝麻　B. 花生米　C. 鸡蛋　D. 黄豆

35. 实验猴芯片标记法是将电子芯片植入下肢的______。

A. 静脉　B. 动脉　C. 骨头　D. 皮下

36. 实验猴脑脊液的采集部位一般选择第______腰椎穿刺。

A. 4　B. 5　C. 6　D. 7

37. 临床检查所用的猴尿液为新鲜尿液，这里的新鲜尿液指的是______h 以内的尿。

A. 2　B. 6　C. 12　D. 24

38. 实验猴用于安乐死的戊巴比妥钠溶液的浓度为______mg/mL，每公斤体重大于 100 mg。

A. 5　B. 30　C. 100　D. 1

39. 实验猴安乐死常用的方法是______。

A. 颈椎脱臼处死　B. 戊巴比妥钠深麻后处死

C. 空气栓塞处死　D. 直接放血处死

40. 单笼捕捉实验猴一般______kg 以上要麻醉后再捕捉。

A. 2　B. 5　C. 10　D. 15

41. 实验食蟹猴应在麻醉前至少禁食______h。

A. 3　B. 6　C. 12　D. 24

42. 实验猴气管插管进行吸入麻醉时，气管导管大小的选择取决于实验猴的______。

A. 坐高　B. 肥胖程度　C. 体格及气管腔大小　D. 年龄大小

43. 实验猴按 10 mg/kg 注射氯胺酮后能进入麻醉需要的时间是______。

A. 5 秒钟　B. 4 分钟　C. 30 分钟　D. 1 小时

44. 肌肉注射时注射针头与注射部位的肌肉平面大约成______度角进针，回抽确认无血，再注射药物。

A. 0　B. 5　C. 45　D. 90

三、多项选择题（有 1 个以上的正确答案）：

1. 猕猴属于______动物。

A. 猕猴属　B. 灵长目　C. 原猴亚目　D. 哺乳纲

2. 猕猴难于驯养，有毁坏东西的特性，常______。

A. 龇牙　B. 暴露野性　C. 咧嘴　D. 以上都错

3. 婴猴能以手指抓住母猴腹部皮肤或背部，在母猴______时，婴猴均不会掉落。

A. 活动　B. 跳跃　C. 潜水　D. 游泳

4. 猕猴一生中有______齿列。

A. 臼齿　B. 乳齿　C. 恒齿　D. 门齿

5. 以下属于猕猴的外观体形特征的有______。

A. 背毛棕黄色　B. 胸腹部浅灰色　C. 臀部胼胝粉红色　D. 脸部黄色

6. 猕猴的______比较敏感。

A. 听觉　B. 嗅觉　C. 触觉　D. 味觉

7. 猕猴有 A、B、O 型和______型等血型。

A. Rh　B. Hr　C. MN　D. Lewis

8. 必须通过食物补充维生素 C 的实验动物是______。

A. 豚鼠　B. 大鼠　C. 犬　D. 猴

9. 猕猴可用于制作______等营养性疾病的动物模型。

A. 丝虫病　B. 脂肪沉积　C. 肝硬化　D. 弓形虫病

10. 用猕猴可以进行______等老年性疾病的研究。

A. 老年性白内障 B. 慢性支气管炎 C. 肝炎 D. 肺气肿

11. 猕猴可用于______等方面的实验研究。

A. 老年病 B. 戒毒 C. 器官移植 D. 肿瘤

12. 非人灵长类动物可用于______等研究。

A. 生理学 B. 传染病 C. 器官移植 D. 毒理学

13. 猕猴适合配种年龄，雌性和雄性分别约为______岁。

A. 1.5 B. 2.5 C. 4.5 D. 3.5

14. 观察交配后雌猴______等的变化，或经化验室和B超检查，确认其怀孕。

A. 脸色 B. 体征 C. 月经 D. 奶头

15. 母猴缺奶或不愿意带仔时，需要人工哺乳的，可喂饲______，并将室温维持在20 ℃左右。

A. 大米粥 B. 馒头 C. 加糖牛奶 D. 面包

16. 幼猴会抓住母猴______皮肤，在母亲的携带下生活。

A. 肩部 B. 臀部 C. 腹部 D. 背部

17. 猕猴饲料中应含有足够数量的______等。

A. 维生素E B. 维生素C C. 矿物质 D. 维生素K

18. 捕捉猕猴时可用______，捕捉过程要小心谨慎，防止被猴咬伤和抓伤。

A. 布袋 B. 捕猴网 C. 挤压笼 D. 绳索

19. 合格的实验猴进行兽医学眼科检查时，要求眼睛不能有______。

A. 色斑 B. 色素沉着 C. 白内障 D. 青光眼

20. 以下属于实验猴的兽医学物理检查项目的是______。

A. 血常规 B. 视诊 C. 听诊 D. 触诊

21. 合格实验猴的兽医学皮肤检查中，不能出现以下情况：______。

A. 丘疹或红斑 B. 水泡或脓疱 C. 溃疡或皮肤病 D. 外伤或肿块

22. 实验猴静脉采血的部位有______。

A. 上肢头静脉 B. 下肢隐静脉 C. 股静脉 D. 以上都不是

23. 实验猴在实验中，一般同一实验室不能饲养______的实验猴。

A. 不同种属 B. 不同实验 C. 不同年龄 D. 不同性别

24. 实验猴的标记识别方法一般有______。

A. 油性笔记载法 B. 文身识别法 C. 实验猴牌识别法 D. 芯片标识法

25. 用文身机对实验猴进行文身时，一般在这些部位进行文身：______。

A. 胸部 B. 大腿内侧 C. 脚趾 D. 面部

26. 用于实验猴的理想化学保定剂应具备下面这些特点：______。

A. 麻醉快 B. 苏醒快 C. 安全性好 D. 副作用小

27. 用氯胺酮进行外科麻醉的副作用有______。

A. 能产生耐药性 B. 提高肌肉的紧张度

C. 恢复期长 D. 呼吸抑制严重

28. 实验猴在插入胃导管过程中如果出现______情况应停止插入，将胃导管拔出后，重新插入。

A. 阻力很大，插入困难 B. 出现剧烈咳嗽或者痉挛

C. 未能插入到胃导管应插入的距离 D. 导管中可见胃内容物

29. 实验猴常用的静脉注射部位有______。

A. 门静脉 B. 下肢隐静脉 C. 心大静脉 D. 上肢头静脉

30. 实验猴肌肉注射的部位有______。

A. 下肢大腿的臀肌群 B. 大腿侧面的股四头肌

C. 上臂三角肌　　D. 靠近脊柱的颈部或腰部的肌肉

31. 实验猴脑脊液采集时，操作者右手持腰椎穿刺针垂直刺入腰椎之间，当有______时，表明针已经到达椎管内。

A. 阻力加大　B. 落空感　C. 下肢跳动　D. 上肢跳动

32. 采集实验猴尿液的方法有______。

A. 代谢笼法　B. 手术取尿法　C. 压迫法　D. 插管法

33. 实验猴在麻醉期间应密切监测的项目是______。

A. 体温　B. 呼吸　C. 心率　D. 血压

34. 实验猴安乐死时应该尽量______。

A. 减少痛苦　B. 避免惊恐　C. 避免挣扎　D. 缩短致死时间

四、判断题（在括号内打“√”或“×”表示）：

(　　) 1. 猕猴一般生活在接近水源的丛林，栖息在树木和岩石坡面上。
(　　) 2. “猴王”是猕猴群中最凶猛、最强壮的雄性猕猴。
(　　) 3. 猕猴嗅脑发达，因此嗅觉灵敏。
(　　) 4. 雌性猕猴为单子宫，有 1 对乳房和乳头，有胎盘。
(　　) 5. 雌性猕猴的性周期约为 28 d，月经期为 4 ~6 d。
(　　) 6. 雌性猕猴月经开始后 14 ~16 d 排卵。
(　　) 7. 猕猴的体温一般为 36 ~37 ℃。
(　　) 8. 猕猴可用于戒毒、器官移植、肿瘤等方面的实验研究。
(　　) 9. 在以猴作为实验对象的反复给药毒性试验中，实验猴一般应雌雄各半。
(　　) 10. 恒河猴身上大部分毛为黄棕色，体前部色较浅，腹部呈淡灰色。
(　　) 11. 成年恒河猴的体重，雄性为 5 ~10 kg，雌性为 4 ~8 kg。
(　　) 12. 食蟹猴被毛淡黄褐至深褐色，腹面的毛颜色较淡。
(　　) 13. 食蟹猴冠毛从额部直接向后，有时在中线形成 1 条短嵴。
(　　) 14. 雄性食蟹猴体重约 8 kg，雌性食蟹猴约 5 kg。
(　　) 15. 母猴分娩前步态不稳，食欲下降，分娩时母猴用手帮助胎猴娩出，舐仔，并吃胎盘。
(　　) 16. 母猴哺乳期为 3 ~6 个月。
(　　) 17. 猕猴胎仔出生时重为 0. 4 ~0. 55 kg，8 h 后睁开眼睛，第一天不会吸吮奶头。
(　　) 18. 在母猴缺奶或不愿意带仔时，需要人工哺乳的，可喂饲大米粥或添加糖的牛奶，并将室温维持在 20 ℃左右。
(　　) 19. 幼猴会趴在母猴腹部或背部皮肤，在母亲的携带下生活。
(　　) 20. 仔猴出生 7 周后，可以离开母体独自玩耍。
(　　) 21. 仔猴 6 月龄开始采食，需要增加喂饲量。
(　　) 22. 仔猴哺乳期应在半年或以上，12 月龄仔猴可以完全采食成年猴的食物。
(　　) 23. 猕猴隔离检疫项目包括登记和编号、临床观察、生理生化项目检验等。
(　　) 24. 实验猴出现异常致数量不足，补充挑选实验猴时，不用进行兽医学检查。
(　　) 25. 为了节省空间和便于饲养，不同种类的实验猴可饲养于同一实验室内。
(　　) 26. 对驯化期间有异常表现的实验猴不应淘汰，可用于实验。
(　　) 27. 称重时若发现实验猴与上次的体重差异较大，一定是实验猴有疾病。
(　　) 28. 大栏捕捉实验猴时动作要缓慢准确。
(　　) 29. 应尽量选择可通过肌肉注射的小剂量即有效的麻醉药，作为实验猴的化学保定剂。

( ) 30. 实验猴呼吸机麻醉时，用气管插管在保持气道通畅和及时排除废气方面都优于面罩。
( ) 31. 实验猴用氯胺酮常规麻醉时，咽反射完全消失，故气管插管很容易。
( ) 32. 实验猴经口给药时，胃导管插入胃后注射器回抽，见到胃内容物，可确认导管已插入胃内。
( ) 33. 实验猴静脉注射时，同一肢体血管的进针部位应遵循从近心端到远心端顺序进行。
( ) 34. 实验猴用胃导管经口给药时，回抽注射器，若为负压，即可确认导管已插入胃中。
( ) 35. 实验猴解剖时要称重的器官组织，称量前应尽可能地除去附着在器官上的脂肪组织及周围的组织，并用滤纸吸去多余水分。

五、名词解释：

1. 昼行性
2. 猕猴的“性皮肤”
3. 实验猴安乐死
4. 实验猴保定
5. 吸入式麻醉
6. 实验猴驯化

六、问答题：

1. 简述猕猴的习性和行为特点。
2. 试述猕猴的外观和体形。
3. 简述猕猴在生物医学中的选择应用要点。
4. 试述猕猴的生殖生理及繁殖方法。
5. 试述猕猴的妊娠分娩及仔猴抚育。
6. 试述实验猴兽医学检查的主要项目。
7. 描述如何进行单笼捕捉实验猴。
8. 试述实验猴兽医学检查的一般顺序。
9. 试述实验猴常见的非经口给药方式。
10. 简单描述实验猴皮内注射结核菌素的操作过程。
11. 试述实验猴上肢头静脉采血的过程。
12. 试述实验猴保定椅的操作和优点。
13. 试述实验猴经口给药时，若回抽未见胃内容物，应如何判定胃导管已插入胃中？
14. 试述用于实验猴的理想化学保定剂应具备的特点。
15. 试述氯胺酮用于实验猴外科麻醉的优缺点。

（编写：邹移海、黄冰、陈梅丽　　审核：饶军华、张薇）

第九节　小型猪

一、填空题：

1. 猪的牙齿有____颗，齿式为（____________）。
2. 一般雄猪适合的初配月龄为____月龄以上，雌猪适合的初配月龄为____月龄以上。
3. 猪妊娠期为______d 左右。

4. 小型猪的1日饲料量要根据体重计算，一般为体重的______。

5. 研究各类细菌、病毒、寄生虫病、代谢性疾病等可用____猪和________猪。

6. ____的心脏瓣膜可以用来修补人的心脏瓣膜缺损。

7. 尤卡坦小型猪（墨西哥无毛猪）只需静脉注射1次水合阿脲即可产生典型的__________。

8. ______月龄小猪的皮肤解剖生理特征最接近人类。

9. 饲养环境的温度高于______℃时，小型猪热应激反应强烈；饲养环境温度低于____℃时，猪的生长发育明显受阻。

10. 猪的____腺占胃的大部分。

11. 我国成年（12月龄）小型猪通常体重为__________kg。

12. 小型猪的心血管系统、消化系统、皮肤、营养需要、骨骼发育以及矿物质代谢等都与人类极其____。

13. 小型猪的皮肤与人非常相似，是进行实验____研究的较理想动物。

14. 小型猪的皮肤用于烧伤后创面敷盖，既能减少患者____和________，又能促进____。

15. 小型猪的冠状动脉循环在解剖学、血流动力学方面与人类极其相似，发生动脉粥样硬化病变也与人类相似，常用作____________的研究。

16. SPF级小型猪应饲养在____环境设施内。

17. 驱除小型猪体内外寄生虫时一般采用帝诺酚、伊维菌素、阿维菌素等混饲连喂____的方法。

18. 实验小型猪染色体数目2n = ____。

19. 小型猪为全年多发情动物，发情周期_____d，最适交配期在发情开始后_____h。

20. 我国的小型猪品系主要有西藏小型猪、____________、广西巴马小型猪、五指山小型猪、版纳微型猪等。

21. 广西巴马小型猪主要产于广西____________县，五指山小型猪原产于____岛中部山区。

22. 新引进的小型猪必须有《实验动物质量合格证明》，隔离检疫观察____ d，确认无异常后，方可移入饲养区或实验区。

23. 2002年，赖良学等获得了世界上第一头______________________基因敲除猪，克服了猪器官移植到人体内的超急性排斥反应问题，使异种器官移植成为可能。

24. 普通级小型猪应接种______________、猪瘟病毒疫苗、猪繁殖与呼吸综合征病毒疫苗、乙型脑炎病毒疫苗。

25. 我国对实验小型猪环境参数有具体要求，包括适当的温度、________、通风和噪声水平。

26. 饲喂小型猪时“三看”是指______、______、______，以判断其健康状况。

27. ____反射是衡量雌猪发情的一个重要标志。

28. 猪的胎盘类型属__________型。

29. 小型猪推荐驱虫程序：种猪一年____次体内外驱虫。

二、单选题（只有1个正确答案）：

1. 实验小型猪与肉用猪的主要区别在于______。

   A. 生长速度和成年猪的体重　　B. 外貌
   C. 生理生化指标　　D. 无区别

2. 小型猪在12月龄体重可控制在______kg。

   A. 5~10　　B. 10~15　　C. 30~45　　D. 15~20

3. 小型猪体重大于20 kg，但小于30 kg，至少需要______m^2的圈舍。

   A. 0.5~1.5　　B. 2~3　　C. 4~5　　D. 5~6

4. 母猪和其仔猪可以合群饲养，而成年雄猪通常是______饲养的。

A. 放养　B. 单独　C. 合群　D. 不限

5. 猪的蹄子较小，如果地板是光滑的或笼底空隙过大，它们可能受伤，出现______。

A. 溃疡　B. 骨折　C. 骨质疏松　D. 皮肤出血

6. 猪围栏应用何种材料建造？______。

A. 混凝土和镀锌钢或不锈钢　B. 塑料型材

C. 大理石　D. 花岗岩

7. 单独饲养的普通级成年小型猪的环境温度适宜范围为______℃。

A. 5~10　B. 10~15　C. 16~28　D. 22~32

8. 新生仔猪适宜环境温度范围应为______℃。

A. 30~34　B. 15~18　C. 33~38　D. 39~45

9. 下面对实验用猪的描述不正确的是______。

A. 用于科学实验　B. 人工饲养

C. 遗传背景明确、微生物控制严格　D. 对环境无要求

10. 实验用小型猪最为适宜的相对湿度应控制在______范围内。

A. 15%~30%　B. 30%~60%　C. 30%~70%　D. 40%~70%

11. 国内外培育出多个不同品种的小型猪，________小型猪是应用最为广泛的小型猪品种。

A. Hanford　B. 哥廷根　C. 贵州　D. Minnesota Hormel

12. 新生仔猪体内γ-球蛋白和其他免疫球蛋白含量极少，主要靠吃母体初乳获得是______。

A. 由于猪的母源抗体不能通过胎盘屏障

B. 由于仔猪免疫功能发育不全

C. 由于妊娠期母猪不能合成γ-球蛋白和其他免疫球蛋白

D. 由于仔猪营养不良

13. 猪牙齿的解剖结构与人类相似，给予高糖食物可复制出______动物模型。

A. 牙周炎　B. 龋齿　C. 牙髓炎　D. 牙本质过敏

14. 小型猪分娩后______d会出现发情期。

A. 1~2　B. 3~9　C. 10~15　D. 15~20

15. 在成长中的小型猪中，糖皮质激素会______。

A. 影响腰椎和股骨的增长　B. 影响生长板

C. 影响腰椎、股骨和生长板的增长　D. 以上说法都不对

16. 药物发挥作用最快的给药方式是______。

A. 静脉注射　B. 皮下注射　C. 肌肉注射　D. 腹腔注射

17. 与人类比较，______kg猪的心脏相当于70 kg人的心脏大小。

A. 20　B. 50　C. 80　D. 100

18. 敲除内皮细胞表达细胞因子______的转基因克隆猪，异种移植物排斥反应可大大减弱。

A. CD39　B. CD4　C. CD8　D. CD27

19. 小型猪的妊娠期为______d。

A. 19~21　B. 65~70　C. 109~120　D. 280~300

20. 小型猪的哺乳期为______d。

A. 15~20　B. 45~60　C. 70~90　D. 100~120

21. 有80%可发生自发性皮肤黑素瘤的小型猪是______小型猪。

A. 美洲辛克莱　B. 五指山　C. Minnesota Hormel　D. 哥廷根

22. 下列哪种动物是进行皮肤烧伤研究最好的实验动物？______。

A. 小型猪　B. 猕猴　C. 犬　D. 小鼠

23. 下列哪种动物适宜制作龋齿动物模型？______。

A. 家兔　B. 小鼠　C. 小型猪　D. 猫

24. 下列哪种动物是最理想的异种移植器官供体？______。

A. 家兔　B. 小鼠　C. 大鼠　D. 小型猪

25. 我们可以利用下列哪种动物的心脏瓣膜来修补人的心脏瓣膜缺损？______。

A. 豚鼠　B. 小型猪　C. 家兔　D. 小鼠

26. 在一般情况下，至少每______周消毒 1 次成年猪圈栏。

A. 1　B. 2　C. 3　D. 4

27. 利用小型猪的______瓣膜可以修补人的心脏瓣膜缺损，我国临床已开始应用。

A. 心脏　B. 肺　C. 静脉　D. 动脉

28. 小型猪的唾液腺发达，但消化粗纤维能力差，要借助盲肠内的有益______。

A. 寄生虫　B. 微生物　C. 黏液　D. 碱性液体

29. ______月龄的小型猪皮肤解剖生理特点更接近于人。

A. 22 ~ 24　B. 11 ~ 12　C. 5 ~ 6　D. 2 ~ 3

30. 夏季多采用湿料饲喂小型猪，料水比一般以______为宜。

A. 1 : 1　B. 1 : 2　C. 1 : 3　D. 1 : 4

31. 小型猪在糖的吸收、转运和利用方面类似于人类，常用于人______的研究。

A. 心血管疾病　B. 糖尿病　C. 心肌梗死　D. 尿毒症

32. 猪的胰岛素与人类的胰岛素相差______个氨基酸。

A. 4　B. 2　C. 1　D. 3

33. 下列动物中，在生物医药研究中，动物福利与伦理关注度较低的是______。

A. 狨猴　B. 犬　C. 小型猪　D. 狒狒

三、多项选择题（有 1 个以上的正确答案）：

1. 选择小型猪作为实验性烧伤研究的较理想模型的原因，下列描述正确的是______。

A. 小型猪具有的脂肪层与人类相似

B. 小型猪皮肤的增生动力学与人类相似

C. 小型猪体表毛发的疏密、表皮厚薄、表皮形态学与人类相似

D. 小型猪烧伤皮肤的体液和代谢变化机制等与人类相似

2. 小型猪在老年病的冠状动脉研究中特别有用的原因，下列描述正确的是______。

A. 小型猪的冠状动脉循环在解剖学、血流动力学方面与人类相似

B. 幼猪和成年猪可以自然发生动脉粥样硬化，其病变前期与人类相似

C. 小型猪和人对高胆固醇饮食的反应一样

D. 小型猪是偶蹄动物

3. 下列选项中，对小型猪的行为学描述正确的是______。

A. 群居性　B. 有学习和记忆能力

C. 有很强的攻击性　D. 有探究行为

4. 下列小型猪品系中，由我国培育出来的是______。

A. 广西巴马小型猪　B. 西藏小型猪

C. 版纳微型猪　D. 五指山小型猪

5. 小型猪的福利包括______。

A. 不受饥渴和营养不良困扰的自由　B. 不受恐惧和忧虑紧张的自由
C. 不受身体不适和环境不适的自由　D. 不受痛苦、伤害和疾病的自由

6. 我国对小型猪的环境参数有具体的要求，包括______。
A. 温度　B. 相对湿度　C. 通风次数　D. 噪声

7. 影响猪舍消毒效果的因素包括______。
A. 微生物的类型　B. 微生物污染水平
C. 消毒剂的浓度和暴露时间　D. 消毒物有机成分含量

8. 小型猪较好的环境条件包括______因素。
A. 定时清洁消毒　B. 增加相互交往机会
C. 适宜的温湿度　D. 适宜的光照

9. 进行异种器官移植，可能会导致______。
A. 跨物种的病原菌传播　B. 移植物抗宿主反应
C. 宿主抗移植物反应　D. 急性免疫排斥反应

10. 可应用小型猪进行口腔学中的______研究。
A. 牙齿形态学　B. 口腔咬合关系
C. 牙齿填补材料的生物安全性　D. 龋齿

11. 小型猪哺乳期饲养管理主要抓好哪“三食”？______。
A. 乳食　B. 开食　C. 旺食　D. 少食

12. 我国常用的小型猪品系有______。
A. 版纳微型猪　B. 西藏小型猪　C. 五指山小型猪　D. 贵州小型香猪

13. 在用小型猪制作急性失血模型的时候，影响出血量的原因是______。
A. 性别　B. 体重　C. 麻醉的深浅　D. 小型猪的品种差异

14. 小型猪适合制作下列哪些损伤模型？______。
A. 肝损伤　B. 软组织挫伤　C. 脑干损伤　D. 四肢骨折

15. 小型猪为______。
A. 偶蹄动物　B. 单胃动物　C. 反刍动物　D. 杂食性动物

16. 用于制作小型猪糖尿病模型的方法有______。
A. 静脉注射链脲佐菌素　B. 静脉注射四氧嘧啶
C. 高脂高糖饮食　D. 口服格列喹酮

17. 国外常见的小型猪品种有______小型猪。
A. 美洲辛克莱　B. 哥廷根　C. 尤卡坦　D. 杜洛克

18. 小型猪的______、营养需要以及矿物质代谢等都与人类极其相似。
A. 心血管系统　B. 消化系统　C. 皮肤　D. 子宫结构

19. 小型猪的______脏器系数与人接近。
A. 肝　B. 心　C. 肾　D. 肺

20. 小型猪可应用于______等研究。
A. 皮肤烧伤　B. 心血管病　C. 肿瘤学　D. 免疫学

21. 小型猪的皮肤用于患者烧伤后创面敷盖的优点是______。
A. 减少患者疼痛　B. 减少创面感染　C. 加速创面愈合　D. 免疫排斥现象

22. 小型猪仔猪易患______缺乏症等，被广泛应用于营养和婴儿食谱的研究。
A. 蛋白质　B. 铁　C. 铜　D. 维生素 A

23. 小型猪可用于遗传性疾病如先天性______、淋巴水肿、卟啉病等先天性疾病的研究。
A. 心脏病　B. 红细胞病　C. 肌肉痉挛　D. 小眼病

24. 小型猪可用于营养代谢病如______等疾病的研究。
A. 维生素 C 缺乏　B. 卟啉病　C. 动脉粥样硬化　D. 食源性肝中毒

25. 雄性小型猪一般以 6 ~ 8 月龄为______年龄。
A. 体成熟　B. 性成熟　C. 去势　D. 适宜配种

26. 雌性小型猪发情周期的长短受______等外因，以及神经和激素等内因的影响。
A. 粉尘　B. 光照　C. 温度　D. 营养

27. 小型猪人工授精是通过利用器械______，从而使雌猪受精、怀孕。
A. 人工采集精液　B. 将精液离心　C. 将精子分离　D. 把精液注入雌猪子宫

28. 目前进行猪胰岛素分离提纯，治疗糖尿病，疗效是否确切，取决于______。
A. 胰岛素注射的途径　B. 胰岛素注射的量
C. 胰岛素分离纯化的程度　D. 糖尿病类型

29. SPF 级小型猪必须检测的细菌和病毒有______。
A. 猪细小病毒　B. 猪传染性胃肠炎病毒
C. 猪圆环病毒 2 型　D. 猪胸膜肺炎放线杆菌

30. 下面哪些属于小型猪的饲养要点？______。
A. 饲养密度合理　B. 温度适宜
C. 稳定的日粮和饲养水平　D. 定期消毒、驱虫

31. 小型猪之所以比犬和猴在生物医学领域的应用越来越广，主要原因是______。
A. 对运动空间要求高　B. 价格低廉
C. 应激反应少　D. 动物伦理与福利关注度低

32. 小型猪出生时的发育程度与人类相似，出生后的生长发育也与新生儿类似，是儿科研究的良好模型，常用于新生儿______等的研究。
A. 缺铁性贫血　B. 先天性心脏病　C. 先天性卟啉症　D. 蛋白和氨基酸代谢

33. 小型猪的胃细胞类型、绒毛及分泌物与人类似，多用于______等的研究。
A. 全肠外营养　B. 胃溃疡　C. 肠移植　D. 肠道对初乳的反应

34. 小型猪在心血管系统的解剖、生理和导致动脉粥样硬化的食物的反应方面与人类高度一致，常用于人类______等的研究。
A. 心脏移植　B. 心脏瓣膜生物假体
C. 心肌梗死　D. 帕金森氏病

四、判断题（在括号内打“✓”或“×”表示）：

(　　) 1. 哥廷根小型猪由越南引入的小型猪与 Minnesota Hormel 小型猪杂交而成，常用于致畸性实验与各种药物代谢、脏器移植、皮肤实验等领域。
(　　) 2. 美洲辛克莱小型猪有 80% 可发生自发性皮肤黑色素瘤，与人类黑色素瘤有许多共同点。
(　　) 3. 尤卡坦小型猪（墨西哥无毛猪）由鸟嘌呤引起的糖尿病猪可在 12 个月内产生眼底微血管增厚性失明，并能将该病传给后代。
(　　) 4. 典型的五指山小型猪头小嘴尖，耳小直立，四肢细长，背毛为黑色，腹部和四肢内侧为白毛。
(　　) 5. 1967 年日本生物科学研究所引入 Hanford 小型猪，用于日本脑炎、猪瘟、猪萎缩性鼻炎等的研究。
(　　) 6. 制作神经毒剂毒气动物模型实验中，沙林中毒的显著症状是动物瞳孔收缩。
(　　) 7. 小型猪的血容量跟人类相似，约占体重的 8%。
(　　) 8. 小型猪的消化特点与牛羊等相似，会有反刍现象。
(　　) 9. SPF 级猪接种抗原后就能产生特异性抗体，可以进行免疫学研究。

( ) 10. 实验用猪常用接种疫苗包括猪瘟、口蹄疫、猪繁殖与呼吸综合征、乙脑等疫苗。
( ) 11. 初生仔猪体内有丰富的母源抗体。
( ) 12. 猪肾脏为平滑多乳头肾。
( ) 13. 猪为多胎动物，季节性发情。
( ) 14. 猪的浅表淋巴结结构与人类十分相似。
( ) 15. 猪淋巴结组织结构与其他家畜不同，即皮质部位于中央，髓质部分布在四周。
( ) 16. 猪心脏瓣膜现已商品化，用于临床治疗人类心脏瓣膜缺损。
( ) 17. 尤卡坦小型猪是产于美国的小型猪品种。
( ) 18. Clawn 小型猪由 Minnesota Hormel 首次与越南黑猪，然后与德国长白猪杂交育种获得。
( ) 19. 贵州小型香猪、广西巴马小型猪、版纳微型猪等均生长在温湿度较高的地区。
( ) 20. 小型猪是人用生物医学材料的供体，但不是人类异种器官移植的首选动物。
( ) 21. 小型猪不是研究辐照对皮肤影响的首选模型。
( ) 22. 小型猪是珍稀猪种，原产地主要是美国、日本。
( ) 23. 国外小型猪多由世界各地小体形猪种或野猪进行多品种杂交选育而成。
( ) 24. 欧洲 2006 年启动的“小型猪作为新医学和化学物质毒性试验模型的影响评估”项目，旨在推动小型猪的生物医学开发和应用，但不符合“3R”原则。
( ) 25. 小型猪可以用于皮肤激光损伤的研究。
( ) 26. 小型猪皮肤被毛稀少，在经皮吸收现象方面与人很接近。
( ) 27. 猪的角质层厚度、毛发直径均为人的两倍，因而不用于预测人类皮肤的通透性。
( ) 28. 接收小型猪只需隔离检疫 3 d，便可放入饲养间或实验室。
( ) 29. 小型猪汗腺发达，幼猪和成年猪都耐热。
( ) 30. 小型猪的皮肤对刺激物不如犬皮肤敏感，因而小型猪不适合用于局部刺激反应研究。
( ) 31. 皮肤毒理学研究只采用小型猪腹部和耳部皮肤。
( ) 32. 小型猪皮肤的毛发疏密，皮肤各层厚度、皮下脂肪、表皮形态等组织学结构与人相似。
( ) 33. 人的皮肤厚度（2 mm）与 3 月龄小型猪皮肤厚度（1.3 ~ 1.5 mm）接近。
( ) 34. 小型猪的胎盘类型属于上皮绒毛膜型。
( ) 35. 小型猪初乳中含多量的 IgG 和 IgA、IgM，常乳中含有多量的 IgA。
( ) 36. 小型猪在动物福利和伦理上的关注度比犬要高。
( ) 37. 小型猪的体形大小与人类似，适于测定人类药物剂量。
( ) 38. 小型猪是杂食动物，有着与人类相似的细胞色素氧化酶 P_{450} 系统，是药理毒理学研究中常选动物。

五、问答题：

1. 小型猪在生物医学中有哪些应用领域？
2. 试述小型猪在生物医药领域中的应用前景。
3. 试述小型猪皮肤的主要特点。
4. 试述小型猪在皮肤烧伤方面的研究。
5. 试述小型猪与一般家猪相比，在生物医药领域应用的优越性。
6. 试述小型猪的检疫内容。
7. 试述小型猪与人在泌尿系统方面的相似点及其应用。
8. 试比较小型猪、犬和非人灵长类动物在生理、代谢、药理学领域的应用特点。

（编写：袁进、王玉珏、邹移海　　审核：顾为望、张嘉宁）

第九章　基因工程动物

一、填空题：

1. 制作转基因动物的方法主要有______________、_____________、胚胎干细胞法、精子载体法和转基因体细胞核移植法等。

2. ______________为目前制备转基因小鼠最经典和最成熟的方法。

3. ____已成为研究基因功能、建立人类疾病模型及阐明人类疾病发病机制等的最常用实验动物。

4. 我国______等首先运用基因转移技术将人的生长激素基因导入泥鳅、银鲫、鲫鱼和鲤鱼受精卵，在世界上首先获得转基因鱼。

5. 为了获得大量的胚胎，常采用______技术，即皮下或腹腔注射激素刺激排卵。

6. 制备基因工程动物的常用技术包括__________、_____________、转基因体细胞核移植技术和 ENU 大规模诱变技术等。

7. 基于显微注射法制备转基因动物的方法成熟于 20 世纪____年代，但早期工作可以追溯至____年代。

8. 目前，适合用于制备转基因猴的方法是____________。

9. _______________________是目前制备转基因猪的最常用技术。

10. 超级小鼠导入的是大鼠____________。

11. 基于伦理学、动物生理及解剖学等方面的考虑，______被认为是异种器官移植最理想的供体。

12. 目前，基于同源重组的基因敲除技术已成功建立了特定基因敲除的动物有____、____和____。

13. 基于同源重组的基因敲除技术是在______________和____________基础上发展起来的。

14. 打靶载体含有两种筛选标志：neo 为____________，HSV－tk 为____________。

15. 科学家通过体细胞核移植技术已克隆的动物包括____、____、____、____。

16. 转基因体细胞克隆技术是________________与__________相结合的产物。

17. 解析基因功能的策略分为__________和__________。

18. ENU 是一种人工合成的能导致多种生物随机发生______________的化合物。

19. 用 ENU 处理的____性小鼠产生突变的概率比____性小鼠低得多。

20. 为避免在实际操作过程中，将不同品系的基因工程小鼠搞混，必须对基因工程小鼠进行____，以便于区分。

21. 对基因工程小鼠进行编号的方法有______、______和______。

22. 基因工程小鼠应在出生后________天时进行分笼。

二、单项选择题（只有 1 个正确答案）：

1. 以下不属于将外源基因直接导入受精卵或早期胚胎内的方法是______。

   A. 显微注射法　B. 慢病毒载体法　C. 精子载体法　D. 电穿孔法

2. 我国______等首先运用基因转移技术将人的生长激素基因导入泥鳅、银鲫、鲫鱼和鲤鱼受精卵，在世界上率先获得了转基因鱼。

   A. 朱作言　B. 童第周　C. 刘健康　D. 伍献文

3. 超级小鼠问世后，我国科学家朱作言率先运用基因转移技术成功制备了______。

A. 转基因兔 B. 转基因猪 C. 转基因大鼠 D. 转基因鱼

4. 目前公认______是最理想的异种器官供体。

A. 猪 B. 猕猴 C. 羊 D. 猩猩

5. 马丁·埃文斯、马里奥·卡佩奇和奥利弗·史密斯三位科学家因在小鼠上建立基因打靶技术而荣获______年诺贝尔生理学和医学奖。

A. 2006 B. 2007 C. 2002 D. 1946

6. 马丁·埃文斯、马里奥·卡佩奇和奥利弗·史密斯三位科学家因______而荣获2007年诺贝尔生理学和医学奖。

A. 在小鼠上建立基因打靶技术 B. 制备转基因小鼠

C. 发明iPS细胞技术 D. 制备转基因鱼

7. 制备转基因小鼠最经典、最常用的方法是______。

A. 胚胎干细胞法 B. 慢病毒载体法

C. 显微注射法 D. 精子载体法

8. 制备转基因小鼠时，一般用______周雌鼠作为超数排卵供体。

A. 4～6 B. 3～4 C. 6～8 D. 超过8

9. 制备转基因小鼠时，假孕雌鼠作为显微注射后受精卵的受体及其后的养母，最常用作假孕雌鼠的是______小鼠。

A. ICR B. 129 C. C57 D. BALB/c

10. 超级小鼠导入的是______生长激素基因。

A. 小鼠 B. 人 C. 大鼠 D. 牛

11. 超级小鼠导入的是______基因。

A. 小鼠胰岛素样生长因子 B. 人生长激素

C. 大鼠生长激素 D. 大鼠胰岛素样生长因子

12. 超级小鼠于______年问世。

A. 1980 B. 1982 C. 1985 D. 1986

13. 用显微注射法制备转基因小鼠时，一般是在两侧输卵管各移植______个左右胚胎。

A. 15 B. 6 C. 8 D. 4

14. 下列哪种方法适合用于制备转基因猴？______。

A. 胚胎干细胞（ES细胞）介导的转基因动物制作技术

B. 慢病毒载体法

C. 显微注射法

D. 精子载体法

15. 制备转基因猪的最佳方法是______。

A. 胚胎干细胞（ES细胞）介导的转基因动物制作技术

B. 慢病毒载体法

C. 显微注射法

D. 转基因体细胞核移植技术

16. 以下属于显微注射法制备转基因动物的特点的是______。

A. 外源基因整合率高 B. 外源基因随机整合

C. 整个实验周期长 D. 适用于大型实验动物如猪、犬、猴

17. 目前核移植技术普遍使用的去核方法是______。

A. 显微操作去核法 B. 渗透吸水胀破法 C. 酶解法 D. 去掉细胞膜

18. 下列有关体细胞核移植技术的说法，不正确的是______。
    A. 体细胞核移植技术在多种动物中获得了成功，成功率非常高
    B. 克隆技术的各个环节有待于进一步改进
    C. 大多数克隆动物还存在一些遗传和生理缺陷类的健康问题
    D. 克隆动物食品的安全性问题仍然存有争议
19. 下列不属于体细胞核移植技术的应用的是______。
    A. 加快家畜遗传改良进程，促进优良畜群繁育
    B. 保护濒危物种
    C. 获得组织器官异体移植的供体
    D. 大量产生紫杉醇
20. 基于显微注射法制作转基因动物的方法成熟于20世纪______年代。
    A. 90　　B. 50　　C. 40　　D. 80
21. 基于显微注射法制作转基因动物的方法的早期工作开始于20世纪______年代。
    A. 70　　B. 80　　C. 40　　D. 60
22. 科学家尚未通过体细胞核移植技术克隆的动物是______。
    A. 猴　　B. 大鼠　　C. 犬　　D. 猪
23. 下列不是对基因工程小鼠进行编号的方法的是______。
    A. 剪脚趾　　B. 剪胡须　　C. 打耳标　　D. 剪耳朵
24. 通过剪脚趾对基因工程小鼠进行编号时，需在小鼠出生______d内进行。
    A. 10　　B. 14　　C. 21　　D. 18
25. 出生超过______d的基因工程小鼠需编号时，采用打耳标和剪耳朵法。
    A. 6　　B. 10　　C. 8　　D. 4
26. 出生10 d内的基因工程小鼠需编号时，采用______。
    A. 剪脚趾　　B. 剪胡须　　C. 打耳标　　D. 剪耳朵
27. 基因工程小鼠分笼最佳时间是______d。
    A. 14　　B. 19～22　　C. 28　　D. 35
28. 目前，基于同源重组的基因敲除技术尚未建立特定基因敲除的动物是______。
    A. 小鼠　　B. 大鼠　　C. 犬　　D. 猪
29. 目前，基于同源重组的基因敲除技术尚未建立特定基因敲除的动物是______。
    A. 小鼠　　B. 大鼠　　C. 猴　　D. 猪
30. 目前，基于同源重组的基因敲除技术尚未建立特定基因敲除的动物是______。
    A. 小鼠　　B. 大鼠　　C. 家兔　　D. 猪
31. 目前，基于同源重组的基因敲除技术尚未建立特定基因敲除的动物是______。
    A. 小鼠　　B. 大鼠　　C. 豚鼠　　D. 猪
32. 对于用ENU处理的雌性小鼠和雄性小鼠，下列表述正确的是______。
    A. 用ENU处理的雄性小鼠产生突变的概率比雌性小鼠低得多
    B. 用ENU处理的雄性小鼠产生突变的概率比雌性小鼠高得多
    C. 用ENU处理的雌性小鼠产生突变的概率与雄性小鼠的突变概率高低无法预测
    D. 用ENU处理的雄性小鼠产生突变的概率与雌性小鼠没有差别
33. 每笼内饲养的基因工程小鼠数量不超过______只。
    A. 8　　B. 6　　C. 5　　D. 7
34. 当基因工程小鼠体重大于35克/只时，每笼内不能饲养超过______只。
    A. 6　　B. 5　　C. 4　　D. 7

35. 下列不属于常用模式生物的是______。

A. 小鼠　　B. 线虫　　C. 斑马鱼　　D. 蟑螂

36. ______等率先在世界上成功制备了α-1，3半乳糖苷酶基因敲除猪。

A. 潘登科　　B. 李宁　　C. 赖良学　　D. 周琪

37. 生物技术的发展速度很快，已死亡生物的“复生”将不再是神话。如果世界上最后一只野驴刚死亡，以下较易成功复生野驴的方法是______。

A. 将野驴的体细胞取出，利用组织培养技术，经脱分化、再分化，培育成新个体

B. 将野驴的体细胞两两融合，再经组织培养培育成新个体

C. 取出野驴的体细胞核移植到雌性家驴的去核卵细胞中，经孕育培养成新个体

D. 将野驴的基因导入家驴的受精卵中，培育成新个体

38. 美国科学家 Rudolf Jaenisch 等人在1974年最早把猿猴病毒40（SV40）的DNA显微注射到______胚胎，在子代基因组中检测到SV40基因。

A. 小鼠　　B. 大鼠　　C. 豚鼠　　D. 地鼠

39. Richard D. Palmiter 等成功研制了______。

A. 克隆猪　　B. 超级小鼠　　C. 荧光猴　　D. 转基因兔

40. 1981年，马丁·埃文斯等建立了世界首株小鼠______。

A. 造血干细胞系　　B. 骨髓干细胞系

C. 胚胎干细胞系　　D. 胎儿成纤维细胞系

三、多项选择题（有1个以上的正确答案）：

1. 下列属于转基因动物制备技术的是______。

A. 显微注射法　　B. 慢病毒载体法

C. 胚胎干细胞法　　D. 转基因体细胞核移植法

2. 下列属于克隆技术的是______。

A. 胚胎分割　　B. 胎儿成纤维细胞核移植

C. 精子载体导入法　　D. 人工酵母染色体法

3. 组成基因水平改造动物遗传物质的技术主要包括______。

A. 转基因技术　　B. 基因敲除技术

C. 转基因体细胞核移植技术　　D. ENU大规模诱变技术

4. 基因工程动物在生物医学研究中的主要用途包括______。

A. 基于基因工程动物开展基因功能研究

B. 基于基因工程动物创制人类疾病动物模型

C. 基因工程动物异种器官移植的新供体

D. 基于基因工程动物生产生物活性物质

5. 制备转基因动物时常用的报告基因主要包括______。

A. 绿色荧光蛋白基因　　B. 红色荧光蛋白基因

C. 荧光素酶基因　　D. 生长激素基因

6. 目前，基于同源重组的基因敲除技术已成功建立了特定基因敲除的动物包括______。

A. 小鼠　　B. 大鼠　　C. 犬　　D. 猪

7. 体细胞核移植主要包括如下步骤：______。

A. 供体细胞的培养

B. 受体细胞的去核

C. 核卵重组和重组胚的融合

D. 核移植胚的培养与移植

8. 科学家通过体细胞核移植技术已克隆的动物包括______。

A. 猴　B. 大鼠　C. 犬　D. 猪

9. 对基因工程小鼠进行编号的方法有______。

A. 剪脚趾　B. 剪胡须　C. 打耳标　D. 剪耳朵

10. 出生超过 10 d 的基因工程小鼠需编号时，采用______。

A. 剪脚趾　B. 剪胡须　C. 打耳标　D. 剪耳朵

11. 我国朱作言等首先运用基因转移技术将人的生长激素基因导入______受精卵，在世界上首次获得转基因鱼。

A. 泥鳅　B. 银鲫　C. 鲫鱼　D. 鲤鱼

12. 用显微注射法制备转基因动物的早期工作和技术成熟的年代分别是 20 世纪______年代。

A. 70　B. 80　C. 90　D. 60

13. 目前，下列方法不适合用于制备转基因猴的是______。

A. 显微注射法　B. 慢病毒载体法

C. 胚胎干细胞法　D. 转基因体细胞核移植法

14. 下列方法可用于制备转基因猪的是______。

A. 显微注射法　B. 慢病毒载体法

C. 精子载体法　D. 转基因体细胞核移植法

15. 基于同源重组的基因敲除技术是在______和______基础上发展起来的。

A. 胚胎干细胞技术　B. 同源重组技术

C. 显微注射法　D. 慢病毒载体法

16. 转基因体细胞克隆技术是______相结合的产物。

A. 体细胞核移植技术　B. 转基因技术

C. 受精卵原核显微注射　D. 精子载体法

17. ______三位科学家因在小鼠上建立基因打靶技术而荣获 2007 年诺贝尔生理学和医学奖。

A. 马丁·埃文斯　B. 马里奥·卡佩奇

C. 奥利弗·史密斯　D. 大卫·彼得

18. 目前，可制备基因敲除动物的基因敲除技术包括______。

A. 基于同源重组的基因敲除技术　B. ZFNs

C. TALEN　D. CRISPR/Cas9

四、判断题（在括号内打“✓”或“×”表示）：

(　　) 1. 显微注射法为目前制备转基因猪最经典和最成熟的方法。

(　　) 2. 制备转基因小鼠时，假孕雌鼠作为显微注射后受精卵的受体及其后的养母，一般采用远交系，如 ICR 小鼠或昆明小鼠等，因其母性好，善带仔鼠。

(　　) 3. “国家遗传工程小鼠资源库”挂靠南京大学模式动物研究所。

(　　) 4. 超级小鼠导入的是大鼠生长激素基因。

(　　) 5. 人类和主要模式实验动物基因组测序计划尚未完成。

(　　) 6. 果蝇基因组含基因数目较人的少许多。

(　　) 7. 显微注射法为目前制备转基因小鼠最经典和最成熟的方法。

(　　) 8. 基于显微注射法制备转基因动物的方法成熟于 20 世纪 80 年代。

(　　) 9. 慢病毒载体法适合用于制备转基因猴。
(　　) 10. 转基因体细胞核移植技术是目前制备转基因猪的常用技术。
(　　) 11. 马丁·埃文斯、马里奥·卡佩奇和奥利弗·史密斯三位科学家因在小鼠上建立基因打靶技术而荣获2010年诺贝尔生理学和医学奖。
(　　) 12. 利用基因工程动物解释基因功能时，正向遗传学的策略是从功能（表型或性状）→突变体→基因，最后获得具有相关功能的基因。
(　　) 13. 利用基因工程动物解释基因功能时，反向遗传学的策略是从基因→突变体→功能，最后得到未知基因的功能，经典遗传学多采用该方法。
(　　) 14. 目前公认猕猴是最理想的异种器官供体。
(　　) 15. 用慢病毒载体法制备转基因动物有两种方法：慢病毒卵周隙注射法和慢病毒感染去透明带的受精卵法，其中最常用的是卵周隙注射法。
(　　) 16. 基因敲除是反向遗传学的基础工具之一。
(　　) 17. 打靶载体含两种筛选标志：neo 为阴性筛选标志，HSV-tk 为阳性筛选标志。
(　　) 18. 转基因体细胞克隆技术是体细胞核移植技术与转基因技术相结合的产物。
(　　) 19. 基因敲除是典型的表型驱动的研究。
(　　) 20. 用放射线导致缺失和突变以及用各种化学诱变剂诱导点突变等许多经典的遗传学研究属于表型驱动的研究。
(　　) 21. 用 ENU 处理的雌性小鼠产生突变的概率比雄性小鼠高得多。
(　　) 22. 分笼的基因工程小鼠尽量让其群居，尽量不要单笼放小鼠。

五、名词解释：

1. 基因工程动物　　2. 转基因动物
3. 正向遗传学　　4. 反向遗传学
5. 基于同源重组的基因敲除技术

六、问答题：

1. 试述利用基因工程动物解释基因功能的遗传学研究手段。
2. 简述在生物活体水平上解释基因功能的常见策略。
3. 利用转基因技术制备转基因动物包括哪三大步骤？
4. 简述转基因体细胞克隆猪或基因敲除体细胞克隆猪的制备技术路线。
5. 简述用显微注射法制备转基因小鼠的流程。

（编写：肖东、张嘉宁　　审核：顾为望、唐小江）

第十章　SPF 鸡及鸡蛋

一、填空题:

1. ____年2月，中国兽医药品监察所公示了《SPF 鸡场验收评定标准》，该标准总共____条，全面系统地规范了 SPF 鸡的饲养管理。

2. SPF 鸡群的饲养，采用________、__________环境下的饲养方式，从种蛋进鸡舍进行孵化、育雏、成长、产蛋直到全群淘汰均在一个鸡舍中完成。

3. SPF 鸡场（群）消毒是一项细致的工作，并不是一用消毒剂就能彻底达到杀灭病原微生物的目的，必须认真做好消毒效果的____和____工作。

4. 从疫病检测的微生物种类来看，国标对 SPF 鸡____种微生物检测标准已完全接近或达到了国际水平。最大的区别在于：美国将 CAA 单列，中国则直接将其列入国标，增大了我国 SPF 鸡的微生物控制的难度。

5. SPF 鸡微生物检测方法最常用的有____________、________________、__________、血清中和试验、平板凝集试验等。

6. 按 GB 14925—2010 要求，SPF 鸡屏障环境空载运行时的洁净度必须达到______级。

7. SPF 鸡屏障环境是封闭系统，对外不设窗户。门上可安有______。门的开向，室内正压应采用______开式工程。

8. SPF 鸡场人员主要由________人员和________人员组成，工作人员的数量取决于鸡舍的大小规模及饲养 SPF 鸡的数量，但要少而精，采取一人多用的原则。

9. SPF 鸡蛋适合变温孵化法，用温原则是________，后期尽量利用________，例如在室温 23 ~ 26 ℃时，鸡胚 1 ~ 6 d 为 38.0 ℃，7 ~ 12 d 为 37.8 ℃，13 ~ 18 d 为 37.6 ℃，19 ~ 21 d 为 37 ℃。

10. SPF 鸡蛋孵化控湿原则是__________，通常孵化时相对湿度的设定，1 ~ 12 d 为 60%，13 ~ 15 d 为 50%，16 ~ 18 d 为 60%，19 ~ 21 d 为 65%。

11. 饲养 SPF 鸡的屏障环境，静态环境时沉降菌最大平均浓度/（CFU/0.5 h · φ90 mm 平皿），要求≤____个/皿时。

12. SPF 鸡蛋机械孵化有自动翻蛋装置，翻蛋角度每侧为____度，每小时翻 1 次，每天翻蛋 24 次。

13. 每天生产的 SPF 种蛋，经________熏蒸处理后，送到种蛋贮藏室进行挑选。

14. SPF 种鸡蛋库要求温度____℃，相对湿度________%，贮存时间不超过____d，否则会影响种鸡蛋的孵化率。

15. 一般高产 SPF 鸡都要求每天____h 的光照。产蛋鸡光照强度____lx。

16. 在气温超过__________℃时，温度越高，SPF 鸡所受的热应激越大，产蛋越少。产蛋最适宜温度为______℃，在这个温度范围内能最大限度地发挥生产潜力，饲料报酬高。

17. 家禽的体温一般在____℃左右，比哺乳动物高____℃ 左右。当体温高至 42 ~ 42.5 ℃时，易出现______，甚至死亡。

18. SPF 鸡生产饲养过程中，消毒注重的环节有________、________、________、鸡舍消毒管理、SPF 鸡舍外消毒管理、通风系统和机房。

19. 我国 SPF 鸡微生物监测主要参考__________________________________，按该标准要求监测 SPF 鸡需排除 19 种病原微生物。

20. 除特殊要求外，SPF 鸡饲料中不添加任何________、______、______及其他药品。

21. SPF 鸡（蛋）的法定微生物学首次监测从__________周龄开始。常规监测时，每隔______周，应监测该标准中规定的所有项目 1 次。有特定病原微生物感染危险时，随时进行相关项目的检测。

22. SPF 鸡（蛋）取/送检样品应________、________并附送检单、样品名称、检测要求及样品数量等。

23. 目前，国家____实验动物种子中心挂靠在中国农业科学院哈尔滨兽医研究所。

24. 家禽的呼吸系统由五大部分组成：鼻腔、喉、____、____、____。

25. ______为禽类特有的免疫器官，位于______背侧，其在性成熟后开始退化。

26. SPF 鸡产蛋最适宜温度为_______℃。SPF 鸡采血场所室温要适宜，夏季最好为__________℃；冬季最好为_________℃。

27. SPF 鸡的营养要素应包括蛋白质、脂肪、碳水化合物、____、______和______六大类。

28. 在考虑 SPF 鸡饲料营养配比时主要考虑____、____、____三种状态下的营养配比。

29. SPF 鸡体内水的来源有______、____________、____三种途径。

30. SPF 鸡的孵化期通常为____d；鸡从出壳至 6 周龄这段时间被称为苗鸡，在饲养上也称为____期；从 7 周龄至 20 周龄开产这段时间被称为青年鸡，在饲养上也称为____期；21 周以后称产蛋鸡，在饲养上也称为____期。

31. SPF 鸡蛋的人工孵化模拟禽类自然孵化条件进行，主要是____、____、____和____条件适宜，还有生物安全工作必须万无一失，人工孵化效果才理想。

32. 在一般情况下，每只 SPF 产蛋鸡每天需水量：冬季______mL 左右，夏季______mL 左右，春秋季______mL 左右。

33. 家禽皮肤没有 ____，当气温高至 36.6 ℃时，只能靠呼吸排出______来散热。

34. 售出的 SPF 种鸡蛋，按双方购销合同要求填写售出装箱单，并附加本批 SPF 蛋______________、______________等。

35. 考虑到鸡的其他生物学要求，结合生产实际，7 级净化的最低配置的 SPF 鸡舍分四个区域，两个____鸡舍、一个________鸡舍、一个____区域（空调机房）等。

二、单项选择题（只有 1 个正确答案）：

1. SPF 鸡的孵化期是______d。

   A. 10　B. 30　C. 21　D. 18

2. SPF 鸡种蛋在孵化机内孵化时，鸡蛋应该______放置。

   A. 小头朝上　B. 水平　C. 大头朝上　D. 任意

3. 饲养生产 SPF 鸡的屏障环境，最大日温差要求≤ ______℃。

   A. 2　B. 3　C. 4　D. 6

4. 饲养生产 SPF 鸡的屏障环境，相对湿度要求控制在______。

   A. 50% ~80%　B. 55% ~85%　C. 60% ~90%　D. 40% ~70%

5. SPF 鸡中的 SPF 英文全称是______。

   A. Specific Pathogen Free　B. Specific Protection Factor

   C. Specific Path Food　D. Speed Path Free

6. SPF 鸡通常指生长在符合 GB 14925—2010 中规定的屏障环境或______的饲养条件下，机体内无特定的微生物和寄生虫存在的鸡；其鸡群具有良好的生长和繁殖性能。

   A. 自然环境　B. 空调环境　C. 隔离环境　D. 室外环境

7. SPF 鸡通常指生长在符合 GB 14925—2010 中规定的屏障环境或隔离环境的饲养条件下，机体内无特定的______存在的鸡；其鸡群具有良好的生长和繁殖性能。

A. 遗传病　B. 微生物和寄生虫　C. 营养缺陷病　D. 寄生虫

8. 按国标要求，SPF 鸡的饮用水检测要求应达到≤______个菌落 CFU/mL。

A. 0　B. 2　C. 3　D. 4

9. 2007 年 2 月，______公示了《SPF 鸡场验收评定标准》，该标准总共 73 条，全面系统地规范了动物疫苗生产及检测中用 SPF 鸡的饲养管理。

A. 中国兽医药品监察所　B. 国家科技部

C. 国家教育部　D. 国家卫生部

10. 消毒是一项细致的工作，并不是一用消毒剂就能彻底达到杀灭病原微生物的目的，必须认真做好______。

A. 消毒开始时间的选择　B. 消毒效果的检查和验收工作

C. 消毒过程的观察　D. 消毒工具的采购

11. 一切物品在进入 SPF 鸡舍前必须经过______处理，必须按设施设计的流向流动。

A. 预热　B. 严格消毒或灭菌　C. 冷藏　D. 干燥

12. 水必须净化后才能给 SPF 鸡饮用，常用的净化方法有反渗透消毒过滤和______等。

A. 煮沸消毒　B. 紫外线消毒后酸化

C. 加漂白粉　D. 沙池沉淀

13. 光照对 SPF 鸡的生殖影响很大，其关键在于每日光照的 ______。

A. 光通量　B. 波长　C. 强度　D. 明暗周期

14. SPF 鸡胚胎发育过程中需要新鲜空气进行气体交换，吸收______。

A. CO_2　B. O_3　C. CO　D. O_2

15. 收集好的 SPF 鸡蛋按家系集中放在______℃的贮藏库里保存。

A. 2 ~ 8　B. 8 ~ 14　C. 14 ~ 16　D. 16 ~ 18

16. 我国 SPF 鸡微生物监测主要参考 GB/T 17999.1—2008，该标准于______年发布。

A. 2008　B. 1999　C. 2009　D. 2010

17. 在 SPF 雏鸡的饲养管理中，断喙的最佳日龄为______d。

A. 1 ~ 5　B. 6 ~ 10　C. 11 ~ 15　D. 15 ~ 20

18. SPF 产蛋鸡最适宜的相对湿度为______。

A. 10% ~ 20%　B. 30% ~ 40%　C. 50% ~ 60%　D. 70% ~ 80%

19. SPF 产蛋鸡最适宜的温度为______℃。

A. 15 ~ 17　B. 18 ~ 25　C. 22 ~ 25　D. 26 ~ 29

20. 从事实验动物 SPF 鸡保种、繁育、生产、供应、运输、商业性经营的单位和个人，应当取得省科学技术主管部门颁发的______。

A. 实验动物供应许可证　B. 实验动物使用许可证

C. 实验动物经营许可证　D. 实验动物生产许可证

21. 使用实验动物 SPF 鸡及鸡蛋进行科研、检定、检验和以之为原料或者载体生产产品等活动的单位和个人，应当取得省科学技术主管部门颁发的______。

A. 实验动物供应许可证　B. 实验动物生产许可证

C. 实验动物使用许可证　D. 实验动物经营许可证

22. 用作引种的实验动物 SPF 鸡或鸡蛋应当______。

A. 来源于净化后的无菌动物

B. 保持连续近交 20 代以上

C. 来源于国家禽类实验动物种子中心或国家认可的种源单位

D. 长期封闭保种

23. 按照《实验动物管理条例》规定，同一间实验室内______。

A. 可以最多同时进行同一个课题项目中的同一级别的两种动物实验

B. 可以同时进行多种动物实验

C. 不得同时进行不同品种、不同等级或者互有干扰的动物实验

D. 可以同时进行大型和小型动物的实验

24. SPF 鸡饲养和实验中常用的消毒酒精具有较强杀菌作用，其酒精的浓度范围是______。

A. 50% ~55%　　B. 60% ~65%　　C. 70% ~75%　　D. 80% ~85%

25. SPF 鸡群饲养过程中常用的福尔马林是指______% 的甲醛溶液。

A. 30　　B. 40　　C. 50　　D. 60

26. 为减少 SPF 鸡转群时产生的应激反应，通常采取的措施是______。

A. 加料　　B. 加水　　C. 加电解多维　　D. 补微量元素

27. SPF 鸡饲料中能够维持神经和肌肉组织正常功能，并参与正常血液凝固的微量元素是______。

A. 钙　　B. 钠　　C. 铁　　D. 碘

28. SPF 鸡饲料中，一种维持 SPF 鸡体内环境稳定和酸碱平衡，保持细胞内外渗透压平衡，调节心脏肌肉活动的必需物质是______。

A. 钙　　B. 钠　　C. 铁　　D. 碘

29. SPF 鸡饲料中，一种与 SPF 鸡体内红细胞构成有关，若缺乏则会使鸡出现贫血症的微量元素是______。

A. 钙　　B. 钠　　C. 铁　　D. 碘

30. 一种细胞增殖生长需要，维持上皮的正常状态和视网膜功能，缺乏会导致实验动物 SPF 鸡生长不良，对疾病易感，神经系统、上皮退化，患眼疾，胃肠活动失常，降低生殖能力的维生素是______。

A. 维生素 A　　B. 维生素 D　　C. 维生素 E　　D. 维生素 K

31. SPF 鸡饲养选用配合日粮时，一般还要添加______。

A. 维生素添加剂　　B. 抗生素　　C. 矿物质　　D. 中草药

32. SPF 鸡监测间隔时间为______。

A. 首次监测从第 8 ~10 周龄开始，常规监测时，每次隔 4 ~8 周

B. 首次监测从第 4 ~8 周龄开始，常规监测时，每次隔 8 ~10 周

C. 首次监测从第 4 ~8 周龄开始，常规监测时，每次隔 4 ~10 周

D. 首次监测从第 4 ~10 周龄开始，常规监测时，每次隔 8 ~10 周

33. SPF 鸡种蛋进行机器孵化时，一般翻蛋的前后角度为______度。

A. 75　　B. 60　　C. 45　　D. 30

34. 鸡的标准体温是______℃。

A. 33.5　　B. 37.5　　C. 39.5　　D. 41.5

35. SPF 鸡繁殖时可采用雄：雌为 1：______自然交配或人工授精的方式。

A. 1 ~5　　B. 10 ~16　　C. 50 ~60　　D. 100 ~110

36. SPF 鸡群一般养至______周龄需更换新的生产鸡群。

A. 150 ~160　　B. 100 ~110　　C. 65 ~70　　D. 40 ~45

37. 利用鸡胚敏感试验对开产鸡进行禽脑脊髓炎病毒监测时，每个饲养单元送检鸡蛋的个数占母鸡数的______%。

A. 5　　B. 10　　C. 15　　D. 20

38. 采集鸡蛋对开产鸡进行淋巴白血病病毒感染监测时，每个饲养单元送检鸡蛋的个数占母鸡数的______%。

A. 10　B. 20　C. 30　D. 40

39. 一般选用第______d 的活鸡胚进行肿瘤实验研究。

A. 3 ~ 4　B. 5 ~ 9　C. 11 ~ 13　D. 13 ~ 15

40. 鸡胚胎的体外培养，在最初 24 h 与体内的发育生长情况基本相同，故离体后最好在______h 内进行实验研究。

A. 12　B. 24　C. 36　D. 72

41. 鸡胚绒毛尿囊膜（CAM）是常用的实验材料，组织学结构有三层，其中中胚层是______组织。

A. 来自尿囊膜的内皮　B. 卵黄囊

C. 尿囊　D. 一层富含毛细血管的结缔

42. 鸡胚绒毛尿囊膜（CAM）是常用的实验材料，组织学结构有三层，其中内胚层______。

A. 位于尿囊，由来自尿囊膜的内皮组织形成

B. 位于卵黄囊，由来自尿囊膜的内皮组织形成

C. 位于尿囊，是一层富含毛细血管的结缔组织

D. 位于卵黄囊，是一层富含毛细血管的结缔组织

43. 鸡胚尿囊腔接种选用______日龄蛋胚。

A. 9 ~ 11　B. 10 ~ 12　C. 5 ~ 7　D. 12 ~ 13

44. 绒毛尿囊膜接种选用______日龄蛋胚。

A. 9 ~ 11　B. 10 ~ 12　C. 5 ~ 7　D. 12 ~ 13

45. 卵黄囊接种选用______日龄蛋胚。

A. 9 ~ 11　B. 10 ~ 12　C. 5 ~ 7　D. 12 ~ 13

46. 静脉接种选用______日龄蛋胚。

A. 9 ~ 11　B. 10 ~ 12　C. 5 ~ 7　D. 12 ~ 13

47. 羊膜腔和脑内接种选用______日龄蛋胚。

A. 9 ~ 11　B. 10　C. 5 ~ 7　D. 12 ~ 13

48. 鸡胚胎对温度有一定的适应能力，其发育适宜温度范围是______℃。

A. 37 ~ 38　B. 37 ~ 39.5　C. 25 ~ 37　D. 25 ~ 38

49. SPF 鸡胚孵化环境空气中的 CO_2 含量不得超过______%，其含量过高将导致胚胎发育迟缓。

A. 0.5　B. 0.8　C. 1　D. 2

50. 接种病毒后在适宜条件下培育的鸡胚，除______外，24 h 内死亡鸡胚均视为非特异性死亡。

A. 高致病性禽流感病毒　B. 口蹄疫病毒

C. 马脑炎病毒　D. 新城疫病毒

51. 痘病毒和疱疹病毒鸡胚接种的主要部位是______。

A. 尿囊腔　B. 绒毛尿囊膜　C. 卵黄囊　D. 羊膜腔

52. 非洲猪瘟病毒鸡胚接种的主要部位是______。

A. 尿囊腔　B. 绒毛尿囊膜　C. 卵黄囊　D. 羊膜腔

53. 分离新城疫病毒，病料接种 SPF 鸡胚的部位是______。

A. 尿囊腔　B. 绒毛尿囊膜　C. 卵黄囊　D. 羊膜腔

54. 下列选项中不是常用的病原鸡胚接种方式的是______。

A. 尿囊腔接种　B. 绒毛尿囊膜接种　C. 卵黄囊接种　D. 体表接种

55. 鸡胚的手工接种的方法有两种，即______。

A. 单孔和多孔　B. 双孔和单孔　C. 单孔和无孔　D. 上孔和下孔

56. 蛋胚接种之前常用的消毒方法为______、表面擦拭消毒和浸泡消毒三种。

A. 甲醛熏蒸　B. 喷雾消毒　C. 照射法　D. 高压灭菌法

57. 鸡胚的双孔接种后对蛋打孔部位进行封孔，一般先封闭______。

A. 接种部位 B. 气室部位 C. 蛋壳部位 D. 有孔部位

58. 接种蛋胚封孔完成后及时将蛋胚置于孵箱中继续孵育，温度一般为______℃左右，温度误差应在±0.5 ℃之间，不必翻蛋。

A. 38 B. 37 C. 36 D. 25

59. 手工收获羊水的过程中，用无菌镊子夹起____部位，用毛细吸管或细吸管刺入羊膜腔吸取羊水。

A. 羊膜 B. 壳膜 C. 绒毛尿囊膜 D. 卵黄膜

60. 鸡胚收获之前进行照胚，死胚和活胚的主要区别是______。

A. 死胚的蛋体发白、发亮，血管很少或消失，大血管变细；活胚发红，蛋体布满血管，可观察到鸡胚的活动

B. 有无大血管

C. 有无鸡胚的正常活动

D. 鸡胚组成结构是否完整

三、多项选择题（有1个以上的正确答案）：

1. SPF鸡采血的常用方法有______。

A. 鸡冠少量采血法 B. 翼下静脉采血法 C. 心脏采血法 D. 颈静脉采血法

2. SPF鸡微生物检测方法有近10种，最常用的有______。

A. 琼脂扩散试验（AGP） B. 酶联免疫吸附试验（ELISA）

C. 血清中和试验（SN） D. 血凝抑制试验（HI）和平板凝集试验（SPA）

3. SPF鸡孵化是模拟禽类自然孵化的条件进行的，主要是______条件适宜，还有生物安全工作必须万无一失，孵化效果才能理想。

A. 温度 B. 湿度 C. 通风 D. 翻蛋

4. 机械孵化有自动翻蛋装置，翻蛋角度两侧每侧为45度，每小时翻1次，每天翻蛋24次。翻蛋的目的在于______，另外翻蛋可使箱内各部分的SPF鸡胚蛋受热均匀，有利于孵化。

A. 改变胚胎的位置，防止胚胎与卵壳膜粘连 B. 促使羊膜运动

C. 改善羊膜血液循环 D. 增强胚胎生命力

5. SPF鸡场的消毒注重的环节：______、SPF鸡舍外消毒管理、通风系统和机房。

A. 人员进入 B. 物品进入 C. 饮水消毒 D. 鸡舍消毒管理

6. 适用于饲育SPF鸡的环境为______。

A. 普通环境 B. 屏障环境 C. 隔离环境 D. 亚屏障环境

7. 实验动物SPF鸡的实验环境技术指标有______。

A. 温度 B. 空气洁净度 C. 噪声 D. 照度

8. 实验动物SPF鸡的实验环境技术指标中，日常性检测指标有______。

A. 温度 B. 空气洁净度 C. 压差 D. 湿度

9. 实验动物SPF鸡的实验环境技术指标中，监督性检测指标有______。

A. 温度 B. 空气洁净度 C. 照度 D. 噪声

10. 实验动物SPF鸡的实验环境技术指标中，必要性检测指标有______。

A. 温度 B. 空气洁净度 C. 换气次数 D. 沉降菌

11. SPF鸡的消化系统包括______。

A. 嗉囊 B. 胃（腺胃和肌胃） C. 泄殖腔 D. 膀胱

12. ______散热是靠呼吸而不是靠出汗。

A. 小型猪　B. 犬　C. 鸡　D. 旱獭

13. 鸡的饲养管理应注意______。

A. 环境温度　B. 营养要求　C. 卫生防疫　D. 空气新鲜

14. 从事 SPF 鸡实验的动物实验人员应 ______。

A. 熟练掌握动物实验基本操作技能

B. 了解有关实验动物和动物实验的管理法规和制度

C. 取得科技主管部门统一颁发的上岗资格证书

D. 熟练掌握动物繁育技术

15. 从事实验动物 SPF 鸡生产活动的单位和个人______。

A. 生产的实验动物及环境应当符合国家相关标准

B. 应当对实验动物遗传学、微生物学、营养和饲育环境等指标不定期进行质量监测

C. 对各项操作过程和监测数据应当有完整、准确的记录和统计报告

D. 应当按照生产许可证许可范围，生产供应合格的实验动物及相关产品

16. 运输实验动物 SPF 鸡应当严格遵守国家规定的______。

A. 使用符合实验动物质量标准、等级要求的运输工具和笼器具，保证实验动物的质量及健康要求

B. 不同品种、品系的实验动物不得混合装运

C. 不同等级的实验动物不得混合装运

D. 运输过程中，应保证实验动物没有应激反应

17. 常用的鸡血抗凝剂有______。

A. 草酸钾　B. 草酸钠　C. 肝素　D. 枸橼酸钠

18. 对 SPF 鸡采血时，下面有关操作人员的描述正确的有______。

A. 操作人员进行操作时必须换鞋或戴鞋套，戴一次性医用手套和口罩，使用一次性注射器或采血设备，并对采血部位进行严格消毒

B. 操作人员在采血时，可以使用暴力和非正确的保定方法

C. 在每只鸡使用过后，要求操作人员对鸡只编号（或笼位号）、使用日期、采血量等进行详细而准确的记录

D. 操作人员在采血时，禁止使用心脏采血的方法

19. 鸡气囊的主要功能是______空气。

A. 吸进　B. 推出　C. 容纳　D. 贮存

20. 鸡的嗉囊的主要功能是______食物。

A. 磨碎　B. 湿润和浸软　C. 容纳　D. 消化

21. SPF 鸡配合饲料按营养成分和用途，可分为______。

A. 添加剂预混料　B. 浓缩饲料　C. 全价配合饲料　D. 精料混合料

22. 鸡强制换羽的方法有______。

A. 断水　B. 停料　C. 料中添加 2% 硫酸锌　D. 降低室内温度

23. 属于鸡蛋传播（垂直传播）的疾病是______。

A. 马立克病　B. 沙门菌病　C. 白血病　D. 鸡产蛋下降综合征

24. 用于切断禽类传染病传播途径的主要措施有______。

A. 消毒　B. 防鸟　C. 接种疫苗　D. 杀虫

25. 目前 SPF 鸡饲养所用的饲料形态有______。

A. 粉料　B. 颗粒饲料　C. 膨化饲料　D. 碎粒料

26. 禽舍中常见的有害气体包括______。

A. 氨气　B. 硫化氢　C. 二氧化碳　D. 氮气

27. 与哺乳类动物相比，鸡特有的器官包括______。

A. 气囊　B. 法氏囊　C. 嗉囊　D. 哈德氏腺

28. 取中量血时，SPF 鸡通常采用的采血方法有______。

A. 冠、脚蹼皮下静脉　B. 翼下静脉

C. 心脏采血　D. 颈动脉

29. 断喙的目的是防止______。

A. 啄肛　B. 啄翅　C. 啄趾　D. 啄羽

30. 鸡苗管理的关键点是______。

A. 防感染　B. 防脱水　C. 防寒　D. 防暑

31. 可采用临床观测检测 SPF 鸡是否感染的项目有______。

A. 副鸡嗜血杆菌　B. EDS　C. 多杀巴氏杆菌　D. 禽痘

32. 生物安全处理是指通过用______等方法对病害 SPF 鸡尸体或附属物进行处理。

A. 焚毁　B. 化制　C. 辐照　D. 掩埋

33. SPF 胚蛋表面消毒方法有很多，常用的消毒方法有______等。

A. 熏蒸消毒法　B. 喷雾消毒法　C. 浸泡消毒法　D. 表面擦拭消毒法

34. 胚蛋熏蒸消毒法常用的方式有______等，入孵时可用喷雾消毒法进行二次消毒。

A. 固体甲醛熏蒸　B. 福尔马林熏蒸　C. 过氧乙酸熏蒸　D. 戊二醛熏蒸

35. 对 SPF 鸡胚孵化有影响的因素有______。

A. 温度　B. 湿度　C. 通风条件　D. 二氧化碳含量

36. 选择制造疫苗的 SPF 鸡胚时要注意的方面有______。

A. 蛋壳颜色　B. 蛋重　C. 蛋壳质量　D. 胚蛋表面清洁程度

37. 以下关于血清的分离方法的描述正确的是______。

A. 血液在室温下倾斜放置 2 ~4 h

B. 避免血液曝晒

C. 将血液置于 37 ℃恒温箱内 1 h

D. 待大部分血清析出后取出血清，必要时经 4 000 转/分钟离心 10 分钟

38. ______是 SPF 鸡胚蛋孵化最重要的条件。

A. 湿度　B. 温度　C. 通风　D. 翻蛋

四、判断题（在括号内打“✓”或“×”表示）：

(　　) 1. 气囊属于鸡的呼吸系统。

(　　) 2. 采血时要保定好鸡只并等其平静后再实施采血工作。

(　　) 3. SPF 鸡若需反复多次采血时，应自远心脏端的静脉开始。

(　　) 4. SPF 鸡若需反复多次采血时，应自近心脏端的静脉开始。

(　　) 5. SPF 鸡是指体内无任何微生物的鸡群。

(　　) 6. 气囊是禽类特有的器官，其主要作用如同风箱，将空气吸入、推出。

(　　) 7. 鸡对咸味无法鉴别，容易食盐中毒。

(　　) 8. 鸡肌胃内含一定数量的砂粒，有助于其节律性地收缩。

(　　) 9. 法氏囊为禽类特有的器官，位于泄殖腔背侧，其在性成熟后开始退化。

(　　) 10. 鸡头部外貌特征有喙、冠、眼、鼻、肉垂，没有耳朵。

(　　) 11. 家禽气囊的主要功能是贮存空气，全部气囊容量比肺容纳的气体要多 5 ~7 倍。

( ) 12. 蛋鸡胸骨末端到耻骨末端之间距离和两耻骨之间距离越小，表明蛋鸡的产蛋能力越强。
( ) 13. 鸡不能通过出汗散热，而只能张口呼出水蒸气散热。
( ) 14. 屏障环境设施 SPF 鸡采用自然通风，所以应有足够大的窗子。
( ) 15. 屏障环境设施 SPF 鸡饲育室应设开放式排水口，以便冲洗、打扫。
( ) 16. 在屏障环境设施内，人员进出时不能同时开启两扇门，并要做到随手关门。
( ) 17. 与动物实验无关的物品，不准带入屏障环境设施。
( ) 18. 与动物实验无关的人员及有传染性疾病的人员均禁止进入屏障环境设施。
( ) 19. 动物实验人员必须经培训后方可进入屏障环境设施工作。
( ) 20. SPF 鸡饲料采购必须来自具有生产许可证的单位，每批饲料都应附有质量合格证明。
( ) 21. 进入屏障环境设施的垫料要经过高压灭菌后才能使用。
( ) 22. 碳水化合物营养上的功能是供给热能；如有多余，可转变为脂肪贮存于体内。
( ) 23. 脂肪是能量的重要来源，也是贮存能量的最好形式。
( ) 24. 蛋白质是能量的重要来源，也是贮存能量的最好形式。
( ) 25. SPF 鸡场饲养人员的家中应不养任何动物，尤其是鸡、观赏鸟等禽类动物。

五、名词解释：

1. SPF 鸡　　2. 饲养单元　　3. 生物安全处理

六、问答题：

1. 简述 SPF 鸡的应用领域。
2. 简述 SPF 鸡饲养技术人员应具备的基本条件。
3. 简述 SPF 鸡孵化过程中的两个关键时期及其注意事项要点。
4. 试述 SPF 鸡采血的注意事项。
5. 简述 SPF 雏鸡的饲养管理要点。
6. 简述隔离器在转入 SPF 雏鸡鸡舍前的准备工作。

（编写：陈瑞爱、王林川、练炳洲、黄保松　　审核：刘忠华、邹移海）

第十一章　水生实验动物

一、填空题:

1. 鱼类实验动物因终生生活在水中，绝大部分种类具有________、________、________等特点，具有陆生动物无可取代的应用效果。

2. 水生生物是______、__________、______、______、______、______、________、______等研究常用的实验材料。

3. 四大家鱼由于____________、______________，且受________和________的限制，难以成为理想的鱼类实验动物，试验也相应受到____的限制。

4. 国外水生实验动物研究与开发已取得举世瞩目的成绩，建立了____、________、______、____、______、______等纯系。

5. 我国水生实验动物的开发研究起步较国外晚，经过十多年的努力，在______、________、______和____________等鱼类实验动物化研究方面取得了可喜的成绩。

6. 条件适宜时，斑马鱼____个月可达性成熟，隔____周可产卵1次，1尾雌鱼每次可产卵______________枚。

7. 条件适宜时，剑尾鱼______个月可达性成熟，隔__________d可产1胎，每次产仔数为___________尾。

8. 条件适宜时，稀有鮈鲫孵出后____个月左右性成熟，隔____d可产卵1次，每次约产______粒卵。

9. 条件适宜时，青鳉一年四季都可繁殖，每2~3d产卵__________粒，孵化期为____d左右，寿命______年。

10. 条件适宜时，诸氏鲻虾虎鱼____个月左右性成熟，每__________d可产卵1次，每次产卵__________________粒，一年四季均可繁殖，寿命____年。

11. 鱼类急性毒性分级标准根据96 h LC_{50}分为______、______、______、______、______五级。

12. 斑马鱼雌鱼较丰满粗壮，性成熟时腹部膨大，胸鳍略呈____形，各鳍较____；雄鱼胸鳍略呈____形，其体长与体高之比____于雌鱼的体长与体高之比。

13. 剑尾鱼雌雄鱼体形相差较大，雌鱼腹部____，怀卵时尤甚，而雄鱼体形________，尾鳍最下方5~6鳍条合并向后延伸，呈____状；剑尾鱼肠道较长，雌鱼约为体全长的____倍，雄鱼为体全长的____倍左右。

14. 稀有鮈鲫雌雄成年鱼在外形上有一定差异，一般雌鱼腹部饱满，个体明显较____，胸鳍和腹鳍____，胸鳍末端距腹鳍起点距离大，一般为3~5个鳞片距离；腹鳍末端距泄殖孔远，一般为1~3个鳞片距离；雄鱼胸鳍和腹鳍____，胸鳍末端距腹鳍起点仅1~2个鳞片，腹鳍末端可到达泄殖孔。

15. 北京市实验用鱼相关标准（DB11/T 1053. 1—2013 ~ DB11/T 1053. 6—2013）于______年____月____日实施。

16. 根据GB/T 21281—2007《危险化学品鱼类急性毒性分级试验方法》，试验环境水温要求保持在一定的范围：温水性鱼类为_________℃，冷水性鱼类为_________℃，一般变动范围不超过4 ℃；试验水中溶解氧含量：温水性鱼类不得小于____mg/L，冷水性鱼类不得小于____mg/L。

17. GB/T 13267—1991《水质　物质对淡水鱼（斑马鱼）急性毒性测定方法》推荐使用重铬酸钾作为参考毒物，24 h试验期间重铬酸钾的LC_{50}值必须为______________mg/L。

18. 斑马鱼有____对染色体，稀有鮈鲫有____对染色体，红鲫有____对染色体，青鳉有____对染色体，诸氏鲻虾虎鱼有____ 对染色体。

19. 水质污染包括__________、__________、________、__________、__________、______、______________等。

20. 鱼类的某些疾病与人体健康相关联，如大规模暴发流行的主要养殖鱼类败血症病原菌______________是人畜鱼共患的疾病病原菌。

二、单项选择题（只有1个正确答案）:

1. 鱼类作为低等脊椎动物的代表，是生物的重要类群，有繁殖力强、胚胎体外发育且透明等优点，是研究______的绝好材料。

A. 生理学　B. 生态学　C. 胚胎发育　D. 药理学

2. 水生生物终生生活在水中，在环境毒理应用上比较便利，有着陆生实验动物无法替代的优点，可作为水域环境污染的“______”。

A. 哨兵动物　B. 监测器　C. 实验动物　D. 替难者

3. 常用的斑马鱼近交系品系有______。

A. AB/TU/WIK　B. AB/TU/HIB　C. AB/RR－B/WIK　D. AB/HIB/RR－B

4. 斑马鱼属硬骨鱼纲、鲤形目、鲤科、______属。

A. 鲤　B. 原鲤　C. 梭短吻鱼　D. 短担尼鱼

5. 剑尾鱼属硬骨鱼纲、鳉形目、______科、剑尾鱼属。

A. 慈鲷鱼　B. 胎鳉　C. 花鳉　D. 鲤

6. ______原产四川汉源等地。

A. 斑马鱼　B. 剑尾鱼　C. 稀有鮈鲫　D. 诸氏鲻虾虎鱼

7. ______主要分布于中国香港、日本、菲律宾、泰国以及西太平洋海域。

A. 斑马鱼　B. 剑尾鱼　C. 稀有鮈鲫　D. 诸氏鲻虾虎鱼

8. 条件适宜时，斑马鱼约______周可产卵1次。

A. 1　B. 2　C. 3　D. 4

9. 斑马鱼受精卵的直径约______mm。

A. 1　B. 2　C. 2.5　D. 3

10. 剑尾鱼为______鱼类。

A. 卵生　B. 胎生　C. 卵胎生　D. 含卵孵化

11. 剑尾鱼______日龄性成熟。

A. 70～90　B. 90～120　C. 120～150　D. 150～180

12. 剑尾鱼每次产仔数为______尾。

A. 20～200　B. 100～200　C. 200～400　D. 400～800

13. 剑尾鱼1日龄体长______cm左右。

A. 1　B. 2　C. 2.5　D. 3

14. 稀有鮈鲫孵出后______个月左右可产卵繁殖。

A. 2　B. 3　C. 4　D. 5

15. 稀有鮈鲫卵具有______性。

A. 漂浮（半浮性卵）B. 浮　C. 沉　D. 黏

16. 红鲫为________鱼类。

A. 卵生　B. 胎生　C. 卵胎生　D. 含卵孵化

17. 青鳉为______鱼类。

A. 卵生　B. 胎生　C. 卵胎生　D. 含卵孵化

18. 青鳉的发育类型为______。

A. 体内受精，体内发育　B. 体内受精，体外发育

C. 体外受精，体内发育　D. 体外受精，体外发育

19. 青鳉初孵仔鱼体长约为______cm。

A. 0.1　B. 0.3　C. 0.5　D. 0.8

20. 诸氏鲻虾虎鱼孵出后______个月左右可产卵繁殖。

A. 2　B. 3　C. 4　D. 5

21. 诸氏鲻虾虎鱼同一雌鱼每______可产卵1次。

A. 1周　B. 2周　C. 15～30 d　D. 60～90 d

22. 斑马鱼最适宜生长和繁殖的温度为______℃。

A. 10～18　B. 15～20　C. 20～30　D. 24～30

23. 鱼类属于______动物。

A. 恒温　B. 变温　C. 热血　D. 温血

24. 可进行孤雌生殖的水生实验动物为______。

A. 斑马鱼　B. 大型溞　C. 菲律宾蛤仔　D. 凡纳滨对虾

25. 菲律宾蛤仔的适温上限为______℃。

A. 38　B. 40　C. 43　D. 45

26. 斑马鱼雄鱼胸鳍略呈______。

A. 三角形　B. 扇形　C. 弯月形　D. 折线形

27. 剑尾鱼雌鱼肠道约为体全长的______倍。

A. 2　B. 3　C. 4　D. 5

28. 稀有鮈鲫雌雄成年鱼在外形上有一定差异，一般雌鱼______短。

A. 背鳍和胸鳍　B. 胸鳍和腹鳍　C. 腹鳍和尾鳍　D. 胸鳍和臀鳍

29. 青鳉雄鱼发情时腹鳍明显变______，头顶两眼中有一明显黑线。

A. 黑　B. 白　C. 红　D. 紫

30. 诸氏鲻虾虎鱼第一背鳍第二至四鳍棘末端延长呈丝状，以第二和第三鳍棘最长。平放时，雄鱼可伸达第二背鳍第______鳍条基部，雌鱼仅伸达第二背鳍第一鳍条基部。

A. 一　B. 三　C. 五　D. 七

31. GB/T 21830—2008《化学品　溞类急性活动抑制试验》推荐的实验生物为________等。

A. 大型溞　B. 蒙古裸腹溞　C. 乌喙尖头溞　D. 老年低额溞

32. 斑马鱼有______对染色体。

A. 20　B. 22　C. 25　D. 50

33. 斑马鱼已成为脊椎动物发育研究中常用的模型动物，被誉为“脊椎动物中的______”。

A. 果蝇　B. 秀丽线虫　C. 非洲爪蟾　D. 小鼠

34. 斑马鱼的细胞标记技术、组织移植技术、突变技术、单倍体育种技术、转基因技术、基因活性抑制技术等已经成熟，且有数以千计的斑马鱼胚胎突变体，是研究________的优良资源。

A. 毒理学　B. 生理学

C. 胚胎发育分子机制　D. 药理学

35. 斑马鱼和人类基因有着______%的高度同源性，作为模式生物的优势很突出，这意味着其实验结果大多数情况下适用于人体。

A. 80　B. 85　C. 87　D. 90

36. 以______为代表的水生实验动物的研究和应用对于水环境污染的研究与检测监控是必不可少的。

A. 鱼类 B. 贝类 C. 甲壳类 D. 藻类

37. 鱼类属于低等脊椎动物，在内分泌、神经、皮肤、眼、血液循环等方面都已具有脊椎动物的基本模式，虽结构相对简单，但其组织结构与高等脊椎动物具有一定可比性，鱼类的______在一定程度上可与人类的对应性状相类比。

A. 表型性状 B. 遗传性状 C. 生物学性状 D. 生长性状

38. 鱼类消化道结构与高等脊椎动物基本相似，对于营养需求、消化、吸收以及饥饿等生理生化过程的研究，与高等动物具有相似进程，对于______的研究具有重要的价值。

A. 食品营养学 B. 基础营养学 C. 运动营养学 D. 比较营养生理学

39. 鱼类作为肿瘤模型易于在大部分组织器官诱发成功，其肿瘤临床经过和形态学表现具有与其他纲目的脊椎动物（包括人类）相似等诸多优点，使鱼类成为______和环境（特别是水源中的）可疑致癌物探索等研究中不可缺少的材料。

A. 比较肿瘤学 B. 临床肿瘤学 C. 中医肿瘤学 D. 实验肿瘤学

40. 鱼类的某些疾病与人体健康相关联，如大规模暴发流行的主要养殖鱼类败血症病原菌______是人畜鱼共患的疾病病原菌。

A. 迟钝爱德华氏菌 B. 温和气单胞菌 C. 嗜水气单胞菌 D. 杀鲑气单胞菌

三、多项选择题（有 1 个以上的正确答案）：

1. 鱼类实验动物因终生生活在水中，绝大部分种类具有______等特点，具有陆生动物无可取代的应用效果。

A. 体外受精 B. 体外发育 C. 胚胎透明 D. 材料易得

2. 水生生物是______等研究常用的实验材料。

A. 毒理学 B. 发育生物学 C. 生理学 D. 遗传学

3. 国外水生实验动物研究与开发已取得举世瞩目的成绩，建立了______等纯系标准化实验动物。

A. 青鳉 B. 新月鱼 C. 斑马鱼 D. 剑尾鱼

4. 我国水生实验动物的开发研究起步较国外晚，经过十多年的努力，在______等鱼类实验动物化研究方面取得了可喜的成绩。

A. 剑尾鱼 B. 稀有鮈鲫 C. 红鲫 D. 诸氏鲻虾虎鱼

5. 四大家鱼由于______且受饲养装置和饲养条件的限制，难以成为理想的鱼类实验动物，试验也相应受到季节的限制。

A. 个体小 B. 性成熟时间长 C. 鱼种阶段生长快 D. 产卵量少

6. 鱼类的生殖方式有______。

A. 卵生 B. 卵胎生 C. 胎生 D. 出芽

7. 按照对温度的适应能力，鱼类可以分为______。

A. 热带鱼类 B. 温水性鱼类 C. 冷温性鱼类 D. 冷水性鱼类

8. 对斑马鱼影响较大的水质因子有______等。

A. 水温 B. 溶解氧

C. 非离子氨和亚硝酸态氮 D. pH 值和硬度

9. 下列鱼类弧菌哪些是人畜共患病病原？______。

A. 副溶血弧菌 B. 溶藻弧菌 C. 哈维氏弧菌 D. 创伤弧菌

10. 鱼类的外部检查包括______。

A. 体形体色的变化

B. 体表黏液的多少，有无出血、充血等症状

C. 鳍条、鳞片等损伤情况，鳃黏液及颜色的变化，有无竖鳞、疥疮现象

D. 有无胞囊及其他寄生虫等情况

11. 鱼体寄生虫检查通常取______进行制片检查。

A. 体表、鳃黏液　B. 鳃丝　C. 鳍条　D. 血液

12. GB/T 21854—2008《化学品　鱼类早期生活阶段毒性试验》推荐的实验生物为______等。

A. 斑马鱼　B. 稀有鮈鲫　C. 青鳉　D. 月银汉鱼

13.《水和废水监测分析方法》（第四版）中，溞类活动抑制试验（B）推荐的受试生物为______。

A. 大型溞　B. 蚤状溞　C. 隆线溞　D. 蒙古裸腹溞

14. GB/T 21805—2008《化学品　藻类生长抑制试验》推荐的实验生物为______等。

A. 羊角月牙藻　B. 普通小球藻　C. 舟形藻　D. 栅藻

15. GB/T 18420.2—2009《海洋石油勘探开发污染物生物毒性第2部分：检验方法》推荐的实验生物为______等。

A. 裸项栉虾虎鱼　B. 蒙古裸腹溞　C. 卤虫　D. 凡纳滨对虾

16. 在国际上，斑马鱼模式生物的使用正逐渐拓展和深入到生命体的多种系统（例如______等）的发育、功能和疾病（例如神经退行性疾病、遗传性心血管疾病、糖尿病等）的研究中，并已应用于小分子化合物的大规模新药筛选。

A. 神经系统　B. 免疫系统　C. 心血管系统　D. 生殖系统

17. 水质污染包括______等。

A. 石油污染　B. 重金属污染　C. 农药污染　D. 有机物污染

18. 鱼类属于低等脊椎动物，在______等方面都已具有脊椎动物的基本模式，虽结构相对简单，但其组织结构与高等脊椎动物具有一定可比性，鱼类的生物学性状在一定程度上可与人类的对应性状相类比。

A. 内分泌　B. 神经　C. 皮肤　D. 血液循环

19. 鱼类属于变温动物，可以通过改变环境温度控制体温，进行______的相关研究时，利用体温调节反应速度，可对整个过程的生理、生化、病理等的变化进行深入研究。

A. 比较解剖学　B. 炎症反应　C. 免疫功能　D. 膜生理学

20. 鱼类消化道结构与高等脊椎动物基本相似，对于______等生理生化过程的研究，与高等动物具有相似进程，对于比较营养生理学的研究具有重要的价值。

A. 营养需求　B. 消化　C. 吸收　D. 饥饿

四、判断题（在括号内打“√”或“×”表示）：

(　　) 1. 水生实验动物相关研究与应用可由陆生动物取代。

(　　) 2. 四大家鱼是理想的鱼类实验动物。

(　　) 3. 水生生物终生生活在水中，在环境毒理应用上比较便利，可作为水域环境污染的“监测器”。

(　　) 4. 经人工饲养、繁育，对其携带的病原微生物及寄生虫实行控制，遗传背景明确或者来源清楚，用于科学研究、教学、生产、检定以及其他科学实验的动物为水生实验动物。

(　　) 5. 体外受精、体外发育，其营养主要依靠卵黄的生殖方式为卵胎生。

(　　) 6. 在一定观察期内，造成50%的受试生物死亡的毒物浓度为半数有效浓度（EC_{50}）。

(　　) 7. 试验期间内4 h更换试验溶液1次，进行观察、测定生物异常或死亡效应的试验为静水式生物毒性试验。

(　　) 8. 斑马鱼已成为脊椎动物发育研究中常用的模型动物，被誉为“脊椎动物中的线虫”。

(　　) 9. 我国标准水生实验动物的开发研究起步较国外晚，经过十多年的努力，在剑尾鱼、稀有鮈鲫、

红鲫和诸氏鲻虾虎鱼等鱼类实验动物化研究方面取得了可喜的成绩。

(　　) 10. 剑尾鱼仔鱼自母体产出后便可自由活动。

(　　) 11. 鱼类属于恒温动物。

(　　) 12. 剑尾鱼和青鳉属于鳉形目胎鳉科，稀有鮈鲫和红鲫属于鲤形目鲤科。

(　　) 13. 剑尾鱼和青鳉是卵胎生鱼类，稀有鮈鲫和红鲫是卵生鱼类。

(　　) 14. 条件适宜时，诸氏鲻虾虎鱼和青鳉一年四季均可繁殖。

(　　) 15. 斑马鱼雌鱼较丰满粗壮，性成熟时腹部膨大，各鳍较长大。

(　　) 16. 剑尾鱼雄鱼体形细长和侧扁，尾鳍最下方5~6鳍条合并且向后延伸，呈剑状。

(　　) 17. GB/T 21805—2008《化学品　藻类生长抑制试验》推荐的实验生物为羊角月牙藻、普通小球藻、舟形藻、栅藻、聚球藻、水华鱼腥藻等。

(　　) 18. 氨气在水体中以非离子氨（分子氨，NH_3）和离子铵（NH_4^+）两种形式存在，非离子氨和离子铵在水中的比例主要取决于pH值和水温，pH值和水温越高，水中的非离子氨比例就越高。

(　　) 19. GB/T 18420.2—2009《海洋石油勘探开发污染物生物毒性第2部分：检验方法》要求试验过程中的水温变化不应超过2 ℃，盐度变化不宜超过2，pH值变化范围不宜超过0.4，溶解氧饱和度应在60%以上。

(　　) 20. 剑尾鱼有24对染色体。

五、名词解释：

1. 水生实验动物
2. 静水式生物毒性试验
3. 卵胎生
4. 半数有效浓度（EC_{50}）
5. 水生毒理学

六、问答题：

1. 简述水生实验动物的主要应用领域。
2. 简述健康实验鱼类的判定依据。
3. 简述水生实验动物发展中存在的主要问题。
4. 简述实验鱼运输的注意事项。
5. 试进行新科技革命时代水生实验动物发展需求的预测。

（编写：李建军　　审核：黄韧）

第十二章　人类疾病动物模型

一、填空题：

1. 人类疾病动物模型根据发生的原因不同，可分为________________、______________、抗疾病动物模型和生物医学动物模型四大类。
2. 将成年大鼠四肢固定于木板并垂直浸入温水浴中的造模方法，制作的是________动物模型。
3. 急性胃溃疡动物模型的制作方法有______、______。
4. 老年性痴呆大鼠模型的制作方法有__________。
5. 骨质疏松动物模型的制作方法有________、__________、__________、__________。
6. 免疫缺陷动物可分为__________________、____________________、______________、____________和获得性免疫缺陷动物。
7. SCID 小鼠是研究人类____________疾病的优良模型。
8. 疟疾动物模型有____、____和鼠疟动物模型。
9. 衰老模型的造模方法主要有________、______________。
10. 慢性胃溃疡动物模型的制作方法是______。

二、单项选择题（只有 1 个正确答案）：

1. 按产生原因分类，人类疾病动物模型可分为______。
   A. 病理过程模型、系统疾病模型、离体组织模型、整体动物模型
   B. 诱发性疾病动物模型、自发性疾病动物模型、病理过程动物模型、系统疾病动物模型
   C. 诱发性疾病动物模型、自发性疾病动物模型、抗疾病动物模型、生物医学动物模型
   D. 物理因素动物模型、化学因素动物模型、生物因素动物模型、复合因素动物模型
2. 动物自发性肿瘤多发生于______。
   A. 近交系动物　　B. 封闭群动物　　C. 系统杂交动物　　D. 遗传非限定动物
3. 自发性疾病动物模型的最大优点是______。
   A. 来源比较多，种类丰富
   B. 动物饲养条件要求高，自然发病率也比较低
   C. 肿瘤所发生的类型和发病机理与人的相似性高
   D. 疾病的发生、发展与人类相应的疾病很相似
4. 用外科手术方法复制大鼠肺水肿动物模型，应属于______。
   A. 诱发性疾病动物模型　　B. 自发性疾病动物模型
   C. 抗疾病动物模型　　D. 免疫缺陷动物模型
5. 沙鼠缺乏完整的基底动脉环，左、右大脑供血相对独立，可作为中风的动物模型。该模型属于______。
   A. 诱发性疾病动物模型　　B. 自发性疾病动物模型
   C. 抗疾病动物模型　　D. 生物医学动物模型
6. 大鼠、小鼠可用水浸应激法诱发稳定的______模型。
   A. 胃溃疡　　B. 肝炎　　C. 胆结石　　D. 肺炎

7. 产生的病理过程和愈后与人的乙型肝炎相似，现在广泛用于人的乙型肝炎研究的动物模型是______。

A. 鼠肝炎　B. 鸭肝炎　C. 犬传染性肝炎　D. 猴乙型肝炎

8. 以下不属于复制诱发性疾病动物模型的物理诱发因素是______。

A. 机械损伤　B. 噪声　C. 气压　D. 病毒

9. 用吲哚美辛进行皮下注射或灌胃可复制______模型。

A. 急性胃溃疡　B. 慢性胃炎　C. 肠粘连　D. 胰腺炎

10. 用氧化氮吸入可复制______模型。

A. 肺水肿　B. 肺气肿　C. 过敏性支气管哮喘　D. 慢性支气管炎

11. 以下______化学药物不可诱发糖尿病动物模型。

A. 链脲佐菌素　B. 四氧嘧啶　C. 2-脱氧葡萄糖　D. 链霉素

12. 给5~6周龄的大鼠喂饲含50%半乳糖的全价营养标准饲料，可复制______模型。

A. 关节炎　B. 角膜炎　C. 白内障　D. 高血脂

13. 动物注射伤寒杆菌内毒素可复制______模型。

A. 脑缺血　B. 糖尿病　C. 肾炎　D. 脑水肿

14. 裸小鼠属于______缺陷动物。

A. T淋巴细胞功能　B. B淋巴细胞功能　C. NK细胞功能　D. 联合免疫

15. CBA/N小鼠属于______缺陷动物。

A. T淋巴细胞功能　B. B淋巴细胞功能　C. NK细胞功能　D. 联合免疫

16. Beige小鼠属于______缺陷动物。

A. T淋巴细胞功能　B. B淋巴细胞功能　C. NK细胞功能　D. 联合免疫

17. Motheaten小鼠属于______缺陷动物。

A. T淋巴细胞功能　B. B淋巴细胞功能　C. NK细胞功能　D. 联合免疫

18. BB Wistar大鼠属于自发性______模型。

A. 肥胖症　B. 高血压　C. 糖尿病　D. 癫痫

19. SHR/Ola大鼠属于自发性______模型。

A. 肥胖症　B. 高血压　C. 糖尿病　D. 癫痫

20. 自发性白内障小鼠是从______近交系小鼠中发现并培育而成的。

A. C57BL　B. C3H　C. BALB/c　D. DBA

21. 卵巢切除可复制______模型。

A. 股骨头坏死　B. 骨质疏松　C. 关节炎　D. 子宫内膜异位

22. 给大鼠足底皮下注射弗氏完全佐剂可复制______模型。

A. 股骨头坏死　B. 骨质疏松　C. 类风湿关节炎　D. 子宫内膜异位

23. 小鼠吸入2% SO_2可复制______模型。

A. 过敏性支气管痉挛　B. 肺气肿

C. 肺水肿　D. 慢性支气管炎

24. ______不属于突变系动物。

A. 裸鼠　B. 糖尿病大鼠　C. SHR/Ola大鼠　D. F344/N大鼠

25. ______不属于研究人类疾病动物模型的意义。

A. 有助于认识疾病本质　B. 可按需取得实验样品

C. 延长研究周期　D. 可比性强

26. 疟疾动物模型属于______模型。

A. 传染性寄生虫疾病　B. 免疫系统疾病

C. 神经系统疾病　　D. 自发性疾病

27. KK 糖尿病小鼠属于______动物模型。

A. 自发性疾病　　B. 免疫缺陷

C. B 淋巴细胞功能缺陷　　D. 诱发性疾病

28. 大鼠自发性乳腺肿瘤发生率最高的是______。

A. ACI 大鼠　　B. SD 大鼠　　C. F344/N 大鼠　　D. Wistar 大鼠

29. 小鼠自发性乳腺肿瘤发生率最高的是______。

A. C3H 小鼠　　B. A 系小鼠　　C. CBA/J 小鼠　　D. AKR 小鼠

30. 小鼠自发性肺肿瘤发生率最高的是______。

A. C3H 小鼠　　B. A 系小鼠　　C. SWR 小鼠　　D. PBA 小鼠

31. 小鼠自发性胃肿瘤发生率最高的是______。

A. NZO 小鼠　　B. A 系小鼠　　C. SWR 小鼠　　D. PBA 小鼠

32. SCID 小鼠属于______缺陷动物。

A. T 淋巴细胞功能　　B. B 淋巴细胞功能　　C. NK 细胞功能　　D. 联合免疫

33. 用______制作动脉粥样硬化模型，其解剖部位、病理特点均与人类相似。

A. 小鼠　　B. 大鼠　　C. 犬　　D. 小型猪

34. ______胸腔结构比较特殊，开胸进行心脏操作不需要进行气管插管。

A. 家兔　　B. 大鼠　　C. 犬　　D. 小型猪

35. 复制局灶性脑缺血动物模型一般是阻断______。

A. 大脑前动脉　　B. 大脑中动脉　　C. 大脑后动脉　　D. 颈总动脉

36. 给小鼠每天注射 D-半乳糖 1 次，连续 30 ~60 d，可复制______模型。

A. 糖尿病　　B. 高血压　　C. 衰老　　D. 肥胖症

37. ______的病理改变与人类 Bruton 丙种球蛋白缺乏症及 Wiskott - Aidsch 综合征相似，是研究 B 淋巴细胞的发生、功能与异质性的理想实验材料。

A. Beige 小鼠　　B. SCID 小鼠　　C. CBA/N 小鼠　　D. Motheaten 小鼠

38. ______不属于人类疾病动物模型的优点。

A. 缩短研究周期　　B. 可比性强

C. 完全可以替代人体实验　　D. 人类的替难者

39. 猴每天吸入一定量的 SO_2 和烟雾，1 年后，可出现______。

A. 肺气肿　　B. 肺水肿

C. 慢性支气管炎　　D. 过敏性支气管炎

40. 切断豚鼠、家兔、大鼠颈部两侧迷走神经可引起______。

A. 肺气肿　　B. 肺水肿　　C. 高血压　　D. 心肌缺血

41. 大鼠衰老早期为______月龄。

A. 21 ~26　　B. 30 ~32　　C. 12 ~24　　D. 6 ~12

42. 大鼠衰老晚期为______月龄。

A. 21 ~26　　B. 30 ~32　　C. 12 ~24　　D. 6 ~12

43. 小鼠老年期为______月龄。

A. 21 ~26　　B. 30 ~32　　C. 12 ~24　　D. 6 ~12

44. 家兔耳缘静脉注入 1∶1 000 肾上腺素 0. 54 ~0. 6 mg，可使动物发生______。

A. 肺水肿　　B. 肺气肿　　C. 慢性支气管炎　　D. 过敏性支气管痉挛

45. 以下______不属于突变系动物。

A. 裸小鼠　　B. SCID 小鼠　　C. 裸大鼠　　D. C57BL 小鼠

46. 以下______小鼠属于突变系动物。
A. BALB/c　B. SCID　C. DBA　D. C57BL
47. 目前已培养出的自发性高血压动物模型有______。
A. 大鼠　B. 豚鼠　C. 家兔　D. 猴
48. 突变系疾病动物模型的特点是______。
A. 制作容易　B. 可遗传　C. 随时可大量使用　D. 疾病范围广泛
49. ______不属于T淋巴细胞功能缺陷动物。
A. 裸小鼠　B. 裸大鼠　C. 裸豚鼠　D. 雄性种马
50. 结扎动物胰管可复制______疾病动物模型。
A. 急性胰腺炎　B. 糖尿病　C. 急性胃炎　D. 胆道感染

三、多项选择题（有1个以上的正确答案）：

1. 以下______化学药物可诱发糖尿病动物模型。
A. 链脲佐菌素　B. 四氧嘧啶　C. 2-脱氧葡萄糖　D. 链霉素
2. 实验动物突变类型包括______。
A. 可见突变　B. 生化突变　C. 致死性突变　D. 条件致死性突变
3. 复制高血脂及动脉粥样硬化模型的方法包括______。
A. 高脂肪饲料喂饲法　B. 免疫学法
C. 注射儿茶酚胺类药物法　D. 高胆固醇饲料喂饲法
4. 复制糖尿病动物模型的方法包括______。
A. 注射2-脱氧葡萄糖　B. 手术切除胰腺
C. 使用致高血糖因子　D. 结扎胰管
5. 免疫缺陷动物模型包括______。
A. 裸小鼠　B. CBA/N小鼠　C. C3H小鼠　D. AKR小鼠
6. 属于自发性疾病动物模型的动物包括______。
A. SHR/Ola大鼠　B. BB Wistar大鼠　C. KK小鼠　D. AKR小鼠
7. 复制急性胃溃疡的方法有______。
A. 应激法　B. 吲哚美辛法　C. 幽门螺杆菌感染法　D. 醋酸法
8. 一个良好的疾病动物模型应具有以下特点：______。
A. 重复性好　B. 复制率高　C. 多样性　D. 动物背景资料完整
9. 复制骨质疏松动物模型的方法包括______。
A. 灌服维A酸　B. 灌服醋酸泼尼松
C. 皮下注射弗氏完全佐剂　D. 注射2-脱氧葡萄糖
10. 联合免疫缺陷动物包括______。
A. SCID小鼠　B. Motheaten小鼠　C. Beige小鼠　D. CBA/N小鼠
11. 疟疾动物模型有______动物模型。
A. 鼠疟　B. 猴疟　C. 人疟　D. 兔疟
12. 诱发性疾病动物模型的致病因素有______性致病因素。
A. 物理　B. 化学　C. 生物　D. 遗传
13. 诱发性疾病动物模型的物理性致病因素有______。
A. 手术　B. 气压　C. 温度　D. 重金属
14. 诱发性疾病动物模型的化学性致病因素有______。

A. 湿度　　B. 强酸强碱　　C. 农药　　D. 重金属

15. 诱发性疾病动物模型的特点有______。

A. 制作容易　　B. 可遗传　　C. 随时可大量使用　　D. 疾病范围广泛

16. T淋巴细胞功能缺陷动物有______。

A. 裸小鼠　　B. 裸大鼠　　C. 裸豚鼠　　D. 裸牛

17. 诱发性疾病动物模型的生物性致病因素有______。

A. 细菌　　B. 强酸强碱　　C. 病毒　　D. 激素

18. B淋巴细胞功能缺陷动物有______。

A. CBA/N小鼠　　B. 雄性种马　　C. 1/4杂种马　　D. 裸牛

19. 突变系疾病动物模型的特点有______。

A. 制作容易　　B. 可遗传　　C. 随时可大量使用　　D. 疾病范围局限

20. 一个好的疾病动物模型具有的特点有______。

A. 重现性好　　B. 复制率高　　C. 动物背景资料完整　　D. 专一性好

四、判断题（在括号内打“✓”或“×”表示）：

(　　) 1. 结扎家兔一侧肾动脉后不再作处理，家兔会发生永久性高血压。

(　　) 2. BB Wistar大鼠选育自Wistar大鼠，属自发性高血压大鼠。

(　　) 3. SCID小鼠属于B淋巴细胞免疫缺陷的动物模型。

(　　) 4. 裸小鼠属于T淋巴细胞功能缺陷的动物模型。

(　　) 5. SHR/Ola大鼠是自发性高血压大鼠。

(　　) 6. LOU/CN大鼠属于自发性糖尿病动物模型。

(　　) 7. 向动物大脑尾状核注入自体血，可制作脑出血水肿动物模型。

(　　) 8. 制作慢性胃溃疡动物模型的造模方法是将成年大鼠四肢固定于木板并垂直浸入温水浴中。

(　　) 9. 给大鼠腹腔注射链霉素可制作诱发性糖尿病动物模型。

(　　) 10. 给新西兰兔喂饲高胆固醇、高脂肪饲料，可制作动脉粥样硬化症模型，而且病变主要在冠状动脉的大分支，与人类接近。

五、名词解释：

1. 人类疾病动物模型　　2. 诱发性疾病动物模型

3. 自发性疾病动物模型　　4. 突变系动物

六、问答题：

1. 试述研究人类疾病动物模型的意义。
2. 简述骨质疏松动物模型的造模方法有哪些。
3. 试述通过应激法复制急性胃溃疡模型的方法。
4. 简述糖尿病动物模型的造模方法有哪些。
5. 简述免疫缺陷动物的分类。
6. 试述大鼠子宫内膜异位症动物模型的造模方法。

（编写：陈嘉、罗益、黄正华　　审核：唐小江、黄建勋）

第十三章　动物实验质量监控

一、填空题:

1. 一般来说，实验动物__________越高，其机能、代谢、结构愈复杂，反应就愈接近______。

2. 为使动物权益得到保护，动物实验设计应遵循“________”原则。

3. 做药物筛选和毒性试验时，除了应考虑人类与实验动物群体在代谢类型上的差异外，通常以______模拟自然群体基因型。

4. 动物实验设计的内容包括相关学科的专业要求、__________、__________和实验效应等。

5. ____的皮肤组织结构与人相似，是做________________________较理想的实验动物。

6. 通过优化实验操作，可以使获得的数据波动（即标准差）变小，实验结果的________更好，从而要求的样本含量也相应______。

7. ____照射射线后常发生休克样特有反应，并有部分动物在照射后立即或不久死亡，不适合做放射病研究。

8. 如无特殊要求，一般实验常用______实验动物。但观察药物对生长、发育、内分泌等系统的作用时，应选用________实验动物；观察药物延缓衰老作用时，则选用老年动物或衰老动物模型。

9. 为了客观反映药物对不同性别的影响，一般实验动物采用__________。但是研究作用于女性生殖系统或进行致畸试验的药物则需选用______实验动物。

10. 通常______大鼠对急性毒性试验较______大鼠敏感，而______大鼠对慢性毒性试验则较______大鼠敏感。

二、单项选择题（只有 1 个正确答案）:

1. 老年病研究，选择寿命较短的实验动物就较方便。大鼠的寿命为 2.5 ~ 3 年，______月龄以上相当于人的衰老早期。

A. 12　　B. 18　　C. 24　　D. 30

2. 外科学为临床操作打基础，应选用与临床操作较接近的动物。如模拟人类心脏移植手术操作的动物实验多选用______。

A. 大鼠　　B. 小鼠　　C. 家兔　　D. 猪

3. 以下______选项为正确的常用成年动物的体重。

A. 封闭群小鼠 25 ~ 28 g　　B. 大鼠 180 ~ 220 g

C. 豚鼠 180 ~ 220 g　　D. 家兔 4 ~ 7 kg

4. 以下______选项为正确的慢性实验时幼龄动物的体重。

A. 小鼠 10 ~ 18 g　　B. 大鼠 80 ~ 100 g　　C. 豚鼠 100 ~ 120 g　　D. 家兔 1.0 ~ 1.2 kg

5. 实验时动物的年龄应尽可能一致，体重应大致相近，一般相差不应超过______%。

A. 5　　B. 10　　C. 15　　D. 20

6. 实验证明，不同性别大鼠对同一致病刺激的反应也不同。特别是对药物的毒性反应，通常______对急性毒性试验较______敏感，而______对慢性毒性试验则较____敏感。

A. 雌鼠　雄鼠　雄鼠　雌鼠　　B. 雄鼠　雌鼠　雄鼠　雌鼠

C. 雌鼠 雄鼠 雌鼠 雄鼠　　D. 雄鼠 雌鼠 雌鼠 雄鼠

7. 作用于神经系统的药物研究一般使用健康______，除非特定需要，一般不选用幼鼠或老年鼠。

A. 成年大鼠、小鼠　B. 雄鼠　C. 雌鼠　D. 孕鼠

8. 解热药研究，首选______，因为该动物对热原质极为敏感。

A. 豚鼠　B. 仓鼠　C. 大鼠　D. 家兔

9. 催吐或止吐药物研究一般选______等。

A. 猫、犬、鸽　B. 家兔、豚鼠　C. 豚鼠、大鼠　D. 大鼠、仓鼠

10. 常用实验动物对致敏原的反应程度由高到低，正确的为______。

A. 豚鼠 > 家兔 > 犬 > 小鼠 > 猫 > 青蛙　B. 家兔 > 豚鼠 > 犬 > 小鼠 > 猫 > 青蛙

C. 豚鼠 > 小鼠 > 家兔 > 犬 > 猫 > 青蛙　D. 小鼠 > 豚鼠 > 家兔 > 犬 > 猫 > 青蛙

11. 下列动物中呕吐反应敏感，适宜做呕吐实验的动物是______。

A. 犬　B. 家兔　C. 豚鼠　D. 大鼠

12. 雄性大鼠对______药物敏感。

A. 麦角　B. 叶酸　C. 乙醇　D. 甲醇

13. 如果研究的是一种新药，没有临床资料和动物试验资料，那么只能通过设置多个剂量进行预试验摸索。对一种新药进行药效学评价需要在______种不同种属实验动物上试验。

A. 1　B. 2　C. 3　D. 4

14. 由于不同种动物有不同的功能和代谢特点，所以在肯定一个实验结果时最好采用两种以上动物进行比较观察，啮齿类动物选用______，非啮齿类动物选用______。

A. 大鼠、小鼠 犬或猴　B. 大鼠 家兔

C. 豚鼠 猪　D. 仓鼠 猴

15. 以下对动物实验对照性原则论述错误的是______。

A. 实验研究一般都把实验对象随机分设成实验组和对照组

B. 实验组和对照组具有同等重要的意义

C. 设置对照组是消除或减少非实验因素干扰所造成的误差的有效措施

D. 通常进行自身对照设计就可以了

16. 以下不属于动物实验对照性设计的是______。

A. 设立空白组　B. 设立模型组

C. 设立阳性对照组　D. 设立预实验对照组

17. 以下对动物实验样本数量多少论述正确的是______。

A. 样本数越多越好　B. 样本数过少，实验处理效应不能充分显示

C. 样本数不能少于 10 只　D. 样本数多少依个人喜好

18. 对动物实验结果外推错误的是______。

A. 实验动物与人在结构、生理功能等方面存在差异，可能导致动物试验结果并不一定在人身上可以重复出来

B. 灵长目猴的实验结果可直接外推到人

C. 一种实验处理在多种动物身上产生共性结果，往往用在人身上也会有意义

D. 应谨慎评价近交系动物实验结果

19. 以下______不属于动物实验研究的局限性。

A. 动物实验研究仅是生物医学研究诸多手段中的一个

B. 动物种属差异可能导致实验结果不一致

C. 动物实验的毒性结论与临床不一致的现象

D. 只有动物实验才能推动科学的发展

20. 人对阿托品高度敏感，而______却不敏感，因而做阿托品试验不能使用该品种的动物。
A. 家兔 B. 大鼠 C. 地鼠 D. 猫
21. 实验动物的选择原则中，______与“3R”原则相一致。
A. 相容或相匹配原则 B. 可获性原则
C. 易化原则 D. 相似性原则
22. 以下______不属于动物实验设计的基本类型。
A. 完全随机化设计 B. 随机区组设计 C. 配对设计 D. 不完全随机化设计
23. 成年豚鼠体重为______g。
A. 180～220 B. 450～700 C. 250～300 D. 800
24. 研究气体、蒸汽对黏膜的刺激最好选用______。
A. 犬 B. 大鼠 C. 家兔 D. 猫
25. 做胎儿围产期实验，用____较好，因该动物一胎产仔1～2只，且大小体重与人类相似。
A. 孕大鼠 B. 孕猫 C. 孕犬 D. 孕羊
26. 在用热板法筛选镇痛药物时，宜选用______小鼠。
A. 雌性 B. 雄性 C. 雌雄各半 D. 未成年
27. 一般而言，由______引起的毒性差异较动物种系及个体差异要小。
A. 性别 B. 年龄 C. 体重 D. 生理状态
28. 研究药物的迟发性神经毒作用，常选用______。
A. 来航鸡 B. F344/N大鼠 C. 猫 D. C57BL/6小鼠
29. 研究血压变化时，常常选用______。
A. 犬和大鼠 B. 猫和家兔 C. 豚鼠和鸽 D. 猪和小鼠
30. 动物实验最常用的动物分组设计方法是______。
A. 完全随机化设计 B. 随机区组设计 C. 配对设计 D. 不完全随机化设计
31. 比较几窝小鼠之间遗传性状对实验处理因素产生的影响，动物分组设计可应用______。
A. 完全随机化设计 B. 随机区组设计 C. 配对设计 D. 不完全随机化设计
32. 实验动物个体之间差异较大时，动物分组设计应采用______。
A. 完全随机化设计 B. 随机区组设计 C. 配对设计 D. 不完全随机化设计
33. 利用果蝇进行遗传学研究，属于实验动物选择原则中的______原则。
A. 易化 B. 相似性 C. 可获性 D. 差异性
34. 相容或相匹配原则是指实验条件与实验动物______相匹配。
A. 品种 B. 品系 C. 等级 D. 性别
35. 成年小鼠体重为______g。
A. 12～17 B. 18～22 C. 23～25 D. 26～30
36. 成年大鼠体重为______g。
A. 180～220 B. 80～100 C. 150～200 D. 350～400
37. 成年家兔体重为______kg。
A. 2～3 B. 1.5～1.8 C. 1.5～2.5 D. 1.0～1.5
38. 成年猫体重为______kg。
A. 2～3 B. 1.5～1.8 C. 1.5～2.5 D. 1.0～1.5
39. 慢性实验应选择未成年实验动物为主，选择未成年小鼠体重为______g。
A. 18～22 B. 8～10 C. 11～13 D. 15～18
40. 慢性实验应选择未成年实验动物为主，选择未成年大鼠体重为______g。
A. 180～20 B. 80～100 C. 150～180 D. 50～70

41. 慢性实验应选择未成年实验动物为主，选择未成年豚鼠体重为______g。

A. 350 ~ 650　B. 150 ~ 200　C. 180 ~ 220　D. 80 ~ 100

42. 慢性实验应选择未成年实验动物为主，选择未成年家兔体重为______kg。

A. 2 ~ 3　B. 1.5 ~ 1.8　C. 180 ~ 220　D. 80 ~ 100

43. 外购的小鼠或大鼠，应观察检疫______d，证实其身体健康后才开始实验。

A. 2 ~ 3　B. 3 ~ 7　C. 1 ~ 2　D. 14

44. 研究毒性物质对实质性器官的损害，最好选用______。

A. 猫　B. 小鼠　C. 家兔　D. 豚鼠

45. 标准操作规程（SOP）对每项工作都制定操作步骤，确保动物实验结果的______性和可重复性，包含 13 方面内容。

A. 稳定　B. 显著　C. 可靠　D. 均衡

46. 过敏反应或变态反应研究的首选实验动物为______。

A. 猫　B. 小鼠　C. 大鼠　D. 豚鼠

47. 外界环境因素导致机体发热反应的研究宜选用______。

A. SPF 鸡　B. 家兔　C. 豚鼠　D. 小鼠

48. 外界环境因素导致机体发热反应的研究不宜选用______。

A. 猫　B. 犬　C. 大鼠　D. 家兔

49. 研究放射病不宜选用______。

A. 犬　B. 小鼠　C. 大鼠　D. 家兔

50. 常用的实验动物序列是______。

A. 大鼠、小鼠、犬、猴或小型猪　B. 小鼠、大鼠、猴或小型猪、犬

C. 犬、小鼠、大鼠、猴或小型猪　D. 小鼠、大鼠、犬、猴或小型猪

三、多项选择题（有 1 个以上的正确答案）：

1. 动物实验设计包括______。

A. 实验对象　B. 处理因素　C. 实验效应　D. 实验条件

2. 动物实验设计的基本类型包括______。

A. 完全随机化设计　B. 随机区组设计　C. 配对设计　D. 不完全随机化设计

3. 以下______选项为正确的常用成年动物的体重。

A. 封闭群小鼠 25 ~ 28 g　B. 大鼠 180 ~ 220 g

C. 豚鼠 450 ~ 700 g　D. 家兔 2 ~ 3 kg

4. 以下______选项为正确的慢性实验时幼龄动物的体重。

A. 小鼠 10 ~ 18 g　B. 大鼠 80 ~ 100 g　C. 豚鼠 100 ~ 120 g　D. 家兔 1.5 ~ 1.8 kg

5. 以呕吐为主的研究宜选用______。

A. 犬　B. 猫　C. 大鼠　D. 豚鼠

6. 药物致癌作用研究最常用______。

A. 小鼠　B. 猫　C. 大鼠　D. 豚鼠

7. 新药长期毒性试验通常选用两种动物，分别是______。

A. 豚鼠　B. 大鼠　C. 犬　D. 家兔

8. 研究药物对皮肤的局部作用常选用______。

A. 大鼠　B. 豚鼠　C. 家兔　D. 猪

9. 以下对动物实验设计的论述正确的是______。

A. 实验研究一般都把实验对象随机分成实验组和对照组
B. 实验组和对照组具有同等重要的意义
C. 设置对照组是消除或减少非实验因素的干扰所造成误差的有效措施
D. 通常进行自身对照设计就可以了

10. 进行实验设计时，实验动物方面应考虑______等因素对实验结果的影响。
A. 种属 B. 品系 C. 性别 D. 体重

11. 选择实验动物时需要考虑的因素包括______。
A. 品种品系 B. 动物等级 C. 性别 D. 年龄

12. 选择实验动物时需要考虑的因素包括______。
A. 品种品系 B. 动物等级 C. 价格 D. 产地

13. 采用普通级动物，特别是封闭群大型实验动物做实验时，应用______。
A. 完全随机化设计 B. 随机区组设计
C. 配对设计 D. 非完全随机化设计

14. 研究药物的细胞遗传效应时，常选用______。
A. 大鼠 B. 小鼠 C. 家兔 D. 豚鼠

15. 研究血压变化时，常选用______。
A. 大鼠 B. 犬 C. 家兔 D. 豚鼠

16. 外界环境因素导致机体发热反应的研究可选用______。
A. 家兔 B. SPF 鸡 C. 大鼠 D. 猫

17. 外界环境因素导致机体发热反应的研究可选用______。
A. 猫 B. 犬 C. 大鼠 D. 家兔

18. 研究放射病可选用______。
A. 犬 B. 小鼠 C. 大鼠 D. 猴

19. 实验动物的选择原则包括______原则。
A. 相似性 B. 差异性 C. 易化 D. 可获性

20. 实验动物的选择原则包括______原则。
A. 相似性 B. 重现性 C. 相匹配 D. 均一性

四、判断题（在括号内打“√”或“×”表示）：

(　　) 1. 慢性或长期试验一般应选用幼龄动物做实验。
(　　) 2. 在用热板法筛选镇痛药物时，宜选用雌性小鼠。
(　　) 3. 一些与性别有关的实验只能用相应性别的动物进行，如研究妇科疾病或生殖实验应选用雌性动物，研究男科疾病的实验则应选用雄性动物。
(　　) 4. 健康动物对刺激的耐受性较患病动物高。对于外购的实验动物，应进行观察检疫，证实其健康无异常后再进行实验。
(　　) 5. 研究放射病常用犬、猴、大鼠和小鼠。
(　　) 6. 在动物实验研究中，常选用雌雄各半，以避免由性别差异造成的误差。
(　　) 7. 重现性原则是指一个实验设计的每一组要设置多个样本数。
(　　) 8. 实验动物接受致敏物质出现反应的程度，从高到低依次为豚鼠＞犬＞家兔＞小鼠＞青蛙＞猫。
(　　) 9. 研究新药毒理一般选用大型实验动物（如犬、猴）进行实验即可。
(　　) 10. 以呕吐为主的研究可选用草食性动物和大鼠。

五、名词解释：

1. GLP
2. SOP
3. 相容或相匹配原则
4. 实验效应

六、问答题：

1. 简述实验动物的选择原则。
2. 试述实验动物选择的基本意见。
3. 试述动物实验设计应具备的条件。
4. 实验动物的选择原则中的相似性原则包括哪些方面？
5. 试述动物实验设计应遵循的伦理原则。
6. 试述实验动物选择中应注意的年龄与体重、性别、生理状态与健康情况、品系和等级等问题。

（编写：陈嘉、桑传兰、罗益　　审核：黄芝瑛、熊习昆）

第十四章　动物实验基本技术

一、填空题：

1．实验动物应按照______原则进行分组，使每只动物都有同等机会被分配到各个实验组中去，尽量避免人为因素对实验造成的影响。

2．常用标记编号方法有________、________、________、________。此外，还有针刺法、断趾编号法、剪尾编号法、剪毛编号法和笼子编号法等。

3．染色法是用化学药品在实验动物的身体如______、______等明显部位进行涂染，以染色部位、颜色不同来标记、区分实验动物。

4．常用染色剂有____________、__________________、____________、________________等。

5．当实验动物左前肢涂染品红（红色），左侧腹部涂苦味酸（黄色），即为______号。

6．家兔右耳郭外侧剪了2道缺口，编号为____号。

7．家兔左耳郭后方及右耳郭前方各打了一个孔，编号为______号。

8．烙印法是直接把标记编号______在实验动物身体上的方法，犹如盖印章一样。

9．挂牌法是将编好的号码烙印在________上，挂在实验动物的颈部、耳部、肢体上或笼具上，以用来区别实验动物的一种方法。

10．一般来说，____、____多采用染色法，______宜使用耳孔法，____、____、____较适合挂牌法，____还可用烙印法。

11．常用的实验动物被毛去除方法有________、________、________和________4种。

12．最常用的脱毛剂配方1，是将8 g ________溶于100 mL水中。适用于家兔和啮齿类动物的脱毛。

13．小鼠性情较温顺，挣扎力小，比较______抓取和保定。

14．熟练的实验人员，可采用左手____手抓取法抓取小鼠，这样做起来更为方便，右手不必放下注射器等用具。

15．对大鼠进行解剖、手术、心脏采血、尾静脉注射时，可用线绳加木板、尾静脉注射架等装置进行______。

16．家兔被驯服后不咬人，但四肢的爪尖锐，挣扎时容易______人，抓取时要小心。

17．小鼠静脉注射给药注射剂量为___________________mL/g。

18．小鼠尾部有____条动脉和____条静脉，一般在左、右两侧的静脉采血。

19．小鼠腹腔注射给药剂量为________________mL/g。

20．小鼠的眼眶静脉丛（窦）取血的每次采血量为__________mL。

21．大鼠食道的长度为5 cm，大鼠灌胃量每次宜为______mL/100 g。

22．大鼠肌肉注射给药量不超过______mL/只。

23．大鼠腹腔注射给药的注射量为______mL/100 g。

24．大鼠割尾静脉取血的每次采血量为______________mL。

25．豚鼠的食道长约5 cm，灌胃针长度为6～8 cm，灌药量为______mL/只。

26．豚鼠皮下注射方法与大鼠相同，1次注射剂量为____mL/100 g。

27．家兔皮下注射给药最大的注射剂量为________mL/kg。

28．犬静脉采血可从________、____________、________和__________等静脉中采集。

29．猴肌肉注射的给药剂量为每只每次____mL。

30．对猴进行一般血常规检查只需采少量血液，往往采用__________方法。

31．自制中间有一洞的矩形小木块作________，对小型猪灌胃给药时可让猪咬住该矩形小木块固定，从矩形小木块中间的洞中插入胃管给药。

32．用力擦拭猪耳显露__________，用碘酒酒精消毒后穿刺该静脉，回抽有血，即可注入药液。

33．小型猪的腹腔注射通常选取自脐至两腰三角所划的________内，在距腹白线左侧或右侧 4～5 cm 的部位进针。

34．小型猪的静脉采血多在耳缘静脉进行，本方法可采集______或______血液。

35．阴道分泌液的采集方法包括____________和________等。

36．精液采集可以通过人工______________、______________和____________进行采集。

37．精液采集可以用______等物理方法刺激雄性动物的阴茎或其他性敏感区，使雄性动物被刺激发情，直至射精，用采精瓶采集射出的精液。

38．全身麻醉药可分为________、__________麻醉药两类。

39．非挥发性麻醉药有____________、______________、__________、________、________等。

40．挥发性麻醉药包括______、______等。

41．全身麻醉有____________和____________两种途径，前一麻醉法用挥发性麻醉药，后一麻醉法用非挥发性麻醉药。

42．吸入麻醉法有__________和______________两种方法。

43．处死实验动物应根据实验目的、品种（品系）、采集标本部位等，选择______处死方法。

44．实验动物的处死方法很多，不论采用哪种方法都应遵循________的原则。

45．断头处死法适用于______等较小的实验动物。

46．吸入乙醚全身麻醉分为________、________、____________、____________四期。

47．实验动物病理剖检应记录实验动物______、______、______、______、______、______、______等背景资料。

48．实验动物病理剖检应记录剖检______、______、__________、______、________、__________、________、________、______、______等内容。

49．实验动物剖杀前禁食（不禁水）时间一致，一般为______h。

50．剖检取材时，实验动物尸体的固定通常为______位固定。

51．喷雾法将过氧乙酸配制成1%～2%浓度，按____mL/m^{3}的浓度进行喷雾，然后密闭房间 1 h。

52．熏蒸法用过氧乙酸甲乙混合原液________mL/m^{3}进行熏蒸，然后密闭房间 1.5 h。

53．新洁尔灭可用于器械、笼具的__________和实验动物的__________。

54．使用0.1%新洁尔灭浸泡______分钟，可达到对器械等物品消毒的目的。

55．使用3%～5%来苏儿可作__________或__________。

56．空置动物房的消毒灭菌可用福尔马林熏蒸法，按______mL 福尔马林加高锰酸钾______g/m^{3}进行熏蒸，密闭 24～48 h 后通风 24 h。

57．福尔马林熏蒸法应使用陶瓷器皿或金属器皿盛装药物，先放__________，后倒福尔马林。

58．速消净浸泡器械、笼具时，按每 20 g 粉剂加水________kg（有效氯为 $200\times10^{-6}\sim250\times10^{-6}$），浸泡 10 分钟。

59．百毒杀擦拭时用0.025%浓度，浸泡器械、笼具时用0.025%浓度浸泡______分钟。

60．次氯酸钠浸泡器械、笼具时的浓度为 500×10^{-6}有效氯，浸泡______分钟。

61．异常毒性检查中，供试用的小鼠应健康合格，体重为____________g，在试验前及试验的观察期内，均应按正常饲养条件饲养。

62．异常毒性检查法常用________注射液配制供试品溶液。

63. 异常毒性检查法是取____只小鼠，按各药品项下规定的给药途径（常用静脉注射），每只小鼠分别给予供试品溶液________mL。

64. 异常毒性检查法将供试品溶液注入小鼠尾静脉，应在________秒内匀速注射完毕。

65. 异常毒性检查法结果判断，除另有规定外，全部小鼠在给药后______h 内不得有死亡。

66. 采用异常毒性检查法时，如有小鼠死亡，则应另取体重为____________g 的小鼠 10 只复试，全部小鼠在给药后______ h 内不得有死亡。

67. 购进供热原试验用的雌性家兔，除要做一般的健康检查外，还要检查是否______。

68. 供热原试验用的家兔在预测体温前____d 使用同一饲料饲养。

69. 用于热原试验后的家兔，如供试品判定为不符合规定，____可再供热原试验用。

70. 进行热原试验时，测温探头或肛温计插入家兔肛门的深度一般为____cm。

71. 进行热原试验时，测温探头或肛温计插入家兔肛门的测温时间不得少于______秒。

72. 测量用于热原试验的家兔的体温应使用精密度为 ± ________℃的体温测量装置。

73. 在进行热原试验的全过程中，要防止动物______并避免噪音干扰。

74. 用于热原试验的________、______及一切与供试品溶液接触的器皿常使用 250 ℃高温干燥 30 分钟除去热原。

75. 在热原试验初试的 3 只家兔中，体温升高均低于________℃，并且 3 只家兔体温升高总和低于________℃，判定供试品的热原检查符合规定。

76. 在热原试验复试的 5 只家兔中，体温升高 0.6 ℃或 0.6 ℃以上的家兔不超过____只，并且初试、复试合并的 8 只家兔的体温升高总和为________℃或低于 3.5 ℃，判定供试品的热原检查符合规定。

77. 在热原试验初试的 3 只家兔中，体温升高 0.6 ℃或 0.6 ℃以上的家兔超过 1 只，判定供试品的热原检查____符合规定。

78. 在热原试验复试的 5 只家兔中，体温升高 0.6 ℃或 0.6 ℃以上的家兔数目超过____只，判定供试品的热原检查不符合规定。

79. 热原试验初试、复试合并的____只家兔的体温升高总和超过 3.5 ℃，判定供试品的热原检查不符合规定。

80. 在热原试验中，当家兔升温为负值时，则升温值以____℃计。

二、单项选择题（只有 1 个正确答案）：

1. 常用的标记编号方法有______、被毛剪号法、笼子编号法等。

A. 针刺法　　B. 断趾编号法　　C. 剪尾编号法　　D. 以上都是

2. 根据耳孔法，用打孔机在耳朵打孔后，必须用消毒过的______抹在打孔局部，以免伤口愈合过程中将耳孔闭合。

A. 滑石粉　　B. 石炭酸　　C. 碘酒　　D. 酒精

3. 烙印法之二是针对______、豚鼠等动物，可用数字号码钳在其耳朵上钳上号码。

A. 小鼠　　B. 家兔　　C. 大鼠　　D. 地鼠

4. 常用的实验动物被毛去除方法有______和脱毛法等。

A. 拔毛法　　B. 剪毛法　　C. 剃毛法　　D. 以上都是

5. 抓取豚鼠时，一般不能抓________，否则易造成肝破裂而引起死亡。

A. 胸廓部　　B. 腰腹部　　C. 后臀部　　D. 腿部

6. 小鼠灌胃容量通常为______mL。

A. 0.2 ~ 1　　B. 1.1 ~ 1.5　　C. 1.6 ~ 2　　D. 2.1 ~ 2.5

7. 实验动物单次最大采血量最好不超过自身血容量的______%。
A. 2 B. 5 C. 10 D. 30
8. 小鼠皮内注射给药注射剂量为每次______mL。
A. 0.1 B. 0.2 C. 0.3 D. 0.4
9. 大鼠灌胃容量通常为______mL。
A. 0.2~0.8 B. 1~4 C. 5~6 D. 6~7
10. 大鼠最常用的反复多次采血方法是______。
A. 眼眶静脉丛采血 B. 尾静脉采血 C. 断头取血 D. 心脏采血
11. 大鼠眼眶静脉丛（窦）取血的每次采血量为______mL 至 0.6 mL。
A. 0.2 B. 0.3 C. 0.4 D. 0.5
12. 豚鼠灌胃容量通常为______mL。
A. 0.2~0.8 B. 1~5 C. 6~7 D. 6~8
13. 豚鼠 1 次皮内注射剂量为______mL/只。
A. 0.1 B. 0.2 C. 0.3 D. 0.4
14. 豚鼠选用大腿外侧进行肌肉注射，注射方法与大鼠相同，1 次注射剂量为______mL/只。
A. 0.3 B. 0.4 C. 0.5 D. 0.6
15. 家兔耳缘静脉注射给药的药物推进速度为每秒 0.05 mL 至______mL。
A. 0.1 B. 0.2 C. 0.3 D. 0.4
16. 家兔的采血方法有______等。
A. 耳缘静脉采血 B. 耳中央动脉采血 C. 心脏采血 D. 以上都是
17. 家兔的耳缘静脉采血量为每次 5 mL 至______mL。
A. 7 B. 8 C. 9 D. 10
18. 犬的采血方法有静脉采血、______采血和心脏采血等方式。
A. 动脉 B. 腋动脉 C. 肱动脉 D. 桡动脉
19. 犬静脉采血可从______和颈外静脉等静脉中采集。
A. 头静脉 B. 小隐静脉 C. 股静脉 D. 以上都是
20. 猴灌胃给药的灌药量为每只每次 200 mL 至______mL。
A. 300 B. 400 C. 500 D. 600
21. 猴肌肉注射的给药剂量为每只每次______mL。
A. 1 B. 2 C. 3 D. 4
22. 阴道分泌液的采集适于观察阴道______上皮细胞。
A. 分叶核 B. 巨核 C. 多核 D. 角化
23. ______开放吸入乙醚全身麻醉时使用该类动物麻醉盒或用大烧杯、大瓶子等器皿代替。
A. 家兔 B. 猫 C. 犬 D. 啮齿类
24. ______开放吸入乙醚全身麻醉时使用该类动物麻醉箱。
A. 猫和家兔 B. 大鼠、小鼠 C. 犬和猴 D. 豚鼠和地鼠
25. 乙醚对呼吸道黏膜有刺激性并引起分泌物增多，导致实验动物呼吸困难和______。
A. 发绀 B. 潮式呼吸 C. 屏气 D. 窒息
26. 动物全身麻醉分期有______期。
A. 2 B. 3 C. 4 D. 5
27. 注射麻醉法在动物实验中比较常用，麻醉药中使用频率最高的是______。
A. 硫喷妥钠 B. 氯氨酮 C. 戊巴比妥钠 D. 异戊巴比妥钠

28. 家兔、猫、犬、猴等实验动物常用______注射戊巴比妥钠进行全身麻醉。

A. 肌肉或皮下 B. 皮内或皮下 C. 肌肉或皮内 D. 腹腔或静脉

29. 啮齿类实验动物______用腹腔注射戊巴比妥钠麻醉。

A. 不 B. 也 C. 仅 D. 少

30. 局部麻醉方法有表面麻醉和______浸润麻醉等。

A. 区域 B. 阻滞 C. 局部 D. 以上都是

31. 局部浸润麻醉主要用于手术切口等的麻醉，使用药物为______盐酸普鲁卡因。

A. 0.1% ~0.5% B. 0.5% ~1.0% C. 1.0% ~1.5% D. 1.5% ~2.0%

32. 处死实验动物的地点与动物饲养房最好______。

A. 远离 B. 在同一房间 C. 在附近 D. 以上三种都是

33. 处死实验动物应根据实验目的、品种（品系）、采集标本的部位等，选择______处死方法。

A. 相同 B. 分开 C. 不同 D. 以上都是

34. 实验动物的处死方法很多，不论采用哪种方法都应遵循______死的原则。

A. 快 B. 猝 C. 急 D. 安乐

35. 断头处死法适用于______等较小的实验动物。

A. 大鼠 B. 猫 C. 犬 D. 猴

36. 动物实验中可能产生的废弃物有______。

A. 污水 B. 污物 C. 动物尸体 D. 以上三种都是

37. 动物实验室产生的污物要分类收集，实验动物废垫料与实验废弃品要________存放。

A. 混合 B. 分开 C. 杂乱 D. 以上都不是

38. 实验动物剖检的检查内容包括脏器的______等。

A. 位置、大小 B. 色泽、附加物 C. 质地、切面 D. 以上都是

39. 脏器称重前应尽量将周围的______组织剔除，并用滤纸吸去脏器表面的血液及体液。

A. 脂肪和结缔 B. 神经和血管 C. 肌肉和肌腱 D. 淋巴结和淋巴管

40. 实验动物解剖后应______称量脏器，以免水分蒸发造成差异。

A. 迅速 B. 准确 C. 细心 D. 精确

41. 肾上腺、甲状腺、前列腺等小器官要求新鲜称重，防止器官干燥失水而重量______。

A. 减轻 B. 增加 C. 不变 D. 变化

42. 空腔器官称重前，应清除其腔内______，如心脏应除去血块。

A. 内容物 B. 液体 C. 物质 D. 东西

43. 过氧乙酸的消毒方式有______等。

A. 喷雾法 B. 浸泡法 C. 熏蒸法 D. 以上都是

44. 新洁尔灭可用于______消毒。

A. 熏蒸 B. 喷雾 C. 浸泡 D. 以上都是

45. 使用0.1%新洁尔灭浸泡______h，可达到对器械等物品消毒的目的。

A. 0.2 B. 0.3 C. 0.4 D. 0.5

46. 福尔马林熏蒸法应使用______器皿盛装药物，先放高锰酸钾，后倒福尔马林。

A. 陶瓷 B. 木质 C. 塑料 D. 电木

47. 速消净浸泡器械、笼具时，按每20 g粉剂加水______kg（有效氯为$200\times10^{-6}\sim250\times10^{-6}$），浸泡10分钟。

A. 6 ~8 B. 8 ~10 C. 10 ~12 D. 12 ~14

48. 百毒杀擦拭时用0.025%浓度，浸泡时用0.025%浓度浸泡______分钟。

A. 8 B. 10 C. 12 D. 15

49. 次氯酸钠浸泡器械、笼具时的浓度为 500×10^{-6} 有效氯，浸泡______分钟。

A. 8　B. 10　C. 12　D. 15

50. 乙醇使用70%的浓度进行皮肤擦拭消毒，浸泡消毒器械则需______分钟。

A. 10　B. 20　C. 30　D. 40

51. 异常毒性检查中，供试用的小鼠应健康合格，体重为______g，在试验前及试验的观察期内，均应按正常饲养条件饲养。

A. 17 ~ 20　B. 20 ~ 22　C. 22 ~ 25　D. 25 ~ 28

52. 异常毒性检查法常用______注射液配制供试品溶液。

A. 葡萄糖　B. 葡萄糖酸钙　C. 氯化钠　D. 甘露醇

53. 异常毒性检查法是取______只小鼠，按各药品项下规定的给药途径（常用静脉注射），每只小鼠分别给予供试品溶液 0.5 mL。

A. 3　B. 4　C. 5　D. 6

54. 异常毒性检查法将供试品溶液注入小鼠尾静脉，应在______秒内匀速注射完毕。

A. 2 ~ 3　B. 4 ~ 5　C. 6 ~ 7　D. 8 ~ 9

55. 异常毒性检查法的结果判断，除另有规定外，全部小鼠在给药后______h 内不得有死亡。

A. 12　B. 24　C. 36　D. 48

56. 采用异常毒性检查法时，如有小鼠死亡，则应另取体重为______g 的小鼠 10 只复试，全部小鼠在48 h内不得有死亡。

A. 16 ~ 17　B. 18 ~ 19　C. 20 ~ 21　D. 22 ~ 23

57. 热原试验最常使用的实验动物是______。

A. 小鼠　B. 豚鼠　C. 犬　D. 家兔

58. 供热原试验用的家兔应健康合格，体重为______kg 以上。

A. 1.5　B. 1.7　C. 2.0　D. 2.5

59. 用于一般药品热原试验的家兔的使用次数不得超过的次数为______。

A. 10 次　B. 20 次　C. 有限制　D. 无限制

60. 家兔在进行热原试验前至少______分钟开始停止给食并置于适宜的装置中。

A. 10　B. 20　C. 40　D. 60

61. 进行热原试验的家兔正常体温应在______℃的范围内。

A. 36.0 ~ 37.6　B. 37.0 ~ 38.6　C. 38.0 ~ 39.6　D. 39.0 ~ 40.6

62. 进行热原试验的同组各家兔之间正常体温之差不得超过______℃。

A. 1　B. 2　C. 3　D. 4

63. 准备用于热原试验的家兔要经挑选试验：每隔 30 分钟测量体温 1 次，共测 8 次；8 次体温均在______℃的范围内，且最高体温与最低体温相差不超过 0.4 ℃，方可供热原试验用。

A. 36.0 ~ 37.6　B. 37.0 ~ 38.6　C. 38.0 ~ 39.6　D. 39.0 ~ 40.6

64. 用于热原试验后的家兔，如供试品判定为符合规定，至少应休息______h 方可再供热原试验用。

A. 6　B. 12　C. 24　D. 48

三、多项选择题（有 1 个以上的正确答案）：

1. 直接标号法是使用染色剂直接在实验动物的______上编写号码的方法。

A. 头部　B. 被毛　C. 肢体　D. 耳朵

2. 常用于鼠和家兔的脱毛剂配方 2：______按一定比例配置，再加水调成糊状。

A. 生石灰　B. 硫化钠　C. 肥皂粉　D. 淀粉

3. 常用于犬的脱毛剂配方3：______按一定比例配置后溶于100 mL水中。
A. 淀粉　B. 硫化钠　C. 生石灰　D. 肥皂粉
4. 实验动物常用的给药方法有______。
A. 灌胃　B. 静脉注射　C. 腹腔注射　D. 滴鼻
5. 大鼠的______、腹腔注射的方法与小鼠相同。
A. 皮下注射　B. 皮内注射　C. 肌肉注射　D. 静脉注射
6. 豚鼠皮下注射部位取______或后肢皮下，注射方法与大鼠相同。
A. 颈背　B. 腋下　C. 前肢　D. 侧腹
7. 家兔的注射给药方法有______等。
A. 皮内注射　B. 皮下注射　C. 肌肉注射　D. 静脉注射
8. 犬的给药方法有______等方式。
A. 静脉注射　B. 口服给药　C. 灌胃给药　D. 肌肉注射
9. 犬的静脉注射给药方法包括______注射给药等方式。
A. 头静脉　B. 尾静脉　C. 股静脉　D. 肱静脉
10. 猴的静脉注射给药或采血可以选择的静脉有______等血管。
A. 肱静脉　B. 头静脉　C. 小隐静脉　D. 股静脉
11. 猴的末梢采血方法有______等方式。
A. 下唇采血　B. 耳朵采血　C. 手掌采血　D. 手指采血
12. 实验动物主要的消化液有______。
A. 唾液　B. 胃液　C. 胆汁　D. 胰液
13. 实验动物的尿液采集方法有______、穿刺膀胱、剖腹、提鼠等采集方式。
A. 代谢笼　B. 导尿法　C. 输尿管插管　D. 压迫膀胱
14. ______等小动物的骨头小、难穿刺，骨髓采集只能在剖杀动物后采胸骨、股骨的骨髓。
A. 小鼠　B. 大鼠　C. 犬　D. 猴
15. 全身麻醉药包括______麻醉药两类。
A. 吸入性　B. 非吸入性　C. 非挥发性　D. 挥发性
16. 非挥发性麻醉药如______等，常用于注射麻醉。
A. 乙醚　B. 氯氨酮　C. 硫喷妥钠　D. 氯仿
17. 挥发性麻醉药包括______等，常用于吸入麻醉。
A. 乌拉坦　B. 乙醚　C. 异戊巴比妥钠　D. 氯仿
18. ______等实验动物常用腹腔注射或静脉注射戊巴比妥钠进行全身麻醉。
A. 家兔　B. 猫　C. 犬　D. 猴
19. 麻醉犬完成手术后应采取的措施是______。
A. 监视犬由麻醉转苏醒后才可送回动物房　B. 维持犬的体温
C. 保持犬的呼吸道畅通　D. 犬无法进食时，应饲喂或输液
20. 判断犬麻醉程度的指标有______。
A. 呼吸　B. 反射　C. 肌张力　D. 叫声
21. 颈椎脱臼法为______最常用的处死方法。
A. 小鼠　B. 大鼠　C. 家兔　D. 犬
22. 犬的安乐死方法主要有______。
A. 空气栓塞法　B. 过量麻醉　C. 击打法　D. 断头法
23. 实验动物剖检取材的部位是______等。
A. 腹腔和盆腔　B. 胸腔和脑　C. 脊髓和骨髓　D. 皮肤和肌肉

24. 实验动物腹腔脏器剖检取材的器官有______。

A. 肝和脾　B. 胃、肠和胰　C. 肾和肾上腺　D. 腰椎和腰髓

25. 实验动物盆腔脏器剖检取材的器官有______。

A. 输尿管　B. 膀胱　C. 雄性生殖器官　D. 雌性生殖器官

26. 实验动物胸腔、口腔及其脏器剖检取材的器官有______。

A. 心脏和肺　B. 气管　C. 胸椎　D. 颈部淋巴结

27. 脏器称重前应尽量将周围的______剔除，并用滤纸吸去脏器表面的血液及体液。

A. 血管组织　B. 脂肪组织　C. 神经组织　D. 结缔组织

28. 过氧乙酸在______液按同等比例均匀混合后，应静置 24 h 或 48 h 方可启用。

A. 甲　B. 乙　C. 丙　D. 丁

29. 过氧乙酸的消毒方式有______等。

A. 喷雾法　B. 浸泡法　C. 湿抹法　D. 熏蒸法

30. 新洁尔灭可用于______消毒。

A. 熏蒸　B. 喷雾　C. 浸泡　D. 皮肤

31. 福尔马林熏蒸法应使用______器皿盛装药物，先放高锰酸钾，后倒福尔马林。

A. 陶瓷　B. 塑料　C. 金属　D. 电木

32. 异常毒性试验供试用的小鼠应健康合格，体重为 17 ~ 20 g，在试验______，均应按正常饲养条件饲养。

A. 前　B. 中　C. 后　D. 结束

33. 进行热原试验时，______插入家兔肛门的测温时间不得少于 90 秒。

A. 测温探头　B. 肛温计　C. 温度计　D. 以上都是

34. 用于热原试验的______及一切与供试品溶液接触的器皿常使用 250 ℃ 高温干燥 30 分钟除去热原。

A. 针头　B. 手术刀　C. 止血钳　D. 注射器

35. 热原试验______合并的 8 只家兔的体温升高总和超过 3.5 ℃，判定供试品的热原检查不符合规定。

A. 预试　B. 初试　C. 中试　D. 复试

四、判断题（在括号内打“✓”或“×”表示）：

(　　) 1. 2% 硝酸银溶液，可染成黑色，涂染后需在可见光下暴露 10 分钟。

(　　) 2. 煤焦油酒精溶液可染成咖啡色。

(　　) 3. 脱毛剂配方 3：将硫化钠 20 g 和生石灰 15 g 溶于 100 mL 水中。适用于犬的脱毛。

(　　) 4. 抓取成年大鼠时，要抓住尾根部，不能抓尾尖，也不能让大鼠倒悬在空中时间过长，否则易导致大鼠尾部皮肤脱落或咬伤实验者。

(　　) 5. 捕捉比格犬时可用抓住四肢和颈部提起的方式进行捕捉。

(　　) 6. 测量犬的心电图时，电极针刺入肌肉内对心电图无明显影响。

(　　) 7. 测量犬的体表心电图时常用标准Ⅱ导联。

(　　) 8. 小鼠静脉注射给药一般选择尾静脉注射。

(　　) 9. 眼眶静脉丛采血常用于大鼠的少量采血。

(　　) 10. 大鼠尾静脉注射给药量为 0.5 ~ 1.0 mL/100 g。

(　　) 11. 豚鼠皮内注射给药时，首先剪去皮内注射区域的毛，然后用脱毛剂除毛，间隔 1 d 后才能进行皮内注射，注射方法与大鼠相同。

(　　) 12. 家兔皮内注射给药的注射剂量为 0.1 mL/kg。
(　　) 13. 家兔肌肉注射给药的注射剂量为 4 mL/只。
(　　) 14. 犬的灌药给药量为每只每次 500～1 000 mL。
(　　) 15. 检测犬的血常规各项指标时应使用最小型号（4 号）的针头采血。
(　　) 16. 犬在实行静脉滴注时需用保定架固定，对于活泼好动的犬则用棉绳固定其四肢，但不可时间太久。
(　　) 17. 猴的采血方法有动脉采血、静脉采血、心脏采血等方式。
(　　) 18. 实验动物的分泌液采集包括唾液、阴道分泌液、精液、乳汁等的采集。
(　　) 19. 猴、犬、羊等大型动物骨髓的采集用活体穿刺取骨髓的方法。
(　　) 20. 用犬进行实验时，麻醉后，要注意其口部的固定及保持犬的呼吸道的通畅。
(　　) 21. 动物麻醉的目的是消除手术疼痛，便于操作，保证安全，为手术创造良好条件。
(　　) 22. 安全麻醉对动物实验有两层含义：第一是“不残忍”；第二是提高动物实验的效率。
(　　) 23. 巴比妥钠在大鼠体内排泄快，在鸡体内排泄慢。故巴比妥钠对鸡的毒性比大鼠的大。
(　　) 24. 家兔、猫、犬、猴等实验动物常用腹腔注射或静脉注射氯仿进行全身麻醉。
(　　) 25. 局部麻醉方法有表面麻醉和局部浸润麻醉等。
(　　) 26. 局部浸润麻醉主要用于手术切口等的麻醉，使用药物为 1.5%～2.0% 盐酸普鲁卡因。
(　　) 27. 空气栓塞处死法注入的空气量，猫和家兔为 20～50 mL，犬为 90～160 mL。
(　　) 28. 过量麻醉处死法多用于处死犬和猴。
(　　) 29. 二氧化碳吸入处死法是让实验动物吸入大量二氧化碳等气体而中毒死亡。
(　　) 30. 动物尸体腹部膨大、肠管高度膨胀、血液带泡沫等，是动物生前病理表现。
(　　) 31. 实验动物剖检取材顺序多为腹腔、盆腔、胸腔、脑、脊髓、骨髓、皮肤肌肉等。
(　　) 32. 实验动物腹腔脏器剖检取材的顺序依次为胃、肠、肾、肝、脾、胰、肾上腺。
(　　) 33. 实验动物盆腔脏器剖检取材的顺序依次为雄性或雌性生殖器官、膀胱。
(　　) 34. 实验动物胸腔、口腔及其脏器剖检取材的顺序依次为心脏、口腔、咽喉、鼻腔、下颌及颈部淋巴结、气管、肺。
(　　) 35. 使用 0.1% 新洁尔灭浸泡 1 h，可达到对器械等物品消毒的目的。
(　　) 36. 空置动物房的消毒灭菌可用福尔马林熏蒸法，按 30 mL 福尔马林加高锰酸钾 15 g/m^3 进行熏蒸，密闭 24～48 h 后通风 24 h。
(　　) 37. 福尔马林熏蒸法应使用塑料或金属器皿盛装药物，先放高锰酸钾，后倒福尔马林。
(　　) 38. 速消净浸泡器械、笼具时，按每 20 g 粉剂加水 8～10 kg（有效氯为 200×10^{-6}～250×10^{-6}），浸泡 10 分钟。
(　　) 39. 百毒杀擦拭时用 0.025% 浓度，浸泡时用 0.025% 浓度浸泡 30 分钟。
(　　) 40. 次氯酸钠浸泡器械、笼具时的浓度为 500×10^{-6} 有效氯，浸泡 20 分钟。
(　　) 41. 乙醇使用 70% 的浓度进行皮肤擦拭消毒，浸泡消毒器械则需 10 分钟。
(　　) 42. 异常毒性试验使用的小鼠应健康合格，体重 20～23 g，在试验前及试验的观察期内，均应按正常饲养条件饲养。
(　　) 43. 异常毒性检查法常用 5% 葡萄糖注射液配制供试品溶液。
(　　) 44. 异常毒性检查法是取 5 只小鼠，按各药品项下规定的给药途径（常用静脉注射），每只小鼠分别给予供试品溶液 0.5 mL。
(　　) 45. 采用异常毒性检查法将供试品溶液注入小鼠尾静脉，应在 10～15 秒内匀速注射完毕。
(　　) 46. 异常毒性检查法的结果判断，除另有规定外，全部小鼠给药后 48 h 内不得有死亡。
(　　) 47. 采用异常毒性检查法时，如有小鼠死亡，应另取体重 20～25 g 的小鼠 10 只复试，全部小鼠在 48 h 内不得有死亡。

(　　) 48. 对于购进的雌性家兔，除要做一般的健康检查外，还要检查是否怀孕。确保没有怀孕后才可用于实验。
(　　) 49. 供热原试验用的家兔在预测体温前 7 d 应用同一饲料饲养。
(　　) 50. 供热原试验用的家兔只要健康，可随时用于试验。
(　　) 51. 用于热原试验后的家兔，如供试品判定为不符合规定，至少应休息 48 h 方可再供热原试验用。
(　　) 52. 进行热原试验时，测温探头或肛温计插入家兔肛门的深度一般为 2 cm。
(　　) 53. 进行热原试验时，测温探头或肛温计插入家兔肛门的测温时间不得少于 90 秒。
(　　) 54. 测量用于热原试验的家兔的体温应使用精密度为 ±0.1 ℃的体温测量装置。
(　　) 55. 在进行热原试验全过程中，要防止动物骚动并避免噪音干扰。
(　　) 56. 用于热原试验的注射器、针头及一切与供试品溶液接触的器皿经灭菌消毒即可。
(　　) 57. 用于热原试验的注射器、针头及一切与供试品溶液接触的器皿常使用 250 ℃ 高温干燥 30 分钟除去热原。
(　　) 58. 在热原试验初试的 3 只家兔中，体温升高均低于 0.6 ℃，并且 3 只家兔体温升高总和低于 1.3 ℃，判定供试品的热原检查符合规定。
(　　) 59. 在热原试验复试的 5 只家兔中，体温升高 0.6 ℃或 0.6 ℃以上的家兔不超过 1 只，并且初试、复试合并的 8 只家兔的体温升高总和为 3.5 ℃或低于 3.5 ℃，判定供试品的热原检查符合规定。
(　　) 60. 在热原试验初试的 3 只家兔中，体温升高 0.6 ℃或 0.6 ℃以上的家兔超过 1 只，判定供试品的热原检查符合规定。
(　　) 61. 在热原试验复试的 5 只家兔中，体温升高 0.6 ℃或 0.6 ℃以上的家兔超过 1 只，判定供试品的热原检查符合规定。
(　　) 62. 热原试验初试、复试合并的 8 只家兔的体温升高总和超过 3.5 ℃，判定供试品的热原检查符合规定。
(　　) 63. 在热原试验中，当家兔体温升高值为负值时，升温值均以 0 ℃计。

五、名词解释：

1. 空白对照
2. 实验对照
3. 标准对照
4. 自身对照
5. 相互对照
6. 染色法
7. 直接标号法
8. 耳孔法
9. 烙印法
10. 挂牌法
11. 实验动物拔毛法
12. 实验动物剪毛法
13. 实验动物脱毛法
14. 全身麻醉
15. 局部麻醉
16. 麻醉意外
17. 安乐死
18. 异常毒性检查法
19. 家兔的热原检查法

六、问答题：

1. 试述染色法中单色涂染法的编号顺序。
2. 试述耳孔法的编号顺序。

3. 简述实验动物剃毛法。
4. 试述使用脱毛剂的脱毛方法及注意事项。
5. 试述小鼠的抓取保定方法。
6. 试述大鼠的抓取保定方法。
7. 试述豚鼠的抓取保定方法。
8. 试述家兔的抓取保定方法。
9. 试述犬的抓取保定方法。
10. 试述在猴房内或露天大笼内抓取猴的方法。
11. 试述笼内捕捉猴的方法。
12. 试述猴固定椅对猴的保定方法。
13. 试述小型猪的抓取保定方法。
14. 试述小鼠的灌胃操作。
15. 试述豚鼠的心脏采血方法。
16. 试述家兔的耳缘静脉注射给药方法。
17. 试述犬的头静脉注射给药方法。
18. 试述猴的头静脉注射给药方法。
19. 试述小型猪的灌胃给药方法。
20. 试述小型猪的静脉注射给药方法。
21. 试述用代谢笼采集尿液的方法。
22. 试述犬开放吸入乙醚全身麻醉术。
23. 试述实验动物的放血处死法。
24. 实验动物剖检前的检查项目有哪些？
25. 试述实验动物病理取材的基本要求。

（编写：张薇、邹移海、陈梅丽　　审核：詹纯列、李瑾翡）

第十五章　实验动物饲料营养和生产

一、填空题：

1．按饲料加工的物理性状分类，饲料可以分为________、________、________和________；此外，还有碎粒料、半湿或胶状饲料、液体饲料和罐装饲料。

2．根据实验动物饲料产品的种类，用手、眼、鼻等器官直接通过______、______、______、______情况等指标对饲料的________、________、________等进行直观判断。

3．饲料加工的工序主要有__________、______、________、________、______等过程。

4．采购原料的记录保存期限不得少于____年。

5．单一饲料生产企业应办理__________和____________。

6．饲料生产许可证的有效期为____年。

7．饲料应放在清洁的________，饲料消毒后，存放时间不得超过________。

8．申请设立饲料、饲料添加剂生产企业，申请人应当向____________________提出申请，并提交________规定的申请材料。

9．饲料、饲料添加剂生产企业的生产许可证有效期届满未按规定续证，由__________吊销生产许可证。

10．企业应当在厂区内独立设置__________，不可以与生产车间和仓储区域相连。

11．提供虚假的资料、样品或者采取其他欺骗方式取得许可证明文件的，由发证机关撤销许可证明文件，处__________________罚款，申请人____年内不得就同一事项申请行政许可。

12．《饲料原料目录》之外的物质用作饲料原料的，应当经过科学评价并由__________列入目录后，方可使用。

13．配合饲料生产许可证遗失的，应当在______日内向______________申请补发生产许可证。

14．以欺骗方式取得生产许可证，构成犯罪的，依法移送__________追究刑事责任。

15．新设立的饲料生产企业凭__________办理工商登记手续。

16．水分测定时，烘箱温度在________℃左右。

17．粗饲料的加工处理方法有__________、__________、__________。

18．为了减少饲料混合物分级，消除静电，可以在饲料中增加少量的______。

19．分批式混合机下一般应设置________，以保证其后的输送设备能均匀地满负荷工作，同时，可缩短__________。

20．粉状混合物________________，是防止粉状混合物分级的一个有效措施。

21．__________对制粒的质量有较大的影响。

22．颗粒饲料的冷却是利用__________来冷却物料的。

23．变异系数 CV______，说明饲料混合均匀性愈好。

24．在高温环境中，动物________，应提供________的饲料。

25．碳水化合物的来源主要是__________。

26．______在核酸蛋白质和磷脂的合成中起重要作用。

27．在饲料的运输过程中，应保持装卸__________，运输车辆要______、________、__________，避免一切______和______污染。

二、单项选择题（只有1个正确答案）：

1. 饲料、饲料添加剂生产企业的生产条件发生变化，可能影响产品质量安全的，企业应当经所在地______报告发证机关。

A. 省级人民政府　　B. 县级人民政府

C. 省级饲料管理部门　　D. 县级饲料管理部门

2. 饲料生产企业应当配备______以上专职饲料检验化验员。

A. 1名　　B. 2名　　C. 3名　　D. 以上都不是

3. 饲料、饲料添加剂生产企业有下列______情形的，不必向企业所在地省级饲料管理部门提出变更申请并提交相关证明。

A. 企业名称变更　　B. 企业技术负责人变更

C. 企业注册地址或注册地址名称变更　　D. 生产地址名称变更

4. 配合饲料生产许可证______的，应当在15日内向发证机关申请补发。

A. 注销　　B. 吊销　　C. 损毁　　D. 届满

5. 饲料、饲料添加剂生产企业停产______年以上，由发证机关注销生产许可证。

A. 半　　B. 1　　C. 2　　D. 3

6. 饲料生产企业使用限制使用的饲料原料生产饲料的，应当遵守______的限制性规定。

A. 省级饲料管理部门　　B. 县级饲料管理部门

C. 农业部　　D. 饲料协会

7. 饲料生产企业生产的饲料，经检验合格的，应当附具______。

A. 饲料标签　　B. 产品质量检验合格证

C. 生产许可证　　D. 原料质量检验合格证

8. 委托生产产品的标签应当同时标明______的名称、注册地址、许可证编号。

A. 委托方或受托方　　B. 受托方　　C. 委托方　　D. 委托方和受托方

9. 饲料、饲料添加剂生产企业应当在每年______月底前填写备案表，将上一年度的生产经营情况报企业所在地的省级饲料管理部门备案。

A. 5　　B. 12　　C. 2　　D. 6

10.《饲料生产企业许可条件》规定饲料生产企业的______应当配备专职负责人。

A. 总经办　　B. 质量机构　　C. 采购机构　　D. 销售机构

11. 向养殖者运送饲料的罐装车应当随车附具______。

A. 车辆清洗记录　　B. 车辆消毒证明　　C. 不锈钢材质证明　　D. 饲料标签

12. 配合饲料生产许可证______的，应当在15日内向发证机关申请补发。

A. 过期　　B. 吊销　　C. 遗失　　D. 届满

13. 一个标签可以标示______饲料产品。

A. 一类　　B. 一个　　C. 两个以上　　D. 多个

14. 能量饲料最主要的特点是富含______。

A. 粗蛋白　　B. 粗脂肪　　C. 粗纤维　　D. 碳水化合物

15. 常规饲料分析是用______浸提样品。

A. 乙醇　　B. 丙酸　　C. 乙醚　　D. 乙酸

16. 饲料、饲料添加剂生产企业应当有符合国家环境保护要求的______。

A. 生产设施　　B. 污染防治措施　　C. 厂房　　D. 储藏室

17. 饲料生产企业召回的产品，应当在______的监督下予以无害化处理或者销毁。

A. 当地工商管理部门　　B. 当地饲料管理部门

C. 当地环境管理部门　　D. 企业质量机构负责人

18. 饲料检验化验员应当通过行政许可的现场______考核。

A. 检验管理　　B. 检验基础知识

C. 饲料法规　　D. 操作技能

19.《饲料和饲料添加剂管理条例》所称的浓缩饲料，是主要由蛋白质、矿物质和______按照一定比例配制的饲料。

A. 稀释剂　　B. 载体　　C. 麸皮　　D. 饲料添加剂

20. 饲料生产许可证明文件不包括______。

A. 新饲料添加剂证书

B. 饲料添加剂进口登记证

C. 饲料生产许可证

D. 饲料生产企业审查合格证和动物源性饲料产品生产企业安全卫生合格证

21. 委托生产的产品应在______生产许可范围内。

A. 任何一方　　B. 受托方　　C. 双方　　D. 委托方

22. ______机构的负责人，应当熟悉饲料法规、动物营养等专业知识，并通过现场考核。

A. 销售　　B. 采购　　C. 仓储　　D. 技术

23. 饲料、饲料添加剂生产企业委托其他饲料、饲料添加剂生产企业生产的，应当具备相关条件，并向______备案。

A. 县级饲料管理部门　　B. 各自所在地省级饲料管理部门

C. 任何一方所在地省级饲料管理部门　　D. 农业部

24. 在饲料、饲料添加剂进口登记证有效期届满后，仍需为中国进口饲料、饲料添加剂的，应当在有效期届满____个月前，申请续证。

A. 3　　B. 6　　C. 9　　D. 12

25. 饲料添加剂生产企业生产许可证遗失的，应当在______日内向发证机关申请补发。

A. 15　　B. 30　　C. 45　　D. 60

26. 浓缩饲料、配合饲料、精料补充料生产企业的设计生产能力不小于______吨/小时。

A. 10　　B. 15　　C. 20　　D. 25

27. 饲料、饲料添加剂生产企业增加生产线的，应当按照企业设立程序向______重新申报。

A. 工商局　　B. 发证机关　　C. 农业部　　D. 省级饲料管理部门

28.《饲料标签》标准规定：产品成分分析保证值必须符合______的要求。

A. 产品检验报告　　B. 产品配方

C. 产品生产所执行的标准　　D. 经过复核后的生产投料单

29. ______对企业生产的饲料、饲料添加剂的质量安全负责。

A. 县级饲料管理部门　　B. 省级饲料管理部门

C. 省级饲料检验机构　　D. 饲料企业

30. 饲料、饲料添加剂生产企业______的，由发证机关注销生产许可证。

A. 依法终止　　B. 受到10万元以上处罚

C. 停产3个月到6个月　　D. 受到农业部通报批评

31. 任何单位和______有权举报生产许可过程中的违法行为，农业部和省级饲料管理部门应当依照权限核实、处理。

A. 团体　　B. 组织　　C. 个人　　D. 法人

32. 假冒、伪造或者买卖许可证明文件的，由国务院农业行政主管部门或者县级以上地方人民政府饲料管理部门按照职责权限收缴或者吊销、撤销______。

A. 法人机构代码证书　B. 税务登记证
C. 工商营业执照　D. 相关许可证明文件

33. 饲料中粗蛋白的含量是由饲料含氮量______得出的。

A. ×6.25　B. ÷6.25　C. ×16%　D. ×16

34. 发霉的玉米籽粒中含有______，大量采食可引起中毒。

A. 庆大霉素　B. 黄曲霉素　C. 柔红霉素　D. 维生素 B 族

35. 以干物质计，下列饲料中不属于能量饲料的是______。

A. 胡萝卜　B. 玉米　C. 高粱　D. 小麦

36. 用凯氏定氮法测定某饲料原料的含氮量为4%，则该饲料原料的粗蛋白含量为______%。

A. 4　B. 6.25　C. 25　D. 40

37. 尿能是尿中有机物所含的总能，主要来自于体内哪种营养物质的代谢产物？______。

A. 蛋白质　B. 碳水化合物　C. 脂肪　D. 粗纤维

38. 浓缩饲料不含下列哪种饲料？______。

A. 预混料　B. 能量饲料　C. 蛋白质饲料　D. 矿物质饲料

39. 下列蛋白质饲料中品质最好的是______。

A. 鱼粉　B. 豆饼　C. 棉籽饼　D. 菜籽饼

40. 下列饲料不属于动物蛋白饲料的是______。

A. 豆粕　B. 蚕蛹　C. 肉粉　D. 鱼粉

41. 玉米中含量最丰富的是______。

A. 淀粉　B. 粗蛋白　C. 脂肪　D. 粗纤维

42. 水分测定时，烘箱温度应在______℃左右。

A. 100　B. 105　C. 110　D. 115

43. 下列物质中能量含量最高的是______。

A. 淀粉　B. 维生素　C. 矿物质　D. 水

44. 胡萝卜素可以转化为______。

A. 维生素 A　B. 硫胺素　C. 烟酸　D. 胆碱

45. 碘作为必需微量元素，最主要的功能是参与______组成，调节体内代谢平衡。

A. 甲状腺　B. 肾上腺　C. 胰腺　D. 皮脂腺

46. 饲料中的粗蛋白除了包括真蛋白质外，还包括______。

A. 氨基酸　B. 非蛋白氮　C. 葡萄糖　D. 纤维素

47. 动物缺铁的典型症状是______。

A. 白肌病　B. 渗出性素质病　C. 贫血　D. 甲状腺肿大

48. 电子配料秤的配料周期一般为______分钟。

A. 5～10　B. 3～5　C. 6～10　D. 5～8

49. 膨化机螺杆分为三个不同的工作区段。其中，后段为挤出段，此处______。

A. 物料温度最低，所受压力最小　B. 物料温度最高，所受压力最大
C. 物料温度最高，所受压力最小　D. 物料温度最低，所受压力最大

50. 预混合料生产工艺中，混合后物料输送路线______。

A. 越长越好　B. 越短越好　C. 越曲折越好　D. 越有坡度越好

51. ______有利于制粒质量的提高。

A. 大量的纤维　B. 少量的纤维　C. 少量的蛋白质　D. 少量的维生素

52. 在清理工段中，磁选设备应安置在初清筛______。

A. 之后　B. 之前　C. 之时　D. 中间

53. 在 SFSP 56×40 型锤片式粉碎机中，第一个字母“S”表示______。

A. 饲料生产机械　B. 饲料加工机械设备　C. 饲料混匀设备　D. 饲料升降设备

54. 在 SFSP 56×40 型锤片式粉碎机中，“FS”表示______。

A. 饲料生产机械　B. 饲料加工机械设备　C. 粉碎机的“粉碎”　D. 饲料升降设备

55. 在 SFSP 56×40 型锤片式粉碎机中，“P”表示______。

A. 锤片的“图”　B. 粉碎机　C. 锤片　D. 锤片的“片”

56. 在 SFSP 56×40 型锤片式粉碎机中，“56×40”表示______。

A. 粉碎机的转子半径为 56 cm，粉碎室的长度为 40 cm

B. 粉碎机的转子直径为 56 cm，粉碎室的宽度为 40 cm

C. 粉碎机的转子半径为 56 cm，粉碎室的宽度为 40 cm

D. 粉碎机的转子直径为 56 cm，粉碎室的长度为 40 cm

57. 制粒机环模模孔中的______是最常见的孔型。

A. 阶梯孔　B. 直形孔　C. 外锥孔　D. 内锥孔

58. 制粒机环模模孔中的______适合加工小粒径的物料。

A. 阶梯孔　B. 直形孔　C. 外锥孔　D. 内锥孔

59. 制粒机环模模孔中的______适合加工粗纤维含量多的物料。

A. 阶梯孔　B. 直形孔　C. 外锥孔　D. 内锥孔

60. 制粒机环模模孔中的______适宜加工牧草类等体积大的物料。

A. 阶梯孔　B. 直形孔　C. 外锥孔　D. 内锥孔

61. 制粒机环模模孔的开孔率大，产量就______。

A. 越大　B. 越小　C. 无关　D. 不变

62. 颗粒排出冷却器的温度______室温。

A. 不会高于　B. 不会低于　C. 等于　D. 无关

63. 一般认为经冷却的颗粒料比室温高______℃。

A. 3～5　B. 5～6　C. 3～7　D. 5～8

64. 颗粒排出冷却器的水分能降至______为合格。

A. 8%～9%　B. 10%～12%　C. 12%～13%　D. 13%～15%

65. 配合饲料，要求其变异系数值不超过______%。

A. 5　B. 6　C. 8　D. 10

66. 对于预混料饲料，要求其变异系数值不超过______%。

A. 5　B. 6　C. 8　D. 10

67. 制粒机环模模孔，根据孔径大小，开孔率以______为宜。

A. 10%～20%　B. 20%～30%　C. 10%～12%　D. 10%～15%

68. 圆孔筛或方孔筛是按照籽实的______尺寸进行异物分离的。

A. 厚度　B. 直径　C. 宽度　D. 长度

69. 长孔筛是按照籽实的______尺寸进行异物分离的。

A. 厚度　B. 直径　C. 宽度　D. 长度

70. 饲料生产车间内需设置磁选设备的主要部位是______。

A. “一前一后”　B. “两前一后”　C. “三前一后”　D. “一前三后”

71. 饲料生产车间内需设置磁选设备的主要部位是“三前一后”，其中，“一后”指______。

A. 成品打包后　B. 初清筛后　C. 粉碎机前　D. 制粒机后

72. 制粒前的调质要求蒸汽应是______蒸汽。
A. 高温、少水的过饱和
B. 低温、多水
C. 高温、多水
D. 低温、少水的过饱和

73. 制粒前的调质要求蒸汽压力为______mPa。
A. 0.1~0.2　B. 0.2~0.4　C. 0.3~0.4　D. 0.3~0.5

74. 制粒前的调质要求蒸汽温度为______℃。
A. 100~110　B. 130~150　C. 130~140　D. 140~150

75. 一般出机的颗粒料的温度为______℃。
A. 65~70　B. 70~85　C. 75~95　D. 80~95

76. 一般出机的颗粒料的水分为______。
A. 10%~12%　B. 12%~16%　C. 13%~15%　D. 14%~18%

77. 制粒前添加油脂的量不宜超过______%。
A. 2　B. 3　C. 4　D. 5

78. 制粒前的调质要求原料的粉碎粒度要______。
A. 较粗　B. 较细　C. 均匀　D. 适中

79. 生产膨化饲料与生产颗粒饲料相比，调质过程中水分的要求，生产膨化饲料要______生产颗粒饲料。
A. 高于　B. 低于　C. 等于　D. 略低于

80. 锤片安装在转子销轴上的位置，称为______。
A. 转子的排列方式
B. 锤片的排列方式
C. 锤片的安装方式
D. 转子的安装方式

81. 大豆中含有多种营养抑制因子，主要有______。
A. 蛋白酶抑制因子
B. 植酸酶抑制因子
C. 脂肪酶抑制因子
D. 维生素抑制因子

82. 饲料进入清洁物品贮藏间时，一般经过______传进。
A. 传送带
B. 消毒液体渡槽
C. 人工
D. 消毒传送带

三、多项选择题（有1个以上的正确答案）：

1. 饲料、饲料添加剂生产企业有下列______情形的，必须向企业所在地的省级饲料管理部门提出变更申请并提交相关证明。
A. 企业名称变更
B. 企业技术负责人变更
C. 企业注册地址或注册地址名称变更
D. 生产地址名称变更

2. 提供虚假的资料、样品或者采取其他欺骗方式取得许可证明文件的，应受到以下处罚：______。
A. 由发证机关撤销相关许可证明文件
B. 处5万元以上10万元以下罚款
C. 申请人2年内不得就同一事项申请行政许可
D. 申请人3年内不得就同一事项申请行政许可

3. 申请人隐瞒有关情况或者提供虚假材料申请生产许可的，应该受到处罚的是______。
A. 饲料管理部门不予受理或者不予许可，并给予警告
B. 罚款1万元以下
C. 申请人在1年内不得再次申请生产许可
D. 申请人在3年内不得再次申请生产许可

4. 饲料、饲料添加剂生产企业不依照相关条例规定实行采购、生产、销售记录制度的，应该______。
A. 由县级以上地方人民政府饲料管理部门责令改正
B. 处 1 万元以上 2 万元以下罚款
C. 由农业部责令改正
D. 处 2 万元以上 3 万元以下罚款

5. 存放维生素、微生物添加剂和酶制剂等热敏物质的贮存间应______。
A. 密闭性能良好 B. 通风避光 C. 配备空调 D. 加风设备

6. 饲料生产企业委托其他饲料生产企业生产的，应当______。
A. 签订委托合同
B. 依法明确双方在委托产品生产技术等方面的权利和义务
C. 依法明确双方在质量控制方面的权利和义务
D. 出具生产许可证

7. 饲料、饲料添加剂生产企业应当具备必要的______。
A. 产品质量检验机构 B. 人员 C. 设施 D. 质量管理制度

8. 目前最常见的配料工艺流程有______。
A. 多仓数秤 B. 多仓一秤 C. 一仓一秤 D. 两仓两秤

9. 下列饲料原料中，属于能量饲料的有______。
A. 尿素 B. 小麦籽实 C. 大豆油 D. 淀粉

10. 粗饲料的加工处理方法有______。
A. 分解方法 B. 物理方法 C. 化学方法 D. 微生物方法

11. 饲料厂对料仓的基本要求之一是其中的物料能实现______。
A. 先进先出 B. 后进先出 C. 全进全出 D. 全进部分出

12. 分批式混合机下一般应设置缓冲仓，以保证______。
A. 充分混匀 B. 其后的输送设备能均匀地满负荷工作
C. 缩短混合周期 D. 减少缓冲

13. 粉碎机的能耗与粉碎程度关系很大，______。
A. 粉碎越粗，能耗越大 B. 粉碎越细，能耗越小
C. 粉碎越粗，能耗越小 D. 粉碎越细，能耗越大

14. 颗粒状物料实现筛分的三个基本条件是______。
A. 配置合适的筛孔 B. 物料与筛面应充分地接触
C. 物料与筛面之间应有适当的相对运动 D. 物料与筛面应保持相对静止

15. 按粉碎机的进料方向划分，锤片式粉碎机有______三种。
A. 切向进料式 B. 顶部进料式 C. 轴向进料式 D. 侧向进料式

16. 按筛板的形式划分，有______两种。
A. 有筛式 B. 无筛式 C. 粗筛式 D. 细筛式

17. 粉碎饲用原料的方法主要有______。
A. 压碎 B. 劈碎 C. 磨碎 D. 冲击破碎

18. 饲用原料被细碎的程度可用______两个特征数来表示。
A. 平均长度 B. 平均粒径 C. 粒度的分布 D. 颗粒重量

19. 配料计量秤的计量性能主要包括______。
A. 称量准确度 B. 鉴别力 C. 重复性 D. 耐久性

20. 混合过程是物料之间相互掺和和相互运动的一个过程。在外力作用下，物料的混合过程主要有______等形式。

A. 对流混合　B. 剪切混合　C. 扩散混合　D. 均匀混合

21. 按混合工艺来划分，混合操作分为______两种。

A. 分批混合　B. 对流混合　C. 连续混合　D. 扩散混合

22. 饲料机械产品的型号一般由______等部分组成。

A. 专业代号　B. 产品品种代号

C. 产品型号代号　D. 产品的主要规格

23. 电子配料秤主要由______和电子线路组成。

A. 秤斗　B. 传力连接件　C. 称重传感器　D. 重量显示仪表

24. 根据原料的不同特点或饲料产品的不同要求，制粒机环模模孔常见的有______几种孔型。

A. 直形孔　B. 阶梯孔　C. 外锥孔　D. 内锥孔

25. 饲料配料计量秤根据其工作原理可以分为______两类。

A. 容积式　B. 重量式　C. 连续式　D. 间歇式

26. 饲料配料计量按工作过程可以分为______两类。

A. 容积式　B. 重量式　C. 连续式　D. 分批式

27. 饲料生产车间内设置磁选设备的主要部位是"三前一后"，其中，"三前"指______。

A. 粉碎机前　B. 制粒机前　C. 初清筛前　D. 成品打包之前

28. 饲料生产车间内设置磁选设备的目的在于______。

A. 保证安全　B. 清除铁质杂物

C. 保证产品质量　D. 保护生产设备

29. 生产中应注意的饲用原料的主要基本特性有______。

A. 散落性　B. 吸附性　C. 吸湿性　D. 密度

30. 为提高混合均匀度，减少物料的飞扬，在进料时应______。

A. 先把配制好的配比量比较大的大宗原料先进

B. 再进小组分物料

C. 先把配制好的配比量比较小的组分先进

D. 再进大组分物料

31. 生产中应注意的饲用原料的主要基本特性有______。

A. 吸湿性　B. 吸附性　C. 热稳定性　D. 化学稳定性

32. 物料经挤压膨化后，会产生各种各样的变化，其宏观结构的变化可以用______表示。

A. 膨化制品的密度　B. 膨化度

C. 膨化制品的厚度　D. 膨化系数

33. 锤片的排列方式关系到______。

A. 粉碎机转子的平衡　B. 物料在粉碎室内的分布

C. 锤片磨损的均匀程度　D. 粉碎机的转速

34. 蛋白质饲料包括______。

A. 粗蛋白含量 20% 以上　B. 粗蛋白含量 18% 以上

C. 粗纤维含量 18% 以下　D. 粗纤维含量 20% 以下

35. 在动物体内，当供给热能的______不足时，蛋白质也可以在体内分解，释放热能。

A. 脂肪　B. 碳水化合物　C. 矿物质　D. 维生素

36. 根据蛋白质所含的种类和氨基酸的种类与数量，蛋白质可以分为______。

A. 完全蛋白质　B. 半完全蛋白质　C. 不完全蛋白质　D. 非氮蛋白质

37. 下列属于完全蛋白质的是______。

A. 奶类　B. 蛋类　C. 鱼肉　D. 麦胶蛋白

38. 蛋白质饲料主要包括______。
    A. 饼粕类　B. 植物性蛋白饲料　C. 动物性蛋白饲料　D. 玉米

四、判断题（在括号内打“√”或“×”表示）：

(　　) 1. 饲料生产企业使用被限制使用的饲料原料生产饲料，应遵守省级饲料管理部门的限制性规定。
(　　) 2. 饲料生产企业生产的饲料，经检验不合格的，应当附具产品质量检验证。
(　　) 3. 委托生产产品标签应当同时标明委托方和受托方的名称、注册地址、许可证编号。
(　　) 4.《饲料生产企业许可条件》规定饲料生产企业的质量机构应当配备负责人。
(　　) 5. 向养殖者运送饲料的罐装车应当随车附具饲料标签。
(　　) 6. 配合饲料生产许可证损毁的，应当在60日内向发证机关申请补发。
(　　) 7. 常规饲料分析是用甲醚浸提样品。
(　　) 8. 饲料、饲料添加剂生产企业应当有符合国家环境保护要求的生产措施。
(　　) 9.《饲料和饲料添加剂管理条例》所称的浓缩饲料，是主要由蛋白质、矿物质和载体按照一定比例配制的饲料。
(　　) 10. 委托生产的产品应在生产方一方的生产许可范围内。
(　　) 11. 技术机构的负责人，应当熟悉饲料法规、动物营养等专业知识，并通过现场考核。
(　　) 12. 饲料添加剂生产企业生产许可证遗失的，应当在180日内向发证机关申请补发。
(　　) 13. 浓缩饲料、配合饲料、精料补充料生产企业的设计生产能力不小于10吨/小时。
(　　) 14. 饲料、饲料添加剂生产企业增加生产线的，不需按照企业设立的程序向发证机关重新申报。
(　　) 15. 饲料中粗蛋白的含量是由饲料含氮量×6.25得出的。
(　　) 16. 发霉的玉米籽粒中含有黄曲霉素，大量采食可引起中毒。
(　　) 17. 以干物质计，属于能量饲料的是大豆。
(　　) 18. 用凯氏定氮法测定某饲料原料含氮量为4%，则该饲料原料的粗蛋白含量为25%。
(　　) 19. 尿能是尿中有机物所含的总能，主要来自于体内蛋白质的代谢产物。
(　　) 20. 浓缩饲料不含的饲料是蛋白质饲料。
(　　) 21. 蛋白质饲料中品质最好的是鱼粉。
(　　) 22. 鱼粉中含量最丰富的是淀粉。
(　　) 23. 水分测定时，烘箱温度应在105 ℃左右。
(　　) 24. 对于配合饲料，要求其变异系数值不超过30%。
(　　) 25. 对于预混料饲料，要求其变异系数值不超过5%。
(　　) 26. 制粒机环模模孔，根据孔径大小，开孔率以40%～50%为宜。
(　　) 27. 圆孔筛或方孔筛是按照籽实的宽度尺寸进行异物分离的。
(　　) 28. 长孔筛是按照籽实的直径尺寸进行异物分离的。
(　　) 29. 饲料生产车间内需设置磁选设备的主要部位是“三前一后”。
(　　) 30. 饲料生产车间内需设置磁选设备的主要部位是“三前一后”，其中，“一后”指初清筛前。
(　　) 31. 制粒前的调质要求蒸汽应是高温、少水的过饱和蒸汽。
(　　) 32. 制粒前的调质要求蒸汽压力为0.6～0.8 mPa。
(　　) 33. 制粒前的调质要求蒸汽温度为130～150 ℃。
(　　) 34. 一般出机的颗粒料的温度为100～120 ℃。
(　　) 35. 一般出机的颗粒料的水分为14%～18%。
(　　) 36. 制粒前添加油脂的量不宜超过8%。
(　　) 37. 制粒前的调质要求原料的粉碎粒度要适中。

(　　) 38. 生产膨化饲料与生产颗粒饲料相比，调质过程中水分的要求，生产膨化饲料要低于生产颗粒饲料。

(　　) 39. 锤片安装在转子销轴上的位置，称为锤片的排列方式。

五、名词解释：

1. 全价配合饲料
2. 浓缩饲料
3. 粗蛋白（CP）
4. 粗脂肪
5. 制粒

六、问答题：

1. 饲料质量管理的内容包含哪些？
2. 饲料质量检测的内容有哪些？
3. 饲料养分分析有哪些项目？
4. 试述矿物质的营养特点。
5. 与粉状饲料相比，颗粒饲料具有哪些优点？
6. 膨化过程的特点有哪些？
7. 饲料膨化工艺和参数对营养有哪些影响？
8. 用粉碎机粉碎的目的是什么？
9. 粉碎机使用注意事项有哪些？
10. 胆碱的生理功能有哪些？
11. 逆流式冷却器的优点有哪些？
12. 饲料厂中常见的原料接收设备有哪些？
13. 什么是实验动物饲料中的氨基酸失衡？氨基酸失衡会产生什么样的后果？

（编写：闫立新、寇红岩　　审核：詹纯列、苏乔）

第十六章　实验动物普通笼器具生产加工

一、填空题：

1. 实验动物普通笼架有________、________和____________ 三种类型。
2. 实验动物自动冲洗式笼架由______、______、______、落水口和自动饮水器组成。
3. 实验动物普通笼架采用不锈钢或其他适宜材料制作，架体______、______和______，装拆移动方便。
4. 实验动物普通笼架表面要光洁，耐酸耐碱，不易腐蚀和________。
5. 实验动物普通笼箱与笼架要______，箱体移动要自如，不易跌落。
6. 实验动物饮水器应采用不锈钢材料制成，应不渗漏、________和不生锈。
7. 实验动物普通塑料笼箱由带有隔板的______和______两部分组成。
8. 实验动物普通塑料笼箱的箱体表面应该__________、______和__________，不得有花斑、凹陷和裂痕。
9. 实验动物普通塑料笼箱的箱体应______、耐碱，不易腐蚀。
10. 实验动物普通塑料笼箱的箱体应能耐______和______，用高压蒸汽灭菌器在 121 ℃下灭菌 30 分钟 50 次后不变形。
11. 实验动物普通塑料笼箱的箱体应能耐受冲击，在____m 高度自由落到水泥地面上不破损。
12. 实验动物普通塑料笼箱的箱体应____异常毒性。
13. 实验动物普通塑料笼箱的网罩外观应平整、______，与箱体匹配。
14. 实验动物普通塑料笼箱的网罩钢丝焊接点应能承受 20 N 的静态拉力 20 秒，________和________。
15. 使用金属材料制作的实验动物笼箱网罩边缘应________、无反光和__________。
16. 实验动物普通金属笼箱有____、____、____、______、地鼠和豚鼠等种类系列产品。
17. 实验动物普通金属笼箱由______和______两部分组成。
18. 实验动物普通笼箱的尺寸应保证实验动物饲养所需的______和______。
19. 实验动物笼具的内外边角均应______和________，动物不易噬咬、咀嚼。
20. 实验动物普通金属笼箱的焊接点应能承受 20 N 的静态拉力 20 秒，________和________。
21. 实验动物用饮水瓶由______、______和饮水管组成。
22. 实验动物用饮水瓶的外观应__________、______和__________，不得有花斑、凹陷和裂痕。
23. 实验动物用饮水瓶应能耐酸和耐____。
24. 实验动物用饮水瓶应能耐高温和高压，用高压蒸汽灭菌器在________℃下灭菌______分钟 50 次不变形。
25. 实验动物用饮水瓶应能耐受冲击，在____m 高度自由落到水泥地面上不破损。
26. 实验动物用饮水瓶的饮水管应用不锈钢材料制作，长度不小于____cm。
27. 实验动物用饮水瓶的饮水管前端出水口应______，孔径 φ 为________mm。
28. 实验动物笼具生产后应逐项进行检验，检验合格后并附上________方可出厂。
29. 隔离器有______和______两种。
30. 层流架是自身带有______净化和通风系统的设备，可用于实验动物饲养和实验观察。

31. 笼具是实验动物的______场所，并对动物的活动范围进行______。
32. 机器设备的气、液传动机构，应设有__________和__________装置。
33. 切削对刀必须缓慢进行，自动对刀距工件__________mm 时，应停止机动，改用手摇进给。
34. 切削加工中不用的刀架应开到______位置。
35. 在切削过程中，刀具退离工件前，不准______。
36. 切削过程中禁止__________、变换__________和方向。
37. 钻制小件零件时，应用工具夹持着进行，禁止用____拿着钻制。
38. 压力机的销钉、螺栓应有防______措施。
39. 实验动物普通塑料笼箱的箱体耐冲击的检验方法是：将箱体端平，自 1 m 高度自由跌落________上，观察是否破损。
40. 实验动物普通塑料笼箱耐高温和高压的检验方法是：用高压蒸汽灭菌器在________℃下灭菌 30 分钟 50 次，观察是否变形。
41. 实验动物普通笼器具耐酸耐碱（耐腐蚀）的检验方法是：分别在 pH = ____和 pH = ____的溶液中浸泡 24 h，观察是否被腐蚀。
42. 实验动物笼器具检验合格与否的判断原则是：经检验如有不合格项，允许在同批产品中加倍抽样，对__________进行复检，若复检结果仍不合格，则该批产品________。
43. 实验动物饮水器检验方法：饮水器进水后，观察 5 分钟，应________。
44. 实验动物用饮水瓶与瓶塞之间密封性的检验方法：按实际规格装入净水后，倒置，当达到平衡后无______自由落下。
45. 每生产一批实验动物用饮水瓶，都要随机抽取____%样品供试验用，不少于____个。
46. 每批生产的塑料笼具（包括饮水瓶）要按____%抽取样品进行异常毒性试验。
47. 用于无菌级动物饲养及实验的隔离器都采用______，即罩内空气压力高于外界。
48. 隔离器用于________级、______级和__________的饲养繁殖和动物实验。
49. 实验动物前开口式笼具通常用________、________和________等材质制作。
50. 实验动物塑料笼器具异常毒性试验中所用的小鼠应分为实验组和对照组，每组____只，复试时每组______只。
51. 实验动物塑料笼器具异常毒性试验中制备供试液的浸提介质要求用______和________的 0.9% 氯化钠注射液。
52. 实验动物塑料笼器具异常毒性试验中使用的空白对照液是______和________的 0.9% 氯化钠注射液。
53. 实验动物塑料笼器具异常毒性试验中制备供试液应按______操作方法进行。
54. 用于实验动物塑料笼器具异常毒性试验的供试液应在制备后______h 内使用。

二、单项选择题（只有 1 个正确答案）：

1. 制作实验动物用金属笼箱采用______不锈钢丝。
   A. 2Cr18Ni9Ti　B. 1Cr18Ni9Ti　C. 2Cr16Ni9Ti　D. 2Cr18Ni8Ti
2. 制作大鼠、豚鼠金属笼箱的钢丝直径 φ 应不小于______mm。
   A. 1　B. 1.2　C. 1.5　D. 1.6
3. 制作兔金属笼箱的钢丝直径 φ 应不小于______mm。
   A. 1.8　B. 2　C. 2.5　D. 3
4. 制作兔金属笼箱框架的钢丝直径 φ 应不小于______mm。
   A. 2　B. 2.5　C. 3　D. 4

5. 制作猴金属笼箱的钢丝直径 φ 应不小于______mm。

A. 2.5　B. 3　C. 4　D. 5

6. 犬笼箱的钢丝直径 φ 应不小于______mm。

A. 4　B. 5　C. 6　D. 7

7. 实验动物用普通金属笼箱的焊接点应能承受______N 的静态拉力 20 s，不断裂、不脱焊。

A. 5　B. 10　C. 20　D. 30

8. 猴金属笼箱的钢丝间隔是______mm。

A. 20　B. 30　C. 35　D. 40

9. 犬笼箱的钢丝间隔是______mm。

A. 20　B. 25　C. 30　D. 45

10. 豚鼠金属笼箱的钢丝间隔是______mm。

A. 10 ±1　B. 20 ±1　C. 25 ±1　D. 15 ±1

11. 兔金属笼箱的钢丝间隔是______mm。

A. 15 ±5　B. 24 ±5　C. 30 ±1　D. 34 ±1

12. 猴金属笼箱的底栅格间距是______mm。

A. 15 ±1　B. 25 ±1　C. 35 ±1　D. 45 ±1

13. 犬金属笼箱的底栅格间距是______mm。

A. 10 ±1　B. 20 ±1　C. 30 ±1　D. 40 ±1

14. 大鼠、豚鼠金属笼箱的底栅格间距是______mm。

A. 5.5 ±1　B. 8.5 ±1　C. 10.5 ±1　D. 15.5 ±1

15. 兔金属笼箱的底栅格间距是______mm。

A. 5 ±2　B. 10 ±2　C. 15 ±2　D. 20 ±2

16. 实验动物普通塑料笼箱出厂合格标准：应能耐受冲击，在______m 高度自由跌落到水泥地面上不破损。

A. 1　B. 2　C. 3　D. 4

17. 小鼠塑料笼箱的网罩钢丝间距为______mm。

A. 5.5 ±0.5　B. 6.5 ±0.5　C. 7.5 ±0.5　D. 8.5 ±0.5

18. 大鼠、豚鼠、地鼠塑料笼箱的网罩钢丝间距为______mm。

A. 8.5 ±1　B. 10.5 ±1　C. 15.5 ±1　D. 20.5 ±1

19. 实验动物普通笼架水冲式托盘有一定坡度，一般要求在______度以上。

A. 1　B. 2　C. 3　D. 4

20. 裁剪板材类的机床一般用______。

A. 车床　B. 钻床　C. 冲床　D. 剪床

21. 实验动物普通笼箱与笼架要______，箱体移动要自如，不易跌落。

A. 匹配　B. 大小一致　C. 尺寸一样　D. 相同材料

22. 层流架是自身带______净化和通风系统，可作为实验动物饲养和实验观察的专用设备。

A. 空气　B. 饮水　C. 饲料　D. 光线

23. 实验动物悬挂式金属网笼具多用______材料制作，有利于防止腐蚀和损坏。

A. 普通钢　B. 不锈钢　C. 塑料　D. 玻璃钢

24. 生产作业空间设计的基本原则是为________创造舒适、安全的作业条件的要求，合理地设计和布置机器、设备和工具。

A. 行政人员　B. 财务人员　C. 学徒　D. 操作者

25. 实验动物自动冲洗式笼架由架体、托盘、______、落水口和自动饮水器组成。

A. 食盘　B. 水箱　C. 育儿箱　D. 饮水管

26. 实验动物普通笼架采用不锈钢或其他适宜材料制作，架体稳定、________和平整，装拆移动方便。

A. 活动自如　B. 光亮　C. 牢固　D. 平滑

27. 实验动物普通塑料笼箱应能耐高温和高压，用高压蒸汽灭菌器在______℃下灭菌30分钟50次后不变形。

A. 100　B. 101　C. 115　D. 121

28. 实验动物普通塑料笼箱应能耐高温和高压，用高压蒸汽灭菌器在121 ℃下灭菌30分钟______次后不变形。

A. 10　B. 20　C. 40　D. 50

29. 实验动物普通塑料笼箱的箱体应能耐受冲击，在______m高度自由落到水泥地面上不破损。

A. 1　B. 2　C. 3　D. 4

30. 实验动物普通塑料笼箱的箱体应能耐受冲击，在1 m高度自由落到______地面上不破损。

A. 塑料　B. 纤维　C. 金属　D. 水泥

31. 实验动物普通塑料笼箱的网罩钢丝焊接点应能承受______N的静态拉力20秒，不断裂和不脱焊。

A. 10　B. 15　C. 20　D. 25

32. 实验动物普通塑料笼箱的网罩钢丝焊接点应能承受20 N的静态拉力______秒，不断裂和不脱焊。

A. 10　B. 15　C. 20　D. 25

33. 实验动物用饮水瓶要能耐受冲击，在______m高度自由落到水泥地面上不破损。

A. 1　B. 1.5　C. 2　D. 2.5

34. 实验动物用饮水瓶的饮水管用不锈钢材料制作，长度不小于______cm。

A. 2　B. 4　C. 6　D. 8

35. 实验动物用饮水瓶的饮水管前端出水口应光滑圆整，孔径φ为______mm。

A. 1~2　B. 2~3　C. 3~4　D. 4~5

36. 实验动物饮水器检验方法：饮水器进水后，观察______分钟，应无泄漏。

A. 1　B. 2　C. 4　D. 5

37. 用于实验动物塑料笼器具异常毒性试验的供试液应在制备后______h内使用。

A. 2　B. 10　C. 14　D. 24

38. 实验动物塑料笼器具异常毒性试验中所用的小鼠应分为实验组和对照组，每组______只，复试时每组10只。

A. 2　B. 3　C. 4　D. 5

39. 实验动物塑料笼器具异常毒性试验中所用的小鼠应分为实验组和对照组，每组5只，复试时每组______只。

A. 5　B. 6　C. 8　D. 10

40. 实验动物塑料笼器具异常毒性试验中制备供试液的浸提介质是无菌和无热源的______%氯化钠注射液。

A. 0.5　B. 0.9　C. 1　D. 1.2

41. 实验动物塑料笼器具异常毒性试验中使用的空白对照液是无菌和无热源的______%氯化钠注射液。

A. 0.5　B. 0.9　C. 1　D. 1.2

42. 每生产一批实验动物用饮水瓶，都要随机抽取________%样品供试验用，不少于5个。

A. 1　B. 2　C. 3　D. 4

43. 每生产一批实验动物用饮水瓶，都要随机抽取1%样品供试验用，不少于______个。

A. 2　B. 3　C. 4　D. 5

44. 实验动物笼具生产后应逐项进行检验，检验合格后并附上______方可出厂。

A. 检验证　B. 合格证　C. 验收证　D. 抽检证

45. 实验动物饮水器检验方法：饮水器进水后，观察5分钟，应无______。

A. 黏滑　B. 反光　C. 堵塞　D. 泄漏

46. 正确地安装紧固砂轮，必须装有砂轮______。

A. 防护罩　B. 盖　C. 护套　D. 护栏

47. 进行磨削时，必须在砂轮和工件______后再吃刀，开始吃刀不能过猛。

A. 停止　B. 开动　C. 安全　D. 吻合

48. 在机床主轴箱后，工件沿轴向不得超出______mm。

A. 100　B. 150　C. 200　D. 250

49. 加工偏心工件时，必须在卡盘或工件上加配适应的______重块，夹持牢固，并要经常检查，防止松动。

A. 平衡　B. 水平　C. 铁销　D. 以上都是

50. 切削对刀必须缓慢进行，自动对刀距工件______mm时，应停止机动，改用手摇进给。

A. 10~30　B. 20~40　C. 30~50　D. 40~60

51. 在切削过程中，刀具退离工件______，不准停车。

A. 前　B. 中　C. 后　D. 以上都是

52. 笼器具生产机器同步齿形带传动，传动比应大于______。

A. 5　B. 10　C. 15　D. 20

53. 笼器具生产机器链传动，传动比一般为______。

A. 4　B. 5　C. 6　D. 7

54. 笼器具生产机器链传动，中心距一般为______m。

A. 2~3　B. 3~4　C. 4~5　D. 5~6

55. 笼器具生产机器链传动，最大链速一般不大于______m/s。

A. 5　B. 10　C. 15　D. 20

56. 笼器具生产机器同步齿形带传动，带宽应比带轮齿宽小______mm。

A. 3~10　B. 2~8　C. 4~6　D. 5~10

57. 平面磨床等机器的卡盘与砂轮侧面的非接触部分应有不小于______mm的足够间隙。

A. 1　B. 1.5　C. 2　D. 2.5

58. 平面磨床等机器的砂轮卡盘的材料一般抗拉强度不低于______N/mm^2。

A. 400　B. 410　C. 415　D. 420

59. 笼器具生产机器齿轮传动的啮合点高度在2 m以上者，其防护装置应延伸到啮合点以上______mm。

A. 50　B. 100　C. 150　D. 200

60. 笼器具生产防护装置的护栏高度应不低于______mm。

A. 950　B. 1 050　C. 1 100　D. 1 200

61. 车间内的压力机空运转时的噪声值不得超过______dB。

A. 60　B. 70　C. 80　D. 90

62. 笼器具生产设备操纵器之间的装配安全距离，限制最小内边距离为______mm，最大内边距离为600 mm。

A. 100　B. 200　C. 250　D. 300

63. 卸料板与凸凹模合口边缘之间保持______mm的距离，操作者的手指就不会被压伤。

A. 5~10　B. 10~15　C. 15~25　D. 20~35

64. 为了缩小模具危险区的面积，应将凸凹模之间的合口部位制成______，以减少手指被压伤的可能。

A. 正面　　B. 斜面　　C. 正斜面　　D. 侧斜面

65. 冲压事故发生率最高是在______阶段。

A. 送料　　B. 取料　　C. 送取料　　D. 以上都不是

66. 可燃、助燃气体气瓶，与明火的距离一般不得小于______m。

A. 5　　B. 10　　C. 15　　D. 20

67. 焊钳连接端要用______m 长的软线连接，否则不便于操作。

A. 1～2　　B. 2～3　　C. 3～4　　D. 4～5

68. 气体保护焊的焊钳从夹焊条处至握柄连接处的间距为______mm。

A. 132　　B. 142　　C. 152　　D. 162

69. 进行实验动物塑料笼器具异常毒性试验时，将供试液和空白对照液分别注入小鼠的尾静脉，注射速度为______mL/s 。

A. 0.1　　B. 0.2　　C. 0.3　　D. 0.4

70. 进行实验动物塑料笼器具异常毒性试验时，将供试液和空白对照液分别注入小鼠的尾静脉，注射剂量为______mL/kg。

A. 30　　B. 40　　C. 50　　D. 60

71. 实验动物普通笼器具耐酸耐碱（耐腐蚀）的检验方法是：分别在 pH = 2 和 pH = 10 的溶液中浸泡______ h，观察是否被腐蚀。

A. 10　　B. 20　　C. 24　　D. 30

72. 实验动物普通塑料笼箱耐酸耐碱测试应分别放在 pH = ______、pH = 10 的溶液中浸泡 24 h，观察是否被腐蚀。

A. 1　　B. 2　　C. 3　　D. 4

73. 实验动物普通塑料笼箱耐酸耐碱测试应分别放在 pH = 2、pH = ______的溶液中浸泡 24 h，观察是否被腐蚀。

A. 7　　B. 8　　C. 9　　D. 10

74. 实验动物普通塑料笼箱耐高温和高压测试方法是：用高压蒸汽灭菌器在 121 ℃下灭菌______分钟 50 次，观察结果。

A. 10　　B. 15　　C. 20　　D. 30

75. 用于实验动物饲养和实验的层流架气流速度的测定应在层流架连续运行______h 以上再进行。

A. 10　　B. 24　　C. 48　　D. 72

76. 用于实验动物饲养和实验的层流架空气洁净度的测定应在层流架连续运行______h 以上再进行。

A. 72　　B. 48　　C. 24　　D. 10

三、多项选择题（有 1 个以上的正确答案）：

1. 实验动物普通塑料笼箱由带有隔板的______组成。

A. 网罩　　B. 箱体　　C. 顶板　　D. 框架

2. 实验动物普通塑料笼箱箱体表面应光洁、平整、色泽均匀，不得有______。

A. 花斑　　B. 反光　　C. 裂痕　　D. 凹陷

3. 实验动物普通笼架分为______等类型。

A. 平板式　　B. 抽屉式　　C. 自动冲洗式　　D. 倒挂式

4. 实验动物普通笼架的水箱可采用______材料制成，应密封不漏。

A. 铁板 B. 玻璃钢 C. 塑料 D. 不锈钢

5. 实验动物自动冲洗式笼架由______和自动饮水器组成。

A. 架体 B. 托盘 C. 水箱 D. 落水口

6. 实验动物普通笼架采用不锈钢或其他适宜材料制作，架体要______和装拆移动方便。

A. 稳定 B. 牢固 C. 平整 D. 无反光

7. 实验动物普通塑料笼箱的箱体应能耐______，用高压蒸汽灭菌器在 121 ℃下灭菌 30 分钟 50 次后不变形。

A. 低温 B. 高温 C. 低压 D. 高压

8. 实验动物普通金属笼箱由______两部分组成。

A. 箱体 B. 底板 C. 顶板 D. 框架

9. 实验动物笼具的内外边角均应______，动物不易噬咬、咀嚼。

A. 圆滑 B. 反光 C. 无锐口 D. 有花斑

10. 实验动物普通金属笼箱的焊接点应能承受 20 N 的静态拉力 20 秒，______。

A. 反光 B. 不断裂 C. 不脱焊 D. 有花斑

11. 实验动物用饮水瓶由______组成。

A. 饮水管 B. 瓶盖 C. 瓶体 D. 瓶塞

12. 实验动物用饮水瓶的外观应该______，不得有花斑、凹陷和裂痕。

A. 表面光洁 B. 平整 C. 色泽均匀 D. 透明

13. 实验动物普通金属笼箱焊接后要进行手工抛光或电解抛光，抛光后应该______。

A. 色泽均匀一致 B. 无毛刺 C. 无反光 D. 有花斑

14. 实验动物塑料笼箱产品检验项目有外观、尺寸、耐冲击性、______和异常毒性等。

A. 耐高温高压性 B. 耐酸耐碱性 C. 笼底栅格间距 D. 焊接点拉力

15. 实验动物金属笼箱产品检验项目有外观、外形偏差、______和笼底栅格间距等。

A. 钢丝间隔 B. 焊接点拉力 C. 密封性 D. 洁净度

16. 实验动物笼架产品检验项目有外观、尺寸、______等。

A. 钢丝间隔 B. 耐酸耐碱性 C. 水箱密封性 D. 洁净度

17. 实验动物层流架产品检验项目有架体外观、耐腐蚀性、______和噪音等。

A. 钢丝间隔 B. 气流速度 C. 空气洁净度 D. 落下菌数

18. 实验动物塑料饮水瓶产品检验项目有外观、尺寸、耐冲击性、______、密封性和异常毒性等。

A. 落下菌数 B. 耐酸耐碱性 C. 耐高温高压性 D. 焊接点拉力

19. 操作者在焊接时应戴好______等防护用品。

A. 面罩 B. 护套 C. 手套 D. 防尘口罩

20. 实验动物饮水设备包括________等。

A. 饮水瓶 B. 饮水盆 C. 饮水壶 D. 自动饮水装置

21. 笼器具生产设备的操作位置高出 2 m 以上时，应配置______等。

A. 操作台 B. 栏杆 C. 扶手 D. 围板

22. 笼器具生产设备零部件故障检测的重点是______。

A. 转动轴 B. 轴承 C. 齿轮 D. 叶轮

23. 笼器具生产设备内部经常出现的缺陷有______。

A. 出现裂纹 B. 绝缘质量下降

C. 由腐蚀而引起的缺陷 D. 错位

24. 笼器具生产设备出现撞击声的原因可能是______。

A. 零部件松动脱落 B. 进入异物 C. 转子不平衡 D. 错位

25. 生产实验动物笼器具的过程中禁止把______等物放在车床床身上和主轴变速箱上。
A. 工具 B. 夹具 C. 量具 D. 产品
26. 实验动物笼器具生产作业标准规程的内容应包括______。
A. 作业程序 B. 作业位置 C. 姿势 D. 动作

四、判断题（在括号内打“✓”或“×”表示）：

( ) 1. 对于实验动物笼器具生产中使用的电器设备，必须做到使用时合闸送电，不用时应及时拉闸断电。
( ) 2. 实验动物笼器具生产中使用的电焊机焊线容易损坏，操作人员必须经常检查，发现破损应及时处理。
( ) 3. 实验动物笼器具生产中安装、检修各种电器设备时必须严格按照《实用电工安全操作规程》的规定进行作业，不需采取有效的防护措施。
( ) 4. 实验动物笼器具生产中使用的焊条在使用过程中应尽量烧完，剩余的焊条头长度一般不能超过5 cm。
( ) 5. 实验动物笼器具生产作业人员需经常检查焊线、氧气和氩气胶管、风机，发现漏气漏电应立即修复或更换。
( ) 6. 实验动物笼器具中只有塑料笼具要求无异常毒性试验，金属笼具不要求。
( ) 7. 实验动物普通塑料笼箱的箱体外观要求表面光洁、平整和色泽均匀，不得有花斑、凹陷和裂痕。
( ) 8. 实验动物普通塑料笼箱应耐酸耐碱、耐高温和高压，用高压蒸汽灭菌器在121 ℃下灭菌30分钟30次后不变形。
( ) 9. 使用金属材料制作的实验动物笼箱网罩边缘应光滑无毛刺、无反光和不易生锈。
( ) 10. 实验动物普通金属笼箱焊接后不要求抛光，但色泽要均匀一致、无反光和不易生锈。
( ) 11. 每批实验动物笼器具产品都要抽样逐项进行检验，检验合格并附合格证方可出厂。
( ) 12. 实验动物笼器具每年一次抽样逐项进行检验，检验合格并附合格证方可出厂。
( ) 13. 实验动物层流架出厂前应逐台进行检验，检验合格并附合格证方可出厂。
( ) 14. 实验动物笼箱的尺寸应符合GB 14925—2010《实验动物 环境及设施》的标准，保证实验动物所需的饲养面积与空间。
( ) 15. 实验动物金属笼器具的焊接点应能承受20 N静态拉力20秒，不断裂，不脱焊。
( ) 16. 实验动物塑料笼箱产品检验项目有外观、尺寸、耐冲击性、耐高温高压性、耐酸耐碱性、焊接点拉力和异常毒性共7项。
( ) 17. 实验动物金属笼箱产品检验项目有外观、外形偏差、钢丝间隔和笼底栅格间距等。
( ) 18. 实验动物笼架产品检验项目有外观、尺寸、耐酸耐碱性和水箱密封性共4项。
( ) 19. 实验动物层流架产品检验项目有架体外观、耐腐蚀性、气流速度、空气洁净度、落下菌数和噪音共6项。
( ) 20. 实验动物塑料饮水瓶产品检验项目有外观、尺寸、耐冲击性、耐高温高压性、耐酸耐碱性、密封性和异常毒性共7项。
( ) 21. 笼器具生产设备开动后，操作人员应对设备的运行情况是否正常及时进行确认。
( ) 22. 实验动物普通塑料笼箱异常毒性试验中所有与供试液接触的器皿不需要用高压蒸汽灭菌器在121 ℃下灭菌30分钟灭菌，只要洗干净和干燥后即可使用。
( ) 23. 实验动物塑料笼器具异常毒性试验中所使用的动物是大鼠，应来自具有实验动物生产许可证的单位。

(　　) 24. 实验动物笼器具异常毒性试验中已做过实验的动物可以重复使用。

(　　) 25. 实验动物塑料笼器具异常毒性试验是将供试液注射入小鼠尾静脉，注射完毕，如发现有供试液外溢，此小鼠应弃之，另取小鼠依法操作。

(　　) 26. 实验动物塑料笼器具异常毒性试验是将供试液注射入小鼠的静脉内，注射后 72 h 内试验组动物反应与对照组的一样，则判断供试品合格。

(　　) 27. 实验动物塑料笼箱组批和抽样检验规则：以一个生产单元为一批，每批按 0.5% 的比例抽样检验，不少于 5 个。

(　　) 28. 实验动物金属笼箱组批和抽样检验规则：以一个生产单元为一批，每批按 1% 的比例抽样检验，不少于 2 个。

(　　) 29. 实验动物笼架组批和抽样检验规则：以一个生产单元为一批，每批按 0.5% 的比例抽样检验，不少于 1 个。

(　　) 30. 实验动物层流架组批和抽样检验规则：以一个生产单元为一批，每批按 1% 的比例抽样检验，不少于 1 个。

(　　) 31. 实验动物饮水瓶组批和抽样检验规则：以一个生产单元为一批，每批按 0.5% 的比例抽样检验，不少于 5 个。

五、名词解释：

1. 实验动物笼器具　　　　2. 机械伤害

六、问答题：

1. 试述实验动物笼器具出厂时外包箱上的标志应注明哪些内容。
2. 试述判断实验动物笼器具产品检验是否合格的规则。
3. 试述实验动物笼器具异常毒性试验的含义。
4. 试述实验动物塑料笼器具异常毒性试验供试液的制备方法。
5. 试述实验动物笼器具异常毒性试验对实验动物的要求。
6. 车床加工的安全技术防护措施主要有哪些？

（编写：黄冰、孔庆全、周军华　　审核：傅江南、邢会杰）

第十七章　实验动物特殊笼器具生产加工

一、填空题：

1. 独立通气笼盒（IVC）的换气次数一般选用________次/小时为宜。

2. IVC 笼盒的操作是要求把笼盒放在____级超净工作台中进行。

3. 笼盒密封性好的 IVC 设备的笼盒内外压差一般应选用________Pa 连续可调的范围为宜。

4. IVC 系统设备的空气洁净度是指静态测定________环境流动空气的洁净度。

5. 正压 IVC 笼盒内外压差是________Pa，负压 IVC 笼盒内外压差为__________Pa。

6. 由于笼盒内空气洁净度较好，IVC 笼盒内的落下菌数指标也相应较好，一般选用≤____个/0.5 h · φ 90 mm平皿为指标。如笼盒内空气洁净度达 7 级，则落下菌数可在____个/0.5 h · φ 90 mm 平皿。

7. IVC 系统控制主机内主要有__________、__________装置及________部分组成。

8. IVC 系统设备笼盒内气流测试仪器为精度________以上的热球电风速计。

9. IVC 系统设备笼盒的盒内外压差只表示________的动态变化程度和正负压状态。

10. 实验动物特殊笼器具（架）包括__________、________、________和________等。

11. IVC 独立通气笼盒由______、______、______等过滤器，______、静压箱、塑料笼盒、进排气管的架体及控制电器组成。

12. IVC 系统设备本身需要控制达到国标的项目有________、________、__________、________、________、______6 项，这也是 IVC 系统设备的主要技术参数。

13. IVC 空气洁净度的概念中，液滴一般是指直径小于________μm 的小液体颗粒。

14. IVC 空气洁净度的概念中，粉尘通常指空气动力当量直径在______μm 以下的固体小颗粒。

15. IVC 空气过滤器的各指标中，与使用期限有直接关系的指标是__________。

16. IVC 系统设备的换气次数与气流速度之间的关系是______。

17. 影响 IVC 系统空气过滤效率的有以下因素：________、__________、______。

18. IVC 小鼠繁育笼盒的笼底面积为________cm^2左右，适合饲养____对繁育鼠或________只实验鼠。

19. IVC 小鼠实验笼盒的笼底面积为______cm^2左右，适合放置______只实验小鼠。

20. IVC 大鼠繁育、实验笼盒的笼底面积为______cm^2左右，适合 1 对繁育大鼠或 3～4 只实验大鼠的饲养，也可作为小鼠的群养笼盒。

21. IVC 豚鼠实验笼盒的笼底面积约为________cm^2左右，适合 1～2 只实验豚鼠或 6～8 只实验大鼠的饲养，也可作为大鼠的群养笼盒。

22. IVC 系统设备笼盒内水平气流速度一般选用小于或等于______m/s 为宜，越小越好。

23. IVC 系统设备的风机应________、________、________，并应保证可连续运转一年以上。

24. 普通环境中放置的 IVC，其能耗是屏障环境能耗的______。

25. 测量气流速度时，IVC 系统应连续运行______h 以上。

26. IVC 系统塑料笼箱内的环境指标，在静态时洁净度达到____级，气流速度______m/s，落下菌数应小于____个/0.5 h · φ90 mm 平皿，噪音低于______dB。

27. IVC 笼盒的耐冲击性要求，笼盒从____m 高度自由跌落到水泥地面上不破损。

28. IVC 塑料笼箱进排风口处，其上盖与底盒间均有耐高压的________，保证塑料笼箱密封无泄漏。

29. 江苏省地方标准规定，塑料笼盒的尺寸应保证实验动物所需要的饲养面积与空间，不同动物的饲养面积和空间符合 GB________________的规定。

30. ______省是我国 IVC 设备生产规模最大的省份。

31. IVC 设备的使用，目的是把__________与________级实验动物完全分开，采用笼盒内独立进排风方式。

32. 在预防感染方面，IVC 系统解决了屏障环境中__________之间交叉感染的问题。

33. IVC 系统设计的基本原则，是应使其笼盒内的微环境指标达到和超过 GB______________________实验动物环境及设施标准中有关实验动物屏障环境的指标要求。

34. 国外 IVC 设备中能达到 IVC 笼盒内的最高换气次数是________次/小时。

35. IVC 设备每小时换气量的求得公式是：Q = __________Sv。

36. IVC 笼盒间相对压差要求是______Pa。

37. IVC 笼架的进、排气嘴不得直接伸入笼盒内，以防止__________。

38. IVC 笼盒在群养大鼠时要求笼盒底面积应不小于________m^2。

39. IVC 的中文名称是____________。

40. IVC 主机开启后笼盒内噪音应小于______dB。

41. IVC 对环境设施的温度要求为____________℃。

42. IVC 笼盒灭菌在________℃情况下，时间不少于 3 分钟。

43. PEI 材料制作的笼盒具有较强的耐高温性能，可在______________℃内长期使用。

44. IVC 笼架应选耐用、无毒、耐腐蚀、易消毒的__________材料制作。

45. 影响 IVC 笼盒内压力的主要因素是__________程度。

46. 大小鼠 IVC 笼盒内要求动物照度为__________lx。

47. IVC 笼盒的最高效、最常用的灭菌方法为_______________法。

48. 目前国内外 IVC 系统的整机款式有____________、______________、__________三种。

49. 目前国内 IVC 系统设备的规格仅有______、______、____、______四种动物品种的笼盒。

50. IVC 操作人员在普通环境放置的 ISO 5 级超净台上操作时，为防止污染，必须具备___________、________________、________三种装备。

51. IVC 动物饮用水处理中，水应经过________℃，______分钟高温高压灭菌处理。

52. IVC 动物饮用酸化水的 pH 值应控制在____________为宜。

二、单项选择题（只有 1 个正确答案）：

1. IVC 主机风机应选用高效、低噪音优质风机，运行噪音应 ≤______dB。
   A. 45　B. 55　C. 65　D. 75
2. IVC 主机应具备空气净化功能，送至笼盒内的空气洁净度应达到______级以上。
   A. 5　B. 7　C. 8　D. 9
3. IVC 笼架的进、排气嘴不得直接伸入笼盒内，以防止______。
   A. 老鼠咬坏　B. 交叉污染　C. 不美观　D. 影响笼内压力
4. 影响笼盒内压力的主要因素是______。
   A. 笼盒密封　B. 笼盒材料　C. 笼盒透光度　D. 笼盒面积
5. 笼架应选用耐用、耐腐蚀、易清洗、消毒的______材料。
   A. 45#钢　B. 合金铝　C. 201 不锈钢　D. 304 不锈钢
6. IVC（小鼠）笼盒内的气流速度≤______m/s。
   A. 0.15　B. 0.20　C. 0.25　D. 0.30
7. IVC 笼盒内要求光照度为______lx。

A. 5~10 B. 10~15 C. 15~20 D. 20~25

8. IVC的中文名称是______。

A. 独立通气笼盒 B. 送风通气笼盒 C. 排风通气笼盒 D. 饲养笼具盒

9. PEI材料制作的笼盒有较强的耐高温性能，通常可在______℃内长期使用。

A. 0~50 B. 50~100 C. 80~150 D. 160~180

10. IVC笼盒应长期多次清洗及高压灭菌，灭菌温度应不低于________℃，30分钟。

A. 85 B. 100 C. 121 D. 134

11. IVC正压运行时，送排风比例是______。

A. 送风量÷排风量 B. 排风量÷送风量 C. 底面积÷容积 D. 容积÷底面积

12. IVC设备每小时换气量计算公式是：______Sv。

A. Q=3 600 B. Q=1 800 C. Q=360 D. Q=180

13. IVC系统风机要求能够连续运行______年以上。

A. 1 B. 2 C. 3 D. 0.5

14. IVC笼盒的耐高温程度要达到______℃。

A. 100~120 B. 120~140 C. 110~150 D. 130~160

15. 机盒分体式的IVC，根据主机功率大小，一般1台主机可供______架笼架进、排气。

A. 1~3 B. 2~3 C. 3~5 D. 1~4

16. IVC系统一般用于饲养______级别的实验动物。

A. 清洁 B. 普通 C. SPF级及以上 D. 都可以

17. 发明IVC笼盒的国家是______。

A. 美国 B. 英国 C. 法国 D. 意大利

18. IVC笼盒最早出现在20世纪______年代。

A. 60 B. 80 C. 70 D. 90

19. 相对屏障环境设备，IVC系统设备能耗仅为屏障环境的______。

A. 1/20 B. 1/30 C. 1/40 D. 1/50

20. IVC系统的特点不包括______。

A. 设备移动性高 B. 维护保养方便 C. 抗风险能力低 D. 使用途径灵活

21. IVC系统设备给动物居住的笼盒内，总体环境技术指标最低应达到______。

A. 国家标准 B. 省级标准 C. 企业标准 D. 行业标准

22. IVC笼盒的换气次数以______次/小时为宜。

A. 0~20 B. 0~30 C. 0~40 D. 0~50

23. IVC笼盒内动物适合生存的环境是______环境。

A. 无压差 B. 有压差 C. 高压差 D. 低压差

24. IVC笼盒内空气要进行______层过滤。

A. 1 B. 4 C. 2~3 D. 5~6

25. 江苏省DB 32/T 972—2006规定，检测IVC笼盒内空气洁净度前，仪器应运行最少______h。

A. 12 B. 24 C. 36 D. 48

26. IVC设备的噪声指的是笼盒内的实际噪声，其噪声应≤______dB。

A. 60 B. 50 C. 70 D. 75

27. 以下哪个不是机盒分体式IVC系统的优点？______。

A. 一台主机只能供1架笼架使用 B. 主机与笼架可分开放置

C. 减少小动物室内噪声 D. 减少IVC独立的排气管道

28. 以下不属于无主机式IVC系统的特点的是______。

A. 无主机式 IVC 笼盒上设有高效过滤器
B. IVC 排气总管连接动物室建筑物系统进行排气
C. 笼内负压气流的流量和换气次数受控于建筑物排气系统
D. 不难用自控方式随意调节相关系数

29. 用于小鼠繁育的 IVC 笼盒，笼底面积应为______cm^2。
A. 300　　B. 320　　C. 340　　D. 360

30. 用于小鼠繁育的 IVC 笼盒，适合饲养______对繁育鼠。
A. 1　　B. 2　　C. 3　　D. 4

31. 用于小鼠繁育的 IVC 笼盒，适合饲养______只实验鼠。
A. 2~3　　B. 3~4　　C. 6~7　　D. 7~8

32. 用于小鼠实验的 IVC 笼盒，笼底面积应为______cm^2。
A. 500　　B. 520　　C. 530　　D. 550

33. 用于小鼠实验的 IVC 笼盒，适合放置______只实验小鼠。
A. 2~3　　B. 4~5　　C. 5~6　　D. 6~8

34. 用于大鼠繁育、实验的笼盒，笼底面积应为______cm^2。
A. 750　　B. 800　　C. 850　　D. 900

35. 用于大鼠繁育、实验的笼盒，适合饲养______对繁育大鼠。
A. 1　　B. 2　　C. 3　　D. 4

36. 用于大鼠繁育、实验的笼盒，适合饲养______只实验大鼠。
A. 2~3　　B. 3~4　　C. 6~7　　D. 7~8

37. 用于豚鼠实验的 IVC 笼盒，笼底面积为______cm^2左右。
A. 1 200　　B. 1 300　　C. 1 400　　D. 1 500

38. 用于豚鼠实验的 IVC 笼盒，适合饲养______只实验豚鼠。
A. 2~3　　B. 3~4　　C. 6~8　　D. 8~9

39. IVC 笼盒盒内换气次数高，能确保笼盒内垫料的干燥及空气清新。笼盒一般可延长到______周更换 1 次。
A. 3~4　　B. 2~5　　C. 1~2　　D. 2~3

40. 操作人员在离开 IVC 系统动物室前，需要完成下列工作：______。
A. 检查动物和 IVC 系统设备，确保处于正常状态
B. 带上动物废弃物，在更衣室脱下工作衣、鞋
C. 把一次性物品和废弃物放入黑色垃圾塑料袋内，扎紧袋子带出
D. 以上都是

41. 进入屏障设施的更衣程序是______。
A. 进入外更衣室前脱去外衣，将个人物品一并放入衣柜中，在换鞋处换鞋
B. 进入外更衣室，脱去全部衣服，进入淋浴室淋浴
C. 在内更衣室戴无菌口罩和帽子，穿无菌工作衣和手套，换鞋
D. 以上都是

42. IVC 笼盒进行高温高压灭菌时，使用的温度和时间分别是______。
A. 134 ℃、3 分钟　　B. 121 ℃、30 分钟
C. 160 ℃、1 分钟　　D. A+B

43. 保证 IVC 笼盒内不断水的关键是______。
A. 选择优质水瓶和水瓶嘴　　B. 灌水后把瓶盖塞紧
C. 频繁加水　　D. A+B

44. IVC 笼盒终端过滤膜的更换，主要是更换笼盒______的过滤膜。
A. 内 B. 底 C. 表面 D. 排气口
45. 根据江苏省 DB 32/T 972—2006 的规定，IVC 笼盒内的气流流速应达到______m/s。
A. 0.5 ~ 0.15 B. 0.1 ~ 0.15 C. 0.1 ~ 0.25 D. 0.25 ~ 0.35
46. 根据江苏省 DB 32/T 972—2006 的规定，塑料笼盒的质量应达到______标准。
A. GB 4706 B. GB 50073 C. DB 32/T 972—2006 D. GB 191
47. IVC 系统设备的风机与架体应通过______连接。
A. 金属管 B. 塑料硬管 C. 塑料软管 D. 橡胶管
48. 世界上第一个发明 IVC 笼盒的公司是______公司
A. 意大利 Tecniplast B. 美国 ACE C. 德国 Ehret D. 日本夏目制作所
49. IVC 笼盒内的湿度与屏障环境内动物笼盒的湿度相比，______。
A. 更干 B. 更湿 C. 需根据不同环境测定 D. 湿度相同
50. IVC 系统的温度控制，可以通过以下方法实现：______。
A. 房间大环境 B. 中央空调 C. 单间分体空调 D. B + C
51. IVC 笼盒内氨浓度低于屏障环境的主要原因是______。
A. 高通透性 B. 高换气次数 C. 高盒内外压差 D. 以上都不是
52. IVC 设备采用室内进气，在无动物状态下，进、排气的温度______。
A. 进、排气温度相同 B. 进气温度比排气高
C. 进气温度比排气低 D. 以上都不对
53. IVC 总排气管有效横截面积的求得公式是：S = ______。
A. Q/360v B. Q/180v C. Q/3 600v D. Q/1 800v
54. IVC 笼盒内外的压力差可以是______。
A. 波动 B. 不稳定 C. 正负压可调换 D. 正负压不可调换
55. 对于笼盒密封性欠佳的 IVC 设备，只能作为______来使用。
A. 正压设备 B. 负压设备
C. 正负压可调换设备 D. 不可使用
56. IVC 笼盒的噪声主要来源于______。
A. 风机 B. 管道粗细
C. 管道弯头 D. 风管内空气流速
57. 同一组风机供气的 IVC 系统中，笼盒间的压差不同是由______引起的。
A. 连接笼盒的管路网络 B. 管道粗细弯曲程度
C. 管道内气体受到的阻力 D. 笼盒密封
58. IVC 系统主机上一般会有仪表盘，显示______。
A. 笼盒内外压差 B. 温度 C. 湿度 D. 以上都是
59. IVC 系统笼架钢管厚度有______mm。
A. 1.2 ~ 1.5 B. 1.8 ~ 2.2 C. 1.6 ~ 2.0 D. 2.0 ~ 2.2
60. IVC 系统被称为“微型隔离器”，这是在强调 IVC 笼盒的______特性。
A. 洁净性 B. 密封隔离性 C. 便携性 D. 节能性
61. IVC 屏障环境房间的气流组织宜采用______方式进行。
A. 下送上回 B. 上送下回 C. 独立循环 D. 上送上回
62. 在 IVC 实验动物设施建设中，面积 > 50 m^2 的屏障环境设施中要求安全出口的数量为______个。
A. 1 B. 不少于 2 C. 不少于 3 D. 不少于 4

三、多项选择题（有1个以上的正确答案）：

1. IVC系统设备本身需要达到的国标项目有______。
   A. 换气次数　B. 气流速度　C. 笼盒内外压差　D. 空气洁净度
2. IVC系统的基本结构包括______。
   A. 主机　B. 笼架　C. 笼盒　D. 送排风系统
3. IVC系统笼盒种类繁多，可以分为以下几种：______。
   A. 静态笼顶过滤盒　B. 通气笼顶过滤盒　C. 终端过滤式笼盒　D. 内置水瓶式笼盒
4. IVC系统最大的优点是______。
   A. 节省能源　B. 保护环境　C. 操作简便　D. 防止动物交叉感染
5. 一套IVC笼盒的组成部分有______。
   A. 上盖、底盒　B. 不锈钢网罩（含食槽、水瓶槽）
   C. 锁紧扣　D. 进、排气口组件
6. IVC系统整机的款式有______。
   A. 机盒一体式　B. 机盒分体式　C. 无主机式　D. 生命之窗式
7. 机盒一体式的IVC系统是把______均安置在笼架的上部或下面。
   A. 主机　B. 排气风机　C. 过滤系统　D. 控制面板
8. 机盒分体式主机的优点是______。
   A. 可以把主机集中放置在隔壁单独的机房中
   B. 实现主机与笼架完全分开的最佳状态
   C. 可供多架笼架同时使用
   D. 增加IVC独立的排气管道的设置
9. 到目前为止，国内有______等动物品种的笼盒。
   A. 小鼠　B. 大鼠　C. 实验兔　D. 豚鼠
10. 国内IVC设备规格有______。
    A. 小鼠繁育笼盒　B. 小鼠实验笼盒　C. 大鼠笼盒　D. 兔繁育和实验笼盒
11. 关于笼盒清洗，以下说法正确的是______。
    A. 收集已经使用过的笼盒，实验动物繁育的笼盒与实验所使用的笼盒，严格分开放置，并有固定醒目的标记区分
    B. 将笼盒中的垫料分别倒入废物倾倒箱中，倒完后去除废物倾倒箱中的垃圾塑料袋，扎紧、外运、无害化处理或焚烧
    C. 笼盒应是用热水（80 ℃）浸泡1～2 h，然后在加入适量中性洗涤剂的热水中刷洗
    D. 洗毕，再用清水冲净，斜位倒放在不锈钢架上自然晾干
12. 笼盒药物消毒灭菌的步骤和方法是______。
    A. 洗净晾干的IVC笼盒，如笼盒内有终端过滤膜的，装上过滤膜
    B. 用0.5%～2%浓度的过氧乙酸均匀喷洒在笼盒内壁上下，立即盖好笼盖，插入IVC笼架通气孔，通气、灭菌
    C. 排空12 h，盒内过氧乙酸残余物已彻底排空，笼盒内已达到消毒灭菌要求
    D. 如使用其他高效药物灭菌剂，则按其使用浓度和方法进行消毒灭菌
13. IVC动物饮用水管理程序应注意______。
    A. 注意计量加液泵中的10%浓度化学纯盐酸的消耗进度，适时补充
    B. 每加一次盐酸，都要对动物饮用水采样，做pH值检测，pH值控制在2.5～3.0

C. 同笼饮水瓶，可在超净工作台或生物安全柜内灌装酸化水，原则上可多次使用
D. 如发现瓶中剩水浑浊或有接触污染的可能，则及时取出清洗、灭菌后，方可使用

14. 饲养人员进入 IVC 动物室进行工作前的准备工作包括______。
A. 开启超净工作台或生物安全柜风机，净化工作台内环境，打开工作灯达到工作照度
B. 检查超净工作台或生物安全柜中已经准备好的各种灭菌用品
C. 检查喷雾器喷洒效果及超净工作台或检查生物安全柜内、外使用的药液是否已经配好
D. 打开房间内排风系统，排出打开笼盒时逸出的气体

15. IVC 系统设备的维护与保养要点包括______。
A. 每天检查 IVC 系统主机箱上所有表头的参数是否符合机组正常运行的要求，要特别注意风机供电的电压不得低于额定启动电压，以免烧坏风机
B. 检查笼盒内外压差表，使其维持在规定的数值范围内
C. 更换机箱内滤膜
D. 更换笼盒终端过滤膜，主要是笼盒排气口的过滤膜

16. IVC 设备的优势有______。
A. 笼盒内换气次数高　　B. 笼盒内湿度小
C. 笼盒内氨浓度低　　D. 笼盒内正负压不可调

17. 以下关于 IVC 系统设备的说法，正确的有______。
A. 可将多种动物置于一室（架）　　B. 可将多品系同毛色动物饲养于一室（架）
C. 动物传染病传播速度慢　　D. 操作方法简单容易，不需注意太多细节

18. 由于 IVC 动物室的特殊性，某些环境指标参数可由房间大环境来控制，它们是______。
A. 温度和日温差　　B. 相对湿度　　C. 照度　　D. 昼夜交替时间

19. 以下说法正确的是______。
A. IVC 笼盒的气流速度与屏障环境的气流速度概念相同
B. IVC 的换气次数一般选用 5 ~50 次/小时为宜
C. IVC 系统内的换气次数是指笼盒内直接的换气次数
D. IVC 设备内的气流速度应该是越小越好

20. 对 IVC 系统设备内的动物饮用水管理的描述，以下正确的是______。
A. 加压水泵应每周对砂滤器反冲洗 1 次，每次 30 分钟
B. 每天观察净水器的各个部件运行是否正常
C. 观察 5 μm 过滤器、1 μm 过滤器的颜色是否变黄，适时更换过滤器
D. 注意计量加液泵中的 10% 浓度化学纯盐酸的消耗进度并适时补充

21. 选择 IVC 笼盒内使用的垫料时应注意______。
A. 垫料应选择吸水性强、无刺激气味、无毒害、粉尘少的
B. 应选择有一定柔韧性、不为动物所吃以及便于清扫的垫料
C. 常用的垫料，有木屑、刨花、碎玉米芯、碎纸条及膨化吸附材料
D. 木材垫料切忌使用有挥发性刺激气味和毒性的松木材料

22. IVC 笼盒内 SPF 级大鼠、小鼠转移的程序包括______。
A. 用新配制的 2% 浓度过氧乙酸溶液，喷洒动物运输笼盒外面
B. 少许时间后把动物运输笼盒移至超净工作台内打开
C. 把已消毒灭菌并已放在超净工作台内部的 IVC 笼盒盒盖轻轻打开
D. 用消毒镊子夹住动物尾巴，把动物放入 IVC 系统笼盒内

23. 经屏障环境向 IVC 系统内引进 SPF 级大鼠、小鼠的步骤是______。
A. 应先将动物运输笼盒放进传递窗，向传递窗中喷洒 2% 浓度的过氧乙酸或其他高效药物灭菌剂

B. 开启紫外灯，经药物和紫外线消毒灭菌 3 分钟后，打开屏障设施洁净侧传递窗门
C. 将动物笼盒移入屏障环境内，打开动物运输笼盒
D. 用镊子把笼盒内的动物移入事先准备好的 IVC 笼盒内

24. 将动物带出实验室的程序，以下描述正确的是______。
A. 一般情况下，必须把动物携带出 IVC 系统动物实验室或屏障环境 IVC 动物室，到专用实验室或检测室检测
B. 具有笼盒终端过滤器或有笼盒“生命之窗”的 IVC 系统设备均可方便地携带动物离开 IVC 系统动物实验室
C. 如检测动物的数量较多，也可使用 IVC 动物运输笼（架）车进行动物运输
D. 外界气温与实验室温度相差较大时，携出动物必须使用 IVC 保温运输笼（架）车

25. IVC 的送风系统新风口的设置应符合下列要求：______。
A. 新风口应采取有效的防雨措施
B. 新风口处应安装防鼠、防昆虫、阻挡绒毛等的保护网，且易于拆装和清洗
C. 新风口应高于室外地面 2.5 m 以上，同时应尽可能远离排风口和其他污染源
D. 新风口应设置初效、中效、高效三级空气过滤器

26. IVC 操作人员在开放环境放置的 ISO 5 级超净台上操作时，为防止污染，必须具备______装备。
A. 防护服　　B. 灭菌手套　　C. 一次性无菌口罩　　D. 无菌帽子

27. 目前国内外 IVC 系统的整机款式有以下哪几种？______。
A. 机盒一体式　　B. 机盒分体式　　C. 无主机式　　D. 单主机式

28. 目前国内 IVC 系统设备的规格有以下哪些动物品种的笼盒？______。
A. 豚鼠　　B. 小鼠　　C. 大鼠　　D. 实验兔

29. IVC 空气净化处理的空气过滤器可分为______。
A. 初效过滤器　　B. 中效过滤器　　C. 亚高效过滤器　　D. 高效过滤器

四、判断题（在括号内打“√”或“×”表示）：

(　　) 1. 如要做接触动物机体的相关测试，实验场所（或其他实验室）必须有 ISO 5 级（相当于旧规范 100 级）超净工作台，在超净工作台或生物安全柜中按规定程序才能打开 IVC 笼盒。

(　　) 2. 动物实验使用的仪器设备，除小型可以放进超净工作台使用以外，大型仪器设备的实验和测试，都必须把动物携带出 IVC 系统动物实验室或屏障环境 IVC 动物室，到专用实验室或检测室检测。

(　　) 3. 独立通气笼盒（Individual Ventilated Cages，IVC）是指在密闭独立单元（笼盒或笼具）内，洁净气流高换气率独立通气，废气集中外排，并可在超净工作台内操作和实验的微型 SPF 级实验动物饲育与动物实验设备。

(　　) 4. IVC 系统设备用于饲养清洁级动物、无特定病原体级动物或无感染动物，是对实验动物生存空间进行严格的微生物控制的微型屏障系统。

(　　) 5. 20 世纪 80 年代，意大利 Tecniplast 公司，在带空气过滤窗的塑料盒的盒盖上方加了一个进风口，促进盒内的通风换气，从而出现了第一个独立通气笼盒（IVC）。

(　　) 6. IVC 设备的使用，目的是把操作人员与 SPF 级实验动物完全分开，在笼盒内实施独立进、排风。

(　　) 7. IVC 系统笼盒比屏障环境稍差的地方在于，实验动物进行大规模繁殖时，容积率较低。

(　　) 8. IVC 系统设备与屏障环境一样，不允许多品系同毛色动物饲育一室（架）。

(　　) 9. IVC 系统设备搬运方便，方便将小型仪器设备用于动物实验，也有可能将大型仪器设备用于

动物实验。屏障设备饲养则不允许。

(　　) 10. IVC 系统笼盒更换垫料的周期比屏障环境的明显延长，为 2 ~ 3 周。

(　　) 11. IVC 产品还不能解决或部分解决屏障环境中实验动物之间交叉感染的问题。

(　　) 12. IVC 笼架要做到架体稳定，表面光洁平整，具有耐腐蚀性和耐冲击性。

(　　) 13. IVC 系统设备本身需要达到国标的项目有换气次数、气流速度、笼盒内外压差、空气洁净度、落下菌数和噪声 6 项。

(　　) 14. IVC 的换气次数一般选用 5 ~ 50 次/小时为宜。

(　　) 15. IVC 笼盒内外压差的指标概念与屏障环境的梯度压差的含义是相同的。

(　　) 16. IVC 系统设备的空气洁净度是指静态测定笼盒内环境流动空气的洁净度。

(　　) 17. 由于笼盒内空气洁净度较好，IVC 笼盒内的落下菌数指标也相应较好，一般选用 ≤ 3 个/0.5 h · φ90 mm 平皿为指标。

(　　) 18. 实验动物环境及设施国家标准对屏障环境中要求的气流速度概念与 IVC 系统设备的气流速度没有差别。

(　　) 19. IVC 系统设备笼盒内外压差只表示过滤膜阻力的动态变化程度和正负压状态。

(　　) 20. IVC 系统笼盒内进、排气相当，笼盒内外压差为零时，是全进全排、全新风效率最高的时刻。

(　　) 21. 笼盒密封性欠佳的 IVC 设备，只能成为正压式 IVC 系统，不能作负压式 IVC 系统。

(　　) 22. 实验动物特殊笼具（架）包括独立通风换气笼（IVC）、生物安全柜、层流架和隔离器等。

(　　) 23. IVC 系统设备每小时换气量计算公式为 Q = 1 800 Sv。

(　　) 24. IVC 系统控制主机主要由两台低噪声风机、洁净空气过滤器装置及电子控制部分组成。

(　　) 25. IVC 实验动物室中实验动物繁育的笼盒与实验所使用的笼盒，无须分开放置，有固定醒目的标志区分即可。

(　　) 26. IVC 笼盒不可以放入预真空高压灭菌器内以 131 ℃（1.2 kg/cm^2）灭菌 3 分钟或使用 121 ℃（1.05 kg/cm^2）灭菌 30 分钟。

(　　) 27. 检查和更换 IVC 系统机箱内滤膜的程序为：高效过滤膜→中效过滤膜→初效过滤膜。

(　　) 28. IVC 笼盒终端过滤膜的更换必须参照统一标准进行。

五、名词解释：

1. 相对压差
2. 空气处理单元
3. PEI
4. 气流短路
5. 生物洁净度
6. 超净工作台

六、问答题：

1. IVC 设备的主要特点是什么？
2. IVC 主机有几种运行模式？
3. 作为笼盒材料之一的 PEI 有哪些主要特点？
4. IVC 笼盒高温灭菌要达到的温度是多少？需多长时间？
5. IVC 系统笼盒的组成部分有哪些？分别由什么材料制作？
6. 简述 IVC 系统笼盒的国内和国外品种及规格。

（编写：郭中敏、王洪军、陈明智　　审核：傅江南、邢会杰）

第十八章　实验动物及环境设施的检测

一、填空题：

1. 根据细菌基本形态可将细菌分为______、______、________三大类。

2. 链球菌所引起的溶血现象，可以分为______、______、___三种。

3. 沙门菌为革兰氏阴性杆菌，____芽孢，____荚膜。

4. 真菌菌落有三种类型，分别是_______、________、______。

5. 葡萄球菌接触酶试验为____性，链球菌接触酶试验为____性。

6. 吲哚试验又叫___________，该试验是检查细菌能否利用________。

7. 两种生物生活在一起，其中一种生物从中获利、生存，这种生物叫________。

8. 鞭虫病是由于人们摄入含有______ 期虫卵的食物或饮水而感染的。

9. $TCID_{50}$即____________________，指能在半数细胞培养板孔或试管内引起细胞病变的病毒量。

10. 兔出血症是兔的一种急性高度接触性传染病。以呼吸系统出血、______________、______及________变化为特征。

11. 血清的分离：应将采集的血液置于______℃ 1小时或____℃过夜后离心，取上清。

12. 间接ELISA实验原理：包被于固相载体表面的已知______与待检血清中的____________结合成免疫复合物，此复合物可与相应的第二抗体酶结合物结合。在酶的催化作用下底物发生反应，产生有色物质。

13. 实验动物设施环境指标中，广义的空气洁净度包括_________________和________两项。

14. 开展环境指标检测前，为确保实验动物设施运转正常，一般推荐提前运转______h以上。

15. 对于乱流的实验动物设施，房间面积小于50 m^2时，应该至少布置测定____个测点，面积增大，则相应增加测点。

16. 当实验动物设施内没有摆放笼具时，气流速度测定点一般距离维护结构________m距离，离开地面____m高度。

17. 在进行室内换气次数测定时，对于正压设施，一般测定________风量；对于负压设施，一般测定________风量，并测定室内容积来计算换气次数。

18. 在静态环境下测定室内洁净度（尘粒数）时，如无特殊要求，测点的高度一般为____m，面积小于50 m^2的乱流室，测点至少要有____个，每个测点连续测定____次。

19. 在动态环境下，室内洁净度（尘粒数）测定一般选择有代表性的测点为气流____风向。

20. 空气沉降菌测定中，平皿打开后在室内放置______分钟；加盖后，放入______℃恒温箱内培养______h后可计算菌落数。

21. 噪声测定的高度一般为离地面________m，一般以声级计的____档为准进行测定。

22. 环境指标照度测定点的高度一般为离地面________m，实验动物设施照度分为______照度和______照度两类。

二、单项选择题（只有1个正确答案）：

1. 在细菌革兰氏染色中，不同染色特性的原因取决于______。

A. 细胞壁　　B. 细胞膜　　C. 细胞质　　D. 内含物

2. 属于革兰氏阳性双球菌的是______。
A. 肺炎链球菌　B. 乙型溶血性链球菌　C. 大肠杆菌　D. 志贺菌
3. 细菌的生长繁殖方式为______。
A. 有性繁殖　B. 产生孢子　C. 菌丝　D. 二等分裂法
4. 应用最广泛、最有效的灭菌方法是______。
A. 热空气灭菌法　B. 煮沸灭菌　C. 流通蒸汽灭菌法　D. 高压蒸汽灭菌法
5. 细菌形体微小，通常借助于______进行观察。
A. 肉眼　B. 生物光学显微镜　C. 电子显微镜　D. 放大镜
6. 测定细菌大小的常用单位是______。
A. nm　B. μm　C. mm　D. pm
7. 芽孢的形成是细菌的______。
A. 休眠结构　B. 繁殖形式　C. 某一发育阶段　D. 固有结构
8. 高压灭菌压力达 15 磅/平方吋（1.02 kg/cm^2）时，灭菌温度为______℃。
A. 100　B. 121.3　C. 125　D. 131
9. 研究细菌的形态与染色特性，通常采用______的细菌。
A. 迟缓期　B. 对数生长期　C. 稳定期　D. 衰老期
10. 用普通显微镜的油镜头观察细菌的总放大倍数为______倍。
A. 100　B. 900 ~ 1 000　C. 400　D. 10 000
11. 属于革兰氏阳性杆菌的是______。
A. 布氏杆菌　B. 绿脓杆菌　C. 炭疽杆菌　D. 结核杆菌
12. 革兰氏染色所用染液的顺序是______。
A. 结晶紫→乙醇→碘液→复红　B. 结晶紫→碘液→乙醇→复红
C. 碘液→乙醇→复红→结晶紫　D. 复红→碘液→乙醇→结晶紫
13. 寄生虫是指______。
A. 营寄生生活的生物　B. 生活在高等动物体内的低等生物
C. 动物性寄生物　D. 除植物以外的寄生物
14. 动物寄生虫包括三大类：______。
A. 吸虫、绦虫、线虫　B. 扁虫、线虫、原虫
C. 原虫、线虫、节肢动物　D. 蠕虫、原虫、节肢动物
15. 国家标准中不属于 SPF 级小鼠的必检项目是______。
A. 体外寄生虫　B. 全部蠕虫　C. 弓形虫　D. 溶组织内阿米巴
16. 卡氏肺孢子虫主要对何种器官进行检测？______。
A. 脑　B. 肠道　C. 肺　D. 肌肉
17. 犬恶丝虫的检查方法，是采集犬的______进行镜检。
A. 粪便　B. 血液　C. 皮毛　D. 腹腔液
18. 鞭虫病最常用的实验诊断方法为______。
A. 直接涂片法　B. 免疫诊断法　C. 肠黏膜活检　D. 透明胶纸法
19. 确诊钩虫病最常用、阳性率高的方法是______。
A. 饱和盐水漂浮法　B. 直接涂片法　C. 自然沉淀法　D. 肛门拭子法
20. 检查溶组织内阿米巴包囊常用的方法是______。
A. 碘液涂片法　B. 饱和盐水浮聚法　C. 离心沉淀法　D. 生理盐水涂片法
21. 检查蓝氏贾第鞭毛虫包囊常用的方法是______。
A. 碘液涂片法　B. 离心沉淀法　C. 饱和盐水浮聚法　D. 生理盐水涂片法

22. 疟原虫能够感染下列哪种动物？______。

A. 犬　B. 猴　C. 豚鼠　D. 家兔

23. 下列疾病不是人畜共患传染病的是______。

A. 狂犬病　B. 流行性出血热　C. 小鼠肝炎　D. 猴疱疹病毒病

24. 实验动物微生物等级要求免疫后的普通级犬的犬瘟热病毒抗体检测阳性率为______%。

A. 70　B. 80　C. 90　D. 100

25. 狂犬病发病过程不包括以下哪个阶段？______。

A. 前驱期　B. 兴奋期　C. 麻痹期　D. 过渡期

26. 下面与 MHV 同属冠状病毒的是______。

A. KRV　B. RCV　C. H_1　D. MAD

27. 能凝集人 O 型血红细胞的是______。

A. 兔出血症病毒　B. 猴 BV 病毒　C. 犬细小病毒　D. 鸡新城疫病毒

28. 病毒含有的核酸通常是______。

A. DNA 和 RNA　B. DNA 或 RNA　C. DNA　D. RNA

29. 抗体对病毒的中和作用主要体现在______。

A. 抑制病毒生物合成　B. 诱导干扰素产生

C. 阻止病毒与靶细胞相互作用　D. 杀伤细胞内的病毒

30. 感染病毒的细胞在胞核或胞浆内存在的可着色的斑块状结构称为______。

A. 包涵体　B. 蚀斑　C. 极体　D. 异染颗粒

31. 病毒的增殖方式是______。

A. 二分裂　B. 复制　C. 减数分裂　D. 芽生

32. 血缘关系相近的两个个体间进行的交配，属基因型分离的交配称为______。

A. 近交　B. 远交　C. 互交　D. 回交

33. 来自 BALB/c 小鼠的胚胎，经冷冻并在液氮中保存 10 年，复苏后移植到 ICR 小鼠的体内，生出的小鼠是 BALB/c 小鼠的______。

A. 品系　B. 亚系　C. 支系　D. 重组近交系

34. 基础群采用全同胞兄妹进行交配，基因纯合程度在 99% 以上的是______。

A. 封闭群　B. 杂交一代　C. 近交系　D. 远交系

35. 杂交一代动物的遗传组成______。

A. 来自父系和母系　B. 均等地来自两个亲本品系

C. 来自父系　D. 来自母系

36. 近交系动物的基础群和血缘扩大群以全同胞兄妹交配方式进行繁殖，生产群动物一般以____交配方式进行繁殖，但繁殖代数一般不应超过 4 代。

A. 全同胞兄妹　B. 回交　C. 杂交　D. 随机

37. 某近交系生产群中的雌性种鼠数量为 200 只，抽检动物按国标规定，应随机抽取______只近交系成年动物，雌雄各半。

A. 5　B. 6　C. 10　D. 12

38. 我国国标规定了近交系小鼠选择位于 10 条染色体上的______个生化标记位点，作为遗传检测的生化标记。

A. 13　B. 14　C. 15　D. 16

39. 我国国标规定了近交系大鼠选择位于 6 条染色体上的______个生化标记位点，作为遗传检测的生化标记。

A. 10　B. 11　C. 12　D. 13

40. 近交系小鼠 BALB/c 的 H_2 单倍型是______。

A. b B. d C. k D. bd

41. 气流速度异常主要通过影响动物的______来危害动物的健康。

A. 采食量 B. 饮水量 C. 体温 D. 神经系统

42. 湿度过高对动物的影响，下述叙述错误的是______。

A. 大鼠、小鼠过敏性休克的死亡率随湿度增高而明显下降

B. 温度为 21 ℃时，鼻腔内的细菌数在湿度为 25% ~30% 时数量最少，85% ~90% 时最多

C. 动物室空气中的细菌数与氨气浓度在湿度高的情况下增高

D. 小鼠的仙台病毒在高湿环境下发病率高

43. 国家标准中小鼠房的湿度是 40% ~70%，这指的是小鼠房的______。

A. 绝对湿度 B. 相对湿度 C. 饱和湿度 D. 不饱和湿度

44. 能控制垂体中促性腺激素和肾上腺皮质激素分泌的环境因素是______。

A. 噪音 B. 温度 C. 湿度 D. 光照

45. 光照对动物的生殖影响很大，其关键在于每日光照的______。

A. 光通量 B. 波长 C. 强度 D. 明暗周期

三、多项选择题（有 1 个以上的正确答案）：

1. 细菌形体微小，通常借助______进行观察。

A. 肉眼 B. 生物光学显微镜 C. 电子显微镜 D. 放大镜

2. 属于革兰氏阴性杆菌的是______。

A. 布氏杆菌 B. 绿脓杆菌 C. 炭疽杆菌 D. 结核杆菌

3. 动物寄生虫包括三大类：______。

A. 线虫 B. 扁虫 C. 原虫 D. 节肢动物

4. 国家标准中属于 SPF 级小鼠的必检项目的是______。

A. 体外寄生虫 B. 全部蠕虫 C. 弓形虫 D. 溶组织内阿米巴

5. 疟原虫不能够感染下列哪些动物？______。

A. 犬 B. 猴 C. 豚鼠 D. 家兔

6. 哪些疾病是人畜共患传染病？______。

A. 狂犬病 B. 流行性出血热 C. 小鼠肝炎 D. 猴疱疹病毒病

7. 不能凝集人 O 型血红细胞的是______。

A. 兔出血症病毒 B. 猴 BV 病毒 C. 犬细小病毒 D. 鸡新城疫病毒

8. 病毒含有的核酸通常是______。

A. DNA B. RNA C. CNA D. BNA

9. 下列不属于病毒增殖方式的是______。

A. 二分裂 B. 复制 C. 减数分裂 D. 芽生

10. 湿度过高对动物的影响，下述叙述正确的是______。

A. 大鼠、小鼠过敏性休克的死亡率随湿度增高而明显下降

B. 温度为 21 ℃时，鼻腔内的细菌数在湿度为 25% ~30% 时数量最少，85% ~90% 时最多

C. 动物室空气中的细菌数与氨气浓度在湿度高的情况下增高

D. 小鼠的仙台病毒在高湿环境下发病率高

四、判断题（在括号内打“√”或“×”表示）：

(　　) 1. 根据细菌基本形态可将细菌分为球菌、杆菌、螺形菌三大类。
(　　) 2. 链球菌所引起的溶血现象，可以分为α、β、γ三种。
(　　) 3. 沙门菌为革兰氏阴性杆菌，有芽孢，无荚膜。
(　　) 4. 真菌菌落有三种类型，分别是酵母型、类酵母型、弧形。
(　　) 5. 葡萄球菌接触酶试验为阴性反应，链球菌接触酶试验为阳性反应。
(　　) 6. 吲哚试验又叫靛基质试验，该试验是检查细菌能否利用色氨酸。
(　　) 7. 两种生物生活在一起，其中一种生物从中获利、生存，这种生物叫寄生虫。
(　　) 8. 鞭虫病是由于人们摄入含有感染期虫卵的食物或饮水而感染的。
(　　) 9. $TCID_{50}$即半数组织培养感染剂量，指能在半数细胞培养板孔或试管内引起细胞病变的病毒量。
(　　) 10. 兔出血症是兔的一种急性高度接触性传染病。以呼吸系统出血、实质器官水肿、淤血及出血性变化为特征。
(　　) 11. 血清的分离：应将采集的血液置于37 ℃ 1小时或37 ℃过夜后离心，取上清。
(　　) 12. 间接ELISA实验原理：包被于固相载体表面的已知抗原与待检血清中的特异性抗体结合成免疫复合物，此复合物可与相应的第二抗体酶结合物结合。在酶的催化作用下底物发生反应，产生有色物质。
(　　) 13. 实验动物设施环境指标中，广义的空气洁净度包括病毒和尘粒数两项。
(　　) 14. 开展环境指标检测前，为确保实验动物设施运转正常，一般推荐提前运转24 h。
(　　) 15. 对于乱流的实验动物设施，房间面积小于50 m^2时，应该至少布置测定1个测点，面积增大，则相应增加测点。
(　　) 16. 当实验动物设施内没有摆放笼具时，气流速度测定点一般距离维护结构0.5 m距离，离开地面2 m高度。
(　　) 17. 在进行室内换气次数测定时，对于正压设施，一般测定出风口风量，并测定室内容积来计算换气次数。
(　　) 18. 在静态环境下测定室内洁净度（尘粒数）时，如无特殊要求，测点高度一般为2 m，面积小于50 m^2的乱流室，测点至少要有5个，每个测点连续测定3次。
(　　) 19. 动态环境下，室内洁净度（尘粒数）测定一般选择有代表性的测点为气流上风向。
(　　) 20. 空气沉降菌测定中，平皿打开后在室内放置60分钟；加盖后，放入37 ℃恒温箱内培养24 h后可计算菌落数。
(　　) 21. 噪声测定的高度一般为离地面1.2 m，一般以声级计的A档为准进行测定。
(　　) 22. 环境指标照度测定点的高度一般为离地面0.9 m，实验动物设施照度分为工作照度和动物照度两类。

五、名词解释：

1. 病原微生物
2. 消毒
3. 凝集试验
4. 菌落
5. 寄生生活
6. 虫媒病
7. 人畜共患病

六、问答题：

1. 何谓革兰氏染色法原理？
2. 鉴定葡萄球菌的致病性需要做哪些试验？
3. 评述用薄、厚血涂片诊断疟疾的优缺点。
4. 按照国标要求必检项目，简述 SPF 级小鼠寄生虫检测步骤及步骤中涉及的寄生虫项目。
5. 列举四种以上病毒血清学检测方法。
6. 简述血凝抑制试验在病毒分离检测中的应用。
7. 简述免疫荧光试验的原理。
8. 试述病原菌的检测程序。

（编写：赵维波、邝慧文、陈燕平　　审核：张钰、邓少嫦）

参考答案

第一章　实验动物管理法规和标准

一、填空题：

1. 实验动物管理条例
2. 国家科学技术委员会
3. 实验动物
4. 不合格
5. 四
6. 隔离检疫
7. 质量
8. 品种　品系
9. 科技部
10. 上海分中心
11. 7
12. 2002
13. 印制　发放　管理
14. 科技部
15. 北京市　湖北省　云南省　黑龙江省　广东省
16. 广东省实验动物管理条例
17. 2010
18. 2010
19. 科学技术
20. 许可
21. 实验动物监测所
22. 本级财政
23. 统一规划　合理分工　加强监督
24. 保种　繁育　供应
25. 动物实验　科学研究　实验　检测
26. 书面　电子
27. 现场评审　20
28. 届满　准予延续
29. 质量合格　其场所　动物实验
30. 载体　使用许可证
31. 示教
32. 笼器具　运输　质量
33. 国家标准　检测
34. 安全防护　传染病
35. 畜牧兽医　动物　疾病预防
36. 重大动物疫情
37. 无害化
38. 基因工程安全
39. 检测　监督检查　质量调查　质量标准
40. 不收取
41. 国家　行业　地方
42. 15　复检
43. 省
44. 各地区　本部门
45. 实验动物许可证管理办法（试行）
46. 国家技术监督局　1994
47. 微生物学和寄生虫学监测等级（啮齿类和兔类）
48. 国家质量监督检验检疫总局　2001
49. 10
50. 国家质量监督检验检疫总局　国家标准化管理委员会
51. 4
52. 《实验动物　哺乳类实验动物的遗传质量控制》　2010
53. 《实验动物　配合饲料营养成分》　2010
54. 《实验动物　环境及设施》　2010
55. 《实验动物　微生物学等级及监测》　2011
56. 实验动物合格证
57. 许可证
58. 70
59. 1987

二、单项选择题：

1. A 2. A 3. A 4. A 5. D 6. D 7. C 8. B 9. C 10. C 11. D 12. D 13. D 14. B 15. D 16. C 17. C 18. D 19. C 20. B 21. C 22. A 23. B 24. B 25. B 26. B 27. C 28. A 29. C 30. C 31. A 32. A 33. C 34. A 35. B 36. B 37. A 38. B 39. A 40. A 41. C 42. C 43. C 44. C 45. B 46. B 47. B 48. A 49. A 50. C 51. B 52. D 53. B 54. A 55. C 56. D 57. A 58. B 59. C 60. C 61. B 62. D 63. B 64. B 65. C 66. B 67. C 68. C 69. C 70. B 71. C 72. B 73. D 74. B

三、多项选择题：

1. ACD 2. ABCD 3. BCD 4. ABC 5. AB 6. CD 7. ABCD 8. ABD 9. ABCD 10. ABCD 11. BCD 12. ABCD 13. ACD 14. ABCD 15. ABCD 16. ABCD 17. ABCD 18. ABCD 19. ABCD 20. ABCD 21. ABC 22. BCD 23. ABCD 24. CD 25. ABC 26. ACD 27. BCD 28. ABCD 29. AC 30. ABCD 31. AB 32. CD 33. ABCD 34. ABC

四、判断题：

1. ✓ 2. ✓ 3. ✓ 4. × 5. ✓ 6. × 7. ✓ 8. × 9. × 10. × 11. × 12. × 13. × 14. × 15. ✓ 16. ✓ 17. ✓ 18. ✓ 19. ✓ 20. × 21. ✓ 22. ✓ 23. ✓ 24. × 25. ✓ 26. × 27. ✓ 28. ✓ 29. ✓ 30. × 31. × 32. ✓ 33. ✓ 34. ✓

五、名词解释：

安死术——是指以人道的方法处死动物的技术，使动物在没有惊恐和痛苦的状态下安静地并在尽可能短的时间内死亡。

六、问答题：

1. 试述国家实验动物种子中心的主要任务。

答：国家实验动物种子中心的主要任务为：引进、收集、保存实验动物品种品系，研究实验动物保种新技术，培育实验动物新品种、品系，为国内外用户提供标准的实验动物种子。

2. 简述实验动物引种时种子进入设施时的程序。

答：运输箱→0.5%过氧乙酸表面喷雾消毒→检疫室观察检测→合格后进入动物繁育室进行扩群繁殖→以后每3个月检测动物一次。

3. 试述国家《实验动物许可证管理办法（试行）》中申请实验动物生产许可证的组织和个人的必备条件。

答：申请实验动物生产许可证的必备条件有下列7条：①实验动物种子来源于国家实验动物保种中心或国家认可的种源单位，遗传背景清楚，质量符合现行的国家标准；②具有保证实验动物及相关产品质量的饲养、繁育、生产环境设施及检测手段；③使用的实验动物饲料、垫料及饮水等符合国家标准及相关要求；④具有保证正常生产和保证动物质量的专业技术人员、熟练技术工人及检测人员；⑤具有健全有效的质量管理制度；⑥生产的实验动物质量符合国家标准；⑦法律、法规规定的其他条件。

4. 试述国家《实验动物许可证管理办法（试行）》中申请实验动物使用许可证的组织和个人的必备条件。

答：申请实验动物使用许可证的必备条件有下列6条：①使用的实验动物及相关产品必须来自有实验动物生产许可证的单位，质量合格；②实验动物饲育环境及设施符合国家标准；③使用的实验动物饲料符合国家标准；④有经过专业培训的实验动物饲养和动物实验人员；⑤具有健全有效的管理制度；⑥法律、法规规定的其他条件。

5.《广东省实验动物管理条例》规定，申请实验动物生产许可证的单位和个人，应当符合哪些条件？

答：申请实验动物生产许可证的单位和个人应当符合下列5项条件：①有工商营业执照或者事业单位法人证书；②实验动物种子来自国家实验动物种子中心或者国家认可的保种单位、种源单位，遗传背景清楚，质量符合国家标准；③实验动物的生产环境及设施、笼器具、饲料、饮用水等符合国家标准和有关规定；④具有保证正常生产实验动物所需要的专业技术人员和实验动物质量的检测能力；⑤有健全的饲养、繁育等管理制度和相应的操作规程。

6.《广东省实验动物管理条例》规定，申请实验动物使用许可证的单位和个人，应当符合哪些条件?

答：申请实验动物使用许可证的单位和个人应当符合下列6项条件：①有工商营业执照或者事业单位法人证书；②使用的实验动物及其相关产品应当来自有实验动物生产许可证的单位，质量符合国家标准；③实验动物的饲料、垫料、笼器具、饮用水等符合国家标准和有关规定；④有符合国家标准的动物实验环境设施；⑤具有保证正常使用实验动物所需要的专业技术人员，以及动物实验设施环境质量的检测能力；⑥有健全的实验室管理制度和相应的动物实验技术操作规程。

7. 对违反《广东省实验动物管理条例》第七条和第十二条规定的，应如何进行处罚?

答：对违反《广东省实验动物管理条例》第七条、第十二条规定，违反本条例，未取得实验动物的生产、使用许可证或者许可证已过期，擅自从事实验动物生产或者使用的，由省人民政府科学技术主管部门没收违法所得，并可以处一万元以上三万元以下的罚款。

8. 申请广东省实验动物的生产、使用许可证需递交哪些材料?

答：申请广东省实验动物的生产、使用许可证需递交的材料有：①许可证申请书；②法人代码证书；③组织机构代码证；④实验动物环境和实验动物质量合格证明（使用许可证申请）或实验动物质量合格检测报告（生产许可申请）；⑤从业人员构成及人员基本情况；⑥人员培训情况、培训证书及体检报告；⑦实验动物管理委员会、实验动物伦理委员会成立文件、会议记录及伦理审查表；⑧设施面积、平面布局图及自检报告；⑨动物、饲料来源合格证；⑩饲料、垫料、饮水检测报告；⑪动物尸体处理协议书及动物尸体处理记录；⑫应急预案（生物安全、停电、火灾）；⑬主要仪器设备一览表；⑭标准操作规程目录；⑮获得许可证5年的工作总结（指许可证5年届满换证）。

9. 实验动物供应时应注意哪些事项?

答：①供应的动物必须取得质量合格证书；②供应的动物与客户的要求一致；③提供必要的质量检验报告或合格证书；④供应时详细检查动物个体健康状况；⑤包装应与所供应动物级别一致。

（编写：余亮、陈玲、陈梅丽、黄海燕　　审核：黄韧、王洪军）

第二章　动物福利

一、填空题：

1. 1822
2. 动物
3. W. M. S. Russell　R. L. Burch
4. 健康　快乐　舒适
5. 心理福利
6. 维持生命需要　维持健康需要
7. 伸腿自由
8. 无拘束地表现正常行为
9. 不受痛苦伤害和疾病威胁的自由
10. 减少　替代　优化
11. 低等实验动物或非实验动物
12. 实验动物
13. 设计　操作
14. 兽医
15. 动物福利代表
16. 戏弄　虐待
17. 安死术
18. 科技部
19. 实验动物福利伦理委员会
20. 非人灵长类实验动物　犬　猪
21. 饮水
22. 兽医　经过培训
23. 麻醉
24. 保定
25. 仁慈终点
26. 非人灵长类动物

27. 感染性微生物 害虫
28. 惊恐
29. 外单位
30. 运输
31. 实验动物专业技术
32. 完整 真实

二、单项选择题：

1. D 2. A 3. D 4. C 5. B 6. D 7. D 8. D 9. A 10. D
11. D 12. B 13. C 14. C 15. A 16. A 17. A 18. A 19. D 20. B
21. D 22. A 23. D 24. C 25. A 26. D 27. D 28. D 29. A 30. D

三、多项选择题：

1. AD 2. ABD 3. ABCD 4. ABC 5. ABD 6. BCD 7. ABCD 8. AD
9. ACD 10. AB 11. CD 12. ABCD 13. BC 14. BCD 15. CD 16. AC
17. ABCD 18. CD 19. ABCD 20. AB 21. ABC 22. ABCD 23. ABCD 24. ABCD
25. BCD 26. ABCD

四、判断题：

1. × 2. × 3. ✓ 4. × 5. ✓ 6. ✓ 7. × 8. × 9. ✓ 10. ✓ 11. ✓ 12. ✓ 13. ×
14. × 15. ✓ 16. ✓ 17. ✓ 18. ✓ 19. ✓ 20. ✓ 21. ✓ 22. ✓ 23. ✓ 24. ✓ 25. × 26. ×
27. ✓ 28. ✓ 29. × 30. ✓ 31. ✓ 32. × 33. ✓ 34. ✓ 35. × 36. ✓ 37. ✓ 38. ✓ 39. ×

五、名词解释：

1. 《马丁法令》——1822 年，马丁提出《禁止虐待动物法令》——《马丁法令》获得英国议会通过，首次以法律条文形式规定了动物的利益，保护动物免受虐待。

2. 实验动物福利——是指善待实验动物，即在饲养管理和使用实验动物活动中，采取有效措施，保证实验动物能够受到良好的管理和照料。为其提供清洁、舒适的生活环境，提供保证健康所需的充足食物、饮用水和空间，使实验动物减少或避免不必要的伤害、饥渴、不适、惊恐、疾病和疼痛。

3. 组成动物福利概念的五个基本要素——包括生理福利、心理福利、环境福利、卫生福利和行为福利五个基本要素。

4. 实验动物需求——包括维持生命需要、维持健康需要和维持舒适需要等。

5. 动物应享有的“五大自由”——包括不受饥饿的自由、生活舒适的自由、不受痛苦伤害和疾病威胁的自由、生活无恐惧和悲伤感的自由、表达天性的自由。

6. 实验动物的“3R”原则——减少原则、替代原则、优化原则。

7. 实验动物“3R”原则中的“替代原则”——要求尽可能采用低等实验动物或非实验动物，以替代高等实验动物进行实验。

8. 实验动物“3R”原则中的“减少原则”——要求尽可能减少实验动物的用量，甚至可以降低统计学要求。

9. 实验动物“3R”原则中的“优化原则”——要求优化实验设计和操作，以减轻动物的痛苦。

10. 仁慈终点——仁慈终点作为一种减轻动物疼痛和痛苦的优化方法可供科研人员选择。科研人员通过实际观察或利用录像等手段，将实验中动物的一些外在表现记录下来，经过分析发现，这些外在表现是按照一个固定的模式向着一个方向的有序发展过程。那么，在不影响实验结果判定的前提下，“人为”地确定某一个点（或阶段）及时终止实验，既可缩短实验时间，也可减轻实验后期动物所要承受的痛苦。“人为”选择的这一点（或阶段）就称为仁慈终点。

11. 善待实验动物——是指在饲养管理和使用实验动物过程中，要采取有效措施，使实验动物免遭不必要的伤害、饥渴、不适、惊恐、折磨、疾病和疼痛，保证动物能够实现自然行为，受到良好的管理与照料，为其提供清洁、舒适的生活环境，提供充足的、保证健康的食物、饮水，避免或减轻疼痛和痛苦等。

六、问答题：

1. 试述动物福利的定义。

答：是指善待实验动物，即在饲养管理和使用实验动物活动中，采取有效措施，保证实验动物能够受到良好的管理和照料。为其提供清洁、舒适的生活环境，提供保证健康所需的充足食物、饮用水和空间，使实验动物减少或避免不必要的伤害、饥渴、不适、惊恐、疾病和疼痛。

2. 试述动物福利概念由哪五个基本要素组成。

答：动物福利概念由五个基本要素组成：生理福利，即无饥渴之忧虑；环境福利，也就是要让动物有适当的居所；卫生福利，主要是减少动物的伤病；行为福利，应保证动物表达天性的自由；心理福利，即减少动物恐惧和焦虑的心情。

3. 实验动物需求主要表现在哪三个方面？

答：维持生命需要；维持健康需要；维持舒适需要。

4. 美国动物福利专家认为动物应有的“5 大自由”包括哪些内容？

答：美国动物福利专家认为动物应有的“5 大自由”包括转身自由、舔梳自由、站起自由、卧下自由、伸腿自由。

5. 英国农场动物福利法规定的“5 无”包括哪些内容？

答：英国农场动物福利法规定的“5 无”包括无营养不良、无环境带来不适、无伤害和疾病、无拘束地表现正常行为、无惧怕和应激。

6. 简述动物应享有的“五大自由”。

答：动物应享有的五大自由包括不受饥饿的自由、生活舒适的自由、不受痛苦伤害和疾病威胁的自由、生活无恐惧和悲伤感的自由、表达天性的自由。

7. 试述实验动物的“3R”原则内容。

答：实验动物的“3R”原则包括减少、替代和优化原则。①替代（replacement）原则：要求尽可能采用低等实验动物或非实验动物，以替代高等实验动物进行实验。②减少（reduction）原则：要求尽可能减少实验动物的用量，甚至可以降低统计学要求。③优化（refinement）原则：要求优化实验设计和操作，以减轻动物的痛苦。

8. 简述实验动物“3R”原则中的“替代原则”。

答：实验动物“3R”原则中的“替代原则”，要求尽可能采用低等实验动物或非实验动物，以替代高等实验动物进行实验。

9. 简述实验动物“3R”原则中的“减少原则”。

答：实验动物“3R”原则中的“减少原则”，要求尽可能减少实验动物的用量，甚至可以降低统计学要求。

10. 简述实验动物“3R”原则中的“优化原则”。

答：实验动物“3R”原则中的“优化原则”，要求优化实验设计和操作，以减轻动物的痛苦。

11. 试述世界动物保护协会对实验动物保护和福利的 7 个方面要求。

答：世界动物保护协会关注实验动物的保护和福利，主要集中在以下 7 个方面的要求：

（1）动物卫生和心理福利。反对给动物带来不必要痛苦的实验。对实验中持续使用动物的，要求尽量避免动物痛苦，除使用麻醉手段减轻痛苦以外，还应避免实验动物遭受恐惧、精神压抑、饥饿等痛苦。

（2）动物环境、生理和行为福利。为实验动物提供适合其生理和行为需要的遮蔽处、照料、食物和水，实验室工作人员（最好是兽医）应负责实验动物的全部福利。

（3）实验动物的“3R”原则。支持能替代、减少或者优化动物实验的技术和程序的开发和使用。认为任何可以减少动物痛苦，减少所使用动物数量，甚至完全取代活体动物实验的技术是先进的。

（4）反对从野外捕捉动物进行实验。确实因为研究需要，必须只从专业繁殖机构获取。

（5）反对所有重复性的动物实验。重复性实验是指，该实验已经找到替代方式，或该实验是为了微不足道的科学目的，或该实验（物质测试）对动物或者人类是非必需的（如化妆品）。

（6）职业道德。负责照料实验动物的工作人员必须接受关于使用动物的职业道德评估，接受全面的培训以获得所必要的技术。

（7）实验动物道德委员会。所有使用动物进行研究的机构应成立实验动物道德委员会，用以审查决定通过或者驳回动物实验项目的申请，该委员会必须有动物福利代表参加。

12．试述《广东省实验动物管理条例》对实验动物福利的要求。

答：《广东省实验动物管理条例》的第二十七条至第三十一条为实验动物福利条文，对实验动物福利作了较详细的规定：

第二十七条　鼓励共享实验动物的实验数据和资源，倡导减少、替代使用实验动物和优化动物实验方法。

第二十八条　实验动物生产、使用活动涉及实验动物伦理与物种安全问题的，应当遵照国家有关规定，并符合国际惯例。

第二十九条　从事实验动物工作的人员在生产、使用和运输过程中应当维护实验动物福利，关爱实验动物，不得虐待实验动物。

第三十条　对实验动物进行手术时，应当进行有效的麻醉；需要处死实验动物时，应当实施安死术。

第三十一条　从事实验动物生产、使用的单位和个人，在开展动物实验项目时，应当制定保证实验动物福利、符合实验动物伦理要求的实验方案；有条件的应当设立实验动物福利伦理组织，对实验方案进行审查，对实验过程进行监督管理。

13．试述《关于善待实验动物的指导性意见》中关于饲养管理过程中善待实验动物的要求。

答：饲养管理过程中善待实验动物的要求有如下7点：

（1）实验动物生产、经营单位应为实验动物提供清洁、舒适、安全的生活环境。饲养室内环境指标不得低于国家标准。

（2）实验动物笼具、垫料质量应符合国家标准。笼具应定期清洗、消毒；垫料应灭菌、除尘，定期更换，保持清洁、干爽。

（3）各类动物所占笼具最小面积应符合国家标准，保证笼具内每只动物都能实现自然行为，包括转身、站立、伸腿、躺卧、舔梳等。笼具内应放置供实验动物活动嬉戏的物品。孕、产期实验动物所占用笼具面积，至少应达到该种动物所占笼具最小面积的110%。

（4）对于非人灵长类实验动物、犬及猪等天性喜爱运动的实验动物，种用动物，应有运动场地并定时遛放。运动场地内应放置适于该种动物玩耍的物品。

（5）饲养人员不得戏弄或虐待实验动物。在抓取动物时，应方法得当，态度温和，动作轻柔，避免引起动物的不安、惊恐、疼痛和损伤。在日常管理中，应定期对动物进行观察，若发现动物行为异常，应及时查找原因，采取有针对性的必要措施予以改善。

（6）饲养人员应根据动物食性和营养需要，给予动物足够的饲料和清洁的饮水。其营养成分、微生物控制等指标必须符合国家标准。应充分满足实验动物妊娠期、哺乳期、术后恢复期对营养的需要。对实验动物饮食、饮水进行限制时，必须有充分的实验和工作理由，并报实验动物管理委员会（或实验动物道德委员会、实验动物伦理委员会等）批准。

（7）实验犬、猪分娩时，宜有兽医或经过培训的饲养人员进行监护，防止发生意外。对出生后不能自理的幼仔，应采取人工喂乳、护理等必要的措施。

14．试述《关于善待实验动物的指导性意见》中关于应用过程中善待实验动物的要求。

答：应用过程中善待实验动物的要求意见如下：

（1）实验动物应用过程中，应将动物的惊恐和疼痛减少到最低程度。实验现场避免无关人员进入。在符合科学原则的条件下，应积极开展实验动物替代方法的研究与应用。

（2）在对实验动物进行手术、解剖或器官移植时，必须进行有效麻醉。术后恢复应根据实际情况，进行镇痛和有针对性的护理及饮食调理。

（3）保定实验动物时，应遵循“温和保定，善良抚慰，减少痛苦和应激反应”的原则。保定器具应结构合理、规格适宜、坚固耐用、环保卫生、便于操作。在不影响实验的前提下，对动物身体的强制性限制宜减少到最低程度。

（4）处死实验动物时，须按照人道主义原则实行安死术。处死现场，不宜有其他动物在场。确认动物死亡后，方可妥善处置尸体。

（5）在不影响实验结果判定的情况下应选择“仁慈终点”，避免延长动物承受痛苦的时间。

（6）灵长类实验动物的使用仅限于非用灵长类动物不可的实验。除非因伤病不能治愈而备受煎熬者，猿类灵长类动物原则上不予处死，实验结束后单独饲养，直至自然死亡。

15. 试述《关于善待实验动物的指导性意见》中关于运输过程中善待实验动物的要求。

答：运输过程中善待实验动物的要求有如下3点：

（1）实验动物的国内运输应遵循国家有关活体动物运输的相关规定；国际运输应遵循相关规定，运输包装应符合IATA《活体动物规则》的要求。

（2）实验动物运输应遵循的规则：通过最直接的途径本着安全、舒适、卫生的原则尽快完成；运输实验动物，应把动物放在合适的笼具里，笼具应能防止动物逃逸或其他动物进入，并能有效防止外部微生物侵袭和污染；运输过程中，能保证动物自由呼吸，必要时应提供通风设备；实验动物不应与感染性微生物、害虫及可能伤害动物的物品混装在一起运输；患有伤病或临产的怀孕动物，不宜长途运输，必须运输的，应有监护和照料；运输时间较长的，途中应为实验动物提供必要的饮食和饮用水，避免实验动物过度饥渴。

（3）实验动物的运输应注意的事项：在装、卸过程中，实验动物应最后装上运输工具。到达目的地时，应最先离开运输工具；地面或水陆运送实验动物，应有人负责照料；空运实验动物，发运方应将飞机航班号、到港时间等相关信息及时通知接收方，接收方接收后应尽快运送到最终目的地；高温、高热、雨雪和寒冷等恶劣天气运输实验动物时，应对实验动物采取有效的防护措施；地面运送实验动物应使用专用运输工具，专用运输车应配置维持实验动物正常呼吸和生活的装置及防震设备；运输人员应经过专门培训，了解和掌握有关实验动物方面的知识。

16. 试述《关于善待实验动物的指导性意见》中关于善待实验动物的相关措施。

答：善待实验动物的相关措施有如下5点：

（1）生产、经营和使用实验动物的组织和个人必须取得相应的行政许可。

（2）使用实验动物进行研究的科研项目，应制定科学、合理、可行的实施方案。该方案经实验动物管理委员会（或实验动物道德委员会、实验动物伦理委员会等）批准后方可组织实施。

（3）使用实验动物进行动物实验应有益于科学技术的创新与发展；有益于教学及人才培养；有益于保护或改善人类及动物的健康及福利或有其他科学价值。

（4）各级实验动物管理部门应根据实际情况制定实验动物从业人员培训计划并组织实施，保证相关人员了解善待实验动物的知识和要求，正确掌握相关技术。

（5）有下列行为之一者，视为虐待实验动物。情节较轻者，由所在单位进行批评教育，限期改正；情节较重或屡教不改者，应离开实验动物工作岗位；因管理不妥屡次发生虐待实验动物事件的单位，将吊销单位实验动物生产许可证或实验动物使用许可证：

a. 非实验需要，挑逗、激怒、殴打、电击或用有刺激性食品、化学药品、毒品伤害实验动物的；

b. 非实验需要，故意损害实验动物器官的；

c. 玩忽职守，致使实验动物设施内环境恶化，给实验动物造成严重伤害、痛苦或死亡的；

d. 进行解剖、手术或器官移植时，不按规定对实验动物采取麻醉或其他镇痛措施的；

e. 处死实验动物不使用安死术的；

f. 在动物运输过程中，违反本意见规定，给实验动物造成严重伤害或大量死亡的；

g. 其他有违善待实验动物基本原则或违反本意见规定的。

17. 试述善待实验动物的概念。

答：善待实验动物是指在饲养管理和使用实验动物过程中，要采取有效措施，使实验动物免遭不必要的伤害、饥渴、不适、惊恐、折磨、疾病和疼痛，保证动物能够实现自然行为，受到良好的管理与照料，为其提供清洁、舒适的生活环境，提供充足的、保证健康的食物、饮水，避免或减轻疼痛和痛苦等。

18. 试述实验动物福利伦理委员会的组成和任务。

答：实验动物福利伦理委员会由管理人员、科技人员、实验动物专业人员和外单位人士组成。其任务是依据实验动物福利伦理委员会章程，审查和监督本单位在开展实验动物研究、繁育、生产、经营、运输、动物实验设计和实施的过程，是否符合实验动物福利和伦理要求。

19. 试述实验动物福利伦理审查基本要求。

答：实验动物福利伦理审查基本要求包括如下 7 点：①申请者是否具备开展相关项目实验动物的资质；是否经过实验动物专业技术和职业道德培训；②申报审查的材料是否完整和真实；③项目实施的理由，项目设计、实施和操作规范是否符合动物生理、环境、卫生、行为和心理等动物福利要求，是否采取了避免动物受伤害和虐待的措施；④项目设计、实施和操作规范是否体现减少、替代和优化的“3R”原则；⑤实验动物生产、运输、实验等环境设施是否符合相应等级实验动物环境要求；⑥活体动物处死是否采取安死术，动物尸体的处置措施是否得当；⑦实验动物福利伦理委员会认为违反实验动物福利伦理的其他行为。

（编写：余亮、黄海燕、陈玲、陈瑞爱　　审核：王元占、陈梅丽）

第三章　实验动物学绪论

一、填空题：

1. 实验动物为主要研究对象　应用于生命科学等研究
2. 经人工培育　对其携带微生物和寄生虫实行控制　遗传背景明确或者来源清楚
3. 遗传学要求　微生物和寄生虫的监控要求　应用要求
4. 一切可以用于实验的动物
5. 野生动物　经济动物　实验动物
6. 实验动物遗传育种学　实验动物微生物学与寄生虫学　实验动物环境生态学
7. 诊断　治疗　预防
8. 人类基本生命现象
9. 组织形态改变　机能反应变化
10. 繁育　生产
11. 20　50
12. 1956　生物科学协会
13. 科技部　省　自治区　直辖市
14. 国家科学技术委员会　1988
15. 科研立项　成果鉴定　评奖
16. 中国实验动物学报　中国比较医学杂志
17. 实验动物　设备　信息　试剂
18. 替难者
19. 急性　长期　局部
20. 化学　辐射

二、单项选择题：

1. C　2. A　3. D　4. D　5. B　6. C　7. D　8. D　9. A　10. D　11. B
12. C　13. B　14. D　15. A　16. D　17. D　18. A　19. C　20. D　21. D　22. A
23. B　24. A　25. C　26. C　27. B　28. D　29. A　30. B　31. D　32. C　33. C
34. A　35. B　36. C　37. D　38. C　39. D　40. D

三、多项选择题：

1. AB　2. ABCD　3. ABC　4. ABC　5. ABC　6. ABCD　7. ABC　8. ABC　9. ABC
10. AB　11. ABC　12. ABCD　13. ABC　14. ABD　15. AC　16. ABD　17. ABCD
18. AD　19. ABD　20. CD

四、判断题：

1. ×　2. ✓　3. ×　4. ×　5. ×　6. ✓　7. ✓　8. ✓　9. ✓　10. ✓　11. ✓　12. ×　13. ×

14. × 15. ✓ 16. ✓ 17. ✓ 18. ✓ 19. ✓ 20. ✓

五、名词解释：

1. 实验动物学——是以实验动物为主要研究对象，并将培育的实验动物应用于生命科学等研究的一门综合性学科。简而言之，它是研究实验动物和动物实验的一门综合性学科。

2. 实验动物——指经人工培育，对其携带微生物和寄生虫实行控制，遗传背景明确或者来源清楚，用于科学研究、教学、生产、检定以及其他科学实验的动物。

3. 实验用动物——实验用动物实际上是指一切可以用于实验的动物，包括野生动物、经济动物、警卫动物、观赏动物和实验动物。

4. 动物实验——是应用标准的实验动物进行科学研究，观察实验过程中实验动物有关器官的组织形态改变、机能反应变化及其发生发展规律的分支学科。

5. 比较医学——是对实验动物与人类基本生命现象的异同进行比较研究的分支学科。

六、问答题：

1. 试述实验动物学的概念。

答：是以实验动物为主要研究对象，并将培育的实验动物应用于生命科学等研究的一门综合性学科。简而言之，它是研究实验动物和动物实验的一门综合性学科。

2. 试述实验动物的三大特点。

答：实验动物的三大特点包括遗传学要求、微生物和寄生虫的监控要求，以及应用要求。

（1）遗传学要求：必须是人工培育、来源清楚、遗传背景明确的动物。即实验动物应是遗传限定，且经人工培育的动物。根据遗传特点的不同，常把实验动物划分为近交系、封闭群或远交群、杂交群三大类群。

（2）微生物和寄生虫的监控要求：在实验动物繁育的全过程中，必须严格监控其所携带的微生物和寄生虫。我国根据对微生物、寄生虫的控制程度将实验动物划分为普通级动物、清洁级动物、无特定病原体级动物（SPF 级动物）、无菌级动物 4 个等级。

（3）应用要求：实验动物主要应用于科学实验。有学者称实验动物为“活的分析天平”，犹如理化实验需要精密仪器和高纯度化学试剂一样，生命科学研究和相关试验更要求实验动物对试验因素的敏感性强、反应一致，从而使研究结果具有可靠性、精确性、可比性、可重复性和科学性。

3. 试述实验动物学的分支学科名称。

答：实验动物学的分支学科有实验动物遗传育种学、实验动物微生物学与寄生虫学、实验动物环境生态学、实验动物营养学、实验动物医学、比较医学、动物实验、实验动物饲养管理和中医实验动物学等。

4. 试述实验动物在生物医学研究中的意义。

答：探讨人类疾病发生、发展、转归机制和治疗方法是生物医学的主要任务。而发病机制及诊疗方法（包括药物、物理治疗与手术等）的研究，特别是烈性传染病、放射病的研究和致癌、致突变试验，都不应直接在人身上进行，而必须先在动物身上反复试验，然后才能在保证安全的情况下推及至人。动物实验的优点是可以根据实验目的和需要，随意安排采样时间、方式和样本量，随时处死实验动物。实验动物作为人类的“替难者”，已经并将继续为保障人类健康作出巨大的牺牲与贡献。

5. 试述实验动物在制药与化工工业中的应用。

答：新药、保健食品、化妆品甚至农药，在投产前必须通过安全性评价试验。其方法有体内、体外两类，且必须作整体动物试验。这些试验包括应用实验动物的一般毒性试验（急性、亚急性及长期毒性试验），局部用药毒性试验、特殊毒性试验（如致畸、致突变、致癌试验）和药物依赖性试验等。新药及其他新产品经大量动物试验确证对机体无毒性或安全可靠后，才能申请进行临床试验；否则会给人类造成不可挽回的损害。如 1962 年西德某药厂生产的反应停给孕妇服用后引起近万名婴儿畸形。

生物制品如疫苗、诊断用血清和免疫血清的生产和安全性评价，也离不开实验动物。

（编写：黄韧、余亮、陈瑞爱、王洪军　　审核：顾为望、邹移海）

第四章 实验动物遗传学

一、填空题：

1. 基因型 表现型 演出型
2. 遗传控制 微生物和寄生虫控制 环境控制
3. 动物界 脊索动物门
4. 近交系 封闭群 杂交群
5. 20 全同胞兄妹
6. 卵巢移植 人工喂养 冷冻保存
7. 小鼠近交系名称 代乳 代乳母鼠
8. 非近亲交配 4
9. 繁殖率高 重复性差
10. 1 25
11. 祖孙
12. 亲子 全同胞
13. 谱系
14. 谱系档案
15. 近交代数
16. 个体号码
17. 个体号码
18. 基因纯合
19. 基础
20. 年生产及供应
21. 25
22. 循环交配
23. 10 20
24. 2
25. 长期同居

二、单项选择题：

1. B 2. A 3. A 4. D 5. B 6. A 7. D 8. A 9. A 10. D 11. C 12. A
13. C 14. A 15. B 16. D 17. C 18. A 19. B 20. A 21. B 22. D 23. B 24. A

三、多项选择题：

1. AB 2. ABC 3. ABD 4. ABCD 5. ABD 6. ABD 7. ABC 8. ABCD
9. ABC 10. ABD 11. ACD 12. AD

四、判断题：

1. × 2. ✓ 3. ✓ 4. ✓ 5. ✓ 6. × 7. × 8. × 9. ✓ 10. ✓ 11. ✓ 12. × 13. ✓
14. × 15. ✓ 16. × 17. ✓ 18. × 19. ✓ 20. ✓ 21. ✓ 22. ✓ 23. ✓ 24. ✓ 25. ✓ 26. ✓
27. ✓ 28. × 29. × 30. × 31. ✓ 32. ×

五、名词解释：

1. 近交系动物——有意识地从1个动物群体中选用血缘关系比较接近的雌雄个体，即有共同祖先的兄妹、母子、父女进行交配，此种近亲交配的方式称为近交。在1个动物群体中，任何个体基因组中99%以上的等位位点为纯合时定义为近交系。

2. 封闭群动物——封闭群动物又称远交群动物，是指以非近亲交配方式进行繁殖生产的1个实验动物种群，在不从外部引入新个体的条件下，至少连续繁殖4代的群体。

3. 杂交群动物——由两个不同近交系杂交产生的后代群体称为杂交群动物。子一代简称F1。

4. 生产指数——从不同的角度反映一个单位的实验动物饲养管理水平以及实验动物群体生产水平的指标，包括受胎率、群体产仔能力、成活率、死亡率、使用率、每只动物日饲料消耗、每只动物的饲料成本等。

六、问答题：

1. 近交系动物有何特性？

答：（1）基因纯合性：近交系动物的近交系数应大于99%。同一近交系动物的基因型一致，遗传组成和遗传特性亦相同。采用近交系动物进行实验时，因隐性基因暴露而影响实验结果一致性的可能性很小。

（2）遗传组成的同源性：指某近交系动物群体内所有个体在遗传上是同源的，即可追溯到1对共同的祖先。由于其基因高度纯合，基因型又相当稳定，因而各个个体极为相似。

（3）表现型的一致性：由于近交系动物的遗传同源性，所以在相同环境因素的作用下，其表现型是一致的。因此在实验中可用较少量的近交系动物，获得具有统计意义的结果。

（4）对外界因素的敏感性：由于高度近交，近交系动物某些生理功能的稳定性降低，因而对外界因素变化的反应更为敏感。该特征使近交系动物更容易被制备为疾病模型动物，供研究使用。

（5）遗传特征的可辨别性：近交系动物群体内几乎不存在遗传多态性，即每个位点只有 1 种基因型，而不会存在其他等位基因。通过对各位点进行遗传监测，可得知有关位点的基因型。因此采用相同的遗传监测方法，可以对动物品系进行辨认，以确定其遗传可靠性。

（6）遗传组成独特性：每个近交系从物种的整个基因库中，只获得极少部分基因，它们构成了该品系基因的遗传组成。因而，每个近交系在遗传组成上都是独一无二的，具有独特的表现型。

（7）背景资料可查性：目前，小鼠、大鼠、豚鼠等实验动物的近交系均有详细资料可查。这对实验设计和结果分析是非常重要的。

（8）国际分布广泛性：由于近交系动物具有以上特性，因此各国实验室都可繁殖遗传特性几乎相同的近交系，以利于研究结果的交流，所以目前大部分近交系动物都已分布到世界各地。

2. 使用近交系动物有何优点？

答：利用近交系动物的优点可进行如下研究：

（1）组织移植：由于近交系动物个体间的组织相容性高，因此便于进行组织细胞或肿瘤移植研究。

（2）制作疾病动物模型：近交使隐性基因纯合性状得以暴露，可用于复制先天性畸形和先天性疾病的动物模型，如糖尿病、高血压等。某些近交系动物自发或诱发肿瘤的发病率较高。许多肿瘤细胞株尚可在某些近交系活体动物上传代。因而，这些品系是肿瘤病因学、肿瘤药理学研究的重要模型。

（3）比较遗传学研究：同时以多个近交系作对比研究时，可表明某实验结果具有普遍意义，或显示不同遗传组成对实验结果的影响。

3. 杂交群动物有何特性及应用？

答：（1）杂交群动物的特性有：①具有杂交优势，因而生命力强，适应性和抗病力强，繁殖旺盛；可克服近交系繁殖引起的各种近交衰退现象；②具有与近交系动物基本相似的遗传均质性；③采用杂交群动物所做的各种实验，其结果的重复性好；④具有亲代双亲的特点；⑤国际分布广，广泛用于各类实验研究，其研究结果易于重复，便于国际交流。

（2）杂交群动物的应用包括：①干细胞研究：研究表明，来自 F1 代小鼠正常外周血的白细胞，能在受到致死性照射的父母或非常接近的同种动物中种植和繁殖，使动物存活并产生供体型淋巴细胞、粒细胞和红细胞；从而表明小鼠外周血中存在干细胞。因此，F1 代动物是研究外周血中干细胞的重要材料。②免疫学研究：例如 NZB X NZWF1，NZB 即 New Zealand Black，NZW 即 New Zealand White，该杂交群小鼠是研究自身免疫缺陷的动物模型。③细胞动力学研究：如可选用 BCF1（C57BL/6 X CBA）小鼠做小肠隐窝细胞繁殖周期实验。④单克隆抗体研究：杂交瘤合成单克隆抗体采用的小鼠骨髓瘤细胞系一般来自 BALB/c 小鼠，由此获得的杂交瘤细胞注入该小鼠腹腔后，可生长肿瘤并产生含高效价抗体的腹水。目前则多采用 BALB/c 和其他近交系杂交 F1 代小鼠做单克隆抗体研究，其脾脏较同日龄 BALB/c 小鼠脾脏大，效果比用 BALB/c 小鼠好。

4. 封闭群动物有何特性及应用？

答：（1）封闭群动物特性：①繁殖率高：封闭群动物为避免近交，保持了较大数量的个体，从而群体内的基因具有较大的杂合性，有效防止近交衰退，其活力、生育力都强于近交系，因此易饲养，抗病力强，且繁殖率高，而可大量生产。②重复性差：封闭群动物就其整体而言没有引进新的个体，其遗传特性及反应性可保持相对稳定；但群内个体则具有杂合性，因而其反应性有差异。所以，封闭群动物实验的重复性和一致性不如近交系好。但是，封闭群在动物实验中比近交系更接近自然种属的反应特点。

（2）封闭群动物应用：封闭群动物广泛应用于教学、预实验、一般实验及药物筛选和毒理安全试验等。此外，封闭群动物可能携带大量隐性有害突变基因，因此可用于遗传病研究。

5. 近交系动物的培育和保种的谱系记录事项有哪些？

答：近交系动物的培育和保种必须做好谱系记录，其记录事项有：①近交代数；②双亲的号码；③出生日期；④离乳日期；⑤将雌、雄分开的日期；⑥交配日期和时间；⑦分娩日期和产仔数；⑧幼仔的离乳日期和雌、雄的只数；⑨其他关于品系特性的指标；⑩淘汰的日期；等等。

（编写：郭学军、符路娣、黄冰　　审核：黄韧、邹移海）

第五章　实验动物微生物与寄生虫学

一、填空题：

1. 显性感染　隐性感染　病原携带状态　潜伏感染
2. 传染源　传播途径　易感动物
3. 人员　物品　环境空气
4. 笼器具　器械　垫料
5. 无菌剖腹产
6. 汉坦病毒（流行性出血热病毒）　仙台病毒
7. 淋巴细胞脉络丛脑膜炎病毒　汉坦病毒（流行性出血热病毒）
8. 沙门菌　布鲁杆菌　志贺菌
9. 皮肤病原真菌
10. 弓形虫
11. 鼠痘病毒（传染性脱脚病病毒）
12. 小鼠
13. 胎盘
14. 微生物
15. 狂暴型　麻痹型
16. 咬伤
17. 汉坦病毒（流行性出血热病毒）
18. 头痛　眼眶痛　腰痛
19. 鼠伤寒沙门菌　肠炎沙门菌
20. 化脓性鼻炎　慢性肺炎

二、单项选择题：

1. B　2. C　3. A　4. D　5. A　6. C　7. D　8. B　9. A　10. A　11. B
12. A　13. D　14. D　15. A　16. A　17. A　18. B　19. A　20. C　21. B　22. B
23. A　24. D　25. D　26. B　27. D　28. A　29. A　30. C　31. C　32. B　33. A
34. D　35. A　36. D　37. C　38. B　39. A　40. B　41. B　42. B

三、多项选择题：

1. ABCD　2. ABC　3. BCD　4. ABCD　5. CD　6. ABD　7. CD　8. AC
9. ABD　10. ABC　11. CD　12. AB　13. ABCD　14. ABD　15. ABCD　16. ABCD
17. ABCD　18. ABC　19. ABCD　20. ABCD

四、判断题：

1. ×　2. √　3. √　4. √　5. √　6. √　7. √　8. ×　9. √　10. √　11. √　12. √　13. √　14. √
15. ×　16. √　17. √　18. √　19. √　20. √　21. ×　22. ×　23. ×　24. √　25. √　26. √　27. √

五、名词解释：

1. 普通级动物——是微生物和寄生虫控制级别最低的实验动物，要求不携带所规定的人畜共患病病原和动物烈性传染病病原的实验动物。简称普通动物。

2. 清洁级动物——是根据我国国情而设立的等级动物，定义为除普通级动物应排除的病原外，还应不携带对动物危害大和对科学研究干扰大的病原的实验动物。简称清洁动物。

3. 无特定病原体级动物——除清洁级动物应排除的病原外，还应不携带主要潜在感染或条件致病和对科学实验干扰大的病原的实验动物。简称无特定病原体动物或 SPF 级动物。

4. 无菌级动物——指无可检出一切生命体的实验动物。简称无菌动物。

5. 悉生动物——在无菌级动物体内人为植入1种或数种微生物，称为悉生动物。

六、问答题：

1. 按微生物和寄生虫的控制程度，将实验动物划分为哪几个等级？

答：划分为普通级动物、清洁级动物、无特定病原体级动物和无菌级动物四个等级。

2. 试述无特定病原体级动物（SPF级动物）的概念。

答：指除清洁级动物应排除的病原外，还应不携带主要潜在感染或条件致病和对科学实验干扰大的病原的实验动物。

3. 请列举5种人畜共患病病原体的名称。

答：猴疱疹病毒I型（B病毒）、流行性出血热病毒（汉坦病毒）、狂犬病病毒、淋巴细胞脉络丛脑膜炎病毒、布鲁杆菌、沙门菌、志贺菌、结核分枝杆菌、钩端螺旋体、致病性皮肤真菌以及弓形虫（体）。（任选5种）

4. 请列举动物烈性传染病病原体的名称。

答：鼠痘病毒、兔出血症病毒、多杀巴氏杆菌、鼠棒状杆菌、泰泽氏菌。

5. 实验动物传染病对实验动物可能有哪些危害？

答：①动物及实验损失：某些疾病如鼠痘、兔出血症、犬细小病毒病等的流行，可导致实验动物集体死亡或质量下降，可造成严重的经济损失，或使正常实验被迫中断。②威胁人类健康：许多实验动物传染病为人畜共患病，这些传染病可在人与动物之间传播流行，因而也对饲养和研究人员的健康构成威胁。特别是动物感染后呈隐性感染或病原携带状态，如流行性出血热等。在这种情况下，隐性感染的动物症状并不明显，而与患病动物接触的人员却发生严重疾病。因此，这类传染病隐藏着巨大的危害。③影响实验结果：实验动物的微生物和寄生虫感染可不同程度地干扰实验结果，从而影响研究工作的准确性和可靠性，甚至得出错误的结论。如仙台病毒感染引起肺鳞状化生病变，鼠肝炎病毒感染引起血清谷草转氨酶、谷丙转氨酶增高等。

（编写：刘忠华、张永斌、陈瑞爱　　审核：张钰、邝慧文）

第六章　实验动物环境生态学

一、填空题：

1. 实验动物　环境
2. 环境影响　实验动物的总反应
3. 内环境　外环境
4. 温度　湿度　气流　风速
5. 光照　噪声
6. 20~26　15
7. 40%~70%　14
8. 隔离　5
9. 空气中的微生物　动物社会因素　饲养密度
10. 100　50
11. 悉生　无菌
12. 清洁　无特定病原体
13. 生产设施　实验设施　特殊实验
14. 普通环境　屏障环境　隔离
15. 检疫室　废弃物处理设施
16. 1~2
17. 3　半
18. 1~1.5
19. 5　1
20. 热交换部件　制冷剂
21. 负　感染性
22. 危险生物因子　实验室外
23. BSL-3　ABSL-3
24. BSL-4　ABSL-4
25. 0.3
26. 清洁区　半污染区　污染区
27. 二　三
28. 生物安全柜　防护服
29. 生物安全柜　负压隔离器
30. ABSL-1　ASBL-4

31. 特点
32. 健康　福利
33. 规范
34. 坚固　破坏　逃逸
35. 生物特性
36. 舒适
37. 锐角
38. 把柄　身体接触
39. 打开
40. 微生物　清洗和消毒
41. “活体动物”　注意事项
42. 新鲜　废气
43. 空调　温度
44. 6　饲料　饮水

二、单项选择题：

1. D　2. A　3. C　4. D　5. D　6. A　7. B　8. C　9. A　10. C　11. A　12. A　13. D　14. D　15. A　16. C　17. B　18. A　19. A　20. B　21. D　22. C　23. B　24. C　25. C　26. D　27. D　28. A　29. B　30. B　31. A　32. B　33. B　34. B　35. C　36. C　37. C　38. B　39. A　40. B　41. C　42. B　43. D　44. D　45. C　46. A　47. B　48. C　49. C　50. D　51. A　52. D　53. B　54. A　55. B　56. A　57. C　58. B　59. B　60. C　61. B　62. C　63. D　64. C

三、多项选择题：

1. BC　2. ABD　3. ABCD　4. AB　5. ABC　6. ABD　7. CD　8. BC　9. AD　10. ABCD　11. ACD　12. BCD　13. BCD　14. ACD　15. ABCD　16. ABD　17. ABC　18. BC　19. ABC　20. ABC　21. AB　22. ABCD　23. AB　24. BC　25. AC　26. BD

四、判断题：

1. ×　2. ✓　3. ✓　4. ✓　5. ×　6. ✓　7. ×　8. ✓　9. ✓　10. ×　11. ✓　12. ✓　13. ×　14. ×　15. ×　16. ×　17. ×　18. ✓　19. ✓　20. ×　21. ✓　22. ✓　23. ×　24. ✓　25. ✓

五、名词解释：

1. 实验动物环境——人工控制的，供实验动物繁殖、生长和进行动物实验的特定场所及相关条件，即围绕实验动物的所有事物的总和，称为实验动物环境。

2. 实验动物设施——界定实验动物的生存空间、维持其需要的建筑物和设备等，称为实验动物设施。

3. 普通环境——该环境设施符合实验动物居住的基本要求，控制人员和物品、动物出人，不能完全控制传染因子，适用于饲育普通级实验动物。

4. 屏障环境——该环境设施符合动物居住的要求，严格控制人员、物品和空气的进出，适用于饲育清洁级动物和无特定病原体级实验动物。

5. 隔离环境——该环境采用无菌隔离装置以保持无菌状态或无外源污染物。隔离装置内的空气、饲料、水、垫料和设备应无菌，动物和物料的动态传递须经特殊的传递系统，该系统既能保证与环境的绝对隔离，又能满足转运动物时保持与内环境一致的要求。适用于饲育无特定病原体级、悉生及无菌级动物。

6. IVC——独立通气笼盒（Individually Ventilated Cages，IVC）是采用先进水平的微型隔离技术，通过在笼盒内部输送经过高效过滤的空气以保障动物免受微生物感染，具有持续防护作用的预防屏障。IVC 不仅提高了标准的微环境，为啮齿类动物提供无菌环境和绝对可靠的分隔预防屏障，而且防止交叉感染，保障实验人员的健康和安全。

7. 气溶胶——悬浮于气体介质中的粒径一般为 0.001 ~ 100 μm 的固态或液态微小粒子形成的相对稳定分散体系。

8. 二类病原微生物——指能够引起人类或者动物的严重疾病，比较容易直接或者间接在人与人、动物与人、动物与动物间传播的微生物。具有高个体危害、中等群体危害。二类动物病原微生物有结核分枝杆菌、狂犬病病毒等。

9. 二级生物安全防护实验室——简称 BSL-2 实验室或 P2 实验室。该实验室用于三类病原微生物的实验，该类病原微生物能够引起人类或者动物的疾病，但一般情况下对人、动物或者环境不构成严重危害，传播风险有限，实验室感染后很少引起严重疾病，并且具备有效治疗和预防措施。

六、问答题：

1. 实验动物的环境因素如何分类？

答：实验动物环境因素分为五类：①气候因素，如温度、湿度、气流、风速等；②物理、化学因素，如粉尘、臭味、噪音、照明、杀虫剂、消毒剂、有害化学物质等；③居住因素，如房屋、饲养笼具、垫料、给食器、供水器等；④营养因素，如饲料、水等；⑤生物因素，其中有同种动物因素如社会地位、势力范围、咬斗、饲养密度等，异种生物因素如微生物、人、其他动物。

2. 试述温度对实验动物的影响。

答：①影响生长发育和繁殖：气温过低常导致雌性动物性周期紊乱，产仔率下降，死胎率增加，泌乳量减少。如环境温度过低使雌性小鼠性成熟推迟、性周期延长。②影响代谢：当环境温度低于正常体温一定范围内，实验动物的代谢增加，以补偿机体活动的需要。最适温度每降低1 ℃，动物的摄食量增加1%左右，以补充热量。随着温度的降低，小鼠的心跳和呼吸加快。而高温则引起相反的反应。③影响健康和抗感染能力：适宜温度下感染力和毒力不强的病原微生物只对动物造成隐性感染，而不表现临床症状。一旦环境温度过高或过低时，实验动物的抵抗力将明显下降，某些条件性致病菌将引发疾病，甚至导致传染病流行和动物大量死亡。④激发应激反应：过高或过低的气温可激发实验动物产生应激反应，通过神经内分泌系统引起肾上腺皮质激素分泌增加。如长期处于过高或过低温度环境，动物脏器可发生实质性改变。⑤影响实验结果：实验动物在不同温度环境下处于不同生理状态。不适宜的环境温度可使动物处于应激状态，从而出现对化学物质的急性毒性反应改变。

3. 试述对实验动物设施空调系统的维护。

答：空调系统的正常运行是温度、湿度两个重要指标得到有效控制的保证。因此必须充分重视实验动物设施中空调系统的维护。通常每年在机器较空闲的时候，应进行1次检修。

空调系统最常发生的问题是热交换部件被灰尘和纤维状物质覆盖，从而热交换率下降，于是夏天的高温不能降低，冬天的低温不能提高。此时应清洗热交换部件。还应在每次更换初效过滤材料时检查及清洗热交换部件。制冷剂泄漏使制冷能力下降亦颇多见。如发现制冷能力下降，应考虑空调系统制冷剂不足。温度、湿度自动控制装置也可能发生故障，从而导致控制失灵或不准确，此时应予检修调校。

4. 实验动物设施选址时，其外环境的要求是什么？

答：①实验动物繁育、生产及实验场所应避开自然疫源地；②应选在通风、绿化、自然环境条件好，空气质量优良的区域；③远离铁路、码头、飞机场、交通要道，避开散发大量粉尘和有害气体的工厂、贮仓、堆场等有严重空气污染、振动或噪声干扰的区域；④实验动物繁育、生产及实验场所应与居民区保持一定的卫生防护距离。

5. 对实验动物环境设施进行监控和管理有何意义？

答：①严格监控实验动物环境可保证实验动物健康和质量标准化；②环境控制可保障实验研究获得正确的结果；③合乎标准的环境，为实验动物及动物实验工作者提供适宜的条件，并保障人们身体健康，不受危害因素的伤害。

环境和设施的使用维护对于实验动物的生产及动物实验的正常进行是必不可少的。对环境与设施进行科学规范的管理，尤其是对使用和操作者的管理也是极其重要的，即确保环境和设施完好并运行正常。管理者与操作者一次疏忽或错误就可导致严重后果，尤其是对环境的微生物污染。一旦发生，极难净化，除非中断生产或实验，对环境与设施进行全面的消毒灭菌。因此，环境和设施的管理应是设施维护的重要组成部分。

（编写：郭学军、黄冰、黄海定　　审核：王元占、傅江南）

第七章 实验动物营养学

一、填空题：

1. 饲料
2. 蛋白质 碳水化合物 脂类
3. 肌肉 神经 内脏器官
4. 氨基酸
5. 无氮浸出物 粗纤维
6. 能量
7. 脂肪 脑磷脂 卵磷脂
8. A D E K
9. 缺乏
10. 钙 磷 钾 钠 氯 镁
11. 铁 铜 锌 锰 碘
12. 渗透压 pH 值 水盐代谢
13. 脂溶性 水溶性
14. A D E K B族 C
15. 物质输送 器官形态维持 渗透压调节
16. 草食性动物 肉食性动物 杂食性动物
17. 18% ~20%
18. 清鱼肝油
19. 受孕率
20. 比例
21. 动物性 植物性
22. 17% ~20%
23. 10% ~15%
24. C
25. 1 500 1 800
26. 14% ~17%
27. 粗纤维
28. 4.5% ~7.5%
29. A D E B_1 B_2
30. 16% ~21%
31. 21
32. C
33. 面粉 鸡蛋 食盐 骨粉
34. 黄曲霉菌
35. 植物性 动物性
36. 粗饲料 青绿饲料 青贮饲料
37. 禁止
38. 虫害 细菌 霉菌
39. 实验动物 配合饲料营养成分
40. 180
41. 170

二、单项选择题：

1. C 2. B 3. A 4. B 5. A 6. A 7. B 8. A 9. D 10. B 11. C 12. A 13. C 14. B
15. D 16. C 17. A 18. D 19. A 20. C 21. B 22. C 23. C 24. D 25. A 26. C 27. C 28. A

三、多项选择题：

1. ABCD 2. ABCD 3. ABCD 4. BCD 5. ABC 6. ABCD 7. CD 8. ABD
9. ABC 10. AD 11. AB 12. ABC 13. ABC 14. ABD 15. AC 16. BD
17. ABCD 18. BC 19. ABC 20. BCD 21. AB 22. ABCD 23. ABCD 24. BCD
25. ABCD

四、判断题：

1. ✓ 2. ✓ 3. × 4. ✓ 5. ✓ 6. × 7. ✓ 8. ✓ 9. ✓ 10. × 11. ✓ 12. ✓ 13. ✓
14. ✓ 15. ✓

五、名词解释：

1. 实验动物营养学——是研究饮食物（营养素）与实验动物机体生长、发育、繁殖、健康及实验结果关系的科学。

2. 饲料——指实验动物的食物。

3. 必需氨基酸——动物体内不能合成，必须由饲料供给的氨基酸。

4. 氨基酸互补作用——将氨基酸含量不同的几种饲料按比例混合，以提高其营养价值。

5. 必需脂肪酸——脂肪酸中的亚油酸、亚麻酸、花生四烯酸等在实验动物体内不能合成，只能从饲料中摄取。

6. 粗灰分——指饲料分析中的矿物质，包括钙、磷、钾、钠、氯、镁等常量元素，以及铁、铜、锌、锰、碘等微量元素。

7. 动物的食性——不同种动物摄取食物的习性各不相同，这种习性称为食性。

8. 实验动物的基本营养需要——是指实验动物对蛋白质、碳水化合物、脂类、矿物质、维生素、水和纤维素等营养素的日平均需求量。

9. 混合配方——是指在天然配方中，某些营养素往往无法得到满足，需人为添加，如赖氨酸、甲硫氨酸、锌、维生素等，从而使饲料更加完善合理。

10. 配合饲料——实验动物行业习惯将动物所用的饲料称为配合饲料，即指根据动物的饲养标准及所采用的每一种饲料原料的营养素含量，经科学计算确定出各种原料的最佳的配合比例，然后按这种比例关系经一定生产流程而规模化生产出来的饲料。

11. 全价配合饲料——又叫全日粮配合饲料，该饲料含有的各种营养物质和能量均衡，能够完全满足动物的各种营养需要，不需添加任何其他成分就可以直接饲喂，并能获得最大的经济效益。目前，大鼠、小鼠、家兔和豚鼠都采用全价配合饲料。

12. 混合饲料——又叫基础饲料，是由能量饲料、蛋白质饲料等按一定的比例组成的。它基本上可满足动物需要，但营养不全面，还需另外添加一定量的青、粗饲料。

六、问答题：

1. 实验动物所需营养素的七大种类是哪些？

答：实验动物所需七大营养成分有蛋白质、脂类、碳水化合物、矿物质、维生素、水、纤维素。

2. 体内不能合成维生素 C 的实验动物有哪些？

答：体内不能合成维生素 C 的实验动物有豚鼠和猴。

3. 试述动物的食性及实验动物按食性的分类。

答：不同种动物摄取食物的习性各不相同，这种习性称为食性。通常依其食性，即摄取主食种类的不同，将动物分为三大类：①草食性动物，如豚鼠、家兔、羊等；②肉食性动物，如犬、猫等；③杂食性动物，如小鼠、大鼠、地鼠、猴等。

4. 试述实验动物饲料配方中天然配方的概念。

答：天然配方是根据动物的生理特点和对营养素的需要，参考其供给量标准，将不同原料中的营养成分互相搭配，组成基本满足动物需要的饲料。在配制饲料时，应注意配方中各种原料的蛋白质互补，粗纤维和维生素要充足，并有适口性。尽可能选用价格低廉、本地区较充足的原料。这类配方适用于繁殖期动物、成年动物和幼年动物。

（编写：刘忠华、王刚、黄海定　审核：苏乔、符路娣）

第八章　常用实验动物

第一节　小鼠

一、填空题：

1. 小家鼠
2. 40
3. 胆小怕惊　昼伏夜动　喜群居
4. 伤人
5. 野性
6. 昼伏夜动
7. 饲料
8. 尖突
9. 相等
10. 小
11. 18～22
12. 30～40

13. 头骨　躯干骨　前后肢骨
14. 下颌
15. 16
16. 2
17. 差异
18. 35～50
19. 70～80
20. 4～5
21. 发情
22. 典型
23. 动情前期　动情期　动情后期
24. 1～1.5
25. 急性　亚急性
26. 筛选
27. 止痛
28. 相近
29. 敏感
30. 人类
31. 药物研究　肿瘤学研究　遗传学
32. 毛色
33. 近交系
34. 白色
35. 黑色
36. 低　高
37. 突变
38. 封闭群
39. 白色
40. 美国国立卫生研究院
41. 随选交配法　循环交配法
42. 基础群　血缘扩大群　生产群
43. 尽量避免近亲繁殖
44. 25
45. 同一对
46. 4
47. 红绿灯法
48. 白色　绿色　黄色　红色
49. 平行线法　单线法　优选法
50. 全价日粮
51. 少量勤添

二、单项选择题：

1. C　2. C　3. D　4. B　5. D　6. D　7. D　8. D　9. C　10. B　11. D　12. C　13. B　14. A　15. D　16. C　17. B　18. D　19. A　20. D　21. C　22. C　23. D　24. C　25. D

三、多项选择题：

1. ABD　2. ABD　3. ABC　4. ACD　5. ABC　6. ABC　7. ABD　8. ACD　9. ABC　10. ABD　11. ACD　12. BCD　13. ABC　14. ABD　15. ABC　16. BCD　17. ABCD　18. ABCD　19. ABC　20. ABC　21. BCD　22. ABD　23. ABC

四、判断题：

1. ×　2. √　3. √　4. √　5. √　6. √　7. √　8. √　9. √　10. √　11. √　12. √　13. √　14. √　15. √　16. √　17. ×　18. √

五、名词解释：

1. 阴道栓——雌雄性小鼠交配后10～12 h，在雌性小鼠阴道口形成白色的阴道栓，有防止精液倒流、提高受孕率的作用。

2. 突变系动物——是由自然变异或人工致畸，使正常染色体上的基因发生突变，而具有某种遗传缺陷或某种独特遗传特点的动物，如裸小鼠、SCID小鼠、快速老化模型小鼠等。

六、问答题：

1. 简述小鼠的习性和行为特点。

答：小鼠的习性和行为特点为胆小怕惊、昼伏夜动、喜群居、适应性差、喜欢啃咬、寿命短。

2. 简述BALB/c小鼠的毛色、主要特征和主要用途。

答：BALB/c小鼠的毛色、主要特征和主要用途如下：

（1）毛色：白化。

（2）主要特征：①乳腺肿瘤自然发生率低，但用乳腺肿瘤病毒诱发时发病率高；卵巢、肾上腺和肺的肿瘤在该小鼠有一定的发生率。②易患慢性肺炎。③对放射线甚为敏感。④与其他近交系相比，肝、脾与体重的比值较大。20月龄的雄性小鼠脾脏有淀粉样变。⑤有自发高血压症，老年鼠心脏有病变，雌雄性小鼠均有动脉硬化。⑥对鼠伤寒沙门菌补体敏感，对麻疹病毒中度敏感，对利什曼原虫、立克次氏体和百日咳组织胺易感因子敏感。

（3）主要用途：广泛地应用于肿瘤学、生理学、免疫学、核医学研究以及单克隆抗体的制备等。

3. 简述NIH小鼠的来源、毛色、主要特征和主要用途。

答：NIH小鼠的来源、毛色、主要特征和主要用途如下：①NIH小鼠由美国国立卫生研究院（NIH）培育而成；②毛色：白色；③主要特征：繁殖力强，产仔成活率高，雄性好斗，容易致残；④主要用途：常用于药理、毒理研究和生物制品的检定。

4. 简述裸小鼠的主要特征和主要用途。

答：裸小鼠的主要特征和主要用途如下：

（1）主要特征：①无毛、裸体、无胸腺。随着年龄增长，皮肤逐渐变薄、头颈部皮肤出现皱褶、生长发育迟缓。②由于无胸腺而仅有胸腺残迹或异常胸腺上皮（该上皮不能使T淋巴细胞正常分化），导致缺乏成熟的T淋巴细胞，因而细胞免疫功能低下。但6~8周龄裸小鼠的NK细胞活性高于一般小鼠。③B淋巴细胞正常，但其免疫功能欠佳。表现在B淋巴细胞分泌的免疫球蛋白以IgM为主，仅含少量的IgG。④抵抗力差，容易患病毒性肝炎和肺炎。因此必须饲养在屏障环境中。⑤为了提高繁殖率和存活率，一般采用纯合型雄性小鼠与杂合型雌性小鼠交配的繁殖方式，可以获得1/2纯合型仔鼠。

（2）主要用途：广泛应用于肿瘤学、免疫学、毒理学等基础医学和临床医学的实验研究。

5. 如何鉴别小鼠性别?

答：成年小鼠性别很易区分，雄性小鼠的阴囊明显；雌性小鼠可见阴道开口和5对乳头。仔鼠或幼鼠则主要从外生殖器与肛门的距离判定，近者为雌性，远者为雄性。

（编写：张薇、王萧、苏乔　　审核：邝少松、张永斌）

第二节　大鼠

一、填空题：

1. 大家鼠属　大家鼠种
2. 维生素A
3. 终生
4. 吃仔
5. 2.5~3
6. 环状角质鳞片
7. 5.5~10
8. 单室
9. 60~70
10. 胆囊
11. 较暗　较坚硬
12. 去垂体模型
13. 双子宫
14. 6
15. 尾巴
16. 21　6~12
17. 发情　21~28
18. 阴道栓
19. 红
20. 皱褶
21. 敏感
22. 环尾病
23. 4~7
24. 近交系
25. 封闭群
26. 白色
27. 白色
28. 突变系
29. 旋转
30. 纯合型
31. 肿瘤
32. 消毒
33. 补充
34. A

二、单项选择题：

1. A 2. D 3. C 4. B 5. A 6. D 7. B 8. D 9. D 10. C 11. C 12. B 13. A 14. D
15. D 16. A 17. C 18. D 19. B 20. C 21. C 22. D 23. A 24. C 25. A 26. C 27. C 28. D
29. C 30. C 31. D 32. D 33. C 34. C 35. D 36. D 37. A 38. D 39. C 40. D 41. A 42. B
43. A 44. A 45. D 46. B 47. C 48. B 49. C 50. D 51. D 52. B 53. B 54. C 55. B

三、多项选择题：

1. ABD 2. ABC 3. ABD 4. ABC 5. ABD 6. ACD 7. ACD 8. ABC 9. ABC
10. ACD 11. ACD 12. ACD 13. ABD 14. BCD 15. ABC 16. ABC 17. BCD 18. BCD
19. AD 20. ABD 21. ACD 22. ABD 23. ACD 24. ABD 25. ABC 26. ABC 27. ABC
28. ABC 29. ABC 30. ABC 31. ABC 32. ABCD 33. ABC 34. ABCD 35. ABCD 36. ACD
37. BCD 38. BCD 39. BCD 40. ABD 41. ABC 42. ABC 43. AB 44. ACD 45. ABC
46. ABD

四、判断题：

1. √ 2. √ 3. × 4. √ 5. √ 6. √ 7. √ 8. √ 9. √ 10. √ 11. √ 12. √ 13. √
14. √ 15. × 16. √ 17. √ 18. √ 19. √ 20. √ 21. √ 22. √ 23. √ 24. √ 25. √ 26. ×
27. √ 28. √ 29. √ 30. × 31. √ 32. × 33. × 34. × 35. √ 36. √ 37. √ 38. √ 39. √
40. √ 41. √ 42. √ 43. √ 44. √ 45. √ 46. √ 47. √ 48. × 49. × 50. √ 51. √

五、名词解释：

1. 昼伏夜动——是啮齿类小动物的一种习性和行为特点，主要指这类动物白天休息，夜晚和清晨活动、觅食。

2. 环尾病——当环境相对湿度低于40%时，大鼠尾巴发生干枯坏死的症状，称为环尾病。

六、问答题：

1. 简述大鼠的主要习性和行为。

答：大鼠习性和行为主要表现为昼伏夜动、喜独居、胆小怕惊、喜啃咬、抗病力强、敏感性强、寿命短。

2. 简述大鼠的生殖系统特征。

答：大鼠雌性生殖器包括1对卵巢、1对输卵管、子宫、阴道和阴道孔。大鼠为双子宫，呈“Y”型排列。雌性大鼠共有6对乳头，胸部和鼠蹊部各有3对。雄性生殖器由睾丸、附睾、输精管、储精囊、凝固腺、前列腺、尿道球腺和阴茎组成，阴茎有阴茎软骨。

3. 简述大鼠的主要生理学特点。

答：大鼠生长速度的快慢，与品系、母鼠体质、生产胎次、哺乳只数、饲料和环境条件等因素有关。大鼠成熟快，繁殖力强，在6~8周龄时达到性成熟，约于3月龄时达到体成熟。雌性大鼠为全年多发情动物。大鼠妊娠期为19~23 d，平均21 d，每窝产仔6~12只；产后24 h内出现1次发情；哺乳期为21~28 d。无呕吐反射、血压对药物的反应敏感、视觉灵敏、对光照较敏感、嗅觉灵敏、对噪音较敏感、应激反应灵敏。血液成分呈动态性变化。对湿度要求高。胃容量为4~7 mL。

4. 简述大鼠在生物医学中的选择应用。

答：大鼠在生物医学中的选择应用有：①内分泌研究：内分泌学研究、内分泌疾病模型研究；②营养、代谢性疾病研究；③药物研究：如药物安全性评价试验，神经系统药物、心血管系统药物和抗炎药物的筛选和药效学评价研究；④行为学研究：迷宫试验、奖励和惩罚试验、成瘾性药物的行为学研究、高级神经活动研究；⑤老年病学研究；⑥肿瘤研究；⑦感染性疾病研究；⑧心血管疾病研究；⑨中医药研究。

（编写：张薇、刘忠华、苏乔　　审核：邝少松、王萧）

第三节 豚鼠

一、填空题：

1. 豪猪 豚鼠 豚鼠
2. 64
3. 草食性 喜群居 性情温顺
4. 草 水分过多
5. 长
6. 苦 咸 辣 甜
7. 多雌
8. 呆滞 僵直 不动
9. 4~5
10. 完善
11. 短粗 头大
12. 似豚
13. 20
14. 1
15. 无孔的阴道闭合膜
16. 不
17. 高度
18. 平滑
19. 2 5
20. 调节能力较差
21. 血红蛋白 红细胞压积
22. C
23. 速发型 迟发型
24. 结核菌素
25. 青霉素 四环素 红霉素
26. 4 2
27. 60
28. 过敏反应
29. 肺水肿
30. 过敏性休克
31. 豚鼠 家兔 犬 小鼠 猫
32. 补体
33. 人类
34. 痉挛性哮喘
35. 高度
36. 特别敏锐
37. 短毛 长毛 刚毛
38. 封闭群
39. 栓塞
40. 2
41. 频密
42. 食欲 爱叫
43. 胆小怕惊 听觉敏锐

二、单项选择题：

1. A 2. C 3. C 4. D 5. C 6. C 7. A 8. C 9. D
10. C 11. D 12. B 13. D 14. B 15. A 16. D 17. D 18. D

三、多项选择题：

1. BCD 2. BCD 3. ABD 4. ABD 5. ABD 6. BCD 7. ABD 8. ABCD
9. ABC 10. ACD 11. BC 12. AC 13. BCD 14. ABCD 15. ABC 16. ABC
17. ABC 18. ABC

四、判断题：

1. √ 2. √ 3. × 4. √ 5. × 6. √ 7. √ 8. × 9. √ 10. √ 11. × 12. √ 13. × 14. ×
15. √ 16. √ 17. √ 18. √ 19. √ 20. √ 21. √ 22. × 23. √ 24. √ 25. × 26. √ 27. √ 28. ×
29. √ 30. √

五、名词解释：

普赖厄反射（听觉耳动反射）——指豚鼠胆小，对外界突然产生的响声、震动或环境变化十分敏感，首先表现为呆滞、僵直、不动，耳朵竖起。

六、问答题：

1. 简述豚鼠在动物学中的分类。

答：豚鼠在分类学上属于动物界、脊索动物门、脊椎动物亚门、哺乳纲、啮齿目、豪猪亚目、豚鼠科、豚鼠属、豚鼠种的动物，学名豚鼠，又名海猪、天竺鼠、荷兰猪。

2. 简述豚鼠的习性和行为特征。

答：豚鼠有草食性、喜群居、性情温顺、胆小怕惊、较为独特的性行为、用叫声表达要求、寿命为4～5年等习性和行为特征。

3. 豚鼠在生物医学研究中的应用主要有哪几个方面？

答：豚鼠在生物医学研究中的应用主要有免疫学研究、药物学研究、传染病学研究、耳科学研究及其他研究等方面。

4. 简述豚鼠动情期的行为特征。

答：雌鼠发情的表征是头部前倾放低、喉咙发出快速低沉的咕噜声、身体压低拉长、扭摆着屁股慢速前进。雄鼠发情时会用屁股贴住地面摩擦，将味道抹在四周，借此宣告领域及向雌鼠示爱；也会舔食雌鼠的分泌物，借此确定雌鼠是否适合交配。雌鼠发情时阴部会分泌出乳白色的液体，同时会显得焦躁不安，有的年轻雌鼠在受不了发情期的焦躁时，会无缘无故地忽然大叫，吓饲养员一跳。

5. 简述豚鼠饲养管理要点。

答：豚鼠饲养管理要点有以下几点：①豚鼠胆小怕惊、听觉敏锐，因此饲养和实验环境应保持安静；应将普通环境温度控制在18～29 ℃，屏障环境和隔离环境温度控制在20～26 ℃，并保持恒定。由于豚鼠活动性强，所以笼具空间要大一些，采用经过消毒且不具机械损伤的软刨花作为垫料，垫料要每周更换两次。②豚鼠饲养室内应保持清洁卫生，定期喷雾消毒，减少空中浮游物质。豚鼠所用的食具和饲养笼具也要经常保持清洁，定期消毒。③确保饲料中纤维素的数量，特别注意维生素C的补给，可以通过喂饲新鲜多汁的绿色蔬菜或在饮水中添加维生素C进行补充。喂饲的新鲜蔬菜应经过彻底清洗、消毒、晾干表面水分后，方可喂食。

（编写：张薇、王萧、黄冰　　审核：王刚、张永斌）

第四节　家兔

一、填空题：

1. 哺乳纲　兔形目　兔科
2. 48
3. 群居性差　食粪癖　怕潮湿　喜啃咬
4. 假眠　闭目休息
5. 差
6. 食粪
7. 粗蛋白
8. 潮湿
9. 啃咬
10. 洞穴
11. 8～15
12. 不同
13. 50
14. 28　1对
15. 豁嘴
16. 10
17. 卵圆形淋巴结
18. 阴囊　腹腔
19. 甲状旁腺
20. 光滑
21. 31
22. 听觉　嗅觉
23. 休克样反应　死亡
24. 3～4　4～5　5～6
25. 刺激性
26. 粉红
27. 排卵
28. 典型　恒定
29. 发热及热原实验　皮肤刺激试验
30. 心血管
31. 感染性　非感染性发热试验
32. 家兔
33. 皮肤
34. 大
35. 纯白
36. 体成熟后
37. 自由交配
38. 15
39. 便秘
40. 熟悉

41. 黑布　　43. 蛋白质
42. 45　　44. 定时定量

二、单项选择题：

1. B　2. C　3. A　4. B　5. C　6. C　7. A　8. B　9. B　10. C　11. D　12. B　13. D
14. D　15. C　16. D　17. A　18. B　19. D　20. A　21. A　22. D　23. A　24. B　25. C

三、多项选择题：

1. BD　2. ABD　3. ABCD　4. CD　5. AC　6. ACD　7. ABCD　8. ABCD　9. ABD
10. ACD　11. ABC　12. AC　13. AC　14. AB　15. AD　16. CD　17. ABC　18. ABCD
19. ABCD　20. ABCD

四、判断题：

1. ✓　2. ✓　3. ✓　4. ×　5. ✓　6. ✓　7. ✓　8. ✓　9. ✓　10. ×　11. ✓　12. ✓　13. ✓　14. ✓
15. ×　16. ✓　17. ✓　18. ✓　19. ✓　20. ✓　21. ✓　22. ✓　23. ×　24. ✓　25. ×　26. ✓　27. ✓　28. ×
29. ✓　30. ✓　31. ✓　32. ✓

五、名词解释：

1. 食粪癖——指家兔有从肛门直接食软粪的癖好，哺乳期仔兔也有吃母兔软粪的习惯，以吃夜间排出的软粪为主。

2. 刺激性排卵——指雌性动物必须通过雄性动物的交配动作刺激才能排卵。

六、问答题：

1. 简述家兔在动物学中的分类。

答：家兔属于动物界、脊索动物门、脊椎动物亚门、哺乳纲、兔形目、兔科，作为实验动物的兔主要为穴兔属、家兔种。兔属或林兔属的一些种也作为实验用动物（如野兔）。家兔染色体数 $2n=44$，野兔 $2n=48$。

2. 简述家兔习性和行为。

答：家兔的习性和行为具有昼伏夜动、胆小怕惊、群居性差、食粪癖、怕潮湿、喜啃咬、草食性、喜穴居、寿命为 8～15 年等特征。

3. 简述家兔产前及产后的饲养要点。

答：在母兔怀孕 15 d 以后，要分笼单独饲养。母兔不能受到惊吓，日常管理工作要特别小心，防止流产。在饲料方面，一般前期以青饲料为主，到怀孕 15～20 d，加喂精料，满足胎儿生长的需要，但到临产前3～5 d,要多喂青饲料，减少精饲料，以免发生便秘和乳腺炎。产前，要将消过毒的产箱放入兔笼，让母兔熟悉。母兔分娩时，要保持安静，并在笼门挂上黑布，使笼内光线稍暗。母兔产仔约需 20 分钟。分娩后的母兔，由于刚刚吃完胞衣、胎盘和舐干仔兔皮肤，所以异常口渴。应及时喂给事先准备好的淡盐水，否则会造成母兔咬伤仔兔甚至吃掉仔兔的恶果。

4. 简述家兔的饲养管理要点。

答：家兔的饲养管理要点有：①配合营养颗粒饲料喂养，饲料配方应符合有关国家标准并保持相对稳定，投料应定时定量，防止过食或不足，保证供应足够的清洁饮水，饮水器具要定期清洗消毒；②根据不同等级实验动物环境条件要求，为家兔群提供相应的环境条件，饲养间或实验室必须通风干燥，并且严防野生动物入侵，笼具要定期清洗消毒；③在饲养室内转群或购买实验用兔，必须注意安全运输及合理分群，避免造成意外伤害或外逃，新引进的种兔必须经过隔离检疫，方能进入实验室。

（编写：张薇、黎福荣、邹移海　　审核：王刚、陈燕平）

第五节 地鼠

一、填空题：

1. 仓鼠属 仓鼠种
2. 44 22
3. 杂食性 夜行性 嗜睡
4. 8～11
5. 嗜睡 冬眠
6. 8～9
7. 凶猛
8. 2～3
9. 颊囊
10. 组织培养 人类肿瘤移植
11. 免疫排斥
12. 十分坚硬
13. 很长
14. 6～7
15. 臀腺
16. 短
17. 靠近
18. 短
19. 季节
20. 100 120
21. 1～2
22. 肿瘤学 生殖生理学
23. 病毒
24. 强
25. 准确
26. 透明带
27. 大
28. 钩端螺旋体
29. 狂犬
30. 金黄地鼠 中国地鼠 欧洲地鼠
31. 椭圆形
32. 2～4
33. 食仔
34. 蛋白质

二、单项选择题：

1. B 2. C 3. A 4. A 5. B 6. B 7. D 8. B 9. C 10. C

三、多项选择题：

1. ABCD 2. ACD 3. ABCD 4. ABC

四、判断题：

1. ✓ 2. ✓ 3. × 4. ✓ 5. × 6. ✓ 7. × 8. ✓ 9. ✓ 10. ✓ 11. ✓ 12. × 13. ✓ 14. ✓
15. × 16. ✓ 17. × 18. ✓ 19. ✓ 20. ✓ 21. ✓ 22. ✓ 23. × 24. × 25. ✓ 26. ✓ 27. ✓ 28. ×

五、问答题：

1. 简述地鼠的习性和行为的主要特点。

答：地鼠的习性和行为具有杂食性、夜行性、嗜睡、冬眠、好斗性、寿命为2～3年等特征。

2. 简述金黄地鼠的来源。

答：金黄地鼠全部品系的来源都是1930年Aharoni从叙利亚Aleppo地区的田野里捕捉的1只野生成年雌鼠及其8只仔鼠，其中的3只（1雄2雌）在人工饲养下繁殖，以后逐渐扩散到世界各地。

3. 简述中国地鼠的来源。

答：中国地鼠系仓鼠属、中国种，又称黑线仓鼠或条背地鼠。由张昌颖等于1938年最早进行人工繁殖，用激素调整其发情周期，在两年内繁殖了5代。

4. 简述地鼠的配种方法。

答：地鼠配种方法为人工控制配种，通常在每天天黑进行。配种时，先将试情雄鼠放入雌鼠盒内，若雌鼠不拒绝，随后放入交配雄鼠，并取出试情雄鼠，待交配完毕后或次日晨取出雄鼠，同时做好配种记录，交配雄鼠每周交配次数不得超过3次。

（编写：张薇、黎福荣、邹移海　审核：王萧、邓少嫦）

第六节 猫

一、填空题：

1. 食肉
2. 神经质
3. 孤独
4. 干净
5. 肉食性
6. 12 ~ 30
7. 2 ~ 4 2 ~ 3
8. 骨头上的肉
9. 坚韧
10. 脑
11. 刺激
12. 季节性
13. 14 60
14. 光线
15. 咳嗽
16. 兴奋
17. 敏感
18. A B AB
19. 340
20. 去大脑僵直
21. 角膜
22. 血压
23. 血压
24. 脑
25. 炭疽
26. 黑猫 白猫 花猫 麻猫
27. 长
28. 酚
29. 30 ~ 40
30. 牛磺酸

二、单项选择题：

1. C 2. A 3. A 4. B 5. A 6. B 7. C 8. C 9. C 10. B

三、多项选择题：

1. CD 2. BC 3. BD 4. BCD 5. BC 6. ABCD 7. BC 8. AD 9. AB 10. ABCD

四、判断题：

1. × 2. × 3. ✓ 4. ✓ 5. ✓ 6. ✓ 7. × 8. ✓ 9. ✓ 10. ×

五、问答题：

1. 简述猫的习性和行为的主要特点。

答：猫的习性和行为的主要特点：神经质、爱孤独、有洁癖、肉食性、寿命为 12 ~ 30 年。

2. 对猫的主要解剖学特点进行描述时应包括哪些方面？

答：对猫的主要解剖学特点的描述包括体形、骨、牙齿、舌、循环系统、生殖系统、神经系统和皮毛八方面要点。

3. 简述猫在生物医学中的选择应用要点。

答：猫在生物医学中的应用要点包括神经系统的研究、药理学研究、心血管系统实验、其他研究应用等。

4. 试述猫对某些刺激或药物的反应。

答：猫对某些刺激或药物的反应如下：①猫在正常条件下很少咳嗽，但受到机械刺激或化学刺激后易诱发咳嗽，猫的呼吸道黏膜对气体或蒸汽反应很敏感；②猫对酚类敏感；③猫对吗啡的反应和一般动物相反，犬、家兔、大鼠、猴等主要表现为中枢抑制，而猫却表现为中枢兴奋。

（编写：邹皑龙、邹移海、陈梅丽　　审核：黄芝瑛、郭中敏）

第七节 犬

一、填空题：

1. 食肉 犬
2. 78
3. 主人
4. 炎热 寒冷

5. 野性
6. 10～20
7. 大　中　小
8. 犬　臼
9. 内脏
10. 黄斑
11. 神经
12. 服从
13. 鼻好　耳好　眼不行
14. 1 000
15. 50　55 000
16. 1.5～2　1～1.5
17. 失血性
18. 瘘管
19. 蛋白质
20. 心内膜
21. 十二指肠钩
22. 比格犬　四系杂交犬
23. 小　短
24. 4　实验外科
25. 中国猎
26. 2～4
27. 6～10
28. 1
29. 0.5～1
30. 40
31. 犬瘟热病毒　细小病毒　副流感病毒
32. 散养　笼养
33. 4
34. 实验动物质量合格
35. 10～14
36. 经口给药　注射给药
37. 犬
38. 125　静脉
39. 7.5
40. 口服
41. 1～2
42. 臀部　大腿外侧
43. 耳缘
44. 腹股沟三角
45. 3　中段
46. 24
47. 膀胱
48. 0.5～1　2
49. 20
50. 20
51. 10　15
52. 山梗菜碱　尼可刹米
53. 20

二、单项选择题：

1. B　2. B　3. B　4. D　5. B　6. A　7. D　8. B　9. A　10. B　11. C
12. B　13. B　14. B　15. B　16. C　17. D　18. D　19. A　20. B　21. A　22. D
23. A　24. C　25. B　26. A　27. B　28. B　29. C　30. A　31. A　32. D　33. B
34. C　35. C　36. D　37. B　38. C　39. A　40. B　41. C　42. D　43. C

三、多项选择题：

1. ABC　2. ABCD　3. ABCD　4. ABCD　5. ABC　6. ACD　7. ABCD　8. AC　9. ABD
10. ABCD　11. CD　12. AB　13. BD　14. AB　15. CD　16. BCD　17. BC　18. ABC
19. AB　20. ABCD　21. ABC　22. ABCD　23. ABCD

四、判断题：

1. √　2. √　3. √　4. ×　5. √　6. √　7. ×　8. √　9. ×　10. ×　11. √　12. ×　13. √　14. ×
15. ×　16. ×　17. √　18. √　19. √　20. ×　21. √　22. ×　23. ×　24. ×　25. ×　26. √
27. ×　28. ×　29. ×　30. √　31. ×

五、名词解释：

1. 雄性犬合群欺弱——雄性犬性成熟后爱撕咬，并有合群欺负弱小雄犬的特点。

2. 樱桃眼——又称瞬膜腺突出，是瞬膜腺由于肥大等原因，与瞬膜一起从眼内眦向外翻的一种眼病，单眼双眼均可发生。

3. 犬瘟热——一种由犬瘟热病毒引起的，感染犬科（尤其是幼犬）、鼬科及一部分浣熊科动物的高度接触传染性、致死性的传染病。早期表现双相热型、急性鼻卡他，随后以支气管炎、卡他性肺炎、严重的胃肠炎和神经症状为特征。

六、问答题：

1. 简述犬的习性和行为要点。

答：①与人为伴；②适应性强；③合群欺弱；④爱活动；⑤性情凶猛；⑥肉食性；⑦服从命令；⑧寿命为10~20年。

2. 简述犬的生理学特点。

答：①神经类型：犬有四种神经类型，即多血质（活泼的）、黏液质（安静的）、胆汁质（兴奋占优势、不可抑制的）和忧郁质（兴奋和抑制不发达的、衰弱的）；②感觉灵敏，犬感觉器官的灵敏程度，可以通俗地用“鼻好、耳好、眼不行”来形容；③生殖生理；④血型，有A、B、C、D、E五种血型；⑤散热，依靠增加呼吸频率，舌头伸出口外做喘式呼吸来实现；⑥生理数据。

3. 简述犬在生物医学中的选择应用要点。

答：①实验外科学研究，如心血管外科、脑外科、断肢再植、器官和组织移植等方面研究；②基础医学研究，尤其是生理学和病理生理学的研究；③药理、毒理学实验；④非传染性疾病研究，如蛋白质营养不良、高胆固醇血症的研究；⑤传染病学研究，如病毒性肝炎、狂犬病等的动物模型；⑥肿瘤学研究，如制作淋巴肉瘤、甲状腺肿瘤、血管肿瘤等的动物模型。

4. 简述比格犬的优点。

答：比格犬具有如下优点：体形小（成年体重8~13 kg，体长30~40 cm）、毛短、性成熟早、产仔多、性情温顺、易于驯服和抓捕、抗病能力强、遗传性能稳定、反应一致等。

5. 试述雌性犬的发情期。

答：雌犬发情期持续13~19 d，分为发情前期（7~9 d）和发情期（6~10 d）。①发情前期表现包括外阴红肿，有血液和黏液排出，神情不安，饲养人员通过发现地板有血迹（俗称“滴血”）而判断该雌犬处于发情前期，发情前期延续7~9 d。②发情期持续6~10 d，雌犬除外阴红肿外，血性分泌物明显变淡，不安并爬跨其他雌犬。阴道涂片可见红细胞明显减少，无核角化上皮细胞增加。③发情后1~2 d排卵，但卵第一极体未脱离卵细胞时，卵未成熟，极体脱去后，才能受精。④年龄较大的犬发情前期表现不太明显，外阴部不见或少见滴血，肿胀也不明显，但会接受雄犬交配。

6. 简述被犬咬伤后的处理措施。

答：被犬咬伤后，进行如下处理：①用自来水或肥皂水清洗伤口3~5分钟，同时挤出污血；②用碘酊或75%的酒精消毒伤口并止血；③如果伤口较大，应进行缝合，并需注射破伤风抗毒素；④紧急注射狂犬疫苗，分别于第0、3、7、14、30 d注射1支狂犬疫苗，定要全程足量。

7. 简述犬的静脉注射给药方法。

答：可选用前肢皮下头静脉或后肢小隐静脉给药。注射前先使动物侧卧或将其固定在保定架上，剪去注射部位的被毛，在静脉向心端处用橡皮带绑紧，使血管充血，皮肤消毒后，从静脉的远端注入针头，检查有回血后，松开绑带，缓缓注入药液。

8. 简述狂犬病的主要临床表现及预防。

答：（1）主要临床表现：典型表现分三期，即前驱期、兴奋期和麻痹期。前驱期为1~2 d，病犬精神抑郁，喜藏暗处，举动反常，瞳孔散大，反射机能亢进，喜食异物，吞咽障碍，唾液增多，后躯软弱。兴奋期为2~4 d，病犬狂暴不安，攻击性强，反射紊乱，喉肌麻痹，狂暴和抑郁交替出现。麻痹期为1~2 d，病犬消瘦，张口垂舌，后躯麻痹，行走摇晃，最终全身麻痹而死亡。

（2）预防：一是做好狂犬病疫苗预防接种工作，防止遗漏，避免实验犬与其他野犬、野猫等动物接触；二是实验人员万一不幸被犬咬伤，应用自来水冲洗伤口3~5分钟，挤出污血，紧急接种狂犬疫苗。

9. 简述普通级比格犬的微生物与寄生虫质量控制标准。

答：①病原菌：要求沙门菌、皮肤病原真菌和布鲁杆菌阴性；②病毒：要求狂犬病病毒、犬细小病毒、犬瘟热病毒和传染性犬肝炎病毒必须按计划免疫；③寄生虫：必须排除体外寄生虫（节肢动物）和弓形虫。

10. 简述樱桃眼病因及处理方法。

答：樱桃眼是瞬膜腺由于肥大等原因，与瞬膜一起从眼内眦向外翻形成的一种眼病，单眼双眼均可发生。处理方法：3% 硼酸洗眼，0.5% 丁卡因滴眼麻醉，用止血钳将突出的瞬膜拉出，弯止血钳钳住根部，剪除突出的瞬膜，迅速烧烙止血，氯霉素滴眼液滴眼，每天 3 次，连用 3 天。

11. 简述比格犬肾动脉狭窄性高血压造模方法及特点。

答：造模方法：将犬麻醉后，腹向下固定，腹下垫一长枕使背部弓起，从脊柱旁 1.5 ~ 2 cm 处开始，右侧顺肋内侧，左侧在离肋骨缘约两指宽的地方做 4 cm 长的皮肤切开，暴露肾脏区，用手指通过手术区摸到肾脏，并在肾切迹与主动脉之间找到强力搏动的肾动脉。按所需要的长度，小心地钝性分离出一段肾动脉。选用直的银夹或银环套在肾动脉上，或者用缝线将相应直径（约为血管口径的 1/4 ~ 1/3）的铁圈扎在血管上面。如果是单侧肾动脉狭窄，则将另一侧肾切除，后一手术在间隔 10 ~ 12 天后进行。模型特点：肾切除手术后数天，血压开始升高，1 ~ 3 个月后血压升高到峰值，并可长期维持下去。该模型血压升高明显、持久而恒定，较易反映出药物的降压作用。

12. 简述比格犬急性肺水肿模型机制及造模方法。

答：肺水肿是液体在肺的间质或肺泡内的积聚。引起肺水肿的原因各种各样，但大多数是由于肺毛细血管壁通透性增加，或毛细血管内血压升高所致。造模方法：①将 0.3% 的硝酸银按 10 mL/头于股静脉注入；②将 1.35% 的一氧化氮给犬吸入；③切断犬颈部双侧迷走神经，切断后 10 ~ 20 分钟即可获得犬的肺水肿模型。

（编写：邹皑龙、刘运忠、邹移海　　审核：陈艳明、张薇）

第八节　猴

一、填空题：

1. 原猴　猿
2. 新大陆　旧大陆
3. 狭鼻
4. 昼行性
5. 群
6. 6 ~ 12　4 ~ 8
7. 宽阔
8. 狭窄的鼻中隔
9. 药物代谢酶
10. 维生素 C
11. 痢疾　结核
12. 动脉粥样硬化
13. 5
14. 恒河猴　食蟹猴　熊猴
15. 广西猴
16. 爪哇猴
17. 4.5　2.5
18. 4.5　3.5
19. 12 ~ 13
20. 乳腺肿大
21. 3 ~ 12
22. 门锁　门闩
23. 远离
24. 油性笔记载法　文身识别法　实验猴牌识别法
25. 1
26. 大栏捕捉法　笼内捕捉法
27. 头颈部　两上肢
28. 捕猴网
29. 6
30. 经口　非经口
31. 鼻孔　口腔
32. 鼻孔　剑突
33. 上眼睑
34. 黄豆
35. 近心
36. 落空
37. 颜色　形状　性状

二、单项选择题：

1. B 2. B 3. D 4. C 5. D 6. A 7. D 8. B 9. C 10. A 11. C 12. C
13. B 14. B 15. A 16. C 17. D 18. A 19. C 20. D 21. A 22. B 23. C 24. B
25. D 26. B 27. A 28. A 29. A 30. A 31. D 32. D 33. C 34. D 35. D 36. C
37. A 38. B 39. B 40. D 41. B 42. C 43. B 44. C

三、多项选择题：

1. ABD 2. ABC 3. AB 4. BC 5. ABC 6. ACD 7. ABCD 8. AD
9. BC 10. ABD 11. ABCD 12. ABCD 13. CD 14. BCD 15. AC 16. CD
17. BC 18. BC 19. ACD 20. BCD 21. ABCD 22. ABC 23. AB 24. ABCD
25. AB 26. ABCD 27. AB 28. ABC 29. BD 30. ABCD 31. BC 32. ABCD
33. ABCD 34. ABCD

四、判断题：

1. ✓ 2. ✓ 3. × 4. ✓ 5. × 6. × 7. × 8. ✓ 9. ✓ 10. ✓ 11. ✓ 12. ✓ 13. ✓ 14. ✓
15. ✓ 16. × 17. ✓ 18. ✓ 19. × 20. ✓ 21. × 22. × 23. ✓ 24. × 25. × 26. × 27. × 28. ×
29. ✓ 30. ✓ 31. × 32. ✓ 33. × 34. × 35. ✓

五、名词解释：

1. 昼行性——动物白天活动，晚上睡眠，称为昼行性。

2. 猕猴的“性皮肤”——雌性猕猴的生殖器附近以及整个臀部的皮肤，甚至前额和脸部皮肤，在性活动期都出现明显肿胀、发红，在排卵期特别明显，月经来临之前消退。

3. 实验猴安乐死——是指公众认可的、以人道主义的方法处死实验猴的过程。在处死实验猴的过程中尽量减少实验猴的惊恐或焦虑，使其安静地、无痛苦地死亡。

4. 实验猴保定——为使猴实验或其他操作顺利进行而采取适当的方法或设备限制猴的行动。实施这种方法的过程叫保定。

5. 吸入式麻醉——是指挥发性麻醉药物经呼吸道吸入，通过肺—脑血液循环，抑制中枢神经所产生的麻醉作用。

6. 实验猴驯化——实验猴经过人工的喂养和选择性的训练，形成记忆并改变习性，最终达到适应实验的水平的过程。

六、问答题：

1. 简述猕猴的习性和行为特点。

答：猕猴的习性和行为特点为：昼行性，喜群居，聪明伶俐，栖息地为热带、亚热带的树林和岩石坡面，杂食性，难驯养，寿命为10~30年。

2. 试述猕猴的外观和体形。

答：猕猴属于大型实验动物，而在猴类中，猕猴体形属中等且匀称；背毛棕黄色，至臀部逐渐变为深黄色，胸腹部浅灰色，脸部和耳部呈肉色，臀部的胼胝为粉红色；四肢粗短，眉骨高，眼窝深。新生猕猴体重为0.4~0.55 kg；成年猕猴体重，雄性猕猴为6~12 kg，雌性猕猴为4~8 kg；体长为50~60 cm，尾长约为体长的1/2。

3. 简述猕猴在生物医学中的选择应用要点。

答：①传染病学研究：病毒性疾病、细菌性疾病、寄生虫病研究；②营养和代谢性疾病研究：动脉粥样硬化症动物模型、营养性疾病动物模型研究；③老年病研究；④生殖生理研究；⑤环境保护方面研究；⑥药理学和毒理学研究；⑦器官移植的研究；⑧肿瘤学研究；⑨生理学研究。

4. 试述猕猴的生殖生理及繁殖方法。

答：猕猴的性成熟时间，雄性约为3岁，雌性约为2岁；猕猴适合配种年龄，雄性约为4.5岁，雌性约为3.5岁。雌猴性周期28 d（21~35 d），月经期2~3 d（1~5 d），月经开始后12~13 d排卵，月经发生之前，会出现乳腺肿大，月经时最明显，月经后开始消退。虽然雌猴常年发情，但是在不繁殖季节则为无排卵性周期。猕猴繁殖方法依据饲养方式不同而异。群养时每个猴舍按照雄猴：雌猴为 1：3 ~ 12 只的配比，雌雄猴自由交配。该方式管理轻松但繁殖率较低。笼养时，在雌猴月经后 11 ~ 17 d 期间，“性皮肤”肿胀最明显之时，将雌猴转入雄猴笼中，猴子经过互相观察相合后，任其自由交配，交配后将雌猴取出，分笼饲养。雄猴与雌猴交配时间很短，精液射出后 1 分钟内即形成凝块。观察交配后雌猴的体征、月经、奶头等的变化，或通过化验室和 B 超检查，确认其是否怀孕。

5. 试述猕猴的妊娠分娩及仔猴抚育。

答：对妊娠猴最好放入具有室内室外猴笼的猴房，进行单独饲养，一般情况下禁止捕捉。母猴妊娠期为 165 d 左右，每胎产仔 1 只，极少 2 只，年产 1 胎。母猴分娩多在夜间，如非难产不需人工护理。分娩前步态不稳，食欲下降；分娩时母猴用手帮助胎猴娩出，舐仔，并吃胎盘。母猴有很好的带仔性，但单笼饲养的第一胎母猴的母性较差。哺乳期为 7 ~ 14 个月。胎仔重 0.4 ~ 0.55 kg，8 h 后睁开眼睛，第一天不会吸吮奶头。母猴缺奶或不愿意带仔时，需要人工哺乳的，可喂饲大米粥或添加糖的牛奶，并将室温维持在 20 ℃左右。平常幼猴会抓住母猴腹部或背部皮肤，在母亲的携带下生活。出生 7 周后，可以离开母体独自玩耍。仔猴 3 月龄开始采食，需要增加喂饲量；仔猴哺乳期应在半年或以上；6 ~ 7 月龄仔猴可以完全采食成年猴的食物。

6. 试述实验猴兽医学检查的主要项目。

答：①视诊：外观形态、被毛、精神状态、眼检查、天然孔检查、体表检查；②听诊：心跳音、呼吸音、肠蠕动音等；③触诊：头部、腹部、四肢、尾部、背部、淋巴结、腹股沟、生殖器官。

7. 描述如何进行单笼捕捉实验猴。

答：操作人员打开单笼的扣或锁，慢慢拉出活动挤压板，将实验猴挤到背向笼门的适合位置固定。从笼的间隙拉出实验猴的一上肢，握紧实验猴上肢并贴紧笼壁，后推挤压；打开笼门，操作人员另一只手伸进笼内抓住实验猴的另一上肢并将其扭到实验猴后背，慢慢送回最初拉出笼外的实验猴上肢，再与笼内实验猴另一上肢相并一起抓住，拿出笼外。

8. 试述实验猴兽医学检查的一般顺序。

答：外观、被毛观察→头部五官检查→上肢检查→腹部、腹股沟淋巴结、生殖器检查→下肢检查→尾巴、肛门检查→背部及脊椎检查。

9. 试述实验猴常见的非经口给药方式。

答：非经口给药分为静脉给药、腹腔给药、皮下给药及皮内给药等。

10. 简单描述实验猴皮内注射结核菌素的操作过程。

答：将注射针斜面朝外呈 45 度插入实验猴上眼睑皮内，直至针头斜面完全进入皮内，缓慢向皮内注射结核菌素，直至注射部位出现黄豆大小隆起为止。

11. 试述实验猴上肢头静脉采血的过程。

答：助手将要采血的肢体握住拉直并固定，进行采血部位消毒，采血者用一只手在实验猴肘关节上方压住头静脉的近心端，使血管怒张。将采血针刺入静脉，压住静脉的手略松，进行采血。

12. 试述实验猴保定椅的操作和优点。

答：①根据实验猴的大小可随意旋转升降并调整小椅子的高低位置；②实验猴头枷上颈孔的大小可根据实验猴颈部的粗细调整固定；③固定后实验猴的头部与身体以枷板分开，操作者可避免被咬伤。

13. 试述实验猴经口给药时，若回抽未见胃内容物，应如何判定胃导管已插入胃中？

答：①确定无负压，无空气进入注射管中；②确定实验猴无呼吸异常；③确定插入过程中无咳嗽；④在胃导管连接口进行试水，观察气泡，确定没有出现气泡破裂；⑤压迫实验猴腹部，确定胃导管因空气压力而翘起；⑥先试推约 0.5 mL 药液，若无咳嗽和呕吐现象、无吞咽动作，即为插入胃中。符合以上任意两条即可判定胃导管已经插入胃中。

14. 试述用于实验猴的理想化学保定剂应具备的特点。

答：①应该迅速进入麻醉状态；②安全性好；③实验猴苏醒快，食欲、精神及行为迅速恢复；④通过肌肉注射，小剂量即有效；⑤副作用小，注射部位无任何不良反应。

15. 试述氯胺酮用于实验猴外科麻醉的优缺点。

答：（1）优点：①作用持续期短；②恢复期短；③呼吸抑制轻微；④镇痛效果好；⑤能快速进入麻醉。（2）缺点：①反复应用或大剂量时，能产生耐药性；②提高肌肉的紧张度，需要与肌肉松弛药同用。

（编写：邹移海、黄冰、陈梅丽　　审核：饶军华、张薇）

第九节　小型猪

一、填空题：

1. 44　3143/3143
2. 7　6
3. 114
4. 2%～3%
5. 悉生　无菌级
6. 猪
7. 急性糖尿病
8. 2～3
9. 38　5
10. 贲门
11. 30～40
12. 相似
13. 烧伤
14. 疼痛　创面感染　愈合
15. 动脉粥样硬化
16. 屏障
17. 一周
18. 38
19. 18～23　10～25
20. 贵州小型香猪
21. 巴马瑶族自治　海南
22. 14
23. α－1，3 半乳糖转移酶
24. 口蹄疫病毒疫苗
25. 相对湿度
26. 看采食　看粪便　看状态
27. 静立
28. 上皮绒毛膜
29. 2

二、单项选择题：

1. A　2. C　3. A　4. B　5. A　6. A　7. C　8. A　9. D　10. D　11. B　12. A
13. B　14. B　15. A　16. A　17. B　18. A　19. C　20. B　21. A　22. A　23. C　24. D
25. B　26. A　27. A　28. B　29. D　30. A　31. B　32. C　33. C

三、多项选择题：

1. ABCD　2. ABC　3. ABD　4. ABCD　5. ABCD　6. ABCD　7. ABCD　8. ACD
9. ABCD　10. ABCD　11. ABC　12. ABCD　13. BCD　14. ABD　15. ABD　16. ABC
17. ABC　18. ABC　19. ABCD　20. ABCD　21. ABC　22. ABCD　23. AB　24. ABCD
25. AD　26. BCD　27. AD　28. ABCD　29. ABCD　30. ABCD　31. BCD　32. ABCD
33. ABCD　34. ABC

四、判断题：

1. ✓　2. ✓　3. ✓　4. ✓　5. ×　6. ✓　7. ×　8. ×　9. ✓　10. ✓　11. ×　12. ✓　13. ×　14. ×
15. ✓　16. ✓　17. ✓　18. ×　19. ✓　20. ×　21. ×　22. ×　23. ✓　24. ×　25. ✓　26. ✓　27. ×　28. ×
29. ×　30. ×　31. ×　32. ✓　33. ✓　34. ✓　35. ✓　36. ×　37. ✓　38. ✓

五、问答题：

1. 小型猪在生物医学中有哪些应用领域？

答：①皮肤烧伤研究；②肿瘤研究；③免疫学研究；④心血管病研究；⑤糖尿病研究；⑥畸形学和产期生物学等的研究；⑦遗传性和营养性疾病的研究；⑧悉生猪和猪心脏瓣膜的研究；⑨牙科研究；

⑩外科手术方面的研究；⑪其他疾病的研究：猪的病毒性疾病如病毒性胃肠炎，可作婴儿病毒性腹泻模型；猪的霉形体关节炎可作人的关节炎模型。猪还可进行十二指肠溃疡、胰腺炎等疾病的研究。

2. 试述小型猪在生物医药领域中的应用前景。

答：小型猪在生物医药领域中的应用前景如下：①新药开发和新药安全评价；②模型动物和异种器官移植，猪胰岛细胞移植治疗胰岛素依赖性糖尿病，肝细胞移植治疗急性肝衰竭，产多巴胺的脑细胞治疗帕金森氏病，转基因猪皮肤用作创伤敷料，猪血制备纤维蛋白封闭止血剂，心脏瓣膜缺损修复已商品化并大量应用于临床；③标准化实验动物的培养：培育更多的品种以适应不同的科研要求，培育近交系，培育体形更小、体重更轻的小型猪（5~10 kg），培育 SPF 级小型猪，控制小型猪内源性疾病；④生物制品研制，如甲型 H1N1 流感疫苗研制。

3. 试述小型猪皮肤的主要特点。

答：猪皮肤组织学结构与人相似，包括毛发的疏密、皮肤各层的厚度、皮下脂肪层、表皮形态、表皮增生动力学等。猪汗腺不发达，幼猪和成年猪都不耐热，汗腺为单管状腺，皮脂腺分布全身。

4. 试述小型猪在皮肤烧伤方面的研究。

答：烧伤和烫伤是临床上常见的疾病，由于猪的皮肤与人非常相似，包括体表毛发的疏密、表皮的厚薄、表皮具有的脂肪层、表皮形态学和增生动力学（猪 30 d，人 21 d）、烧伤皮肤的体液和代谢变化机制等，故猪是进行实验烧伤研究的较理想动物。猪皮用于烧伤后创面敷盖，比常用的液体石蜡纱布要好，其愈合速度比后者快 1 倍（13 d 和 25 d），既能减少患者的疼痛和感染，也有利于促进皮肤的生长修复和愈合。

5. 试述小型猪与一般家猪相比，在生物医药领域应用的优越性。

答：与家猪相比，小型猪的优势主要体现在以下几个方面：①成熟时体形较小；②在研究中生长比较缓慢；③易于操作管理；④严格遗传控制；⑤易于控制所携带的微生物种类。

6. 试述小型猪的检疫内容。

答：小型猪的检疫内容包括：

（1）外观观察：皮毛、眼、口腔和鼻、耳、四肢、肛门及尾部、精神和食欲、营养状况、姿势和步态、头部、颈部、背部。

（2）触诊：外部触诊、内部触诊、触觉。

（3）实验室检查：发现异常则需要进行实验室检查，如病理检验、细菌学检查、病毒学检验、寄生虫检验等，一般对皮肤、体液或排泄物等进行检查，如血液、粪便等。

（4）采食和饮水观察：每天观察动物采食饮水状况，发现异常报告兽医。

（5）观察记录：对动物进行观察检查后，认真填写记录表，作出相应评价。

7. 试述小型猪与人在泌尿系统方面的相似点及其应用。

答：（1）相似点：小型猪的泌尿系统与人类在很多方面相似，尤其在肾脏的解剖和功能方面比其他所有动物都更近似人类。肾的大小、叶数和结构类似于人。

（2）应用：常用于肾性高血压、泌尿系统发育和儿科泌尿学、肾脏药理学等领域，以及相关疾病模型的制作。

8. 试比较小型猪、犬和非人灵长类动物在生理、代谢、药理学领域的应用特点。

答：①小型猪：杂食性；胃肠道比犬更类似于人；心脏解剖结构比犬更类似于人；50 kg 重的小型猪其心脏重量与成年人类似；肾脏结构比其他任何常用实验动物都类似于人；皮肤结构功能与人更相似，适合于作烧伤动物模型；小型猪的代谢功能与人特别接近，常用于代谢病及相关防治药物的开发研究；由于小型猪各器官、系统的结构和功能与人较为相似，所以被科学界公认为是人类异种细胞、组织和器官移植的最佳供体；此外，小型猪也常被用作人类植入性材料和介入治疗医疗器械（如导管、支架等）生物效能测试及安全性评价的实验动物。②犬：不能作非甾体抗炎药的安全性评价；犬比猪更易呕吐；犬易出现心肌毒性反应。比格犬是世界公认的实验用犬，被广泛应用于药物开发的临床前动物实验研究和毒性安全评价。③非人灵长类（猴）：非人灵长类比猪在进化上更接近人类，如免疫系统；非人灵长类心率快，尤其是狨猴；非人灵长类取血量小；非人灵长类的生殖生理与人更接近，适用于神经生物学和行为学研究以及药物成瘾性研究。

（编写：袁进、王玉珏、邹移海　　审核：顾为望、张嘉宁）

第九章　基因工程动物

一、填空题：

1. 显微注射法　慢病毒载体法
2. 显微注射法
3. 小鼠
4. 朱作言
5. 超排卵
6. 转基因技术　基因敲除技术
7. 80　70
8. 慢病毒载体法
9. 转基因体细胞核移植技术
10. 生长激素基因
11. 猪（或小型猪）
12. 小鼠　大鼠　猪
13. 胚胎干细胞技术　同源重组技术
14. 阳性筛选标志　阴性筛选标志
15. 犬　大鼠　猪　家兔　猫　马　牛　羊（任选 4 项）
16. 体细胞核移植技术　转基因技术
17. 基因驱动法　表型驱动法
18. 单碱基突变
19. 雌　雄
20. 编号
21. 剪脚趾　打耳标　剪耳朵
22. 19～22

二、单项选择题：

1. D　2. A　3. D　4. A　5. B　6. A　7. C　8. C　9. A　10. C　11. C　12. B　13. A　14. B
15. D　16. B　17. A　18. A　19. D　20. D　21. A　22. A　23. B　24. A　25. B　26. A　27. B　28. C
29. C　30. C　31. C　32. B　33. C　34. C　35. D　36. C　37. C　38. A　39. B　40. C

三、多项选择题：

1. ABCD　2. AB　3. ABCD　4. ABCD　5. ABC　6. ABD　7. ABCD　8. BCD　9. ACD
10. CD　11. ABCD　12. AB　13. ACD　14. ABCD　15. AB　16. AB　17. ABC　18. ABCD

四、判断题：

1. ×　2. √　3. √　4. √　5. ×　6. √　7. √　8. √　9. √　10. √　11. ×　12. √　13. ×　14. ×
15. √　16. √　17. ×　18. √　19. ×　20. √　21. ×　22. √

五、名词解释：

1. 基因工程动物——人为地运用转基因技术、基因敲除技术（基于同源重组技术、ZFNs、TALEN 技术或 CRISPR/Cas9 技术）、转基因体细胞核移植技术和 ENU 大规模诱变技术等技术，有目的地在基因水平改造动物的遗传物质组成，导致动物新性状的出现，并使其能有效地遗传下去，形成新的可供生命科学研究和其他目的所用的动物模型，这类动物被称为基因工程动物。

2. 转基因动物——运用转基因技术将外源基因导入动物的基因组中，并使其稳定整合在基因组中，进而稳定表达外源基因，导致动物新性状的出现，并使其能有效地遗传下去，这类动物叫转基因动物。

3. 正向遗传学——是指通过生物个体或细胞基因组自发突变或人工诱变，筛查相关表型或性状改变，然后从这些特定性状改变的个体或细胞中找到对应突变基因。简言之，正向遗传学的策略是从功能（表型或性状）→突变体→基因，最后获得具有相关功能的基因，并揭示特定生命现象发生、发展的规律，经典遗传学多采用该方法。

4. 反向遗传学——是指直接从生物的遗传物质入手来阐述生命现象的本质，即首先改变某个特定基因或蛋白质，然后再去筛查相应的表型变化，并揭示该特定基因或蛋白质的功能，与之相关的研究技术称为反向遗传学技术。简言之，反向遗传学的策略是从基因→突变体→功能，最后得到未知基因的功能，现代遗传学多采用该方法。

5. 基于同源重组的基因敲除技术——基于同源重组的基因敲除技术是指外源 DNA 与受体细胞染色体上的 DNA 靶序列之间发生序列依赖的同源重组，替代靶序列并整合在预定的特异位点，从而改变细胞遗传特性的遗传操作方法。此类基因敲除是在胚胎干细胞技术和同源重组技术基础上发展起来的，能按预期方式改变生物活体遗传信息的技术手段。

六、问答题：

1. 试述利用基因工程动物解释基因功能的遗传学研究手段。

答：双向选择的传统遗传学研究手段大致可以分为正向遗传学和反向遗传学两类。正向遗传学是指通过生物个体或细胞基因组自发突变或人工诱变，筛查相关表型或性状改变，然后从这些特定性状改变的个体或细胞中找到对应突变基因。反向遗传学则是直接从生物的遗传物质入手来阐述生命现象的本质，即首先改变某个特定基因或蛋白质，然后再去筛查相应的表型变化，并揭示该特定基因或蛋白质的功能。简言之，正向遗传学的策略是从功能（表型或性状）→突变体→基因，最后获得具有相关功能的基因，并揭示特定生命现象发生、发展的规律，经典遗传学多采用该方法；反向遗传学的策略则是从基因→突变体→功能，最后得到未知基因的功能，现代遗传学多采用该方法。

2. 简述在生物活体水平上解释基因功能的常见策略。

答：解析基因未知功能的策略与途径大致可分为基因功能缺失和基因功能获得。

基因功能缺失是指直接从遗传物质入手来阐述生命现象的本质，对靶基因进行删除操作或关闭/抑制，其表达的目的在于了解该基因的反向效应，而识别基因功能最有效的方法之一是观察基因表达被阻断后在细胞和整体动物水平上所产生的表型变化；实现基因功能缺失的主要策略与技术包括（条件性）基因敲除、（条件性）RNA 干涉、负显性突变体技术和反义技术等。

实现基因功能获得的主要策略与技术是目的基因（条件性）过表达等。具体地说，它将目的基因通过一定转基因方式转导入某一离体细胞或活体组织中，达到靶基因（条件性）过量表达以实现基因功能获得性分析，进而通过观察细胞或活体生物学表型的改变来认识基因功能，是目前应用最多和技术最为成熟的基因功能研究策略与方法。

3. 利用转基因技术制备转基因动物包括哪三大步骤？

答：利用转基因技术制备转基因动物涉及以下三部分内容：转基因载体构建（上游），基因转移（中游），转基因动物筛选与鉴定、建系和保种（下游）。

（1）上游工作主要涉及转基因载体构建。外源转基因包含启动子序列、转基因片段（其含有起始密码子和终止密码子）和转录终止信号序列。为方便转基因动物的筛选与鉴定，构建转基因载体时可考虑插入一个报告基因，报告基因的使用让我们能够更为清晰准确地监测外源转基因的时空表达。目前常用的报告基因主要包括绿色或红色荧光蛋白基因、荧光素酶基因和 lacZ 等。

（2）中游工作包括基因转移和胚胎移植。目的基因的导入是将已构建好的携带外源基因的转基因载体通过物理、化学或生物的方法导入细胞，受体细胞及胚胎移植是制备转基因动物的重要环节。此环节将受体细胞（一般指早期的胚胎细胞）移植到受体动物的输卵管或子宫，使其发育成新的个体。

（3）下游工作涉及转基因动物筛选与鉴定、建系和保种。转基因动物外源基因整合与表达检测包括 DNA 水平、RNA 水平、蛋白水平等：① DNA 水平，外源导入的 DNA 片段只有很少一部分能整合到宿主基因组中，可采用 Southern 杂交、原位杂交和 PCR 等方法检测外源基因是否整合入宿主基因组中；② RNA 水平，可采用 Northern 印迹杂交、RT－PCR 和 qRT－PCR 检测转基因表达；③ 蛋白水平，可用 Western 印迹分析和免疫组化等检测转基因表达。

4. 简述转基因体细胞克隆猪或基因敲除体细胞克隆猪的制备技术路线。

答：体细胞核移植法制备转基因体细胞克隆猪或基因敲除体细胞克隆猪的技术路线为：①对猪的体

细胞［一般选用猪的胚胎成纤维细胞（PEFs）］进行遗传修饰，即利用常规转基因方法（包括化学的、物理的或生物的）将外源基因导入PEFs，或利用基因敲除技术（包括同源重组技术、ZFNs、TALEN和CRISPR/Cas9）在PEFs上敲除特定基因，从而获得经遗传修饰的PEFs；②将经遗传修饰的PEFs的核移植到猪卵母细胞内，经电融合获得携带外源转基因的重构胚胎或特定基因敲除的重构胚胎；③将胚胎移植入代孕母猪，最终获得转基因体细胞克隆猪或基因敲除体细胞克隆猪。

5. 简述用显微注射法制备转基因小鼠的流程。

答：用显微注射法制备转基因小鼠的流程如下：

（1）同期发情和超数排卵：实验开始的第一天，给供体雌鼠注射孕马血清促性腺激素（PMSG）诱导供体雌鼠同期发情。间隔46～48 h后，即注射PMSG后的第三天，给供体注射人绒毛膜促性腺激素（HCG）诱发超数排卵。HCG注射后于当天下午将供体雌鼠与雄鼠合笼。

（2）假孕母鼠准备：挑选处于发情期的雌鼠于注射PMSG后的第三天下午和事先准备好的结扎雄鼠合笼，制备胚胎移植用的假孕受体母鼠。一般提前准备结扎雄鼠，雄鼠结扎后至少有两次不能使雌鼠受孕才能用于假孕母鼠的制备。

（3）受精卵收集：实验第四天早晨检查供体鼠和受体鼠阴道栓，有阴道栓的为阳性。处死供体雌鼠，打开腹腔，取出输卵管和小部分子宫；在显微镜下找到输卵管膨大部，然后剪开，可见卵团自动溢出来；用透明质酸酶消化掉卵细胞周围的颗粒细胞，将形态正常的受精卵收集在一起，在37 °C、5%的CO_2条件下用改良M_{16}培养基培养，直至用于显微注射。

（4）显微注射：将外源基因注射到雌鼠受精卵的过程，是借助显微操作仪来完成的。用固定针吸住受精卵，将吸入注射针内的外源DNA溶液注入雄性原核中。注射后的受精卵再移到改良M_{16}培养基中，在37 °C、5%的CO_2条件下稍培养后挑选形态完好的受精卵进行输卵管移植。

（5）胚胎移植：麻醉假孕受体母鼠，在其背部输卵管部位切一小口，找出卵巢和输卵管。将输卵管拉出体外，可用小的血管夹夹住输卵管周围脂肪以固定。用吸管吸15～20个已注射外源DNA的受精卵，依次吸入矿物油—气泡—M_2培养液—气—受精卵—气泡—M_2培养液。在解剖显微镜下将其移植到受体鼠的输卵管。将输卵管送回腹腔，缝合切口，用相同方法移植另一侧。

（6）转基因小鼠的筛选与鉴定：仔鼠出生3周后，取尾组织，提取基因组中的DNA，溶解在TE缓冲液中，用PCR或Southern杂交检测仔鼠基因组中是否整合了外源转基因。

（7）转基因表达的检测：① RNA水平，可采用Northern印迹杂交、RT－PCR和qRT－PCR检测转基因表达；② 蛋白水平，可用Western印迹分析、免疫组化、免疫荧光、酶联免疫法等检测外源转基因表达。

（8）转基因动物的建系和保种：第一代转基因动物是半合子转基因动物，因为外源基因仅在一条染色体上稳定整合。只有通过选种选配，将两个半合子转基因动物成功交配，才能得到纯合子转基因动物，建立转基因动物家系，外源DNA才能在后代中稳定遗传。

（编写：肖东、张嘉宁　　审核：顾为望、唐小江）

第十章　SPF鸡及鸡蛋

一、填空题：

1. 2007　73
2. 全进全出　全封闭人工
3. 检查　验收
4. 19
5. 琼脂扩散试验　酶联免疫吸附试验　血凝抑制试验
6. 5或7
7. 观察窗　内
8. 环境控制　饲养技术
9. 前高后低　胚胎自温

10. 两头高中间低
11. 3
12. 45
13. 福尔马林
14. 18 70% ~80% 7
15. 16 20
16. 29 18 ~25
17. 41.5 5 中暑
18. 人员进入 物品进入 饮水消毒
19. GB/T 17999.1—2008
20. 促生长剂 抗生素 防腐剂
21. 8 ~10 4 ~8
22. 编号标识 冰盒包装
23. 禽类
24. 气管 肺 气囊
25. 法氏囊 泄殖腔
26. 18 ~25 25 ~28 16 ~20
27. 水分 矿物质 维生素
28. 生长 维持 繁殖
29. 代谢水 饲料中的水分 饮水
30. 21 育雏 育成 产蛋
31. 温度 湿度 通风 翻蛋
32. 110 280 200
33. 汗腺 水蒸气
34. 重点的质量标准 血清学检验报告单
35. 产蛋 育成育雏 辅助

二、单项选择题：

1. C 2. C 3. C 4. D 5. A 6. C 7. B 8. A 9. A 10. B 11. B 12. B 13. D 14. D 15. C 16. A 17. B 18. C 19. B 20. D 21. C 22. C 23. C 24. C 25. B 26. C 27. A 28. B 29. C 30. A 31. A 32. A 33. C 34. D 35. B 36. C 37. B 38. C 39. B 40. D 41. D 42. A 43. A 44. B 45. C 46. D 47. B 48. B 49. A 50. C 51. B 52. C 53. A 54. D 55. B 56. B 57. A 58. B 59. A 60. A

三、多项选择题：

1. ABC 2. ABCD 3. ABCD 4. ABCD 5. ABCD 6. BC 7. ABCD 8. ACD 9. CD 10. BCD 11. ABC 12. BC 13. ABCD 14. ABC 15. ABCD 16. ABCD 17. ACD 18. AC 19. ABC 20. BC 21. ABCD 22. ABC 23. BC 24. ABD 25. ABD 26. ABC 27. ABCD 28. BD 29. ABCD 30. ABCD 31. ACD 32. ABD 33. ABC 34. ABC 35. ABCD 36. ABCD 37. ABC 38. ABCD

四、判断题：

1. √ 2. √ 3. √ 4. × 5. × 6. √ 7. √ 8. √ 9. √ 10. × 11. √ 12. × 13. √ 14. × 15. × 16. √ 17. √ 18. √ 19. √ 20. √ 21. √ 22. √ 23. √ 24. × 25. √

五、名词解释：

1. SPF 鸡——通常指生长在符合 GB 14925—2010 中规定的屏障环境或隔离环境的饲养条件下，机体内无特定的微生物和寄生虫存在的鸡；其鸡群具有良好的生长和繁殖性能。

2. 饲养单元——指相同饲养环境内的最小 SPF 鸡饲养设备，如一台鸡饲养隔离器或屏障环境内的一个饲养房间。

3. 生物安全处理——通过用焚毁、化制、掩埋或其他物理学、化学、生物学等方法将病害动物尸体和病害动物产品或附属物进行处理，以彻底消灭其所携带的病原体，达到消除病害因素、保障人畜健康安全的目的。

六、问答题：

1. 简述 SPF 鸡的应用领域。

答：①为禽病研究提供优良的实验动物；②繁殖病原微生物种毒、开展病毒学研究；③人、畜、禽多种活疫苗的制造和疫苗质量鉴定。

2. 简述 SPF 鸡饲养技术人员应具备的基本条件。

答：应具备的基本条件有：①身体健康，无传染病（尤其是人畜共患病）；②遵守 SPF 鸡饲养管理的各项制度，熟悉、掌握操作规程；③自家不养任何动物，尤其是鸡、观赏鸟等禽类动物；④工作细心，认真负责，讲究卫生；⑤热爱本专业，性格沉稳，具有合作精神；⑥爱护饲养的 SPF 鸡，不得戏弄或虐待 SPF 鸡；⑦接受培训：加强培训，强化防疫观念，学习 SPF 鸡养殖技术，提高业务水平；⑧具备实验动物从业人员上岗资格。

3. 简述 SPF 鸡孵化过程中的两个关键时期及其注意事项要点。

答：在孵化过程中把 1 ~ 7 胚龄和 18 ~ 21 胚龄叫两个关键时期。总体上讲，第一关键时期要注意保温，第二关键时期要注意通风，分述如下：

（1）第一关键时期（1 ~ 7 胚龄）要抓好以下几点：①种蛋的蛋龄超过 10 d 必须预热，方法是将种蛋放入 22 ~ 25 ℃环境中 4 ~ 9 h，最长不超过 18 h，或是放入 38 ℃环境中 1 ~ 5 h；②用甲醛高锰酸钾消毒时应在蛋壳表面凝水干燥后进行，一定要避开 24 ~ 96 h 胚龄的胚蛋；③ 7 日龄前不照蛋，照蛋时一定将小头朝上的蛋更正过来；④提高孵化室的温度；⑤停电尽早使用发电机发电。

（2）第二关键时期（18 ~ 21 胚龄）要抓好以下几点：①必须 18 胚龄落盘，不可提前在 16 ~ 17 胚龄或在 19 胚龄落盘；②啄壳出雏时提高湿度，同时要适当地降低温度，防止高温高湿，19 ~ 21 胚龄一般在 37 ℃，湿度为 65%；③注意通风换气，必要时加大通风量；④停电、发电机没有启动时要打开孵化机门；⑤一般在 60% ~ 70% 的雏鸡出壳绒毛干时第一次捡雏，在此之前应捡出蛋壳，不捡出会影响出壳，将没出壳的胚蛋集中到出雏器顶部；⑥观察窗的遮光，有利于雏鸡的安静，更有利于没出壳的雏出壳；⑦防止雏鸡脱水。

4. 试述 SPF 鸡采血的注意事项。

答：应当注意：①采血场所光线要充足，室温要适宜，夏季最好为 25 ~ 28 ℃，冬季为 16 ~ 20 ℃；②采血时小心鸡只挣扎而把翅膀弄断或抓伤实验者的双手，要保定好鸡只并等待其平静后再实施采血工作；③采血时抽血速度要缓慢，静脉血管血流速度较慢，内压突然降低会致使血管壁接触而阻塞了针头，影响采血；④若需反复多次采血，应自远离心脏端开始，以免发生栓塞而影响继续采血。

5. 简述 SPF 雏鸡的饲养管理要点。

答：育雏期间，温度是育雏技术的一个重要参数。初生雏鸡的御寒能力弱，育雏笼温度要与孵化时的出雏温度相衔接，避免雏鸡产生温度应激，尤其是对 1 周龄以内的雏鸡保持较高的温度能很好地促进雏鸡体内卵黄的吸收。温度设置应为：在 1 周龄时 34 ~ 35 ℃，以后每周下降 3 ℃，直到它们能适应洁净室温度，即 SPF 鸡舍净化室空调温度为 20 ~ 25 ℃。1 周龄以内的初生雏鸡，温度掌握最为关键，过高如 38 ℃以上，就有热死的可能；过低，雏鸡体内卵黄不易吸收，同样极易造成雏鸡死亡。

足够的光照可以促使雏鸡饮水和进食，增加雏鸡活动量，促进骨骼发育。1 ~ 3 d 需要每天 24 h 光照时间，以后每天减少 0.5 h。

由于 SPF 鸡冠比较发达，所以种雄鸡还要剪冠，多在出雏后进行。啄肛癖是鸡的天性，SPF 鸡也不例外，因此必须断喙。视雏鸡发育情况，在 8 ~ 10 日龄断喙，一般需要断去喙端至鼻孔段的 2/3。注意断喙时要适量增补维生素 K。

随着雏鸡的生长发育，要及时调整和疏群。笼育雏鸡每只应占面积为 100 ~ 150 cm^2。笼养育雏时，从保温角度考虑，如果是三层笼养，育雏期应将雏鸡饲养在最顶上一、二层，育成期平均分散到各层。

6. 简述隔离器在转入 SPF 雏鸡鸡舍前的准备工作。

答：在转入 SPF 鸡舍前 1 d，需要在隔离器内装上经过消毒的垫料，打开隔离器的保温装置，预热到雏鸡所需要的温度，并检查隔离器上的风机、照明系统、饮水系统等仪器仪表运作是否稳定和安全。

（编写：陈瑞爱、王林川、练炳洲、黄保松　审核：刘忠华、邹移海）

第十一章　水生实验动物

一、填空题：

1. 体外受精　体外发育　材料易得
2. 毒理学　发育生物学　胚胎学　生理学　生态学　遗传学　内分泌学　药理学
3. 性成熟时间长　鱼种阶段生长快　饲养装置　饲养条件　季节
4. 虹鳉　亚马逊鳉　新月鱼　青鳉　斑马鱼　剑尾鱼
5. 剑尾鱼　稀有鮈鲫　红鲫　诸氏鲻虾虎鱼
6. 3　1　100~300
7. 5~6　30~40　20~200
8. 4　4　300
9. 20~30　10　3~4
10. 3　30~40　1 000~3 000　4~5
11. 剧毒　高毒　中毒　低毒　微毒
12. 扇　短小　三角　大
13. 圆大　细长侧扁　剑　4　2
14. 大　短　长
15. 2014　4　1
16. 20~28　12~18　4　5
17. 200~400
18. 25　25　50　24　22
19. 石油污染　重金属污染　农药污染　有机物污染　放射性污染　热污染　固体废弃物污染
20. 嗜水气单胞菌

二、单项选择题：

1. C　2. B　3. A　4. D　5. B　6. C　7. D　8. A　9. A　10. C　11. D　12. A　13. A　14. C
15. D　16. A　17. A　18. D　19. B　20. B　21. C　22. D　23. B　24. B　25. C　26. A　27. C　28. B
29. A　30. C　31. A　32. C　33. A　34. C　35. C　36. A　37. C　38. D　39. A　40. C

三、多项选择题：

1. ABD　2. ABCD　3. ABCD　4. ABCD　5. BC　6. ABC　7. ABCD　8. ABCD　9. ABD
10. ABCD　11. ABCD　12. ABCD　13. ABC　14. ABCD　15. ABCD　16. ABCD　17. ABCD
18. ABCD　19. BCD　20. ABCD

四、判断题：

1. ×　2. ×　3. √　4. ×　5. ×　6. ×　7. ×　8. ×　9. √　10. √　11. ×　12. ×　13. ×　14. √
15. ×　16. √　17. √　18. √　19. √　20. √

五、名词解释：

1. 水生实验动物——经人工饲养、繁育，对其携带的病原微生物及寄生虫实行控制，遗传背景明确或者来源清楚，用于科学研究、教学、生产、检定以及其他科学实验的水生动物。

2. 静水式生物毒性试验——试验期间不更换试验溶液，进行观察、测定生物异常或死亡效应的试验。

3. 卵胎生——受精卵在母体内发育，其营养主要依靠卵黄的一种生殖方式。

4. 半数有效浓度（EC_{50}）——在一定观察期内，引起50%受试生物产生某一特定效应或实验生物的某效应指标被抑制一半时的毒物浓度，以EC_{50}表示。

5. 水生毒理学——研究污染物与水生生物和环境因素之间的相互作用的科学。

六、问答题：

1. 简述水生实验动物的主要应用领域。

答：①作为生物学、医学等生命科学的基础研究的标准实验材料；②作为人类、重要物种或大型物种的替身或模型，应用于医学、药学、生态毒理学、发育生物学、分子生物学等众多领域；③作为药物、食品等安全性评价和效果试验的活试剂；④作为生物制剂及制品研制的原材料；⑤作为生物学、医学、畜牧学、兽医学等的教学用具等。

2. 简述健康实验鱼类的判定依据。

答：①体形正常，无肥胖、消瘦、畸形；②体色光亮，无变黑、褪色或失去光泽，无白色或红色等斑点（斑块）、脱鳞、长“毛”、鳍条缺损、黏液增多、肛门红肿等现象出现；③活动正常，无游动缓慢、反应迟钝、不规则狂游、打转、平衡失调、离群独游等现象；④食欲旺盛；⑤鱼体大小均匀。

3. 简述水生实验动物发展中存在的主要问题。

答：①实验动物化的水生动物品种少；②国家科研投入少，水生实验动物相关学科发展举步维艰；③缺乏有效的共享体系；④研究基础亟待加强；⑤水生实验动物资源开发研究与应用脱节；⑥资质认可工作缺乏。

4. 简述实验鱼运输的注意事项。

答：①运输前后停食1~2 d；②适当降温，避免水温剧烈变化；③水量适宜、水质良好（避免pH值、氨气、亚硝酸盐、重金属含量等指标超标或含有有毒物质），溶氧充足；④操作轻柔，网具材质柔软，避免剧烈颠簸；⑤密度适宜；⑥可使用无毒或低毒的镇静药物轻微麻醉；⑦包装袋无毒，无破损。

5. 试进行新科技革命时代水生实验动物发展需求的预测。

答：①水生实验动物的种类需求不断扩大；②水生实验动物资源库（中心）建设势在必行；③水生实验动物质量更受关注；④水生实验动物使用量逐渐上升；⑤资源与信息成为水生实验动物发展的重要支撑；⑥基因修饰水生实验动物成为重要模型。

（编写：李建军　　审核：黄韧）

第十二章　人类疾病动物模型

一、填空题：

1. 诱发性疾病动物模型　自发性疾病动物模型
2. 急性胃溃疡
3. 应激法　药物法
4. 一侧海马伞切断术
5. 灌服维A酸法　糖皮质激素法　卵巢切除法　睾丸摘除法
6. T淋巴细胞功能缺陷动物　B淋巴细胞功能缺陷动物　NK细胞功能缺陷动物　联合免疫缺陷动物
7. 严重联合免疫缺陷
8. 人疟　猴疟
9. 自然衰老　D-半乳糖致亚急性衰老
10. 醋酸法

二、单项选择题：

1. C　2. A　3. D　4. A　5. D　6. A　7. B　8. D　9. A　10. B　11. D　12. C　13. D　14. A
15. B　16. C　17. D　18. C　19. B　20. C　21. B　22. C　23. D　24. D　25. C　26. A　27. A　28. C
29. A　30. B　31. B　32. D　33. D　34. A　35. B　36. C　37. C　38. C　39. A　40. B　41. A　42. B
43. C　44. A　45. D　46. B　47. A　48. B　49. D　50. A

三、多项选择题：

1. ABC　2. ABCD　3. ABCD　4. ABC　5. AB　6. ABC　7. AB　8. ABD　9. AB
10. AB　11. ABC　12. ABC　13. ABC　14. BCD　15. ACD　16. ABCD　17. AC　18. ABC
19. BD　20. ABCD

四、判断题：

1. ×　2. ×　3. ×　4. ✓　5. ✓　6. ×　7. ×　8. ×　9. ×　10. ×

五、名词解释：

1. 人类疾病动物模型——为阐明人类疾病的发生机制或建立治疗方法而制作的，具有人类疾病模拟表现的实验动物，称为人类疾病动物模型。

2. 诱发性疾病动物模型——通过人为方式使实验动物受到物理、化学、生物等致病因素的作用，而发生类似某种人类疾病的动物模型，称为诱发性疾病动物模型。

3. 自发性疾病动物模型——自发性疾病动物模型主要是由突变系动物经定向培育而稳定遗传的实验动物。

4. 突变系动物——突变系动物是由自然变异或人工致畸，使正常染色体上的基因发生突变，而具有某种遗传缺陷或某种遗传特点的动物。

六、问答题：

1. 试述研究人类疾病动物模型的意义。

答：①人类的替难者；②可按需要取得实验样品；③缩短研究周期；④可比性强；⑤有助于认识疾病的本质；⑥药效临床前研究；⑦为教学服务。

2. 简述骨质疏松动物模型的造模方法有哪些。

答：①维 A 酸致骨质疏松；②糖皮质激素致骨质疏松；③卵巢切除致骨质疏松；④睾丸摘除致骨质疏松。

3. 试述通过应激法复制急性胃溃疡模型的方法。

答：体重 200～250 g 成年大鼠，禁食 24 h，将其四肢固定于木板上，垂直浸入（23±0.5）℃水浴至剑突水平。24 h 后取出处死，打开腹腔，结扎胃的幽门，从贲门向胃内注入 1% 福尔马林溶液 8 mL 后再结扎贲门，摘下全胃浸泡于福尔马林溶液 30 分钟后，沿胃大弯将胃剖开检查溃疡。

4. 简述糖尿病动物模型的造模方法有哪些。

答：糖尿病造模可用化学药物破坏胰岛 β 细胞、手术切除胰腺以及使用致高血糖因子等方法。

5. 简述免疫缺陷动物的分类。

答：①T 淋巴细胞功能缺陷动物：裸小鼠、裸大鼠、裸豚鼠、裸牛等；②B 淋巴细胞功能缺陷动物：CBA/N 小鼠、雄性种马和 1/4 杂种马等马属动物、免疫球蛋白异常血症动物等；③NK 细胞（杀伤细胞）功能缺陷动物：Beige 小鼠等；④联合免疫缺陷动物：SCID 小鼠、Motheaten 小鼠等；⑤获得性免疫缺陷动物模型：小鼠 AIDS 模型、猴 SAIDS 模型、家兔恶性纤维瘤综合征模型等。

6. 试述大鼠子宫内膜异位症动物模型的造模方法。

答：Wistar 或 SD 大鼠模型：成熟雌性 Wistar 大鼠或 SD 大鼠做连续阴道涂片镜检，选择动情周期 4～5 d 并连续有 2 个动情周期表现正常者，在其第 3 个性周期的动情期，实施手术造模。3% 戊巴比妥钠按 1.5 mL/kg腹腔注射麻醉，在无菌操作下剖腹，切口长约 1.5 cm，切取左侧子宫角组织 1 块，在洛氏营养液中做子宫内膜剥离术，切取 2 块约 25 mm^2的子宫内膜组织片段，并将其分别缝合在腹膜上、卵巢或子宫上段附近，子宫内膜面朝向腹腔，关腹。

（编写：陈嘉、罗益、黄正华　审核：唐小江、黄建勋）

第十三章　动物实验质量监控

一、填空题：

1. 进化程度　人类
2. 3R
3. 封闭群
4. 实验对象　处理因素
5. 猪　皮肤刺激试验及烧伤研究
6. 一致性　减少
7. 家兔
8. 成年　未成年
9. 雌雄各半　雌性
10. 雌性　雄性　雄性　雌性

二、单项选择题：

1. C　2. D　3. B　4. B　5. B　6. A　7. A　8. D　9. A　10. A　11. A　12. C　13. B　14. A

15. D 16. D 17. B 18. B 19. D 20. A 21. C 22. D 23. B 24. D 25. D 26. A 27. A 28. A
29. A 30. A 31. B 32. C 33. A 34. C 35. B 36. A 37. A 38. C 39. D 40. B 41. B 42. B
43. B 44. B 45. C 46. D 47. B 48. B 49. D 50. D

三、多项选择题：

1. ABC 2. ABC 3. BCD 4. BD 5. AB 6. AC 7. BC 8. BCD
9. ABC 10. ABCD 11. ABCD 12. ABC 13. BC 14. AB 15. AB 16. ACD
17. ACD 18. ABCD 19. ABCD 20. ABCD

四、判断题：

1. ✓ 2. ✓ 3. ✓ 4. ✓ 5. ✓ 6. ✓ 7. × 8. × 9. × 10. ×

五、名词解释：

1. GLP——是英文 Good Laboratory Practice 的缩写，直译为良好实验室规范。广义的 GLP 是“实验室研究在计划、执行、监督、记录和报告方面的组织过程和条件”。在新药研究中，指药物非临床研究质量管理规范。

2. SOP——标准操作规程（Standard Operating Procedure，SOP），标准操作规程对每项工作都制定操作步骤，确保动物实验结果的可靠性和可重复性，促使 GLP 的实施。

3. 相容或相匹配原则——实验动物选择的原则之一。指实验条件应与实验动物等级相匹配。

4. 实验效应——指实验结果和对实验结果的科学分析。

六、问答题：

1. 简述实验动物的选择原则。

答：①相似性原则；②差异性原则；③易化原则；④相容或相匹配原则；⑤可获性原则；⑥重现性、均一性原则。

2. 试述实验动物选择的基本意见。

答：①以呕吐为主的研究宜选用犬和猫，而不宜选用草食性动物和大鼠，因为草食性动物不易产生呕吐反应，大鼠不会出现呕吐反应；②过敏反应或变态反应研究宜选用豚鼠，因为豚鼠易于致敏，实验动物接受致敏物质出现反应的程度，从高到低依次为豚鼠 > 家兔 > 犬 > 小鼠 > 猫 > 青蛙；③外界环境因素导致机体发热反应的研究宜选用家兔，因家兔的体温变化较灵敏，其次是猫和大鼠，不宜选用小鼠和犬；④药物致癌作用研究最常用大鼠和小鼠，但须注意不同品种品系动物的肿瘤自发率不同；⑤研究气体、蒸汽对黏膜的刺激最好选用猫，研究吸入性粉尘对机体的影响最常用大鼠；⑥研究药物对皮肤的局部作用常选用家兔或豚鼠，因为其皮肤对刺激物的反应近似于人，目前认为，猪的皮肤结构及功能与人更近似，因而也适合皮肤对刺激物的反应研究及烧伤研究；⑦研究毒性物质对实质性器官的损害，最好选用小鼠；⑧研究药物的迟发性神经毒作用，常选用来航鸡；⑨研究药物的细胞遗传效应时，常选用小鼠或大鼠；⑩研究血压变化时，常常选用犬和大鼠；复制动脉粥样硬化动物模型时，常选用家兔和大鼠；⑪研究放射病常用犬、猴、大鼠和小鼠，家兔在照射时容易发生放射性休克而死亡，不宜选用；⑫研究免疫毒理常选用 C57BL/6 小鼠；⑬研究新药毒理应选用两种以上不同种属实验动物，首先用小型实验动物（如小鼠、大鼠），获得结果后，再用大型实验动物（如犬、猴）复验。

3. 试述动物实验设计应具备的条件。

答：实验设计是实验研究必不可少的重要环节。没有严谨的设计，实验的效果将明显降低，甚至得不到准确可靠的结果。而良好的实验设计，应保证实验研究的先进性、实用性以及结论的可重复性，并尽可能节约资源。进行动物实验设计时，首先，必须掌握相关学科的专业知识。其次，动物实验设计的内容还包括实验对象、处理因素和实验效应等。实验对象主要指实验动物，选择实验动物时需要考虑的因素颇多，如品种品系、动物等级、年龄、性别、价格等。处理因素方面，除了施加的实验因素和统计学处理以外，还包括对实验环境、微生物、营养等实验条件的质量控制，其中统计学处理应贯穿整个动物实验的始终。实验效应是指实验结果和对实验结果的科学分析。

4. 实验动物的选择原则中的相似性原则包括哪些方面?

答：实验动物的选择原则中的相似性原则包括：①结构、功能及代谢与人相似；②年龄近似；③群体分布相似；④生态或健康状况的近似性；⑤疾病特点的相似性；⑥操作实感的相似性。

5. 试述动物实验设计应遵循的伦理原则。

答：动物实验的设计方案应交由专门的伦理委员会评估，看该实验是否值得进行。为使动物权益得到保护，动物实验设计应遵循“3R”原则。“3R”原则即替代（replacement）原则、减少（reduction）原则、优化（refinement）原则，反映了实验动物科学由技术上的严格要求转向人道主义管理，提倡实验动物福利与动物保护。

6. 试述实验动物选择中应注意的年龄与体重、性别、生理状态与健康情况、品系和等级等问题。

答：①年龄与体重：选择实验动物时，应注意动物的年龄与人的年龄对应。如无特殊要求，一般采用成年实验动物。慢性实验应选择未成年实验动物。此外，同批实验的动物年龄应尽可能一致，体重应大致相近，一般相差不应超过10%。②性别：性别亦影响实验结果。通常雌性大鼠对急性毒性试验较雄性大鼠敏感，而雄性大鼠对慢性毒性试验则较雌性大鼠敏感。一般而言，由性别引起的毒性差异较动物种系及个体差异要小。因而，在实验研究中如无特殊要求，一般宜选用雌雄各半，以避免由性别差异造成的误差。③生理状态与健康情况：动物的特殊生理状态如怀孕、哺乳等对实验结果影响很大。如非专门研究妊娠、哺乳等的实验，应去除特殊生理状态的动物，以减少结果的个体差异。健康动物对刺激的耐受性较患病动物高。健康动物一般发育正常、体形丰满、被毛浓密有光泽且紧贴身体、眼睛明亮活泼、行动迅速、反应灵敏、食欲良好。对于外购的实验动物，应观察检疫3~7 d或以上，证实其身体健康后才能开始实验。④品系和等级：在选择实验动物或应用实验结果时，要考虑到遗传或种属差异。等级是实验动物的微生物标准化程度。已经标准化的等级实验动物（无菌级动物、SPF级动物、清洁级动物等）亦可因各种原因重新被污染。如外购的SPF级或无菌级动物本身有质量问题，或在运输、检疫、实验等环节中发生污染，则会给研究工作带来损失。

（编写：陈嘉、桑传兰、罗益　　审核：黄芝瑛、熊习昆）

第十四章　动物实验基本技术

一、填空题：

1. 随机
2. 染色法　耳孔法　烙印法　挂牌法
3. 被毛　四肢
4. 苦味酸溶液　中性红或品红溶液　硝酸银溶液　煤焦油酒精溶液
5. 12
6. 8
7. 31
8. 烙印
9. 金属牌
10. 大鼠　小鼠　家兔　犬　猴　猫　犬
11. 拔毛法　剪毛法　剃毛法　脱毛法
12. 硫化钠
13. 容易
14. 单
15. 固定
16. 抓伤
17. 0.005~0.025
18. 2　3
19. 0.01~0.02
20. 0.4~0.6
21. 1~2
22. 0.5
23. 1~2
24. 0.2~0.3
25. 1~5
26. 1
27. 1~3
28. 头静脉　小隐静脉　股静脉　颈外静脉
29. 2

30. 末梢采血
31. 开口器
32. 耳缘静脉
33. 三角区
34. 中量 少量
35. 滴管冲洗法 擦拭法
36. 阴道套采精液法 阴道栓采精液法 其他采精液法
37. 电流
38. 挥发性 非挥发性
39. 戊巴比妥钠 异戊巴比妥钠 硫喷妥钠 乌拉坦 氯氨酮
40. 乙醚 氯仿
41. 吸入麻醉法 注射麻醉法
42. 开放吸入 气管内插管吸入
43. 不同
44. 安乐死
45. 鼠类
46. 镇痛期 兴奋期 外科麻醉期 麻醉中毒期
47. 来源 种类 年龄 性别 原编号 体重 临床症状
48. 时间 地点 麻醉方法 麻醉时间 麻醉者 处死方法 解剖者 记录者 温度 湿度
49. 12
50. 仰卧
51. 8
52. 2~3
53. 浸泡消毒 皮肤消毒
54. 30
55. 浸泡消毒 洗擦消毒
56. 30 15
57. 高锰酸钾
58. 8~10
59. 10
60. 10
61. 17~20
62. 氯化钠
63. 5 0.5
64. 4~5
65. 48
66. 18~19 48
67. 怀孕
68. 7
69. 不
70. 6
71. 90
72. 0.1
73. 骚动
74. 注射器 针头
75. 0.6 1.3
76. 1 3.5
77. 不
78. 1
79. 8
80. 0

二、单项选择题：

1. D 2. A 3. B 4. D 5. B 6. A 7. C 8. A 9. B 10. A 11. C 12. B 13. A 14. C 15. A 16. D 17. D 18. A 19. D 20. C 21. B 22. D 23. D 24. A 25. D 26. C 27. C 28. D 29. C 30. C 31. B 32. A 33. C 34. D 35. A 36. D 37. B 38. D 39. A 40. A 41. A 42. A 43. D 44. C 45. D 46. A 47. B 48. B 49. B 50. C 51. A 52. C 53. C 54. B 55. D 56. B 57. D 58. B 59. D 60. D 61. C 62. A 63. C 64. D

三、多项选择题：

1. ABC 2. BCD 3. BC 4. ABC 5. ABCD 6. ABD 7. ABCD 8. ABCD 9. AC 10. BCD 11. ACD 12. ABCD 13. ABCD 14. AB 15. CD 16. BC 17. BD 18. ABCD 19. ABCD 20. ABC 21. AB 22. AB 23. ABCD 24. ABC 25. BCD 26. ABD 27. BD 28. AB 29. ABCD 30. CD 31. AC 32. AB 33. AB 34. AD 35. BD

四、判断题：

1. × 2. × 3. × 4. ✓ 5. × 6. × 7. ✓ 8. ✓ 9. × 10. ✓ 11. ✓ 12. ✓ 13. × 14. × 15. × 16. ✓ 17. × 18. × 19. ✓ 20. ✓ 21. ✓ 22. ✓ 23. ✓ 24. × 25. ✓ 26. × 27. ✓ 28. ×

29. ✓ 30. × 31. ✓ 32. × 33. × 34. ✓ 35. × 36. ✓ 37. × 38. ✓ 39. × 40. × 41. × 42. ×
43. × 44. ✓ 45. × 46. ✓ 47. × 48. ✓ 49. ✓ 50. × 51. × 52. × 53. ✓ 54. ✓ 55. ✓ 56. ×
57. ✓ 58. ✓ 59. ✓ 60. × 61. × 62. × 63. ✓

五、名词解释：

1. 空白对照——指在对照组不加任何处理的“空白”条件下进行的观察、研究。

2. 实验对照——指在一定实验条件下所进行的观察、对比。

3. 标准对照——是以正常值或标准值作为对照，在所谓标准条件下进行观察的对照。

4. 自身对照——是在同一实验对象身上进行实验前后的对比观察，比较实验前后的差异。

5. 相互对照——是指各实验组相互比较。

6. 染色法——是用化学药品在实验动物的身体如被毛、四肢等明显部位进行涂染，以染色部位、颜色不同来标记和区分实验动物。

7. 直接标号法——是使用染色剂直接在实验动物的被毛、肢体上编写号码的方法。

8. 耳孔法——是用打孔机直接在实验动物的耳朵上打孔编号，根据打在动物耳朵上的部位和孔的多少来区分实验动物的方法。

9. 烙印法——是直接把标记编号烙印在实验动物的身体上的方法，犹如盖印章一样。

10. 挂牌法——是将编好的号码烙印在金属牌上，将金属牌挂在实验动物的颈部、耳部、肢体上或笼具上，以用来区别实验动物的一种方法。

11. 实验动物拔毛法——是在实验动物被固定后，用食指和拇指将暴露部位的毛拔去。

12. 实验动物剪毛法——是在实验动物被固定后，用水湿润局部被毛，绷紧局部皮肤，用剪刀紧贴皮肤表面剪去被毛。

13. 实验动物脱毛法——是用化学脱毛剂进行脱毛的方法。

14. 全身麻醉——简称全麻。是指麻醉药通过呼吸道吸入、静脉和肌肉注射等途径，进入实验动物体内，使其产生短时间意识丧失、痛觉消失、肌肉松弛和反射抑制等中枢神经系统抑制现象。

15. 局部麻醉——是局部使用麻醉药，可逆性地阻断感觉神经冲动的发出和传导，使实验动物在意识清醒的状态下出现被麻醉的局部感觉消失的方法。

16. 麻醉意外——由于麻醉过深或其他原因，导致实验动物的呼吸系统、循环系统功能障碍，甚至死亡，称为麻醉意外。

17. 安乐死——是使实验动物短时间内无痛苦地死亡。

18. 异常毒性检查法——本法系将一定剂量的供试品溶液注入小鼠体内或口服给药，在规定时间内观察小鼠死亡情况，以判定供试品是否符合规定的一种方法。

19. 家兔的热原检查法——本法系将一定剂量的供试品，静脉注入家兔体内，在规定时间内，观察家兔体温升高的情况，以判定供试品中所含热原的限度是否符合规定。

六、问答题：

1. 试述染色法中单色涂染法的编号顺序。

答：单色涂染法的编号顺序是：左前肢为 1 号、左侧腹部为 2 号、左后肢为 3 号、头部为 4 号、背部为 5 号、尾根部为 6 号、右前肢为 7 号、右侧腹部为 8 号、右后肢为 9 号、不作染色标记为 10 号。

2. 试述耳孔法的编号顺序。

答：耳孔法是用打孔机直接在实验动物的耳朵上打孔编号，另一种方法是用剪刀在实验动物的耳郭上剪缺口，根据在动物耳朵上打孔的部位或所剪缺口的多少及部位，来确认实验动物的编号。一般左耳代表十位数，在左耳郭前方、外侧、后方打孔或剪缺口，打孔的编号依次为 10、20、30 号，剪一个缺口的编号依次为 40、50、60 号，剪两个缺口的编号依次为 70、80、90 号。右耳代表个位数，在右耳郭前方、外侧、后方打孔或剪缺口，打孔的编号依次为 1、2、3 号，剪一个缺口的编号依次为 4、5、6 号，剪两个缺口的编号依次为 7、8、9 号。用打孔机在耳朵打孔后，必须用消毒过的滑石粉抹在打孔局部，以免伤口愈合过程中将耳孔闭合。耳孔法可标记3位数之内的号码。

3. 简述实验动物剃毛法。

答：剃毛法是在实验动物被固定后，用刷子蘸温肥皂水将需要暴露的部位的被毛湿透，用剪毛法剪去被毛，然后用剃毛刀逆着被毛的生长方向剃去残余的被毛。

4. 试述使用脱毛剂的脱毛方法及注意事项。

答：使用脱毛剂前应剪去局部被毛，但剪毛前不能用水湿润被毛，以免脱毛剂流入毛根造成损伤。脱毛时用镊子夹棉球或纱布团蘸脱毛剂涂抹在已剪去被毛的部位，3~5分钟后，用温水洗去脱下的毛和脱毛剂。再用干纱布将水擦干，涂上1层油脂。注意操作时动作应轻巧，以免脱毛剂沾在实验人员的皮肤、黏膜上，造成不必要的损伤。

5. 试述小鼠的抓取保定方法。

答：抓取时，先用右手将小鼠尾部抓住并提起，放在表面比较粗糙的台面或笼盖上，轻轻地用力向后拉小鼠尾，当其向前挣脱时，用左手拇指和食指抓住小鼠两耳和头颈部皮肤，翻转抓住颈背部皮肤的左手，右手拉紧小鼠尾部，将后肢拉直，并用左手无名指和小指压紧尾巴和后肢，以手掌心和中指夹住背部皮肤，使小鼠整个呈一条直线，即可注射或进行其他操作。

6. 试述大鼠的抓取保定方法。

答：抓取大鼠前最好戴上防护手套，右手轻轻抓住大鼠尾巴的中部并提起，迅速放在笼盖上或其他粗糙面上，左手顺势按、卡在大鼠躯干背部，稍加压力向头颈部滑行，用左手拇指和食指捏住大鼠两耳后部的头颈皮肤，其余3指和手掌握住大鼠背部皮肤，完成抓取保定。

7. 试述豚鼠的抓取保定方法。

答：抓取时，实验人员可先用左手轻轻扣、按住豚鼠背部，顺势抓紧其肩胛上方皮肤，拇指和食指环箍其颈部，用右手轻轻托住其臀部，即可将豚鼠抓取保定。抓取豚鼠讲究稳、准、柔、快，不可过分用力抓捏豚鼠的腰腹部，否则容易造成肝破裂、脾瘀血而引起死亡。如果在动物实验操作过程中，豚鼠挣扎剧烈，实验人员可以用纱布将豚鼠头部蒙住，把豚鼠置于实验台上，实验人员稍为用力扣、按住豚鼠，然后进行操作。

8. 试述家兔的抓取保定方法。

答：正确抓取家兔的方法是用右手抓住颈后部皮肤，提起家兔，然后用左手托住家兔的臀部。打开保定栏的前盖，抓取家兔放进栏内，右手抓住家兔耳朵将头部拉过保定栏的开孔，迅速关上栏门。假如家兔挣扎，可用手在它的背上轻轻抚摸，使它安静下来，因为家兔挣扎很容易损伤脊柱。

9. 试述犬的抓取保定方法。

答：受过驯养的犬或比格犬的抓取保定，实验人员应弯下膝盖，一只胳膊绕着它的胸部，另一只胳膊绕着它后肢的大腿，两只胳膊一起绕着将犬抱起。抓取保定比较凶猛的犬时，应使用特制的长柄犬头钳夹住犬颈部，注意不要夹伤嘴或其他部位。夹住犬颈后，迅速用链绳从犬夹下面圈套住犬颈部，立即拉紧犬颈部的链绳使犬头固定。再用1米长的绷带打1个活套，从犬的背面或侧面将活套套在其嘴面部，迅速拉紧活套结，将结打在颌上，然后绕到下颌打1个结，最后将绷带引至颈后部打结固定。

10. 试述在猴房内或露天大笼内抓取猴的方法。

答：可采用捕猴网进行捕捉，捕猴网是用尼龙绳编织成的网袋，网孔直径以不超过3 cm为宜，网口系在直径50 cm大小的钢筋圈上（钢筋直径约1 cm），捕猴网连有1.5 m长的木柄。捕捉时动作要迅速、准确，不要损伤猴的头部及其他要害部位。猴入网后，将圈网按在地上，紧紧压住猴头或抓住猴颈后部（以防猴回头咬人），再将猴双上肢反背于猴的身后，捉住后将猴从网中取出，在捕捉凶猛的雄猴时应戴上防护皮手套，并由2~3个人紧密配合。

11. 试述笼内捕捉猴的方法。

答：笼内捕捉是指单笼饲养的实验猴的捕捉法，猴笼设计成笼的后壁可向前滑动，捕捉时拉动杠杆，使笼的后壁往前滑动，将猴夹在笼的前后壁之间，随即将猴的双上肢从笼隙拉出到笼外并紧紧握住，使猴更加固定，另一人戴上防护手套推开笼门，抓住猴头，然后小心地将猴的双上肢反背于猴的身后，从笼中提出猴子。

12. 试述猴固定椅对猴的保定方法。

答：猴固定椅基本上是由头枷和座椅构成的，座椅可升降，头枷可固定猴头。座椅可根据猴体形的大小随意旋转升降杆来调整椅子的高低；头枷上的颈孔的大小可根据猴脖子的粗细来调整；固定后，猴的头部与身体以枷板分开，操作者可避免被咬伤和抓伤，枷板同时又是工作台，可放少量器械。

13. 试述小型猪的抓取保定方法。

答：小型猪非常温顺，抓取时打开笼门，抓住它的前肢，将其提出笼外。人工保定体形较小的猪时，可将其抱在胸前或将两手放在它的腋下，固定其胸部，使其面背保定者。

14. 试述小鼠的灌胃操作。

答：将小鼠灌胃针插头紧紧连接在注射器的接口上，吸入定量的药液；左手捉住小鼠，右手拿起准备好的注射器。将灌胃针针头尖端放进小鼠口咽部，顺着咽后壁轻轻往下推，缓慢插入食管，插入深度约 3 cm。用中指与拇指捏住针筒，食指按着针栓的头慢慢往下压，即可将注射器中的药液灌入小鼠的胃中。在插入过程中如遇到阻力或动物挣扎得厉害，则将灌胃针取出重新插入，切忌强行插入，以免造成损伤，若误入气管则动物易死亡。小鼠每次灌胃剂量不超过 1 mL。

15. 试述豚鼠的心脏采血方法。

答：仰卧位保定豚鼠，剪去豚鼠胸前区被毛，皮肤消毒后，用左手食指在左侧第 3 ~ 4 肋间触摸到心搏处，右手持带有 4 ~ 5 号针头的注射器，选择心搏最强处刺入 2 cm，当刺中心脏时，血液会自动进入注射器。

16. 试述家兔的耳缘静脉注射给药方法。

答：将家兔放在兔保定栏内固定，拔去家兔耳郭边缘被毛，可见沿着耳郭边缘行走的静脉。酒精消毒并揉搓血管后，用左手食指和中指夹住静脉近心端，拇指和小指夹住耳郭边缘部分，无名指和小指放在耳郭下作垫。右手拿注射器，针头的斜面朝上，以 20 度角将针头插入静脉，放松对静脉近心端的压迫，缓慢地把药液注射进血管。药物推进速度为每秒 0.05 ~ 0.1 mL。注射完毕后拔出针头，用拇指轻轻按住注射部位止血。如果推注药液困难，说明针头可能不在血管中，应立即停止注射并拔出针头。

17. 试述犬的头静脉注射给药方法。

答：犬在清醒状态下被抓取，实验助手保定犬后，握住犬一侧前肢。实验者将前肢头静脉皮肤上的毛剪掉，用碘酒酒精擦拭局部皮肤消毒，实验助手用右手拇指在前肢近心端压迫头静脉，实验者用右手拿起注射器，左手握住犬的前肢并将拇指固定于怒张的头静脉一侧，作为进针标志，针头以 10 度角穿过皮肤插入血管，这个动作应一次性完成。伸出左手拇指和食指放在注射器上保持稳定，回抽注射器有回血，缓慢地把药液注入血管。拔出针头后用拇指按住注射部位 1 分钟止血。后肢小隐静脉的注射给药方法与前肢头静脉的注射方法相同。

18. 试述猴的头静脉注射给药方法。

答：猴的头静脉行走在上肢臂下段至前臂上段之间的 1 段位置表浅，操作时将猴的上肢拉出笼外，剪去头静脉表面的被毛，用力握住上肢近心端造成血液回流障碍，头静脉怒张显露，用碘酒酒精消毒，针头沿静脉回流方向刺入血管，回抽有回血后，注入药液。注射完毕应压迫止血。

19. 试述小型猪的灌胃给药方法。

答：小型猪灌胃时，可预先做好中间有一洞的矩形小木块作为开口器，让猪咬住后，将其固定，然后再由此洞插入胃管，胃管另一端置于一杯清水中，如无气泡出现，插入约 20 cm，即可灌药。每只每次 200 ~ 500 mL。

20. 试述小型猪的静脉注射给药方法。

答：小型猪的静脉注射给药常在耳缘静脉进行，小型猪的耳缘静脉比家兔粗大，更容易注射。将猪固定，用力擦拭猪耳，可清晰见到耳缘静脉，用碘酒酒精消毒后，穿刺猪耳缘静脉，回抽有血，即可注入药液。给药完毕，注意压迫止血。

21. 试述用代谢笼采集尿液的方法。

答：代谢笼用于收集实验动物自然排出的尿液，是一种为采集实验动物的各种排泄物而特别设计的密封式饲养笼，有的代谢笼除可收集尿液外，还可收集粪便和动物呼出的二氧化碳。一般简单的代谢笼主要用来收集尿液。放在代谢笼内饲养的实验动物，可通过该特殊装置收集尿液。

22. 试述犬开放吸入乙醚全身麻醉术。

答：固定犬，给犬双眼涂眼膏或戴眼罩，把大小合适、罩内加有几层纱布的麻醉口罩盖在犬鼻部，将麻醉瓶的乙醚滴在面罩上，让犬吸入乙醚蒸汽，滴几滴乙醚后，拿开面罩让犬呼吸新鲜空气，然后盖上面罩再滴乙醚，如此反复操作，待犬肌张力明显下降、角膜反射迟钝、皮肤痛觉消失后，即可开始进行实验。实验过程中解开犬的绑嘴带，将犬舌拉出放在口腔外一侧，以免犬舌后缩堵住气道引起窒息。

23. 试述实验动物的放血处死法。

答：此法适用于各种实验动物。具体做法是：在麻醉状态下，将实验动物的股动脉、颈动脉、腹主动脉剪断或剪破，穿刺实验动物的心脏放血，导致急性大出血、休克、死亡。犬、猴等大型动物应在轻度麻醉状态下，在股三角做横切口，将股动脉、股静脉全部暴露并切断，让血液流出；操作时用自来水不断冲洗切口及血液，既可保持血液畅流无阻，又可保持操作台清洁，使实验动物急性大失血死亡。

24. 实验动物剖检前的检查项目有哪些?

答：实验动物剖检前的检查项目有如下七项：①发育状态：体格发育是否与年龄、品种相称，各部分发育比例是否正常，有无畸形。②营养状态：丰满还是消瘦，检查时可用手抚摸实验动物背、腰部，营养良好时，背、腰部厚实，皮肤弹性好；营养不良时，背、腰部椎骨突出，肋骨明显。③精神状态：实验动物的自主活动、运动情况，如对外界的反应（迟钝或亢进）、步态如何。④感觉器官：眼睛的瞳孔是否清晰等圆，有无分泌物，眼睑有无发炎及红肿，眼球结膜颜色变化，有无潮红、苍白、黄染或发绀。⑤呼吸系统：呼吸动作如呼吸次数、节律是否正常，有无呼吸困难；上呼吸道检查如鼻腔分泌物多少、有无喷嚏和咳嗽；必要时可通过听诊检查肺部。⑥消化系统：采食与饮水观察，包括食欲废绝、减退、亢进和异嗜；口腔黏膜颜色和气味；有无呕吐、腹泻、便秘，肛周有无污物，粪便数量、硬度、颜色、气味等。⑦被毛和皮肤：检查皮肤颜色、温度、弹性，有无创伤、脓肿、疥癣、湿疹；毛发的色泽、疏密，有无脱落。

25. 试述实验动物病理取材的基本要求。

答：实验动物病理取材的基本要求如下：①病理检查应分层次进行，先进行一般外观观察，然后剖检观察，再进行光镜详细检查。②通常选择正常与病变交界处组织，即包括病变本身及病变周围组织。③对照组动物相同器官取材时，选材部位应尽量一致。④肉眼看不到明显病变时，各试验组选取的标本位置应一致。⑤所选组织应包括脏器全部层次结构或重要结构，如肾应包括皮质、髓质和肾盂。⑥体积大和分叶的器官，应视不同组织选取多个部位，小器官可整体取材并固定，如淋巴结、扁桃体、甲状腺等。⑦胃、肠标本应将内容物冲洗掉，以免内容物影响组织的固定，产生自溶。⑧所取材料应尽量保持肉眼标本的完整性，不宜过厚或过薄，一般厚3~5 mm，大小为1.5~2 cm^2。⑨切取组织时不要挤压，应使用锋利刀具，少用剪刀，勿选用被器械钳压过的部位。⑩标本取材要熟练，尽可能快地完成整个过程，特别是易自溶的组织，如肠道、脑、腺体等。⑪剖检记录应客观、详细，用形象描述而不能用诊断的病名来代替。⑫同一实验中的对照组和实验组动物应交叉剖检，严格统一各种条件和操作，尽量避免各种可能的干扰因素。

（编写：张薇、邹移海、陈梅丽　　审核：詹纯列、李瑾翡）

第十五章 实验动物饲料营养和生产

一、填空题：

1. 粉状饲料 颗粒饲料 膨化饲料 烘烤饲料
2. 色泽 气味 手感 杂质 新鲜程度 均匀度 含水量
3. 原料的粉碎 配合 搅拌混匀 压制成型 分装
4. 2
5. 生产许可证 产品批准文号
6. 5
7. 贮藏间 1个月
8. 生产地省级饲料管理部门 农业部
9. 发证机关
10. 检验化验室
11. 5万元以上10万元以下 3
12. 农业部公告
13. 15 省级饲料管理部门
14. 司法机关
15. 生产许可证
16. 105
17. 物理方法 化学方法 微生物方法
18. 油脂
19. 缓冲仓 混合周期
20. 混合后立即压制成颗粒
21. 物料的粒度
22. 周围空气
23. 愈小
24. 食欲低 高营养
25. 植物性食物
26. 叶酸
27. 轻拿轻放 清洁 干燥 包装无破损 生物 化学

二、单项选择题：

1. C 2. B 3. B 4. C 5. B 6. C 7. B 8. D 9. C 10. B 11. D 12. C 13. B 14. B
15. C 16. B 17. B 18. D 19. D 20. D 21. C 22. D 23. B 24. B 25. A 26. A 27. B 28. C
29. D 30. A 31. C 32. D 33. A 34. B 35. A 36. C 37. A 38. B 39. A 40. A 41. A 42. B
43. A 44. A 45. A 46. B 47. C 48. B 49. B 50. B 51. B 52. A 53. B 54. C 55. D 56. B
57. B 58. A 59. C 60. D 61. A 62. B 63. A 64. C 65. D 66. A 67. B 68. C 69. A 70. C
71. B 72. A 73. B 74. B 75. C 76. D 77. B 78. D 79. A 80. B 81. A 82. B

三、多项选择题：

1. ACD 2. ABD 3. AC 4. AB 5. AC 6. ABC 7. ABCD 8. ABC 9. BCD
10. BCD 11. AC 12. BC 13. CD 14. ABC 15. ABC 16. AB 17. ABCD 18. BC
19. ABCD 20. ABC 21. AC 22. ABCD 23. ABCD 24. ABCD 25. AB 26. CD 27. ABD
28. BCD 29. ABCD 30. AB 31. ABCD 32. AB 33. ABC 34. AC 35. AB 36. ABC
37. ABC 38. ABC

四、判断题：

1. ✓ 2. × 3. ✓ 4. × 5. ✓ 6. × 7. × 8. × 9. × 10. × 11. ✓ 12. × 13. ✓ 14. ×
15. ✓ 16. ✓ 17. ✓ 18. ✓ 19. ✓ 20. × 21. ✓ 22. × 23. ✓ 24. × 25. ✓ 26. × 27. ✓ 28. ×
29. ✓ 30. × 31. ✓ 32. × 33. ✓ 34. × 35. ✓ 36. × 37. ✓ 38. × 39. ✓

五、名词解释：

1. 全价配合饲料——能直接用于饲喂饲养对象，能全面满足饲喂对象除水分外的营养需要的饲料。主要包括能量饲料、蛋白质饲料和矿物质等营养物质。

2. 浓缩饲料——指除了能源物质外，主要由蛋白质、矿物质和饲料添加剂按照一定比例配制的饲料。

3. 粗蛋白（CP）——饲料中各种含氮化合物的总称。粗蛋白含量 = 含氮量 ×6.25。

4. 粗脂肪——是饲料、动物组织、动物排泄物中脂溶性物质的总称。常规饲料分析是用乙醚浸提样品所得的产品，故称为乙醚浸出物。

5. 制粒——通过机械作用将单一原料或配合混合料压实并挤压出模孔形成颗粒状饲料，这一过程称为制粒。

六、问答题：

1. 饲料质量管理的内容包含哪些？

答：由配方设计，经原料选择到加工、贮运的全过程都属于饲料质量管理的范畴，其内容包括：①配方的选择：在饲料生产之前，应按不同需要对所设计的饲料配方进行饲养实验，经实验验证切实可行后，方可用于饲养实践，且确定后不能轻易改动。②原料管理：实验动物饲料所用的原料不仅要确保按饲料配方的要求保证各种营养物质的含量，而且还应根据价格、污染物的含量等因素进行选择，若条件允许应尽可能固定原料产地、收割季节、加工和贮存方法等条件。③生产设施的管理：按《实验动物管理条例》规定，各地实验动物管理机构应对实验动物饲料生产部门的环境条件、设备、工艺、人员结构、监测设施和规章制度等按有关规定进行检查验收，合格者方可取得生产许可。④贮运管理：实验动物的饲料所用的原料、半成品、成品在贮存和运输过程中都要防止霉变；防止野鼠、昆虫和有毒有害物质的污染；分类存放，标志清楚、明显，严防原料或成品料混杂。

2. 饲料质量检测的内容有哪些？

答：①感官检验：通过饲料的色泽、气味、杂质情况等指标对饲料的新鲜度、均匀度、含水量进行直观判断；②营养成分测定：按照国家实验动物饲料营养标准所规定的养分含量及分析方法对产品的营养成分和混合均匀度进行检测；③饲料卫生指标的测定：应定期对饲料产品的原料按国家标准限定的有毒有害物质含量和检测方法进行检测。

3. 饲料养分分析有哪些项目？

答：水分、粗蛋白、粗脂肪、粗纤维、粗灰分、无氮浸出物、维生素。

4. 试述矿物质的营养特点。

答：①构成体组织；②作为酶的成分或激活剂，如 Zn、Mn、Cu、Se 等；③作为激素的组成成分参与体内代谢调节；④调节体内酸碱平衡和维持一定的渗透压；⑤调节细胞代谢，如 Ca、K、Na 等与细胞兴奋性有关。

5. 与粉状饲料相比，颗粒饲料具有哪些优点？

答：饲料容重大，适口性好，可提高动物采食量，避免动物挑食；减少粉料在运输饲喂时的浪费；缩小饲料体积，便于保管，饲料利用率高。

6. 膨化过程的特点有哪些？

答：①对饲料进行有效的灭菌、消毒并去除某些有害物质；②大大提高淀粉消化率，经挤压膨化后，淀粉糊化度可有 90% 以上，适口性好；③使蛋白质变性，提高蛋白质的消化率，从而提高蛋白质的利用率；④可以制出适合各种动物需要的制品形状，便于动物采食；⑤可改善饲料品质，增加香味，提高消化率，并对饲料进行消毒灭菌；⑥含水量低，可较长时间储存，便于运输。在饲料资源的开发利用上具有特别重要的作用。

7. 饲料膨化工艺和参数对营养有哪些影响？

答：①对淀粉的影响：淀粉会部分水解成糊状，改善了动物体内酶的消化条件；②对蛋白质的影响：蛋白质变性，溶解度下降，有利于成形、消化，同时一些抗营养因子如抗胰蛋白酶被破坏；③对脂肪的影响：脂肪酶会完全失活，游离脂肪酸含量有所提高；④对粗纤维的影响：纤维饲料经过膨化，细胞间及细胞壁内各层木质素熔化，使部分氢键断裂，结晶度降低，进而使纤维空心结构崩解，扩大了饲料消化面积，提高消化率；⑤对维生素的影响：大部分维生素对热、湿敏感，故经膨化后，会有不同程度的损失，高温高压下，维生素损失较大，特别是维生素 C 和维生素 E；⑥对有害物质和有害微生物的影响：采用挤压膨化，气体热压膨化后可有效地降低抗胰蛋白酶等有害物质的活性，提高饲料的饲用价值，也能降低毒素的含量，可以将大部分有害微生物杀死。

8. 用粉碎机粉碎的目的是什么？

答：①增加饲料的表面积以利于动物的消化和吸收；②改善和提高物料的加工性能；③避免过度分级的现象。

9. 粉碎机使用注意事项有哪些？

答：①使用前对粉碎机进行检查（如查看连接是否牢固等）；②检查后接通电源，空运转 2 ~ 3 分钟，并检查喂料时运转是否正常；③运行过程中应喂料均匀、稳定、连续、够量；④工作结束后停止喂料，空运转 2 ~ 3 分钟排空物料以利于下次使用；⑤被加工的材料应尽量晒干，严格清除铁质等杂质，确保运行安全；⑥使用切向进料式粉碎机时，工作人员应站在侧面防止受到伤害；⑦工作的过程中如出现不正常现象，应停机检查原因，排除故障后再行工作。

10. 胆碱的生理功能有哪些？

答：①胆碱是细胞的组成成分，是构成和维持细胞结构、保证软骨基质成熟必不可少的物质，能防止骨短粗病的发生；②参与肝脏脂肪代谢，防止脂肪肝的发生；③作为甲基的供体，参与甲基的转移；④具有乙酰胆碱的成分，参与神经冲动的传导。

11. 逆流式冷却器的优点有哪些？

答：逆流式冷却器的特点是避免了冷风与热料直接接触而产生骤冷现象，因而能防止颗粒产生表面开裂；同时由于采用闭风器进料，且进风面积大，因此冷却效果显著。

12. 饲料厂中常见的原料接收设备有哪些？

答：主要有各类输送设备（如刮板输送机、带式输送机、螺旋输送机、斗式提升机、气力输送机）以及一些附属设备和设施（如台秤、地中衡、自动秤等称量设备，储存仓及卸货台、卸货坑设施等）。

13. 什么是实验动物饲料中的氨基酸失衡？氨基酸失衡会产生什么样的后果？

答：氨基酸失衡是指一种或者多种氨基酸过多或者过少，相互间的比例与动物的生长需求不一致，从而造成饲料利用率低下。氨基酸失衡会使动物生长迟缓，繁殖力下降。

（编写：闫立新、寇红岩　审核：詹纯列、苏乔）

第十六章　实验动物普通笼器具生产加工

一、填空题：

1. 平板式　抽屉式　自动冲洗式
2. 架体　托盘　水箱
3. 稳定　牢固　平整
4. 不生锈
5. 匹配
6. 不堵塞
7. 网罩　箱体
8. 表面光洁　平整　色泽均匀
9. 耐酸
10. 高温　高压
11. 1
12. 无
13. 光滑
14. 不断裂　不脱焊
15. 无毛刺　不易生锈
16. 猴　犬　兔　大鼠
17. 箱体　底板
18. 面积　空间
19. 圆滑　无锐口
20. 不断裂　不脱焊
21. 瓶体　瓶塞
22. 光洁　平整　色泽均匀
23. 碱
24. 121　30
25. 1
26. 6
27. 光滑圆整　2 ~ 3
28. 合格证
29. 正压　负压
30. 空气
31. 生活　限制
32. 控制超压　防止泄漏

33. 40~60
34. 安全
35. 停车
36. 测量工件　卡盘转速
37. 手
38. 松动
39. 水泥地面
40. 121
41. 2　10
42. 不合格项　不合格
43. 无泄漏
44. 水珠
45. 1　5
46. 1
47. 正压
48. SPF　无菌　悉生动物
49. 不锈钢　普通钢　玻璃钢
50. 5　10
51. 无菌　无热源
52. 无菌　无热源
53. 无菌
54. 24

二、单项选择题：

1. B　2. D　3. C　4. D　5. C　6. C　7. C　8. B　9. C　10. B　11. B　12. B　13. D　14. B
15. C　16. A　17. B　18. A　19. B　20. D　21. A　22. A　23. B　24. D　25. B　26. C　27. D　28. D
29. A　30. D　31. C　32. C　33. A　34. C　35. B　36. D　37. D　38. D　39. D　40. B　41. B　42. A
43. D　44. B　45. D　46. A　47. B　48. C　49. A　50. D　51. A　52. B　53. D　54. D　55. C　56. A
57. B　58. C　59. C　60. B　61. D　62. C　63. C　64. B　65. C　66. B　67. B　68. C　69. A　70. C
71. C　72. B　73. D　74. D　75. B　76. C

三、多项选择题：

1. AB　2. ACD　3. ABC　4. BCD　5. ABCD　6. ABC　7. BD　8. AB
9. AC　10. BC　11. ACD　12. ABC　13. ABC　14. ABD　15. AB　16. BC
17. BCD　18. BC　19. ABCD　20. ABD　21. ABCD　22. ABCD　23. ABC　24. ABC
25. ABCD　26. ABCD

四、判断题：

1. ✓　2. ✓　3. ×　4. ✓　5. ✓　6. ×　7. ✓　8. ×　9. ✓　10. ×　11. ✓　12. ×　13. ✓　14. ✓
15. ✓　16. ✓　17. ×　18. ✓　19. ✓　20. ✓　21. ✓　22. ×　23. ×　24. ×　25. ✓　26. ✓　27. ×　28. ✓
29. ×　30. ×　31. ×

五、名词解释：

1. 实验动物笼器具——使用塑料或不锈钢等材料制作的，用于实验动物饲养和实验的各种工具。

2. 机械伤害——指的是磨削机械本身、磨具或被磨削的工件与操作者碰撞或接触所造成的伤害。

六、问答题：

1. 试述实验动物笼器具出厂时外包箱上的标志应注明哪些内容。

答：应注明如下内容：①注册商标、产品名称、型号、数量、标准编号；②制造厂名称、地址、生产日期、批号；③体积（长×宽×高）；④毛重、净重；⑤符合 GB/T 191 规定的图示标志。

2. 试述判断实验动物笼器具产品检验是否合格的规则。

答：产品经检验如有不合格项，允许在同批产品中加倍抽样对不合格项进行复检，若复检结果仍不合格，则该批产品不合格。

3. 试述实验动物笼器具异常毒性试验的含义。

答：按规定的方法浸泡、制备实验动物笼器具供试液，然后将一定剂量的供试液由静脉注入小鼠体内，在规定时间内观察小鼠有无毒性反应和死亡情况，以决定供试验的笼器具是否符合规定。

4. 试述实验动物塑料笼器具异常毒性试验供试液的制备方法。

答：将制作塑料笼器具的材料制成小片，放入容器内，按每 3 cm^2 的表面积加入浸提介质 1 mL，密封后置于高压蒸汽灭菌器内在 121 ℃下灭菌 30 分钟。

5. 试述实验动物笼器具异常毒性试验对实验动物的要求。

答：实验动物笼器具异常毒性试验中使用的动物是小鼠，其要求如下：小鼠应来自有实验动物小鼠生产许可证的单位，并饲养在与动物质量等级相符合的实验环境条件下；同一品系，若是雌性则应无孕，体重为17～23 g；已做过实验的小鼠不得使用。

6. 车床加工的安全技术防护措施主要有哪些？

答：车床加工的安全技术防护措施主要包括：(1) 断屑，目前，断屑主要从改变刀具的几何形状来解决，大致有以下几种方法：①在车刀上磨断屑槽或台阶；②采用断屑器；③采用机械夹固不重磨硬质合金刀片。(2) 工作点加防护挡板（罩)。(3) 正确装好车刀。(4) 断装夹工具的防护。(5) 加工圆棒材料的防护。

（编写：黄冰、孔庆全、周军华　　审核：傅江南、邢会杰）

第十七章　实验动物特殊笼器具生产加工

一、填空题：

1. 5～50
2. 7
3. 3～20
4. 笼盒内
5. 3～10　－3～－20
6. 3　1
7. 两台低噪声风机　洁净空气过滤器　电子控制
8. 0.01
9. 过滤膜阻力
10. 独立通气笼（IVC）　生物安全柜　层流架　隔离器
11. 初效　中效　高效　风机
12. 换气次数　气流速度　笼盒内外压差　空气洁净度　落下菌数　噪声
13. 200
14. 75
15. 过滤器容尘量
16. 正比
17. 微粒大小　滤材纤维粗细　滤速
18. 340　1　3～4
19. 530　6～8
20. 800
21. 1 400
22. 0.1
23. 低噪声　低能耗　可调速
24. 1/36
25. 48
26. 7　0.1～0.25　3　60
27. 1
28. 密封垫
29. 14925—2010
30. 江苏
31. 操作人员　SPF
32. 实验动物
33. 14925—2010
34. 110
35. 3 600
36. ±5
37. 交叉污染
38. 0.9
39. 独立通气笼盒
40. 55
41. 20～26
42. 134
43. 160～180
44. 304不锈钢
45. 笼盒密封
46. 15～20
47. 蒸汽高压高温灭菌
48. 机盒一体式　机盒分体式　无主机式
49. 小鼠　大鼠　兔　豚鼠
50. 灭菌手套　一次性无菌口罩　无菌帽子
51. 121　30
52. 2.5～3

二、单项选择题：

1. B 2. A 3. B 4. A 5. D 6. A 7. C 8. A 9. D 10. C 11. B 12. A 13. A 14. D
15. D 16. C 17. D 18. B 19. B 20. C 21. A 22. D 23. D 24. C 25. D 26. A 27. A 28. D
29. C 30. A 31. B 32. C 33. D 34. B 35. A 36. B 37. C 38. C 39. D 40. D 41. D 42. D
43. D 44. D 45. B 46. C 47. D 48. A 49. A 50. D 51. B 52. A 53. C 54. C 55. A 56. A
57. D 58. D 59. A 60. B 61. B 62. B

三、多项选择题：

1. ABCD 2. ABCD 3. ABC 4. ABCD 5. ABCD 6. ABC 7. ABCD 8. ABC
9. ABCD 10. ABCD 11. ABCD 12. ABCD 13. ABCD 14. ABC 15. ABCD 16. ABC
17. ABC 18. ABCD 19. BCD 20. ABCD 21. ABCD 22. ABCD 23. ABCD 24. ABCD
25. ABC 26. BCD 27. ABC 28. ABCD 29. ABD

四、判断题：

1. ✓ 2. ✓ 3. ✓ 4. ✓ 5. ✓ 6. ✓ 7. ✓ 8. × 9. ✓ 10. ✓ 11. × 12. ✓ 13. ✓ 14. ✓
15. × 16. ✓ 17. ✓ 18. × 19. ✓ 20. ✓ 21. ✓ 22. ✓ 23. × 24. ✓ 25. × 26. × 27. × 28. ×

五、名词解释：

1. 相对压差——指笼盒内同其所在房间之间相对压力差值。

2. 空气处理单元——也称进、排气主机，一般由进气单元和排气单元两部分组成，分别独立的风机驱动产生空气流，经过高效过滤后提供给动物呼吸使用和排出废气的空气处理系统。

3. PEI——聚醚酰亚胺。是具有极强的耐高温性及尺寸稳定性，呈琥珀色的透明固体，也是抗化学性、阻燃、电气性、高强度、高刚度的超级工程塑料。

4. 气流短路——是指笼内的气流没有通过动物活动的区域而直接由供气口流向排气口。

5. 生物洁净度——是指单位体积空气中所含生物气溶胶数量多少的程度的物理量。

6. 超净工作台——是在特定的局部空间造成洁净空气环境的局部净化装置。

六、问答题：

1. IVC 设备的主要特点是什么？

答：具有独立送、排气功能；送、排空气经过净化；每个笼具是独立的密封体；饲养密度大；防止人和动物交叉污染。

2. IVC 主机有几种运行模式？

答：IVC 主机有手动、自动、正压、负压运行模式。

3. 作为笼盒材料之一的 PEI 有哪些主要特点？

答：PEI 即聚醚酰亚胺，有极强的耐高温性能，可在 160 ~ 180 ℃ 高温情况下长期使用，呈琥珀色，透明性好。有杰出的电气性能、耐腐蚀性强、阻燃、具有高强度和高刚性等，是超级工程塑料，是 IVC 笼盒的最佳材料之一。

4. IVC 笼盒高温灭菌要达到的温度是多少？需多长时间？

答：IVC 笼盒需高温灭菌，高温灭菌温度不低于 121 ℃（30 分钟）或 134 ℃（3 分钟）。

5. IVC 系统笼盒的组成部分有哪些？分别由什么材料制作？

答：IVC 系统笼盒的形式、种类、规格有很多。笼盒是由耐高温（能耐 130 ~ 160 ℃ 高温或 160 ℃ 以上）、抗腐蚀的透明或着色透明的高分子材料压模而成的。一套笼盒由上盖、底盒、不锈钢网罩（含食槽、水瓶槽）、锁紧扣、进排气口组件（包括阀门或终端过滤器）和硅橡胶密封垫圈等组成，有的上盖上还有一个能透气的“生命之窗”过滤网。

6. 简述 IVC 系统笼盒的国内和国外品种及规格。

答：国外最常用的 IVC 笼盒规格有四类：小鼠繁育笼盒，小鼠实验笼盒，大鼠繁育、实验笼盒和豚鼠实验笼盒，品种多样。

国产IVC笼盒的品种、规格与国外相比要少得多。到目前为止，有小鼠、大鼠、豚鼠和实验兔4个动物品种的笼盒。其规格有小鼠繁育笼盒、小鼠实验笼盒、大鼠繁育笼盒、大鼠实验笼盒、豚鼠繁育笼盒、豚鼠实验笼盒、家兔繁育笼盒、家兔实验笼盒几种。

（编写：郭中敏、王洪军、陈明智　　审核：傅江南、邢会杰）

第十八章　实验动物及环境设施的检测

一、填空题：

1. 球菌　杆菌　螺形菌
2. α　β　γ
3. 无　无
4. 酵母型　类酵母型　丝状型
5. 阳　阴
6. 靛基质试验　色氨酸
7. 寄生虫
8. 感染
9. 半数组织培养感染剂量
10. 实质器官水肿　淤血　出血性
11. 37　4
12. 抗原　特异性抗体
13. 落下菌数（沉降菌）　尘粒数
14. 48
15. 5
16. 0.5　1
17. 进风口　出风口
18. 1　5　3
19. 上
20. 30　37　48
21. 1.2　A
22. 0.9　工作　动物

二、单项选择题：

1. A　2. A　3. D　4. D　5. B　6. B　7. A　8. B　9. B　10. C　11. C　12. B　13. A　14. C
15. D　16. C　17. B　18. A　19. A　20. A　21. C　22. B　23. C　24. A　25. D　26. B　27. A　28. A
29. C　30. A　31. B　32. A　33. C　34. C　35. B　36. D　37. D　38. B　39. B　40. D　41. D　42. A
43. B　44. D　45. D

三、多项选择题：

1. BC　2. ABD　3. ACD　4. ABC　5. ACD　6. ABD　7. BCD　8. AB　9. ACD　10. BCD

四、判断题：

1. ✓　2. ✓　3. ×　4. ×　5. ×　6. ✓　7. ✓　8. ✓　9. ✓　10. ✓　11. ×　12. ✓　13. ×　14. ×
15. ×　16. ×　17. ×　18. ×　19. ✓　20. ×　21. ✓　22. ✓

五、名词解释：

1. 病原微生物——凡能引起人和动植物发病的微生物称为病原微生物。

2. 消毒——抑制或杀灭物体中的病原微生物的方法。

3. 凝集试验——颗粒性抗原与相应抗体结合后形成的肉眼可见的凝集块反应。

4. 菌落——在固体培养基上，由一个细菌繁殖起来的肉眼可见的细菌细胞堆积群体。

5. 寄生生活——两种生物生活在一起，就营养、居住和利害关系来看，其中一种生物从中获利、生存，而另一种生物受到损害，获利并生存的生物叫寄生虫，受害的一方叫宿主。寄生虫通过夺取营养，摄取、消化和吸收宿主组织，对宿主进行机械性损伤，并通过产生有毒的代谢产物诱发毒害作用和免疫病理作用等综合作用损害宿主，称为寄生生活。

6. 虫媒病——传播疾病的节肢动物称为传播媒介或病媒节肢动物。由病媒节肢动物传播的疾病称为虫媒病。

7. 人畜共患病——指人类也可感染发病的一类动物疾病。又称人兽共患病。

六、问答题：

1. 何谓革兰氏染色法原理？

答：革兰氏阴性菌细胞壁内含脂类较多，在革兰氏染色中易被脱去初色，用复红染色后为红色菌体，而革兰氏阳性菌细胞壁内含脂类少，黏肽多，酒精难以脱去初色，仍为蓝紫色。

2. 鉴定葡萄球菌的致病性需要做哪些试验?

答：①颜色：金黄色多为致病性；②溶血情况：溶血者多为致病性；③血浆凝固酶试验：凝血为致病性；④甘露醇发酵试验：厌氧条件下发酵者为致病性；⑤动物试验或核酸酶试验。

3. 评述用薄、厚血涂片诊断疟疾的优缺点。

答：薄涂片中的疟原虫形态典型，易辨认，但诊断时发现疟原虫较难，费时间。厚涂片上发现疟原虫容易，省时间，但疟原虫形态不典型，不易辨认。

4. 按照国标要求必检项目，简述SPF级小鼠寄生虫检测步骤及步骤中涉及的寄生虫项目。

答：通过采集皮毛、刮取皮层物等检测体外寄生虫项目；采血进行弓形虫抗体的检测；处死小鼠，检查小鼠肠道中的粪便，检查是否有蠕虫、鞭毛虫和纤毛虫。

5. 列举四种以上病毒血清学检测方法。

答：中和试验、补体结合试验、血凝试验、血凝抑制试验、免疫荧光试验、免疫酶试验、酶联免疫吸附试验。

6. 简述血凝抑制试验在病毒分离检测中的应用。

答：①应用标准病毒悬液测定血清中的相应抗体；②应用特异性抗体鉴定新分离的病毒。

7. 简述免疫荧光试验的原理。

答：免疫荧光技术：将抗体或抗原标记上荧光素，再进行抗原—抗体反应，由于荧光素在紫外光或蓝紫光的照射下可激发出可见的荧光，因此，出现荧光就说明标记物存在，同时也反映了抗原或抗体的存在。

8. 试述病原菌的检测程序。

答：①样本的采集；②细菌形态学检查：染色镜检或培养后涂片染色镜检；③细菌的分离培养：根据平板培养基上形成的菌落特征初步鉴定细菌；④细菌的生化试验：细菌纯培养后，通过适当的系列生化试验，鉴定细菌的种类；⑤血清学试验：用诊断液检测样本中的病原菌或血清中的抗体。

（编写：赵维波、邝慧文、陈燕平　　审核：张钰、邓少嫦）

参考文献

1. 广东省人民代表大会常务委员会：《广东省实验动物管理条例》，2010 年 6 月。

2. 实验动物国家标准：《实验动物　寄生虫学等级及监测》（GB 14922. 1—2001）。

3. 实验动物国家标准：《实验动物　微生物学等级及监测》（GB 14922. 2—2011）。

4. 实验动物国家标准：《实验动物　哺乳类实验动物的遗传质量控制》（GB 14923—2010）。

5. 实验动物国家标准：《实验动物　配合饲料营养成分》（GB 14924. 3—2010）。

6. 实验动物国家标准：《实验动物　环境及设施》（GB 14925—2010）。

7. 中国建筑工业出版社编：《现行建筑设计规范大全》，北京：中国建筑工业出版社 1985 年版。

8. ［日］山内忠平著，沈德余译：《实验动物的环境与管理》，上海：上海科学普及出版社 1989 年版。

9. 许钟麟编著：《洁净室设计》，北京：地震出版社 1994 年版。

10. 袁伯俊、王治乔主编：《新药临床前安全性评价与实践》，北京：军事医学科学出版社 1997 年版。

11. 邹移海等主编：《中医实验动物学》，广州：暨南大学出版社 1999 年版。

12. 顾为望等主编：《实验动物屏障设施建设与管理》，西安：陕西科学技术出版社 2002 年版。

13. 萨仁娜主编：《简明饲料配方手册》，北京：中国农业大学出版社 2002 年版。

14. 孙靖主编：《实验动物学基础》，北京：北京科学技术出版社 2005 年版。

15. 李根平、邵军石、李学勇等主编：《实验动物管理与使用手册》，北京：中国农业大学出版社 2010 年版。

16. 孙德明、李根平、陈振文等主编：《实验动物从业人员上岗培训教材》，北京：中国农业大学出版社 2011 年版。

17. 郑振辉、李根平、陈振文等主编：《中级实验动物专业技术人员考试参考教材》，北京：中国农业大学出版社 2011 年版。

18. 李根平、郑振辉、孙德明等主编：《初级实验动物专业技术人员考试参考教材》，北京：中国农业大学出版社 2011 年版。

19. 李根平、陈振文、郑振辉等主编：《中级动物实验专业技术人员考试参考教材》，北京：中国农业大学出版社 2011 年版。

20. 李根平、陈振文、孙德明等主编：《初级动物实验专业技术人员考试参考教材》，北京：中国农业大学出版社 2011 年版。

21. 邹移海、徐志伟、黄韧等主编：《实验动物学》（第 2 版），北京：科学出版社 2012 年版。

附录　实验动物学相关研究单位

目前，国家和各省、市、自治区都颁布了有关实验动物管理方面的行政法规或法律，对从事实验动物生产繁育和动物实验的人员，要求通过实验动物学专业技能考核并取得上岗资格。我国每年都有数以万计的动物实验人员（特别是研究生）需要获得这种上岗资格。《实验动物学考试题汇编》为通过实验动物学专业技能考试提供了平台。

从理论上来说，掌握了实验动物学知识并取得实验动物学上岗资格后，就可以开展动物实验了。但对于一个初学者来说，要开展动物实验还面临着许多困难，例如，如何设计动物实验方案，在什么地方做实验，到哪里购买合适的实验动物、笼器具和饲料等。由于实验动物科学还是一个比较偏门的学科，许多人对其知之甚少，因此，要全面了解该学科尚存在一定的难度。本书的某位编者在刚进入实验动物科学领域的时候，就面临许多尴尬，如不知道上哪儿购买实验动物和笼器具，也不知道找谁来修建动物实验室，最后几经周折，才解决了这些问题。

为了方便初学者，我们编撰了16个实验动物学相关研究单位的资料，以便大家在开展动物实验时作为参考。

1. 中山大学实验动物中心
2. 南方医科大学实验动物中心及南方医科大学松山湖实验动物科技园
3. 华南农业大学实验动物中心
4. 广东省医学实验动物中心
5. 广东大华农动物保健品股份有限公司
6. 广东蓝岛生物技术有限公司
7. 苏州新区教育实验动物笼具厂
8. 深圳市泓腾生物科技有限公司
9. 广州市金科净化技术有限公司
10. 广州市花都区花东信华实验动物养殖场
11. 广州市锐博生物科技有限公司
12. 广州市国龙科技有限公司
13. 广东春盛生物科技发展有限公司
14. 山东新华（广州励博康医疗器械有限公司）
15. 从化市华珍动物养殖场
16. 广州市正宏医疗器械设备有限公司

1. 中山大学实验动物中心

中山大学实验动物中心前身为1985年建成的中山医科大学实验动物中心，是集生产、教学、科研于一体的公共服务性单位。2000年原中山大学与原中山医科大学并校后，广州大学城中大校区新实验大楼落成，功能涵盖了动物繁殖饲养、动物实验和药物的非临床评价研究等，整合了中山大学实验动物与动物实验体系的资源、技术、人才优势，强化人员培训、管理与软件建设，成为中山大学医学、药学、生命科学等相关学科的重要公共实验技术服务平台，是为相关院系承担国家重大项目和国际合作项目的重要服务支撑体系和教学科研基地。同时，中心也为本地区的相关产业（生物医药、生物材料、组织工程产业等）的研发与评价提供关键性的支撑服务，促进生物医药事业的快速发展。中心现有人员50名，其中教授2名（药物安全评价、中药药理）、副教授1名（实验动物）、高级畜牧师1名、高级工程师3名（QA主任、临床检验、组织病理）、高级实验师1名。在学历层次上，有硕士及以上学历人员12名。专业人员分别具有医学、药学、药理学、毒理学、实验动物学、兽医学、畜牧学、临床检验学、病理学、生物学、计算机科学、信息学等专业背景，是目前国内实验动物中心专业人员配备最完善的机构之一。

中山大学实验动物中心在中山大学东、北两个校区均获得由广东省科技厅颁发的实验动物生产许可证和实验动物使用许可证。

东校区的实验动物中心对环境参数指标实行在线监控，配备三级智能门禁、安防系统，关注动物福利的动物传输、接收系统，具有以人为本的办公、实验环境，是目前国内最先进、最现代化的动物实验设施之一。现在是科技部药效研究平台、药代动力学研究平台、华南新药创制平台毒性筛选与评价的动物实验实施基地。

中山大学实验动物中心在中山大学北校区拥有屏障环境和普通环境动物实验设施，其中屏障环境实验设施能同时容纳4 000余只大鼠、小鼠进行实验，具备各种医学、药学动物实验条件。在此基础上，2015年还将建成SPF级大鼠实验区、SPF级小鼠及裸鼠实验区（配备独立通风系统IVC及手术室）、亚屏障（独立通风系统IVC）大鼠和小鼠短期实验区、病源性（非传染性）大鼠和小鼠实验区、普通级大动物（豚鼠、家兔、犬、猴）实验区，并实行规范化的管理，为医科的教学、科研提供服务。

服务项目

①药物安全评价研究（GLP）；②动物实验技术服务；③实验动物生产与供应服务；④实验动物临床病理学检测服务；⑤转基因动物保种、扩群与实验服务；⑥实验动物质量检测服务。

业务联系人及联系电话

1. 药物安全评价研究（GLP）：邱老师 39943412
2. 动物实验技术服务：李老师 87331403（北校区）；张老师 39943346（东校区）
3. 实验动物生产与供应服务：黎老师 87330443（北校区）；曾老师 39943097（东校区）
4. 实验动物临床病理学检测服务：付老师 39943402
5. 转基因动物保种、扩群与实验服务：邱老师 39943342
6. 实验动物质量检测服务：赵老师 39943341

地址：广州大学城外环东路132号中山大学校区内（东校区）

广州市中山二路74号中山大学实验动物中心（北校区）

邮编：510006（东校区） 510080（北校区）

电话（传真）：020-39943341

网址：http:// cmc.sysu.edu.cn

2. 南方医科大学实验动物中心及南方医科大学松山湖实验动物科技园

南方医科大学实验动物中心是南方医科大学集实验动物生产、动物实验条件保障、比较医学教学和科研于一体的公共服务性单位。

（一）实验动物和动物实验条件保障服务：本中心拥有实验动物生产和使用设施近 8 000 平方米，获得了广东省科技厅颁发的实验动物生产许可证、实验动物使用许可证。每年生产供应实验动物 10 万只，其中 SPF 级新西兰兔、SPF 级 FMMU 白化豚鼠、西藏小型猪、巴马小型猪和五指山小型猪为本中心特色的实验动物。本中心拥有约 2 000 平方米的普通级、SPF 级动物实验公共服务平台，可为校内外的科研院所、医药企业、法定检测机构等部门提供动物实验条件和委托动物实验，并可进行人类疾病动物模型复制，药品、食品、化妆品，以及化学品的药效、药代、药理和毒理等配套实验服务。

（二）学科建设及学术地位：本中心于 1996 年成为华南地区首个实验动物学硕士点学位授权点，2001 年招收比较医学专业方向博士生。学科主要科研方向为：①实验动物的培育；②人类疾病动物模型及比较医学；③遗传工程动物研发。近五年来获各级各类科研课题资助经费逾千万元。近三年来共发表科研论文 40 余篇，其中 SCI 收录 10 多篇。研究人员有在《比较医学》、《实验动物学》、《西藏小型猪组织学图谱》、《人类疾病动物模型》等多部教材和专著担任主编、副主编或其他参编人员的。学科带头人顾为望教授被聘为科技部国家实验动物专家委员会委员、中国实验动物学会实验小型猪专业委员会主任委员、广东省第四届实验动物学会名誉理事长等。

联系地址：广州市白云区京溪街沙太南路 1023 号南方医科大学实验动物中心

联系电话：020-61648042　62789011；传真：020-61648043；网址：http://portal.smu.edu.cn/sydwzx/

南方医科大学松山湖实验动物科技园（东莞松山湖明珠实验动物科技有限公司）成立于 2010 年 3 月。依托南方医科大学在比较医学和实验动物研究领域的资源、人才和技术优势以及松山湖高新区的资金、管理和产业化发展优势，着力建设实验动物繁育和动物实验研究一站式服务体系，覆盖整个实验动物领域，凸显小型猪和非人灵长类资源优势与特色。目前已具备实验动物资源标准化建设、人类重大疾病模型研制、药物筛选及安全性评价、医疗器械安全和效能检测等领域的综合研究服务能力，力争成为国内领先、国际一流的公共技术服务平台。

公司拥有标准化实验动物生产和动物实验设施及功能实验室；已经通过国际 AAALAC 认证，是广东省科技人才基地、南方医科大学生物学一级学科博士后流动站。2013 年，公司被批准为国家科技部生物医药国际合作基地。公司科研团队先后成功培育 FMMU 白化豚鼠、实验用西藏小型猪等实验动物新品种；与中国科学院广州生物医药与健康研究院合作，成功制备了红、黄、蓝、绿四色荧光蛋白转基因西藏小型猪、克隆生产 Mx1（抗黏液病毒 1）转基因西藏小型猪、亨廷顿舞蹈症转基因克隆西藏小型猪；现在成功制备了小型猪肥胖症模型、小型猪糖尿病模型、小型猪辐射损伤模型以及小型猪肺动脉损伤模型等，目前可为生物制药和生物技术公司提供多种形式的合作研发服务。

地址：东莞市松山湖科技产业园区环湖路 3 号

电话：0769-23075825；传真：0769-23075835；　网址：http://www.pearllaboratory.com

3. 华南农业大学实验动物中心

华南农业大学是广东省和农业部“九五”、“十五”共建“211 工程”全国重点大学，拥有一批国家级重点实验室、工程中心和农业部重点实验室。华南农业大学实验动物中心于 2013 年 10 月由华南农业大学批准成立，中心建设面积逾 6 000 平方米的实验动物大楼，是华南地区乃至全国农业院校中规模最大的实验动物公共服务平台，功能涵盖了动物饲养、实验、模型（包括感染模型）和药物研究等，其中屏障环境实验设施能同时容纳 6 000 余只大鼠、小鼠、SPF 鸡进行实验，配备独立通风 IVC 系统和先进隔离设备，普通环境能同时开展犬、小型猪、猴、家兔、豚鼠、番鸭、猫等动物实验。是承担国家重大项目和合作项目的重要服务支撑体系和教学科研基地。该中心不仅能为华南农业大学的兽医学院、食品学院、动物科学学院、生命科学学院、资源环境学院等提供公共实验技术服务，还可接受国内外其他委托动物实验。

实验动物中心在 2014 年 4 月获得广东省实验动物使用许可证。

业务承接范围

实验动物托管

提供实验小鼠、大鼠、豚鼠、家兔、猪、犬等托管服务。

接收动物实验委托

◆ 大鼠动物实验服务

提供大鼠实验模型技术研究和药理药效学研究。动物实验；药物慢性毒性实验；各种大鼠模型研究和应用；血糖评价等。

◆ 小鼠动物实验服务

提供小鼠实验模型技术研究和药理药效学研究。动物实验；药物急性毒性实验；各种小鼠模型研究和应用；血糖评价等。

◆ 家兔、豚鼠、猪、犬相关动物实验

提供家兔、豚鼠、猪、犬相关动物实验。动物实验；皮肤过敏与刺激实验，药物残留检测等。

技术服务

提供大鼠和小鼠的灌胃、注射、麻醉、采血、解剖等技术；提供家兔的灌胃、采血、注射、手术等技术。

提供猪的采血、注射等操作技术。

提供犬的采血、保定、注射、手术等技术。

技术咨询

提供各种动物实验操作、动物实验室设计、动物及环境质量检测、实验室应急情况处理等技术咨询。

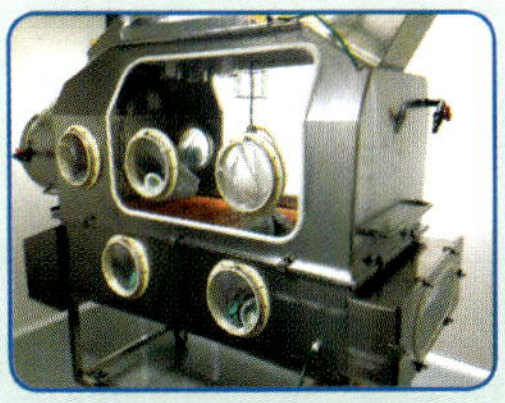

隔离器

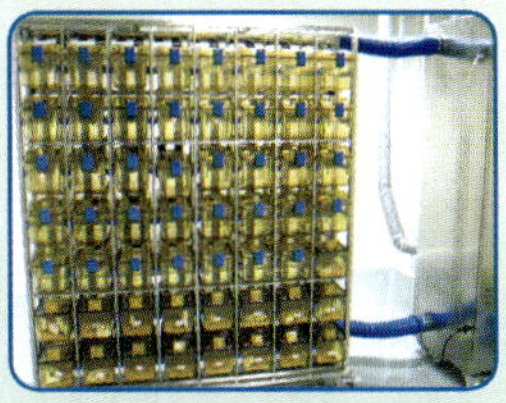

独立通风 IVC 系统

高压灭菌器

纯水系统

联系人：刘忠华　13535062366　**邮箱：**1003280841@qq.com

地　址：广东省广州市天河五山路华南农业大学实验动物中心（510640）

4. 广东省医学实验动物中心

品质保证

华南地区最大的实验动物保种、生产、实验和检测的一体化平台，已为22个省市和港澳台等1 000余家药企、医院、高校、研究机构提供服务。

通过CNAS国家实验室认可、CMA资质认定和CMAF食品检验机构认证，取得了药品、食品、化妆品等17大类228个项目的检测资质。

拥有8 200平方米动物设施，共有大鼠、小鼠、家兔与豚鼠等19个品系，年产能达100万只。

广东省首批取得基因工程动物生产许可证的单位。

服务项目

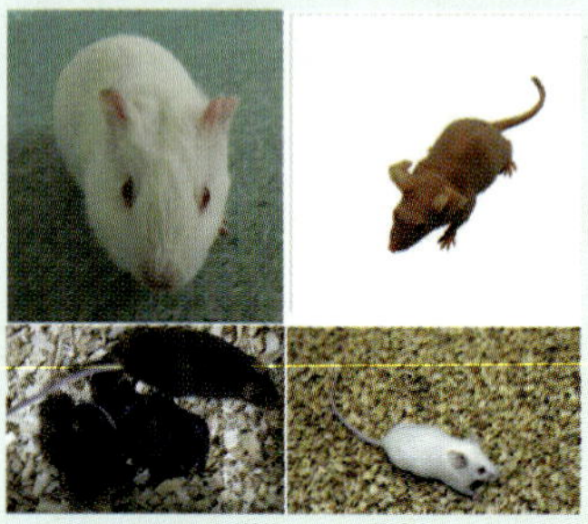

·实验动物供应

常规提供SPF级SD大鼠、KM小鼠、NIH小鼠、ICR小鼠、C57BL/6小鼠、BALB/c小鼠、F1代小鼠、BALB/c裸鼠、新西兰兔、Hartley豚鼠，以及普通级家兔与豚鼠。

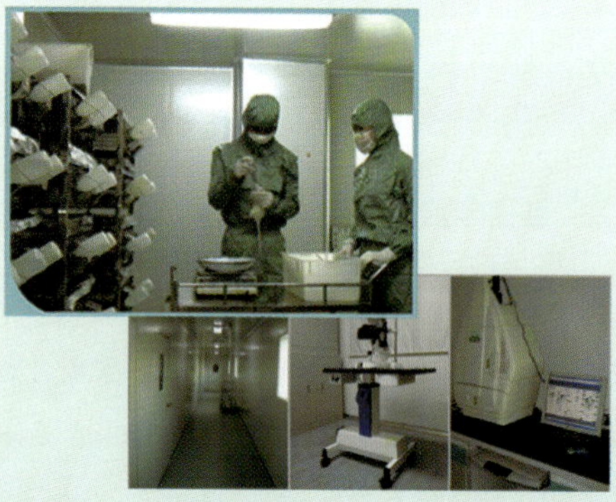

·动物实验

开展药品、保健食品、化妆品等药理毒理评价，进行注射剂异常毒性、热原、过敏性、降压等常规检测，拥有标准化动物模型100余种，承接各类动物实验外包服务。

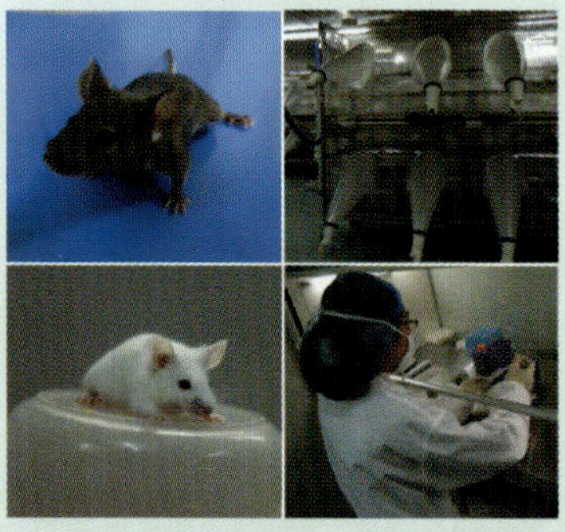

·基因工程动物

中心是国家遗传工程小鼠资源库华南产业化基地，可提供老年痴呆、高血压、红斑狼疮、动脉粥样硬化等基因工程小鼠，承接基因工程小鼠的制作，开展进出口、饲养繁育、胚胎冷冻、生物净化、表型分析等业务。

·饲料、垫料供应

提供标准化实验动物饲料，承接加工各种动物模型饲料，提供配方设计和咨询服务。

生产实验基地： 广东省佛山市南海区黄岐鄱阳路119号

动物实验热线： 020-81113260

动物销售热线： 020-81122060 81157345 81437391　0757-85938430

传　　　真： 020-81157345

网　　　址： www.gdmlac.com.cn

邮　　　箱： gdmlac@qq.com

5. 广东大华农动物保健品股份有限公司

SPF 实验动物中心

广东大华农动物保健品股份有限公司着眼于拓展生物制药产业链、提升生物制品质量、服务产品研发和产品检验，建立了动物实验基地；实验动物种类包括牛、猪、SPF 兔、SPF 鸡、小白鼠、各类鱼种等，获得广东省科技厅颁发的实验动物使用许可证。兴建了我国华南地区唯一的 SPF 鸡（蛋）产业化基地，获得广东省科技厅颁发的实验动物生产许可证；可年饲养 SPF 种鸡 8 500 套，年生产、供应 SPF 鸡胚 150 万枚。公司 SPF 实验动物中心致力于成为国际先进水平的 SPF 鸡（蛋）专业研究开发机构及生产供应商，目前在 SPF 鸡育种、疾病防治、饲料营养、种禽饲养、洁净厂房管理等领域积累了深厚的理论与实践经验，应用分子标记辅助选择等高新技术手段，重点开展 SPF 鸡（蛋）核心种群构建、SPF 鸡（蛋）生产技术及生物安全体系研究、产品质量检测技术开发等关键技术研究，为我国华南地区 SPF 鸡（蛋）的生产和质量监控提供了产业化示范。

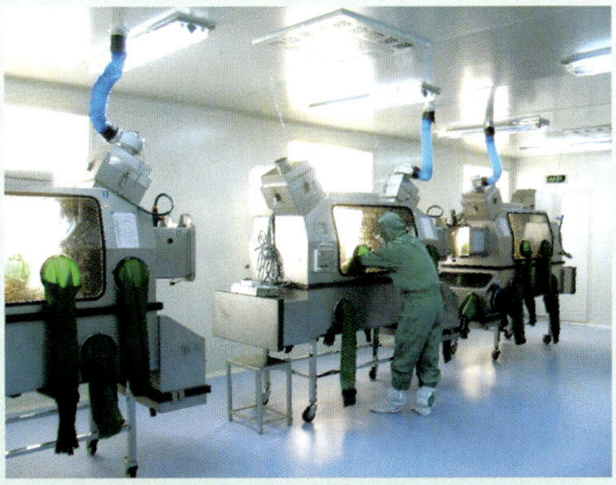

公司实验动物房内禽类实验隔离器群

SPF 实验动物中心可以提供如下产品：

(1) SPF 鸡蛋

(2) SPF 鸡胚（根据客户要求，提供不同日龄的 SPF 鸡胚）

(3) SPF 鸡（根据生产情况，提供不同日龄的 SPF 鸡）

(4) 根据客户需要制备和提供各类单因子阳性血清和阴性血清

地址：广东省新兴县簕竹镇榄根温氏集团旧总部后山 SPF 场

电话（传真）：0766-2291996　　联系人：梁小姐　15119913323

6. 广东蓝岛生物技术有限公司

广东蓝岛生物技术有限公司是由始创于 1980 年的广东省科学院华南濒危动物研究所灵长类研究开发中心转制而成的高新技术企业，拥有符合国际标准的养殖设施 22 000 平方米和实验设施 1 500 平方米。公司依托于广州中新知识城的地缘优势，快捷通达市区与机场；生态优势宜于灵长类实验动物的养殖与动物实验的开展。公司在业内首家通过 ISO9001 质量管理体系认证，并成为唯一一家在实验猴繁育与研发两个领域同时通过国际 AAALAC 认证的业内机构。

公司拥有以高层次人才领衔的质量控制、动物模型开发及技术服务团队，其中博士后 2 人，博士 5 人，硕士 10 人，高级职称 8 人。公司依靠品类齐全的实验猴资源及特有的老年猴资源，在大量供应可用于药物安全性评价的高品质实验猴的同时，也可通过自发性筛选、人工诱导和手术造模等技术手段，按客户要求定制可验证的人类重大疾病实验猴模型（如 T2DM、OBM、MACO、PDM、SHM 等）。公司购置了国际先进的检测设备和分析仪器，包括生理生化分析仪、无创生理遥测系统（DSI）、动物专用全数字彩色多普勒超声诊断仪（MyLabFiveVet）及灵长类行为分析系统（PrimateScan）等，建立了规范的技术服务体系，可承接灵长类相关的科研项目及药效评价的外包服务。

公司依托于较为扎实的平台基础（卫生部人类重大疾病灵长类动物模型资源平台、科技部支撑项目“灵长类动物人类重大疾病模型的研究与示范”、广东省实验猴繁育标准化示范区、广东省灵长类实验动物重点科研基地、广州市灵长类实验动物行业工程技术研究中心）和品类齐全的实验猴资源，密切联系广州地区的 GLP 中心及大型医院发挥各自优势，打造了集药效评价与安全性评价为一体的综合性服务平台。公司已成为具有持续创新能力和国际影响力的灵长类实验动物产品和技术服务供应商。

已发表部分代表性文章：

① Microanatomy and Operation via Pterional Approach to Make Middle Cerebral Artery Occlusion Model in Cynomolgus Monkey. Neurosurgical Science,2013,1:pp.1–7.

② An ischemic stroke model of nonhuman primates for remote lesion studies: A behavioral and neuroimaging investigation. Restorative Neurology and Neuroscience,2015,33:pp.131–142.

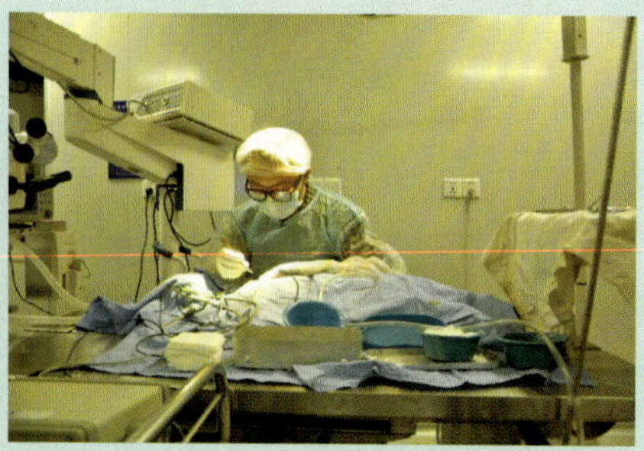

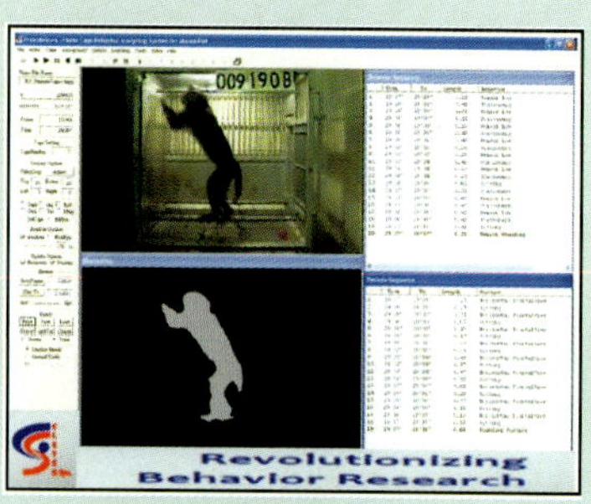

地址：广州市萝岗区九龙镇红卫广华路 33 号　　网址：www.landaubio.com　　邮编：510555

联系人：饶军华　邮箱：junhuar919@163.com　　手机：13922193258　　电话：020-87490340

7. 苏州新区教育实验动物笼具厂

苏州新区教育实验动物笼具厂始建于 20 世纪 80 年代初，是全国生产实验动物和动物实验标准饲养繁殖笼具的最早厂家之一，拥有较为丰富的生产制作经验。中国第一副 M1 型小鼠笼具就是由本厂设计制作完成的，之后我国的小鼠饲养从瓦罐进入塑料笼饲养阶段。同时，本厂努力发展犬笼、猴笼、兔笼等普通级笼具的生产设计，目前的生产工艺属于国内领先水平。在不断改良、开发普通级实验动物笼具的基础上，从 2003 年开始研制具有国际先进水平的大鼠、小鼠 IVC 净化笼具，2005 年该产品正式销售。经过多年的努力，从实践中积累经验并完善不足，尤其是经过各位专家的指导，本厂的 IVC 笼具质量得到了用户的认可及好评。结合自身的发展需要以及未来的行业发展前景，如今本厂已扩大规模，建造完成 6 282 平方米的新型厂房，成为国内规模、设施、技术均一流的新型实验动物笼具生产企业之一，同时加大科研投入，力争研发新一代产品。我们将继续本着“质量为本，用户至上，信誉第一”的企业基调，引进先进国家的新型产品和技术，改革创新专业生产技术水平，研发产品新品种，以更优秀的服务态度树立自身品牌，继续为推进实验动物科学事业努力。

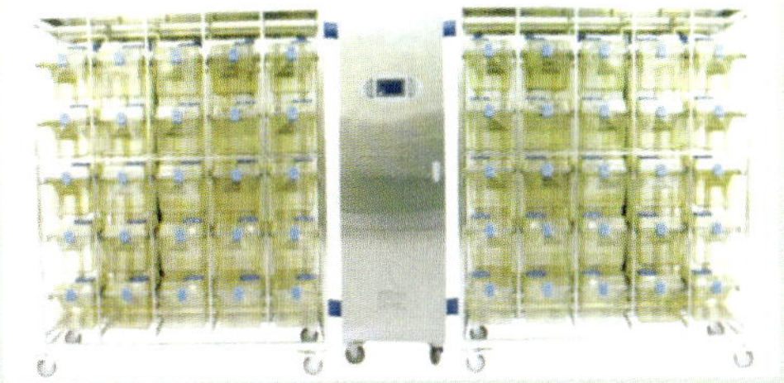

IVC

新 B2 型大鼠笼

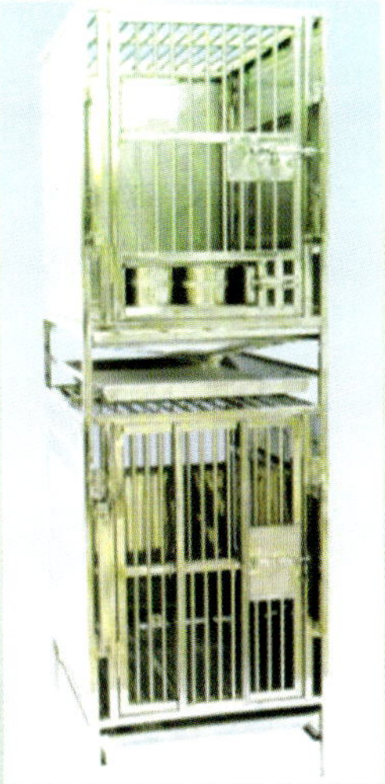

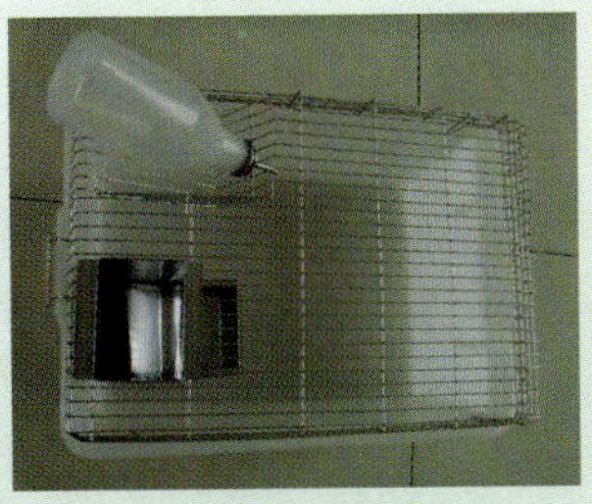

小鼠饲养盒

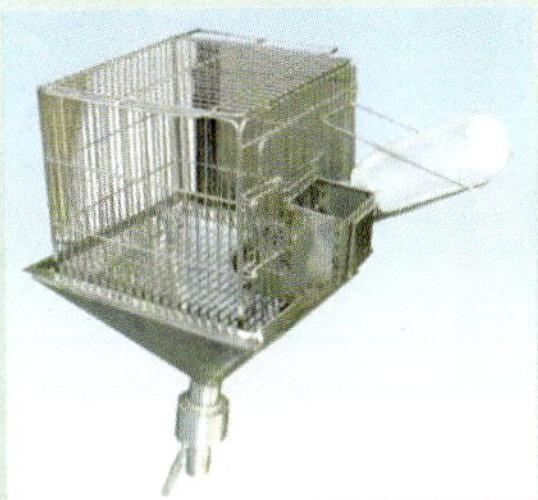

大鼠小鼠代谢笼

犬猴通用笼

地址：苏州新区嵩山路 228 号
电话：0512-65361639　66908211　66909883
联系人：顾先生
传真：0512-66908025
邮箱：longju-sz@163.com
手机：13606209606

8. 深圳市泓腾生物科技有限公司

独立通气笼（IVC）及配套设备

◎ 小鼠 IVC、大鼠 IVC、豚鼠 IVC

◎ 系统完整先进

◎ 设备运行稳定

◎ 数据可靠

◎ 操作方便

◎ 灵活性佳

◎ 保护环境

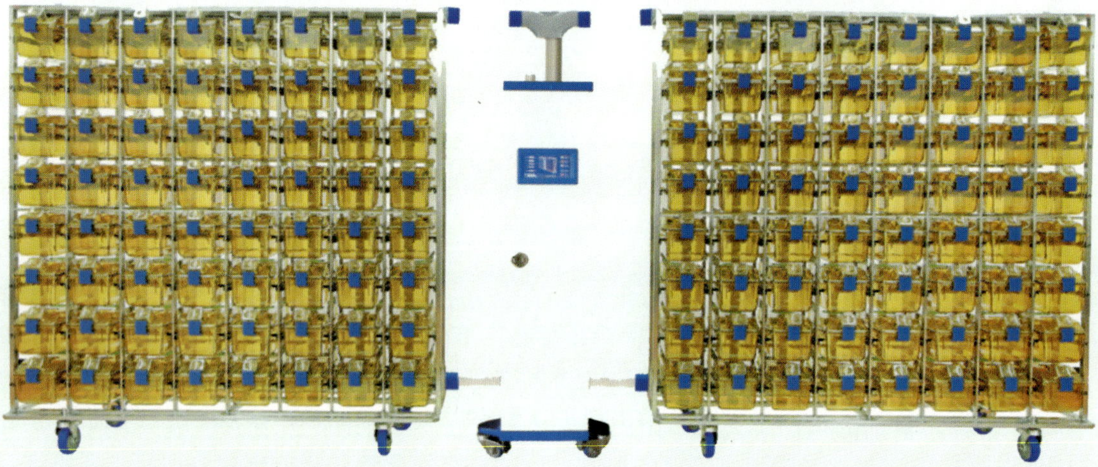

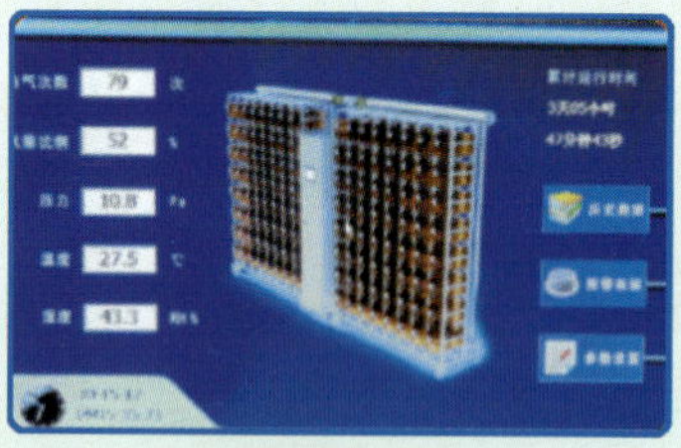

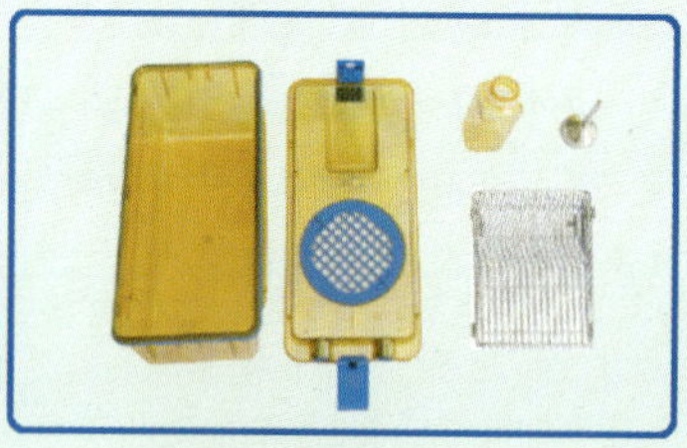

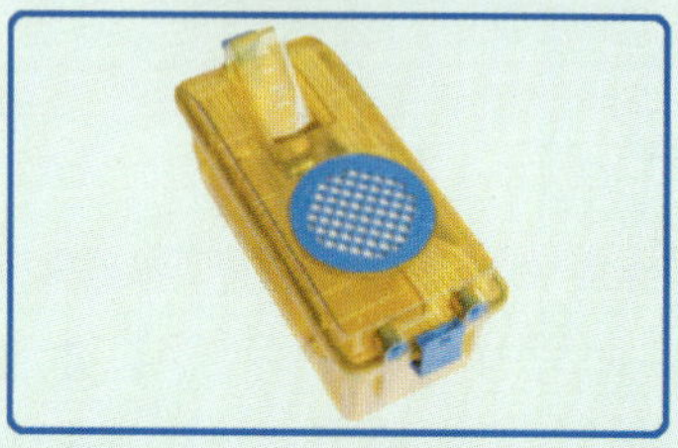

小鼠笼

大鼠笼

豚鼠笼

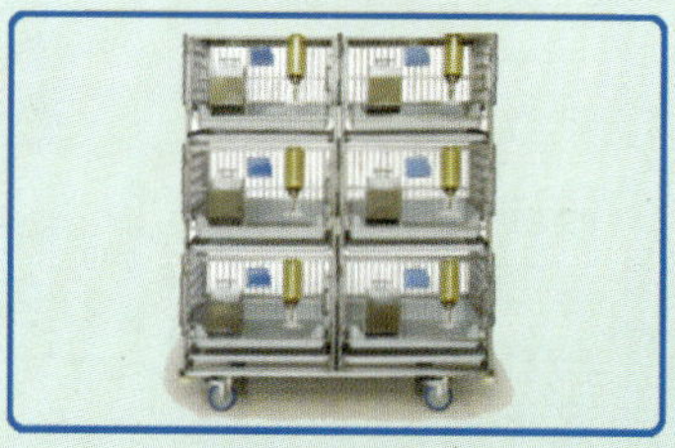

开放式兔笼

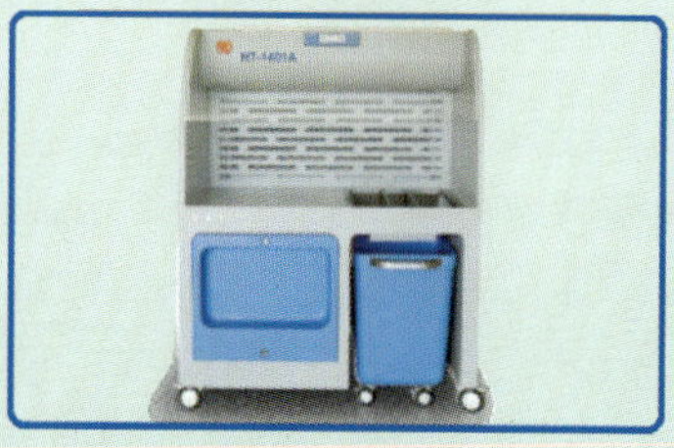

垫料倾倒机

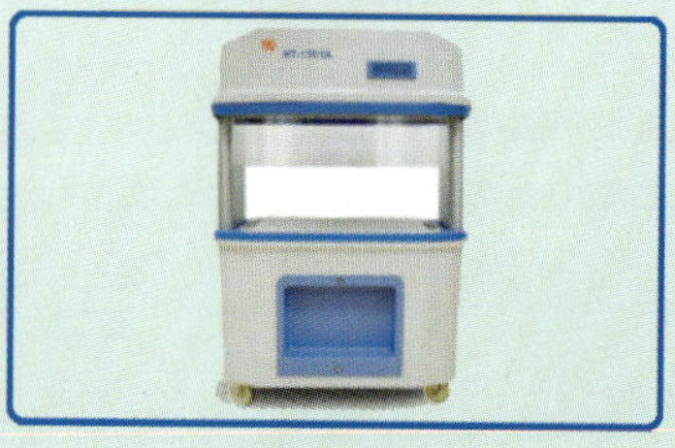

换笼工作台

地址：深圳市南山区科苑北路高新技术产业园北区清华信息港 A 栋 8 层
电话：0755 8602 8688　网站：www.hongtengkeji.com
传真：0755 8602 8388　邮箱：hongtengkeji@126.com
邮编：518057

9. 广州市金科净化技术有限公司

专业设计、制造、安装动物房工程

广州市金科净化技术有限公司成立于1998年，经营范围包括净化工程设计、技术服务、净化工程安装。本公司从成立起就一直以动物房的设计和施工为主，是广东省实验动物学会的理事单位之一，参与了很多动物房的设计及施工。主要客户有广东省实验动物监测所、广东省医学实验动物中心、南方医科大学、广州中医药大学、中山大学、汕头大学医学院、珠海丽珠集团、广州市医药工业研究所、广东省农业科学院、广州市疾病预防控制中心等等。

地址：广州市越华路116号609室　　邮编：510034

联系人：翁卫平　　手机：13302200235

电话：020-83377337　　传真：020-83321640

网址：www.gzgoldence.com　　邮箱：Goldence@163.com

10. 广州市花都区花东信华实验动物养殖场

地理位置

广州市花都区花东信华实验动物养殖场于2008年成立，地处广州市花都区花东镇四联村。养殖场三面环山，周围绿树成荫，空气清新，环境幽静，远离城市的喧闹。

员工

本养殖场现有员工 15 人，均经过实验动物技能培训并取得上岗资格。

主营业务

生产销售普通级新西兰兔和普通级白化豚鼠，生产销售家兔和豚鼠饲料；饲料原料中的苜蓿草粉从甘肃省购进。现有存栏种兔 500 余只，年销售普通级新西兰兔 15 000 ~ 20 000 只；存栏种豚鼠 20 00 余只，年销售普通级白化豚鼠 25 000 余只。年产兔料 100 吨，豚鼠料 50 吨。

质量保证

本养殖场制定了管理制度和标准操作规程（SOP），按国标要求定期自检，淘汰不合格动物。动物出场前均经过逐只检查把关，专车送货。

生产许可

2009 年，首次获得普通级新西兰兔、普通级白化豚鼠、兔饲料和豚鼠饲料的生产许可证；2014 年，上述动物的生产许可证进行了换证。

动物销售

向近 30 家单位销售实验动物，包括中山大学、广州中医药大学、暨南大学、广州医学院、广东药学院、华南师范大学、华南农业大学、广东食品药品学院、汕头大学、广州眼科医院、广东省检验检疫局、广东省药检所、广州市药检所、深圳市药检所、中山市药检所、深圳市疾病预防控制中心、深圳市中医医院、广东天普生化医药股份有限公司、广州明兴药业股份有限公司、丽珠集团丽珠制药厂、丽珠集团利民制药厂、广东彼迪药业有限公司、广东利泰药业有限公司、广东卫伦生物制药有限公司、广西疾病预防控制中心、广西食品药品检验所、江西青峰药业有限公司、湖南南华大学。

地址：广州市花都区花东镇四联村　联系人：刘宝华　13922355711
电话：020-86758991　传真：020-86855004

11. 广州市锐博生物科技有限公司

锐博生物建成世界一流水平的研发团队、领先的技术、尖端的研发平台及现代化的生产基地，生产各类科研用和临床用的寡核酸产品，并提供新一代高通量测序、生物信息分析、生物芯片、高内涵筛选、动物实验等科研服务，为科研机构提供全球独家的完整解决方案，全力打造核酸科技第一品牌。

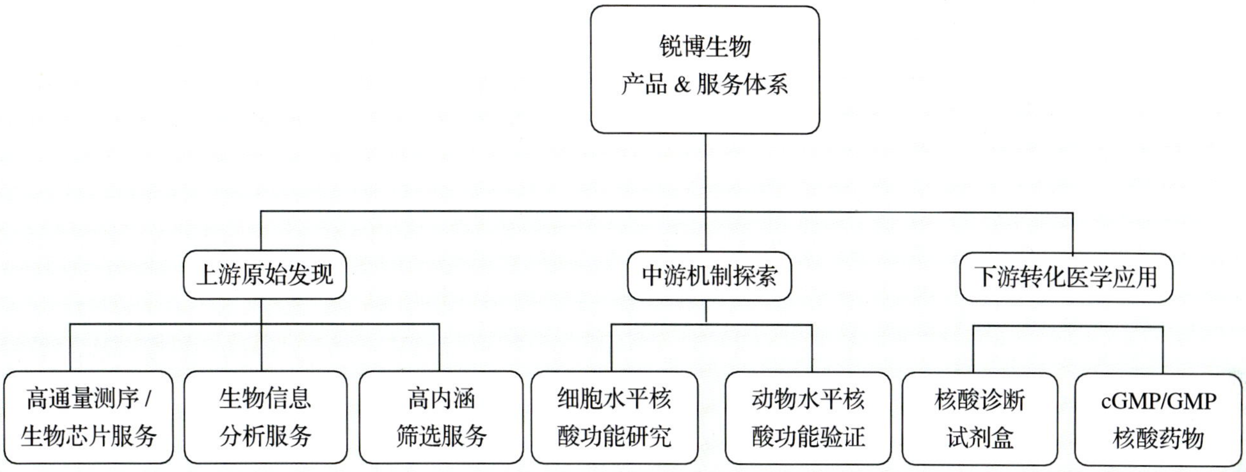

小动物活体成像服务

锐博生物引进业界最先进的 Bruker In-Vivo Xtreme 多模式小动物活体成像设备，拥有超高灵敏度 CCD 相机、顶级的荧光光源、全波段荧光染料应用及专利的 X-Ray 成像技术，集成发光成像、荧光成像、同位素成像、X 光成像共四种成像模式及多光谱分析、骨密度分析、MARS 360° 全角度成像共三种功能分析模块，可提供最全面、最优秀的小动物活体成像服务。

1. 特色动物实验服务：X 光成像、骨密度分析、荧光成像、生物发光成像。
2. 组织病理服务项目：提供专业的组织病理学服务，包括取材、脱水、包埋、切片、染色和病理报告。
3. 动物实验服务项目：整体动物实验，包括饲养、给药、建模、指标检测、解剖取材等技术服务。

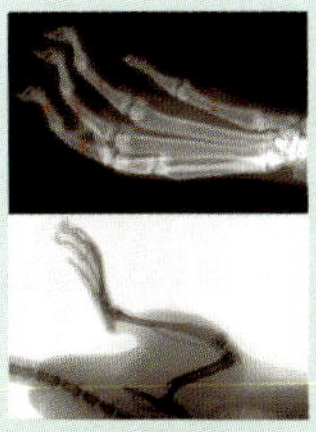

活体骨密度分析

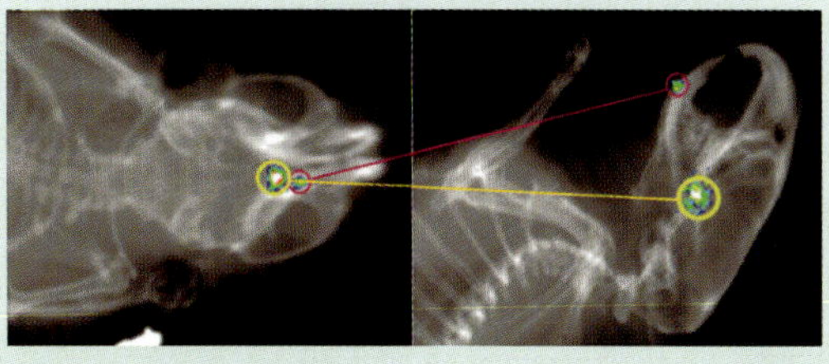

活体肿瘤转移精准定位（360° 旋转定位）动物

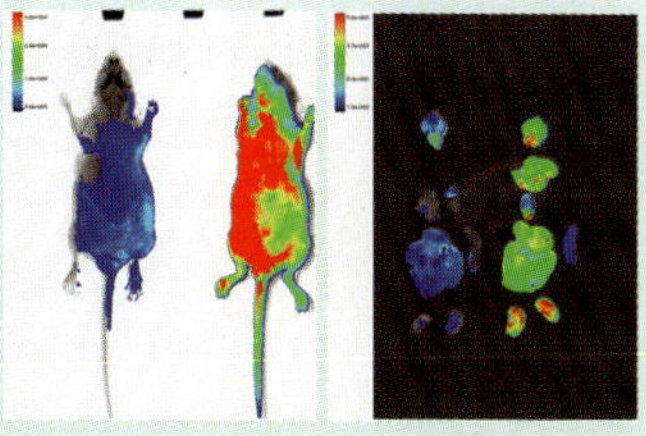

荧光素标记药物体内分布及离体器官

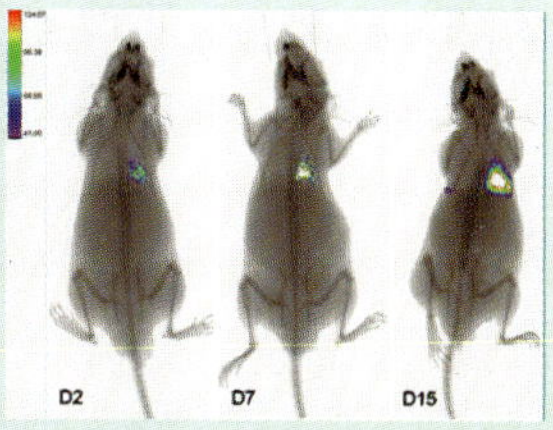

A549-LUC 肿瘤原位模型

地址：广州开发区科学城科学大道 182 号创新大厦 C3 区 13-14 层（510663）
13-14F, Innovation Bldg C3, 182 Kexue Ave, Science Park, Guangzhou 510663, China
Tel: 020-32290075　Fax: 020-32290137　Web: www.ribobio.com
Email: sales@ribobio.com　QQ: 4006860075

12. 广州市国龙科技有限公司

广州市国龙科技有限公司成立于2002年，是一家专业研发并生产实验动物及其饲料的综合性企业。公司核心价值观是“诚信、品质、安全、服务、创新”，公司现有生产厂房2 000平方米、全自动配料生产设备一套，年可提供8万吨以上饲料，具有完善的现场检测设备和专门的技术研发中心。有一支由30多人组成的涵盖博士、硕士的科研管理团队，并与国内多所大学院校、实验动物单位长期开展产学研合作，目前正在研发“高糖高脂等心血管模型饲料”等，可满足客户的不同需求。

热忱欢迎新老客户前来我司参观指导！

产品特点

全价配合饲料

公司经过多年的摸索，采取了将玉米和大豆膨化后与其他维生素、微量元素等营养成分制粒的生产新工艺来生产全价配合饲料。该产品一方面改善了动物的适口性，有利于消化吸收；另一方面减少了维生素等营养成分的损失，有较好的性价比。目前，猴全价配合饲料产品远销广东、广西、云南、海南等地，并获得肯定和好评。目前，公司正筹建膨化生产线，产品将全方位覆盖大鼠、小鼠、豚鼠、家兔、犬、小型猪等实验动物的专用饲料。

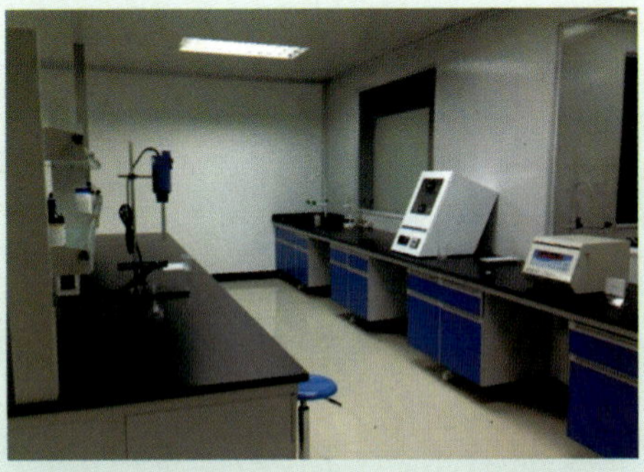

公司产品获得省科技厅和省农业厅许可：

许可证：SCXK（粤）2014-0026、粤饲证（2014）01088

地址（科学城）：广州市萝岗区科学城科研路10号A栋

电话：020-32290797

传真：020-32290737

联系人：刘跃昌

地址（生产基地）：广州市白云区太和镇草庄中路251号

电话：020-87467018

13. 广东春盛生物科技发展有限公司

1. 目前规模：

食蟹猴 22 000 多头、猕猴 80 多头

2. 取得资质认证情况：

> 2014 年 9 月：通过实验动物生产许可证换证评审

> 2014 年 4 月：取得 SGS 的 ISO9001:2008 质量管理体系以及 ISO14001:2004 环境管理体系更新认证

> 2014 年 11 月：取得国际 AAALAC 认证

3. 具备的实验材料类型：

食蟹猴和猕猴均有普通级、SPF 级两个级别动物

4. 具备的仪器设备名称：

> 专业手术台

> 专业解剖台

> 专业大型 B 超仪

> 电刺激采精仪

> 实验室常用设备：酶标仪、培养箱、高压灭菌设备、显微镜、消毒箱等

5. 可开展的相关实验及检测项目：

> 有自行研发的四种病毒 ELISA 检测试剂盒（BV、STLV、SRV、SIV）

> 食蟹猴和猕猴的实验室常规检测项目：

* BV、STLV、SRV、SIV 四种病毒血清学检测

* 肠道细菌的分离培养鉴定（如沙门菌、志贺菌、耶尔森菌等）

* 体内外寄生虫检测

* 其他相关检测：饮用水监测、饲料原材料质量监测、环境卫生监测等

6. 合作单位：

> 广东省实验动物监测所

> 中山大学

> 南方医科大学

> 华南农业大学

> 华南理工大学

> 中山大学第一附属医院

7. 其他突出优势：

> 注重质量

> 配套完善

> 管理规范

> 环境优美

地址：广州市从化区鳌头镇龙潭下西村　　邮编：510945

联系人：廖小姐　　电话：020-37976868　　传真：020-37976777

邮箱：blooming-spring@gdchunsheng.com　　网址：www.gdchunsheng.com

14. 山东新华（广州励博康医疗器械有限公司）

服务项目：

1. 实验动物专用型灭菌设备
2. 生物安全型灭菌设备
3. 过氧化氢低温等离子体灭菌器
4. 过氧化氢气体房间消毒器
5. 大型多功能清洗设备（洗笼机）
6. IVC 笼具系列（大鼠、小鼠、兔）
7. 生物安全屏障设备
8. 干热灭菌器、超声波清洗机
9. 动物饮用水在线灭菌系统

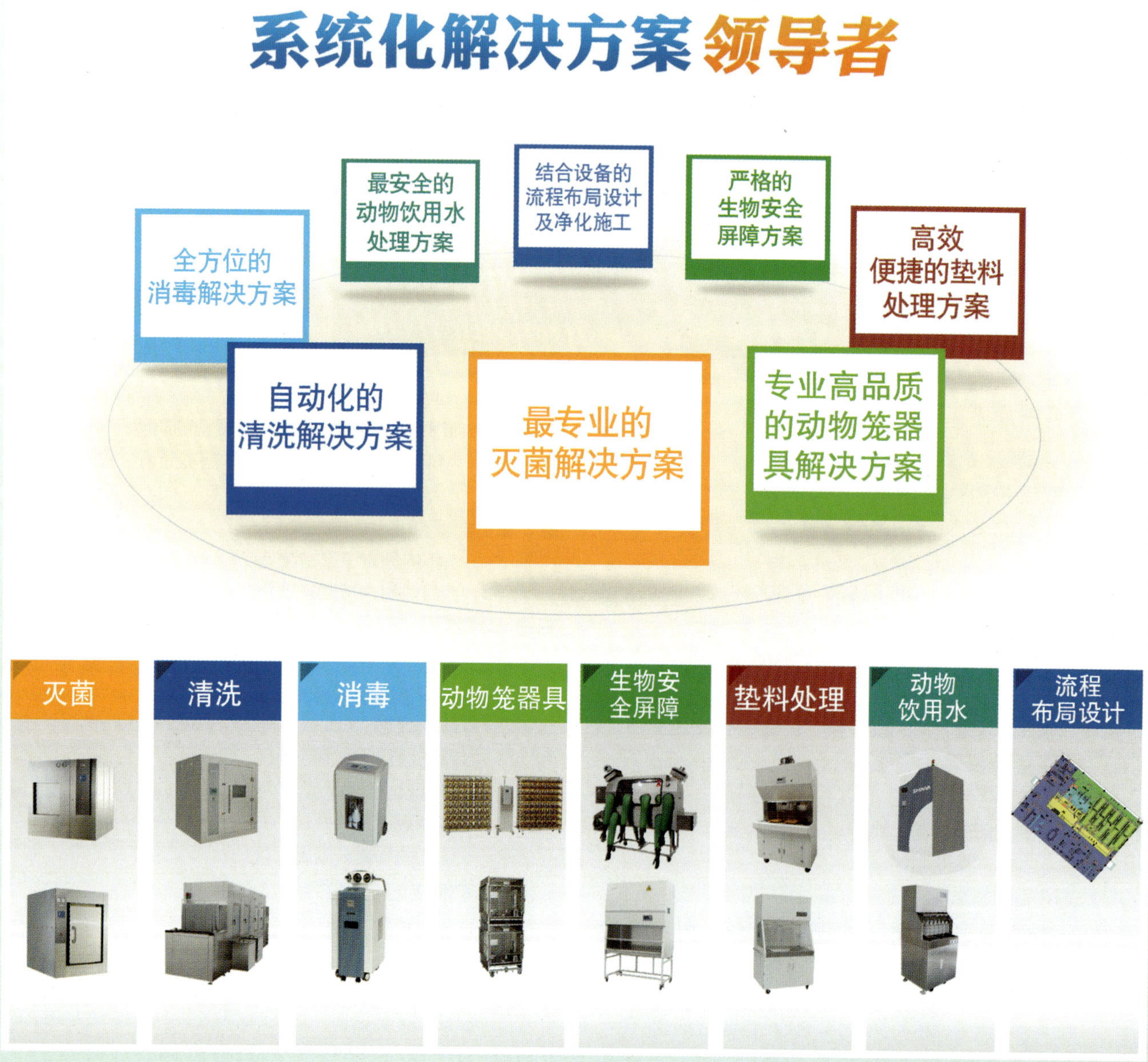

广州励博康医疗器械有限公司
销售电话：020-87671378　传真：020-87673220
联系人：杨勇　13602746421　邮箱：libokang_gz@163.com

山东新华医疗器械股份有限公司
销售电话：0533-3581115
网　　址：www.shinva.net

15.从化市华珍动物养殖场

从化市华珍动物养殖场始创于1996年，是中国开展灵长类实验动物养殖最早、繁殖规模最大的科研单位之一，前身为广州天湖濒危动物驯养研究所。本企业正式成立于2003年9月，是一家驯养猕猴、食蟹猴，进行货物进出口贸易的合伙企业。注册资本为110万元，目前公司的资产总值为8 800万元。本企业是面向灵长类实验科学前沿，以企业标准化、产业化、社会化为发展方向，重点开展灵长类实验动物开发和技术服务，包括标准灵长类实验动物的提供、实验动物疾病模型的建立、动物受托实验各方面的基础应用研究及关键性技术创新。存量动物有3万多头。

我们的资质

国家重点保护野生动物驯养繁殖许可证 实验动物生产许可证 ISO9001:2008管理体系认证

我们的动物

联系地址

地址：广州市从化城郊街左村

电话：020-87907168

传真：020-87907388

邮编：510920

16. 广州市正宏医疗器械设备有限公司

正鸿实验动物笼具厂成立于 1994 年，是广东省最早生产实验动物设备的专业厂家，随着不断发展和壮大，本厂于 1996 年成为广东省实验动物学会的理事单位。本厂发展至今已拥有一批专业技术人员和熟练性生产技术人员，配备了良好的生产和检测设备，提高了生产能力和工作效率。随着企业的日渐成熟和发展，2004 年，实验动物笼具厂和医疗器械厂组合更名并注册而成现在的正宏医疗器械设备有限公司。公司通过了“ISO9001:2000”质量管理体系认证，并获得中国质量领先企业专家评审委员会授予的“消费者最信赖、质量放心品牌”称号。

2007 年，本公司率先在广东省笼器具行业中申请办理了实验动物生产许可证和产品合格证，为提高实验动物研究水平作出了贡献。

本公司具有多年生产实验动物笼具的经验。产品品种齐全，主要有实验室设备，不锈钢的鼠笼、兔笼、猫笼、犬笼、猴笼、猪笼，鼠、兔、猫、犬、猴实验解剖台等系列笼具，产品覆盖全广东省，业务量约占广东省市场的三分之二。得到省市检验所、各大科研单位、院校、医疗单位和药厂的支持，在这一领域取得良好信誉的同时与其建立了长期的业务关系。

作为广东省实验动物学会的企业单位，本公司将一如既往地秉诚“客户至上、质量第一、价格合理、优质服务”的方针，与广大客户携手并肩，共同发展！欢迎广大用户亲临本公司参观指导。

ZH-M1 小鼠盒
●规格: 300 × 190 × 140 mm
●材质：不锈钢盖 + 塑料盒

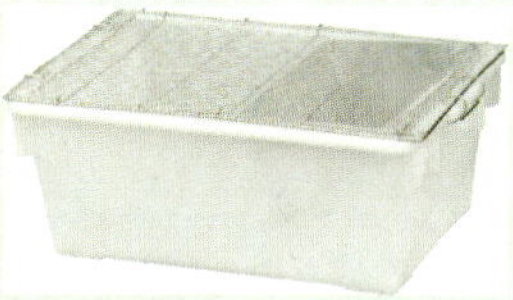

ZH-S1 大鼠盒
●规格:485 × 350 × 200 mm
●材质：不锈钢盖 + 塑料盒

ZH-G3 犬笼
●规格:1 500 × 1 000 × 1 100 mm
●材质：不锈钢

ZH-H1 猴笼
●规格:750 × 680 × 800 mm
●材质：不锈钢

ZH-S1 小鼠笼
●规格: 300 × 400 × 210 mm
●材质：不锈钢

ZHY2-12 平挂式兔笼架
●规格:2 000 × 600 × 1 750+400 mm
●材质：不锈钢

ZH-E5 传递窗
●规格: 600 × 600 × 600 mm
●材质：不锈钢

ZH-Z3 抽风式解剖台
●规格:1 800 × 780 × 2 200 mm
●材质：不锈钢

ZH-T1 大鼠笼
●规格:400 × 450 × 350 mm
●材质：不锈钢

地址：广州市番禺区钟村街 105 国道谢村路段 25 号　　网址：http://www.zhenghong.8hy.cn
电话:020-84772002 34773878　手机:13928812822　传真:020-84712870　邮箱：PYzhengcong@126.com